高等师范院校数学系列教材

数学实验（上册）

——Math CAD、几何画板在数学教学中的应用

濮安山 柳成行 吕同富 梁文明 编著

哈尔滨工业大学出版社

· 哈尔滨 ·

内 容 简 介

主要内容有：绪论；数学实验与中学数学教学；MathCAD 的功能介绍；MathCAD 的计算功能；符号运算；二维图形绘制；MathCAD 的二维动画制作；几何画板；数学实验范例。本书的特点是在介绍数学实验工具的基础上，较系统地论述了数学实验的理论基础，同时做了大量的实验范例，以和中学数学教学实际紧密联系。本书可作为师范院校数学系数学实验课的教材，也适合非数学专业作为教学参考书，特别适用于中学数学教师开展多媒体教学。

图书在版编目（CIP）数据

数学实验.上册，Math CAD、几何画板在数学教学中的应用/濮安山，柳成行，吕同富，梁文明编著. —哈尔滨：哈尔滨工业大学出版社，2003.10（2024.2 重印）
ISBN 7-5603-1778-2
Ⅰ.数… Ⅱ.①濮… ②柳… ③吕… ④梁… Ⅲ.数学课-计算机辅助教学-应用软件-中学 Ⅳ.G633.603

中国版本图书馆 CIP 数据核字（2003）第 088666 号

出版发行　哈尔滨工业大学出版社
社　　址　哈尔滨市南岗区教化街 21 号　邮编 150006
传　　真　0451-86414749
印　　刷　哈尔滨圣铂印刷有限公司
开　　本　850×1168　1/32　印张 8.375　字数 216 千字
版　　次　2003 年 10 月第 1 版　2024 年 2 月第 3 次印刷
书　　号　ISBN 7-5603-1778-2/O·137
总 定 价　78.00 元

序

随着科学技术的发展，数学的应用范围日益广泛，不但在自然科学的各个分支中应用，而且在社会科学的很多分支中也有应用。毋庸置疑，数学自身的发展水平深刻地影响着人们的思维方式。

众所周知，数学创新、数学应用、数学传播是数学教学工作者的三大基本任务，为了适应现代教育发展的需要，我国高等师范院校的数学教育专业改为数学与应用数学专业（师范类），由此导致课程设置必将发生根本的变化。如何开设应用数学课，如何应用计算机进行数学教学，如何改革数学教育的传统课程，都是有待进一步探讨的问题；相应的数学教材，更有待改革和完善。为此，黑龙江省高等师范院校数学教育研究会，组织哈尔滨师范大学、齐齐哈尔大学理学院、牡丹江师范学院、佳木斯大学理学院四所本科师范院校的数学教育工作者，在多年教学实践基础上，集中对应用数学、计算机数学及数学教育等课程进行研讨，编写了“高等师范院校数学系列教材”，以适应高等师范教育发展的需要。

这套教材主要包括:形成体系的教材,如《数学建模(上、下册)》、《数学实验(上、下册)》、《离散数学》;具有师范特色的教材,如《中学数学教学论》、《中学数学方法论》、《中学数学解题方法》;融入教师教学体会和教学成果的专著性的教材,如《教学过程动力学》。这套教材,力求在保持师范特色的同时,突出应用数学和计算机数学,以期成为高等师范院校本科数学教育专业一套实用的教材,这是我们的主要目的。

我们清楚地知道,我们追求的目标不易达到,不过,通过我们的努力,引起共鸣,经过同仁的一起努力,目标总会到得早些。

黑龙江省高等师范院校
数学教育研究会理事长

王玉文
2002 年 3 月

前　言

美国著名数学家和数学教育家G·玻利亚指出：“数学有两个侧面：一方面，它是欧几里得式的严谨科学，从这方面看，数学像是一门系统的演绎科学；但另一方面，创造过程中的数学，看起来却像实验性的归纳科学。”这就要求数学教师不仅要教演绎推理，同时也要使学生学会使用归纳推理、“合情推理”等非演绎手段，让学生体验数学的创造过程——从观察、归纳、概括、猜想到分析与证明的全过程。而数学教学的实际中却存在偏重于演绎推理的技巧，忽视归纳推理能力培养的现象。一方面，与我们数学教师的观念有关，另一方面，与教育技术的发展有关。随着计算机技术的发展，20世纪80年代后期出现的用计算机作为工具解决一些数学问题的“数学实验”，会影响和改变我们教授数学与学习数学的方式。

我国著名数学教育家张奠宙先生指出：“知识系统有两种形态：学术形态和教育形态。综合性大学的数学教育，只要使学生掌握知识的学术形态就可以了。但师范大学的数学教学不仅要求学生掌握知识的学术形态，而且应帮助学生掌握知识的教育形态。这种转换是一种特殊的能力，需要加以培养。”所以，师范院校数学系的课程设置的模块中有一类数学教育模块。目的就是让学生掌握数学教育形态的理论和技能。而这些课程多是讲述数学教学目的、内容、教学方式、学习方式、怎样解题等。随着计算机技术的发展，数学实验软件的不断产生。它能提供学生在“做数学”中学习数学的工具。对师范院校数学系的学生——未来的数学教师来说，在接受学术形态的数学实验训练的同时，也要接受足够充分的教育形态的数学实验训练。

实验是为了检验某种科学理论或假设而进行的某种操作，是科学研究和发现的重要方法。读者大多熟悉物理实验与化学实验。那什么是数学实验呢？所谓数学实验，就是人们为了发现数学结论或验证某一数学猜想，以计算机或现实的材料为工具而展开的实验活动。通过实验，能给出刻画数学结论的现象或重要的数据，再对得出的现象和数据进行分析，从而验证某些数学结论和猜想。我们常用的计算机软件的数学实验工具有很多，如几何画板、Mathematic、Math CAD、Maple、Matlab 等。本书选择的实验工具软件是 Math CAD 和几何画板。

最近两年，本书的作者们在中学、大学的数学课堂上利用实验工具软件对数学实验教学进行了有益的尝试，对中学数学的一些重要结论给予了实验验证，在探索数学实验及其教学方面积累了一些经验。本书的理论部分是濮安山、梁文明的硕士论文课题研究的内容。其他部分是开设数学实验课的部分讲义。具体分工为：哈尔滨师范大学濮安山编写第一、二、三、四、九、附录，哈尔滨学院柳成行编写第六、八章，佳木斯大学吕同富第五章，深圳市外国语学校梁文明编写第七章。

在本书的编写过程中，哈尔滨师范大学、哈尔滨学院、牡丹江师范学院、佳木斯大学有关领导给予了大力支持；在出版过程中，哈尔滨工业大学出版社黄菊英编审付出了辛勤劳动。我们在这里，向他们表示衷心的感谢。

庄子曰："始生之物，其形必丑。"我们深知：本书对数学实验来说只是做了初步的探索，一定存在不足和疏漏，恳请同行批评指正。

作　者

2003 年 5 月

目　　录

第一章 绪 论

- 数学实验的由来
- 数学实验与计算机辅助数学教学
- 数学实验的课程论的地位

1.1 数学实验的由来

美国著名数学家和数学教育家 G·玻利亚指出：“数学有两个侧面，一方面它是欧几里得式的严谨科学，从这方面看，数学像是一门系统的演绎科学；但另一方面，创造过程中的数学，看起来却像试验性的归纳科学。”[4]在中学数学教学中，要全面提高学生的数学素质，不仅要重视数学内容形式化、抽象化、严谨性的一面，更要重视数学发现、数学创造过程中归纳和实验的方法。我们既然知道数学知识有发生、发展的实验阶段，为什么不像物理和化学那样，安排一些实验呢？从而使数学实验成为学生掌握知识的手段，解决实际问题的方法，发现真理的思想，形成创造能力的活动。而目前实际的数学教学情况是：数学教学往往是片面强调形式化的逻辑推导和形式化的结果，教师在传授数学知识时，不注重数学知识发生发展过程；不注重数学中蕴涵的数学思想方法；较少运用归纳和实验的方法。教师把大量的精力都用在讲评练习题上。学生学习数学的方法更是从公理出发，沿着定义、定理、证明、推论的道路进行的，结果是，数学变成了枯燥无味的公理、定理、公式和习题的堆积，而充满美感和生机勃勃的数学丧失了他的本来面目。无论是教师还是学生，更注重演绎逻辑思维能力的提高，忽视归纳、类比和猜想等重要的数学方法，更没有像研究物理或化学科学那样进行实验验证或发现。人类科学技术的迅猛发展,尤其是计算机的发现和计算机应用的日益广泛,促使数学教育工作者把计算机和数学教育紧密结合起来，让计算机为数学教育服务。事实上，计算机发展史在相当长的时间内是数学发展史的一部分，无论是过去、现在，还是将来，计算机与数学的关系比计算机与其他学科的联系都紧密，因此，计算机在数学教学中有着广泛的应用。

随着现代电子计算机影响的不断深入，它对教育的作用日益明显，尤其对数学教育有着广泛而深刻的影响。特别是对数学教学内容的影响，用计算机数学软件可以进行各种代数计算，如数值的代数运算、复数运算、矢量和矩阵运算、解方程与方程组、微分和积分的数值解、插值运算、微分方程求解等。由此，将计算机应用在数学教学和学习中，既可改变教师讲授数学的方式，更可改变学生学习数学的方式。计算机数学软件的开发和功能越来越强大，如几何画板可以刻画平面几何图形中几何要素间的关系，可以对现在平面几何中很多结论加以验证。Math CAD 不仅可以刻画由函数和方程确定的曲线，而且可以对有些数学内容进行代数运算，如数值的代数运算、复数运算、矢量和矩阵运算、解方程与方程组、微分和积分的数值解、插值运算、微分方程求解等。人们提出：我们对数学的研究能否像研究物理和化学那样采用实验的手段获得一些重要的数据，通过分析实验的结果，得出数学的结论，从而加以严格的证明。其实，用计算机来解决数学的问题已有几十年的历史了。如著名的“四色问题”，即把平面(或球面)像画地图似地划分为许多区域，每个区域各标一种颜色，并要求每两个相邻区域所标颜色不能相同，问至少需要几种颜色?

1976 年，美国伊利诺伊大学的阿佩尔(K. Appel)、哈肯(W. Haken)借助计算机对“四色问题”进行了研究，结果是“只要四种颜色就够了”，他们设计了十分巧妙的程序，用计算机进行了复杂的证明。他们在伊利诺斯大学的 IBM 360 机上对所设计的 1 482 种情形进行机器证明，花了 1 200 h，终于证明了“四色问题”。这就是效果的“数学实验”用计算机证明数学问题。我国著名数学家吴文俊认为，如果考察数千年的数学发展史，不难发现，数学多次重大突破都与数学机械化有关。他理解的机械化是指算法化和规范化。20 世纪 70 年代，他用代数的方法证明了欧氏几何已知的一切定理，还发现了一些新的定理。既然计算机能解决复杂的数学证明问题，那么对于只传授初等数学知识的中学数学教学可否引入计算机，这就是现在人们常说的数学 CAI。计算机用于中学数学辅助教学在中学已非常普及，但存在一些问题，如把计算机当成文本和图像的输出工具；用多媒体平台开发的课件多注重演示功能，在帮助学生理解、掌握数学知识方面开发的较少，能否把学生要学习的数学内容作为实验课题，数学教师用数学工具软件设计出实验程序，让学生上机亲自动手做实验，写出实验报告。分析实验结果，从对数据的分析中发现某些现象，由发现的某些现象猜测某些性质，对猜测的性质进行证明或反证，对证明所得的性质加以推广或一般化或特殊化。这样就可以使学生通过自身的探索，相对独立地从事数学的发现和数学学习，更深刻地理解数学概念的含义，掌握数学思想和方法。

那么，什么是数学实验呢？实验是为了检验某种科学理论或假设而进行的某种操作或从事某种活动，是科学研究和发现的重要方法，人们对物理实验、化学实验比较熟悉，但很少听说数学实验。在人类没有计算机的时代或有计算机的初期，人们并没有注意到计算机在数学方面的应用价值。研究数学、学习数学都是借助笔、纸进行画图、计算、推理、证明。更注重演绎逻辑思维能力。自从 1976 年美国伊利诺伊大学的阿佩尔、哈肯借助计算机成功地解决了著名的“四色问题”之后，人们开始注意到计算机不仅能用在数学的学习上，而且可以像人脑一样能证明数学问题，从而有了数学实验的名词。所谓的数学实验，就是人们为了研究数学的理论，用计算机作为处理数学对象的工具，给出我们所需要的数据，进而完成对某些数学问题的猜想或证明。

1.2 数学实验与计算机辅助数学教学

一、数学实验与计算机辅助教学的理论基础

计算机辅助教学始于20世纪50年代中期，美国哈佛大学实验心理学教授斯金纳(B．F．Skiner)设计了用教学机器进行的“程序教学”，以取代教师的语言功能。这种教学机器虽然取代了教师的主要功能——语言功能，指导学生的学习程序，能对学生的回答做出正确与否的判定，但没有从根本上改变教师与学生的关系，教师的主导作用仍然存在。目前为止，一些中小学校的计算机辅助数学教学只是取代了教师传递信息的功能（如用计算机传递数学内容，包括文字、数学符号、图片、动画等），和较先进的学习理论的要求有很大的差距。那么数学实验能否深入到中小学数学课堂，改变传统的落后的数学教学方式，被广大数学教师和学生所采纳。首先应看这种数学实验方式是否符合先进的学习理论？其次，应分析这种方式对学生在哪些方面产生有益影响，起到什么作用？

布鲁纳(Bruner)是认知派的代表人物之一，是一位研究知觉与认知发展的心理学家。他的学习理论对我国20世纪70年代的教育有很大的影响。他对学习本质的看法是：学习的目的在于形成和发展认知结构；在认知发展过程中，人们通过动作、表象和符

号三种表征将新知识融合于认知结构中；对于人类学习而言，重要的是符号表征；动作、表象和符号三种表征系统互存互补。而数学实验就是在原有的认知结构基础上，对学习内容编程加工，由学生在计算机上实验，获得新的认知结构。这符合布鲁纳对学习本质的认识，它是形成和发展认知结构的主动的过程。

另外，数学实验是发现学习的重要方式。发现学习是指在教师极少指导的条件下，学生通过大量探索来学习和掌握原理、规律及解决问题的方法。发现学习包括两个含义：一是学习者通过发现的方法进行了学习：二是可以发展发现能力，即使学生学会发现而进行的学习。下面举例说明通过数学实验进行发现学习。在初中二年级的平面几何中，关于三角形内角和为 180° 定理的学习，教师在讲授时不告诉学生这一结论，而是让学生在《几何画板》上任意画三角形，然后用几何画板中度量的功能把三角形的三个角度量出来，并利用计算功能对三个角求和，在验证大量的、不同形状的三角形之后得出的数据都是三角形的三个内角之和，是 180° ，学生就会发现三角形三个内角和是 180° 的规律。学生在此基础上再给出理论证明。学生自己动手实验，主动参与探索知识的形成过程，通过实验来学习某些数学知识，而不是教师把数学知识传授给学生，学生被动地接受知识。

罗杰斯(R.Ggers)是美国著名的心理学家，他提出的“以学生为中心”的非指导性教学思想，对六七十年代西方的教育改革有很大的影响。他在《学习自由》(1969)一书中关于人本主义的十条原则，其中的两条是：多数意义的学习是从做中学到的，即让学生直接面临实际问题，做错了也会有利于学生学习；当学生主动参与学习过程时，学习才能进行。只有当学生自己确定学习方向、寻找学习资源、阐述问题、计划行动方案、获得结果时，才是真正意义的学习，而数学实验作为学生学习数学的新的方式是完全符合这两条原则的。我们也把数学实验看做数学，学生通过自己做数学而获得某些概念、公式、法则、定理、问题的解。

二、数学实验与计算机辅助教学的区别和联系

1. 计算机辅助数学教学

计算机辅助数学教学在中学已经比较普及，我们首先研究计算机辅助数学教学方面的理论。从信息论的理论看，中学数学教学活动本质上是一个信息传递和信息处理系统。计算机辅助数学教学就是以计算机的各种特性和功能对教学信息进行传递和处理，从而可以利用计算机来实现教师在教学过程中的下述功能：信息传递、信息处理、判断评价与反馈。教师在用计算机辅助教学之前，要在计算机上编写教学内容。这种在计算机上实现的教材称为教学软件(Instuctional Software)或课件(Courseware)，然后，根据教学计划，教师选择教学内容进行计算机的辅助数学教学，图 1.1 给出了计算机辅助教学中计算机与学生之间的交互活动[10]。

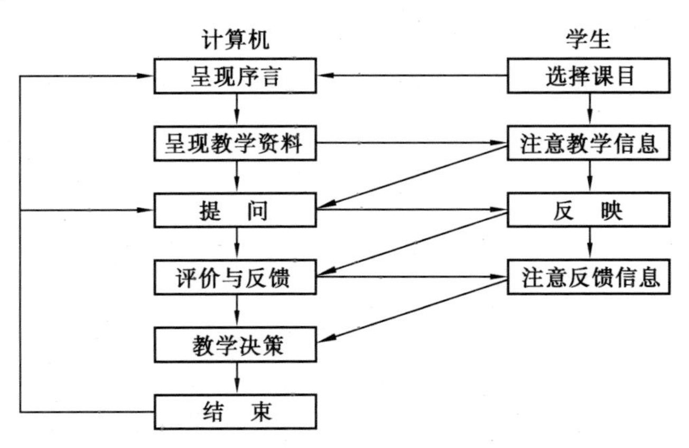

图 1.1

计算机辅助数学教学的大体过程是：

（1）教师选择教学内容。教师根据教学计划，在计算机的课件库中选择学生要学习内容的教学程序，在屏幕上显示序言和教学目的。

（2）计算机呈现学习资料和问题。教师把学生要学习的数学内容的文本、图形、声音、动画和学生要解答的问题做成一段程序存于计算机，学生学习时由计算机呈现给学生。

（3）学生学习数学。学生根据教学要求，认真学习教学内容，力求记忆、理解和掌握所学的内容，在此期间，如遇到不懂的问题，可以向老师请教。

（4）计算机提问。在计算机辅助教学中，提问是非常重要的，目的是测试学生对所学内容的掌握程度，问题可以是对所学内容中概念的理解，也可以是对知识的运用。问题的形式可以是多样的。

（5）学生解答。学生对计算机提出的问题经过思考、判断做出自己的回答。

（6）计算机评价与反馈。计算机能对学生回答的结果做出判断，指出结果是正确还是错误。以上是把学生作为认知的主题而设计的辅助教学模式，它能较大程度地调动学生的积极性，是计算机辅助教学最有效果的一种。

2. 数学实验的过程

虽然计算机实现了信息传递和处理功能，但还是以呈现学习材料为主要形式，并没有从根本上改变学生学习数学的方式。下面来分析数学实验的过程。

（1）确定实验题目。教师根据数学教学内容确定实验题目。此题目或是一个概念，或是一个定理，或是某个数学对象的性质，或是一个研究性的题目，也可以是学生自己想解决的例子。

（2）给出实验任务。针对确定的实验题目，分析对结论产生影响的各个方面，给出实验任务，学生可根据实验任务通过计算机获得大量的数据。

（3）软件编程。根据实验内容，选择恰当的数学软件，编写计算机程序。

（4）上机实验。学生根据自己设计好的计算机程序，输入所需数据，在计算机上做大量的实验。

（5）描述结果。通过实验，发现与所研究问题相关的一些数据中反映出的规律性，对实验结果作出清楚的描述，进而给出猜想。

（6）数据的分析。对实验数据进行分析与讨论，解释数据是怎样支持猜想的。

（7）根据实验的现象，通过数学上的分析及可能的证明，给出支持该猜想的论证。我们知道，学生利用数学实验学习数学是主动参与的知识形成过程，计算机不只是信息的传递工具，更重要的是学生学习的工具。而用计算机进行辅助教学，更多是呈现学习材料，学生被动地接受这些信息。在数学实验中，计算机承担了大量的人在短时间内无法完成的计算、运算、绘图等工作。这将使我们更清楚地认识数学实验与数学学习、数学实验与数学教学的联系。

3. 数学实验与计算机辅助教学的区别和关系

计算机辅助教学简称为 CAI(computer assisted instruction)，是一个外延很广的概念，它向学生提供较丰富的文字、图片、声音、动画等资料。它和数学实验有很大的区别，从教育学角度来看，它们之间的一些区别[1]，如表 1.1 所示。

表 1.1

数学实验	数学 CAI
是一种课程	是一种信息载体
是数学知识的发现、探究过程	是数学知识的传播过程
学生在数学实验中开发、创造、验证数学结论	学生接受已有的数学信息
是在数学教育过程中进行的一种“数学活动”，是信息技术条件下的教育活动	是在数学教育过程中使用的一种教学工具

从心理学角度出发，数学实验是想象一顿悟与灵感一猜想，而数学 CAI 是感知一表象一记忆一理解多路感知；数学实验与试验说及结构说相一致，而数学CAI与信息处理心理学理论相一致；数学实验是学生主动地进行实践，参与数学知识的形成过程，而数学 CAI 是向学生提供一种课程资源，学生被动地接受这些信息载体。

1.3 数学实验的课程论的地位

一、开设数学实验课的必要性

为迎接 21 世纪科技、人才、技术、经济竞争的需要，世界性的新的一轮大规模的教育改革已经不宣而战。在这场新的教育竞争中，各国都把课程改革作为整个教育改革的重点。当今世界发展的主要趋势是信息化、世界化、市场化、教育现代化。我国以前的课程存在着许多弊端，学科性趋向明显，忽视了课程的创新价值;课程结构不尽合理，忽视了受教育者的差异等，这种教育远远不能适应当今世界知识经济时代发展的需求，所以必须进行课程改革，使我们的课程在突出基础性和科学性特点的同时，还突出时代性和发展性的特点，数学实验课将是在这一改革时期中的必然产物，因为：

1. 数学实验课的开设将有利于培养学生的创新精神和实践能力

创新在某种意义上就是超越和突破，并以外向、开放和独特为其显著点。《学会生存》一书中明确指出，“教育具有培养创造精神和压抑创造精神的双重力量”，而课程在教育目标转化为学生发展目标中的中介作用正日益体现出来，数学实验课将给学生提供一个亲身研究数学（即所谓“做数学”）的机会，为学生的创新精神的培养和实践能力的提高创造了条件。学生可在实验中不断拓宽问题，分析问题，并不断提出问题，尝试成功。学生在这种亲身体验中，创新的火花才能迸发，所以说数学实验课将有利于培养学生的创新精神和实践能力。

2. 数学实验课的开设将有利于转变学生传统的学习方式

目前，学生的学习方式基本上是接受性的学习，教师把学习内容以定论的形式呈现给学生，学生接受后将它们内化。这样的教学没有注重数学知识的发生发展过程，没有注重数学中蕴涵的数学思想方法，较少运用归纳和实验的方法。而数学实验是学生根据老师布置的某些内容，选定学习内容或要解决的问题，用适当的实验手段、方法和工具获得数学数据（数值，图象）等，这里有学生动手、动脑的过程，也就有了学生学习的主动性，有了学生创新的空间。所以，我们认为，数学实验课的开设将学生的被动学习方式变为主动学习方式，使学生真正成为学习的主人。

3. 数学实验课的开设将有利于激发学生学习数学的兴趣，开发学生更大的潜能

数学实验常常以研究某个具体的数学问题或验证某个数学结论而设置，学生在不知道结论的前提下动手、动脑，利用实物或计算机软件去探索，可大大激发学生的求知欲。现代教育心理学认为：学习动机是直接推动学生学习活动的内部动力，正是由于学习动机的作用，学生才会表现出渴望求知的迫切愿望、主动认真的学习态度和高涨的学习积极性。有了积极性，就会逐渐产生兴趣，产生了兴趣，学生内部的学习动机就会发挥作用，推动着学生去实验、去探索，从而使学生的潜能得到开发。

从以上三点可以看出，为了适应素质教育的要求，为了使21世纪的中国人才能成为世界型人才，为中国在知识经济的时代立于世界不败之地，中国现代的教育就要以培养学生创新精神和实践能力为培养目标，因此在数学课中开设数学实验课也就显得十分重要了。

二、开设数学实验课的可行性

开设数学实验课程的目的主要是对现行数学课程内容的结构进行改革，以往的数学课程内容过于偏重形式化、抽象化、严谨性的一面，而对数学创造过程中归纳和实验的方法体现的不多。许多年前，一些数学教育家就提出，让学生动手“做数学”，要在数学教学中引入“数学活动”，多少年来一直呼唤：应当给学生以“数学的发现”的教育，要让学生除了演绎推理之外，还会使用归纳推理、“合理推断”等演绎手法，体验完整的数学创造过程，即从观察、抽象、归纳、概括、猜想到分析和论证的全过程。这种教育思想，当今已经不再是数学教育家的梦想，数学课程结构的三维“变元”的巨大变化，为我们开设数学实验课提供了极好的时机和条件。这些条件是：

（1）素质教育、创新教育被历史地推上了教育宗旨的顶峰。

（2）国际上课程改革的发展趋势。

① 更新课程内容，以提高课程现代化的水平。

② 从行为主义课程理论向人本主义课程理论发展。

③ 多种课程的扩展与并存。

④ 课程管理的集权与分权共存。

⑤ 重视能力的培养。

⑥ 课程改革越来越适应社会发展现代化、国际化、信息化的需求，适应面向时代、面向未来的要求。

（3）IT 手段的普及，提供了创造新型数学课程模式的物质基础。

（4）数学教学工具软件的完善，创造了数学活动的新环境。

（5）教师队伍整体水平的提高。

有了这些条件之后，摆在我们面前的任务是：实现它们的结合，创造并完善一种新的“数学课程模式”。“数学实验课”就是这样一种新生的数学课程模式，它的开设已经具备了一定的条件（教育理论基础、人们的认识水平和科技水平等条件），所以说开设中学数学实验课是可行的。

三、数学实验课和其他数学课程的关系

《国家基础教育课程改革指导纲要》指出：“课程结构的设计应遵循学生身心发展的规律，体现当代社会、科学技术的发展，通过合理设定学科或领域的门类及其课时比例，实现课程结构的均衡性。”合理的课程结构一般说来，应是“两大类，三大板块”。两大类即正规课程和非正规课程；三大板块即学科课程、活动课程和隐性课程。学科课程又可分为分科课程和综合课程，如图 1.2 所示。

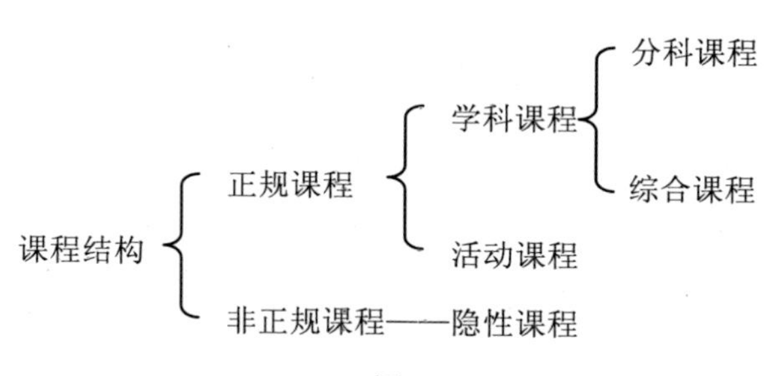

图 1.2

那么数学实验课应属于哪一类课程呢？与现行数学课程又有哪些关系？

（1）针对学生心理成熟的程度，我们认为初、高中不同阶段数学实验课所处的课程地位是不同的。在初中阶段，由于学生掌握的数学知识较少，而且计算机操作水平比较低，动手能力较差，所以数学实验课应处于隐性课程地位，是对现行的课程的补充。在高中阶段，学生的数学知识在不断丰富，学习数学的能力也不断提高，他们的计算机操作水平也较高，在这种情况下，数学实验课应处于活动课程地位。它以学生发展为本，融研究性学习、劳动技术教育、社区服务实践等内容为一体，通过学生亲身经历的实践过程，全面培养和发展学生的创新精神、实践能力和终身学习的能力。

（2）从环境方面考虑，数学实验课可确定为地方课程。它是由地方教育行政部门以国家课程标准为基础，在一定的教育思想和课程理念的指导下，根据地方社会发展及其对学生发展的特殊需要，充分利用地方课程资源所设计的课程。作为地方课程，它具有如下特点：① 地方性；② 针对性；③ 时代性和现实性；④ 探究性和实践性。所以在有条件的地区，可利用地方优势开设地方性数学实验课。

（3）从教师队伍状况看，数学实验课可确定为校本课程。所谓的校本课程，是相对国家课程和地方课程而言的一种课程，它是指以某所学校为基地而开发的课程。校本课程的开发者，包括学校领导、全体教师及学生家长，或者是学校与其他机构的合作者。数学实验课作为校本课程，可以说是对国家课程的重要补充，能够更好地体现学校的办学特色，也可促进教师的科研水平的提高，也是培养和造就新世纪的创新人才的一条重要途径。所以，各省市的重点中学，教师的整体水平较高，学校条件好，可以把数学实验课作为校本课程来开发和实践。

综上所述，可知数学实验课有生存和发展的空间，符合课程改革的发展需要，现在处于补充和完善现行数学课程的地位，将来必将成为独立的一门学科而登上中学数学课程的舞台。

第二章　数学实验与中学数学教学

- **数学实验的作用**
- **数学实验在中学数学教学中的应用**

2.1 数学实验的作用

一、改变了传统的学习方式

传统的数学学习方式是学生被动地接受老师传授知识，即老师是信息的传递者，学生是接受者。学生很少参与知识的形成过程，只是大量地演算习题，更没有参与知识的发现过程与创造过程。而数学实验是学生根据教师布置的某些内容，选定要学习或要解决的问题，用适当的数学实验软件编程实验，获得关于发现数学结论重要的数据(数值，图象等)，从而发现或猜想数学结论，再加以严格的理论证明。这是学生亲自动手做数学，尝试数学的再创造。著名数学家哈尔莫斯说："学生最好的学习方法是动手——提问，解决问题。最好的教学方法是让学生提问，解决问题，不要只传授知识——要鼓励行动。"而数学实验恰是学生自己解决问题。

二、激发学生的求知欲

现代教育心理学认为：学习动机是直接推动学生学习活动的内部动力，正是由于学习动机的作用，学生才会表现出渴望求知的迫切愿望、主动认真的学习态度和高涨的学习积极性，所以发展学生学习数学的兴趣是培养其学习动机的最好办法。所谓认知兴趣，是力求探究某种事物、获得文化科学知识的带有情绪色彩的意向活动。调查表明，学生对数学的兴趣程度与学习数学的效果有着密切的联系。对数学感兴趣的学生，把学习视为一种乐趣和爱好，愿意从事创造性的学习活动，因而保证了学生学习的成功。反之，对学习不感兴趣的学生，视学习为负担，得过且过，学习成绩越来越差。学生在数学实验的过程中自己动手做数学，会大大激发他们学习和创造的欲望。爱因斯坦曾深刻指出："在学校里和生活中，工作的最重要的动机是工作中的乐趣，是工作获得结果的乐趣，以及对这个结果的社会价值的认识。启发并加强青年人的这些心理力量，我看是学校最重要的任务。只有这样的心理基础，才能导致一种愉快的愿望，去追求人的最高财富——知识与艺术技能。"巴甫洛夫的探究反射研究证明：原始的认知需要是一个健康的人类有机体所具有的一种带有生物学本能特性的需要。它往往表现为一种好奇心，随着新奇事物产生而产生，随之消失而消失。而通过数学实验学习数学能引起学生的好奇心，在探索数学知识形成过程中感觉到乐趣，从而把学习兴趣转化为学生自己的需要，培养学生强烈的内在学习动机。另外，动机理论认为：让学生在学习过程中不断得到某些成功的体验是激发学生学习动机的重要手段之一。这样能使学生学习动机获得成功体验的强化，又有助于产生自信心，增强自我效能感，而这又对学习动机产生积极的促进作用。学生通过数学实验获得他们所需要的数据，进而通过分析得到的信息，获得数学知识或某些猜想，每一个实验的成功都会增强学生的成就感，产生自信心，这就增强了学生学习数学的动力。

三、培养学生的创造能力

心理学家认为，创造性是一种个性特质。创造性导致新的、独特的、独立的和想象的思维或做事的方法。培养学生创造性思维能力，目前已是全球性的问题，“为创造性而教”已经成为学校的主要目标之一。创造性思维有如下三个特点：思维的流畅性、思维的灵活性和思维的独特性，那么，针对思维的这些特点，如何来培养学生的创造性（尤其是在数学课堂教学中培养学生的创造性）思维能力呢?吉尔福特在总结了大量的有关培养创造性思维的文献和实验的基础上，提出一套前后有序的培养创造性思维的策略[8]，而学生在数学实验的过程中很多方面都符合吉尔福特提出的策略。

1. 拓宽问题

如在探求递归数列 $a_n = a_{n-1} + a_{n-2}$，$a_1 = a_2 = 1$ 的极限时，并不要求求出通项公式，再求极限，所以学生可以选择不求通项，采取数学实验，更能拓宽解决问题的办法。

2. 分解问题

当我们用计算机解决数学的复杂问题时，通常把一个问题分解成若干方面的小问题进行实验，获得大量的数据加以解决，从而增加了学生解决问题的机会。

3. 不断提出问题

数学实验的过程是一个不断提出问题、设计实验方案、进行实验获得数据、分析数据、解决问题的过程。随着实验的开展，学生会提出更多、更有价值的问题。

4. 延长努力

在实验中要解决问题的结果不能很快地确定下来的时候，学生应有一定的耐心，经过认真分析、思考和总结，再选择新的解决方案。

5. 尝试灵感

数学实验的过程是一个复杂的过程，学生应能创造性地解决其中各方面的问题，对某些问题的实际工作停顿一会儿，但保持解决问题的愿望。在这种情况下比较容易产生灵感，即突然出现的解决问题的方法。很多科学家都有这样的体验，如爱迪生、爱因斯坦等。

2.2 数学实验在中学数学教学中的应用

现代课程论专家提出:“观察和实验在未来的数学教学大纲中将占有重要地位，数学与其他学科特别是自然科学将更加靠近。”可见，数学实验在数学教学中具有重要的价值。学生在实验课上自己动手实验，充分尝试，并通过各种途径去思考、探索，这样所获得的知识比起单靠教师讲解所获得的要深刻得多，且在这个过程中，观察能力、探索能力、创造能力、实际操作能力等都得到相应的发展。

一、实验能帮助学生揭示数学概念的本质，使学生形成正确的数学概念

数学概念是数学知识的细胞，是数学思维的基本单元，是学生赖以思维的基础，所以，数学概念的教学是数学教师重要的数学任务。数学实验课给概念教学提供了一个活动的平台，以及一种新型的教学模式。下面是我们在数学概念的产生、形成、发展、应用等方面利用实验课进行教学的实例。

在初二《几何》矩形、菱形、正方形的教学中，我们认为它们是特殊的平行四边形，而特殊的又往往寓于一般之中，在一般中可观察特殊，根据这一辩证思想，我们设计如下实验课。

【例 2. 1】

实验题目：发现特殊的平行四边形。

实验平台：几何画板。

实验目的：(1)通过对一般平行四边形边长和角度的变化，探索特殊的平行四边形。

(2)理解矩形、菱形和正方形定义的形成过程,掌握

定义的本质。

实验过程：(1)在几何画板上画出准确的平行四边形。
(2)利用几何画板的动画功能设置边和角的变化，保证变化中是平行四边形。

实验任务：(1)观察出边长变化中某一特殊状态。
(2)观察角度变化中某一特殊状态。
(3)观察边长、角度同时变化中的某一特殊状态。

实验结果：学生通过实验形成对矩形、菱形、正方形三个概念的认识，并理解三者之间的关系。

二次曲线内容是中学生必须掌握的数学基础知识，它从理论到应用都是中学解析几何的教学重点和难点。学生对二次曲线轨迹的形成，只能停留在由方程到现成的一个图形。头脑中没有动态的生成过程，这类内容适于利用实验课来学习，它能帮助学生深刻理解二次曲线的概念，为其应用打下了基础。今以椭圆的定义和抛物线为例，介绍如下两个实验课。

【例 2.2】

实验题目：椭圆的形成。

实验目的：利用 Math CAD 先进的作图功能和动画生成功能，按椭圆定义，制作椭圆的轨迹，从而加深学生对椭圆定义的理解。

实验平台：Math CAD、几何画板。

实验过程：(1)作椭圆轨迹的图象。
(2)标出动点到两定点的距离及距离之和。
(3)生成动画。

实验任务：(1)观察点 P 在椭圆轨迹上移动时各数据的变化，明确定义的实质。
(2)分析动点到两定点的距离之和与两点间距离的关系，加强对条件的理解。

实验结果：(1)加深对椭圆定义的认识。

(2)理解变与不变的规律。

【例 2.3】

实验题目：点 A 的坐标为(3,2)，F 为抛物线 $y^2 = 2x$ 的焦点，点 M 在抛物线上移动，求使 $|MA|+|MF|$ 最小时点 M 的坐标。

实验目的:利用 Math CAD 动态研究题目,在变化中寻找答案。

实验平台: Math CAD。

实验过程: (1)利用 Math CAD 作 $y^2=2x$ 的图象。

(2)作定点 A(3,2)。

(3)作抛物线 $y^2=2x$ 上的动点 M。

(4)度量|MA|+|MF|。

(5)形成 M 在抛物线 $y^2=2x$ 上移动，|MA|+|MF|值不断变化的动画。

实验任务:(1)观察点 M 在抛物线 $y^2=2x$ 上移动时，|MA|+|MF|值的变化规律。

(2)从动画演示和数据变化中寻找解题方法。

(3)用实验方法确定答案。

二、实验课能帮助学生生动形象地掌握函数图象的问题

在中学数学教学中，函数及其函数图象是教学的重点和难点，尤其是几个函数图象联系在一起的时候，学生理解记忆都有困难，应用时就会无法可依。如指数函数和三角函数图象的教学，采用传统的教学方法，学生对图象缺少亲切感和真实感，而采用实验教学法，可使学生清楚地观察到图象的生成过程，能比较深刻地理解图象间的关系。

【例 2.4】

实验课题：指数函数图象。

实验目的：在计算机上画出指数函数的图象，并通过在同一直角坐标系中的多个指数函数图象，总结其变化规律。

实验平台：几何画板和 Math CAD。

实验过程：(1)利用 Math CAD 平台，制作函数 $y=2^x$ 的图象。

(2)利用 Math CAD 平台，制作函数 $y=10^x$ 的图象。

(3)利用 Math CAD 平台，制作函数 $y=(0.5)^x$ 的图象。

(4)利用 Math CAD 平台，在同一直角坐标系制作函数 $y=2^x$ 和函数 $y=(0.5)^x$ 的图象。

(5)利用 Math CAD 平台，在同一直角坐标系制作函数 $y=2^{-x}$ 和函数 $y=3^{-x}$ 的图象。

(6)利用 Math CAD 平台在同一直角坐标系上作 $y=2^x$、$y=3^x$、$y=5^x$ 的图象。

实验任务：(1)制作单一指数函数图象。

(2)观察图象上的特殊点。

(3)观察图象的单调性、奇偶性。

(4)观察多个指数函数图象间的关系。

实验结果：(1)任一指数函数的图象都经过哪个点。

(2) $0<a<1$ 时 $y=a^x$ 图象的性质。

(3) $a>1$ 时 $y=a^x$ 图象的性质。

(4)同一直角坐标系中，$y=a^x$ 的图象间的关系。

图 2.1 是本实验过程中（6）、（5）和（4）的图象。

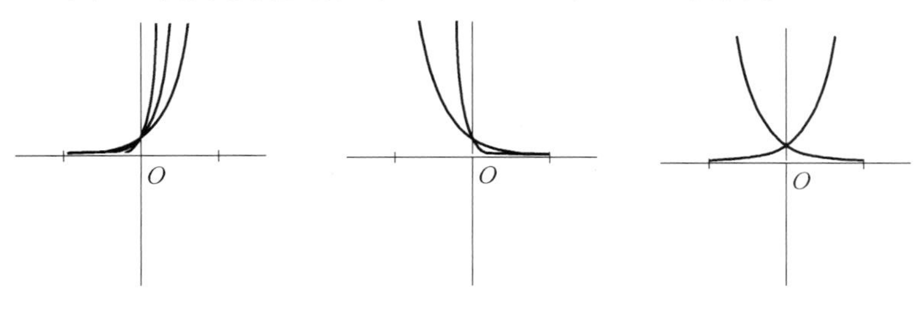

图 2.1

【例 2.5】 在三角函数教学中，$y=A\sin(\omega x+\phi)$ 的图象和性质是较有趣但很难掌握的内容。因为图象随着 A、ω、ϕ 的变化而变化，学生只能抽象理解，而没有机会通过亲手实验去体会其变化中的相互关系，所以是很难准确地掌握这一内容。现以 $y=A\sin(\omega x)$的图象为例，采用实验法进行教学活动。

实验课题：有趣的 $y=A\sin(\omega x)$的图象。

实验目的：通过实验使学生掌握 A 和ω 对 $y=A\sin(\omega x)$的图象的影响，理解伸缩变换过程，培养学生运动变化的辩证思维。

实验平台：几何画板。

实验过程：(1)y= sinx 的图象。

(2)在同一直角坐标系中，作 $y=2\sin x$ 的图象和 $y=\frac{1}{2}\sin x$ 的图象。

(3)作 $y=A\sin x$ 的图象，由 A 的变化生成动画。

(4)在同一直角坐标系中，作 $y=\sin(2x)$ 和 $y=\sin(\frac{1}{2}x)$ 的图象。

(5)作 $y=A\sin(\omega x)$的图象，并由ω的变化生成动画。

(6)作 $y=A\sin(\omega x)$的图象，并由 A、ω的变化生成动画。

实验任务：(1)准确完成各函数图象及动画的生成。

(2)观察 A 的变化对 $y=A\sin(\omega x)$的图象的影响。

(3)理解 $y=\sin x$ 的图象经过如何变换得到 $y=A\sin(\omega x)$的图象。

实验结果：(1)当 A 变化时，得到函数 $y=A\sin x$ 的图象的变化规律。

(2)当ω变化时，得到函数 $y=\sin(\omega x)$的图象的变化规律。

(3)当ϕ变化时，得到函数 $y=\sin(\phi+x)$的图象的变化规律。

图 2.2 是本实验制作的图象。

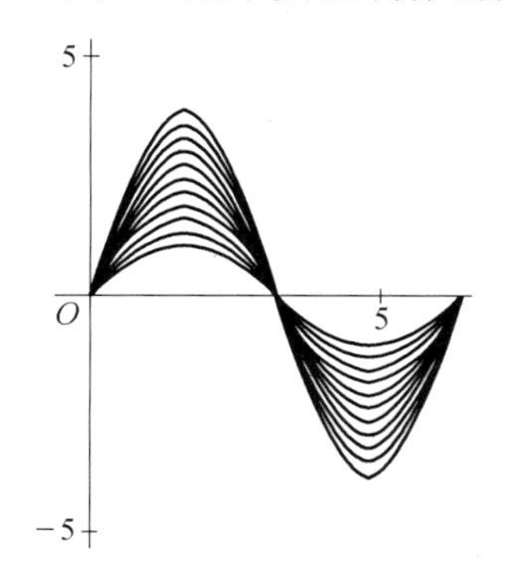

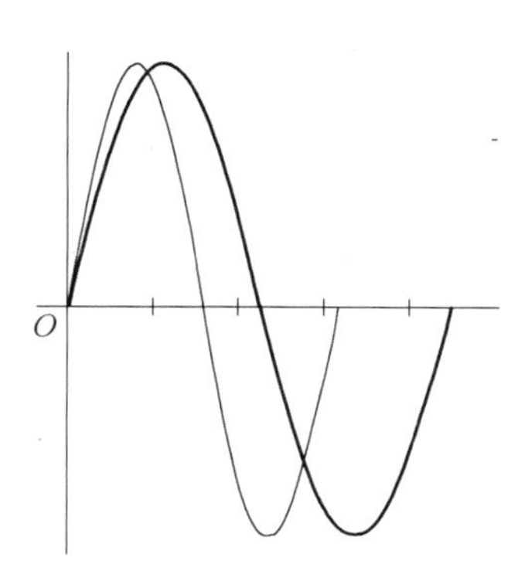

图 2.2

三、数学实验帮助学生解题

解题是学生对基础知识的应用过程，是一种创造性的劳动。学生解数学题有多种多样的方法，数学实验可以看做是解题的实验场，为学生解题提供方便快捷的途径。

【例 2. 6】

实验题目：方程 $\sin x=\lg x$ 根的个数。

实验目的：通过实验来发现方程 $\sin x=\lg x$ 根的个数，从而理解方程与函数图象的关系。

实验平台：Math CAD。

实验过程：(1)作 y=sinx 的图象。

(2)作 y=lgx 的图象。

(3)在同一直角坐标系中，作 y=sinx 和 y=lgx 的图象。

实验任务：(1)观察 y=sinx 与 y= lgx 图象的交点个数。

(2)分析数量关系。

(3)理解函数图象对解方程的作用。

实验结果：sinx = lgx 的根的个数是________。

图 2.3 是用 Math CAD 制作的图象。

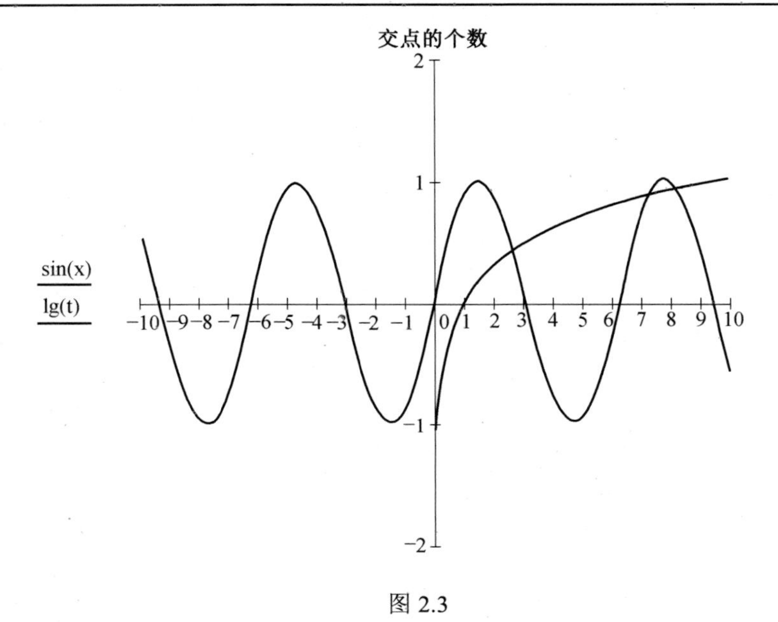

图 2.3

【例 2.7】

实验题目：比较 sin x、arcsin x、x 的大小，$x\in[0,\ \frac{\pi}{2}]$。

实验目的：通过 y=sin x、y= arcsin x、y=x 的图象间的关系，比较 sin$x$、arcsin x、x 的大小关系，加深对 y= arcsin x 图象的准确掌握。

实验平台：Math CAD。

实验过程：(1)在同一直角坐标系中画出 y=sinx、y=arcsinx、y=x 的图象。

(2)作直线 x=a（$0<a<\frac{\pi}{2}$）并生成动画来比较三者的大小关系。

实验任务：(1)理解图象对解题的作用。

(2)观察 sinx、arcsinx、x 的大小关系。

实验结果：对 $x\in(0,\ \frac{\pi}{2}]$时，$\arcsin x > x > \sin x$ 成立。

图 2.4 是用 Math CAD 制作的图象。

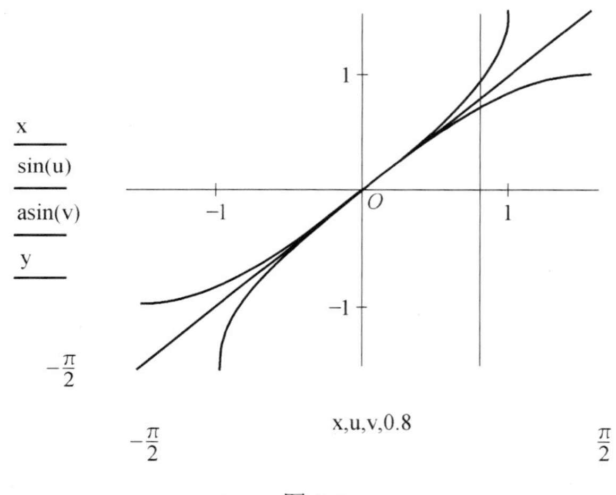

图 2.4

第三章　Math CAD 功能介绍

- Math CAD **的工作界面**
- Math CAD **中的三种“区”**(Region)

数学实验所需的专业软件平台种类很多，考虑中学数学的内容和特点以及学习和教学的需要，我们选择 Math CAD 和几何画板这两种软件作为中学数学实验的平台，向大家作详细介绍。

基于 Windows 平台的 Math CAD 软件，也和其他使用 Windows 的系列软件一样，保持着 Windows 系列的特色，而且在版本升级到 7.0 以后，就已经具备了全套的 Windows 风格。因此，后期版本之间的窗口差别很小，十分方便于学习和使用。MathCAD 的窗口构造与 Windows 的很相似，但又有自己的特点。下面将作简单的介绍。

3.1　Math CAD 的工作界面

一、菜单栏

Math CAD 的菜单栏的形式与其他 Windows 下的应用软件很相像，只是其中具体命令名称不尽相同。对照其汉化界面就会看得很清楚。

主菜单是通往 Math CAD 软件内部的路径，提供了一批驾驭软件完成各种操作的详细命令集。通过这些命令，才能实现对于数学表达式、数学图形、符号函数的各种操作，才能实现对工作页(Worksheet)的编辑、管理等各项操作。

在 9 个子菜单之下，各有若干命令。单击某个子菜单就可以看到它的内容。其所含命令的多寡将因版本的不同而略有差别。

为了便于掌握，可以把这 9 个子菜单分成两个组。

第一组，包括文件、编辑、视图、插入、窗口、帮助，共 6 个子菜单。

不仅菜单名称是我们在 Windows 系列的其他应用程序软件(如 Word)中所常见的，而且其中的多数菜单命令也不陌生，无需多加解释。

第二组，包括其余的三个子菜单，即格式、数学、符号。

这些分菜单不仅是 Math CAD 所特有，而且又是 Math CAD 的核心和灵魂，几乎全部的 Math CAD 功能都靠它们来实现。它们体现了 Math CAD 设计者的最高智慧，需要在使用中深入理解。从某种意义上说，软件的使用就表现在菜单命令的调用上。要想运用它们来很好地实现 Math CAD 的功能，需在各种操作实践中逐步掌握，反复演练，以熟练技能和技巧。

为了学习的方便，对这一部分的知识，我们不采取通常的软件教程叙述方式(从软件构成的角度讲述软件)，而采取了“从数学任务的角度讲软件”的思路，把有关的内容分述在以后的相关章节中去。这样，既可分散难点，又可结合实际应用，同时还可比较清楚地交待相关的软件原理和思路。

二、工具栏(Tool bar)

Math CAD 的工具栏的外形也很像一般的 Windows 型窗口中的工具栏，只是其中的工具按钮有所不同，如图 3.1 和图 3.2 所示。

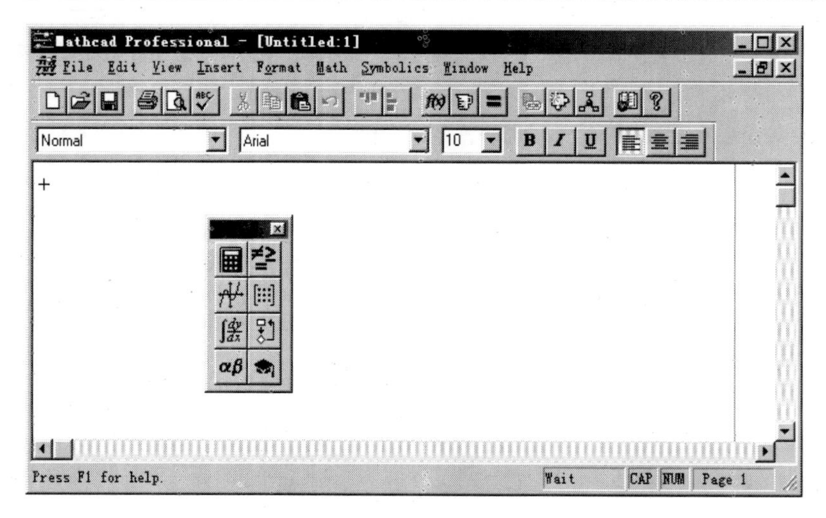

图 3.1 Nath CAD7.0 英文工作界面

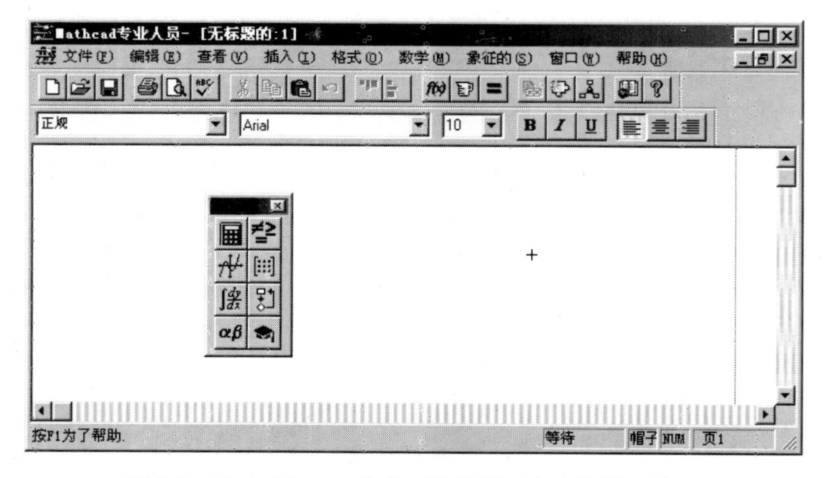

图 3.2 Nath CAD7.0 中文工作界面（金山快译汉化）

工具栏中的每个按钮分别代表一个命令。这些命令，大多可以在菜单命令集中找到。从功能上说，工具栏命令集是菜单命令集的常用命令子集。两者之间的关系是“全集”和“选集”的关系。从发令的形式上说，工具栏的命令按钮是使用鼠标发布命令的简便形式，如图 3.3 所示。

图 3.3

为了便于认识这些按钮，我们也把它自左至右分成七个组。

前面的三个组(共 10 个按钮)与 Word 窗口中相同图案的按钮的功能是一样的。需要说明的一点是，Math CAD 6.0 的恢复按钮只能恢复最后一次的操作，像 Word 5.0 一样，而 Math CAD 7.0 以后的工具栏按钮就能像 Word 6.0 以后的那样，可以多次连续恢复。

第四组有 2 个按钮。它们的功能分别是[各个区的水平对齐]和[各个区的垂直对齐]，是用于 Math CAD 文件的编辑和版面排版的。

第五组有 3 个按钮。它们的功能分别是[函数列表]按钮(图案是一个函数符号 f(x))、[单位]按钮(图案是一个实验室里使用的量杯，负责选定数量的单位)、[更新答案等号]按钮(图案是一个粗等号)。它的功能是“更新显示答案(Update displayed answers)”。函数列表和答案更新是两个常用的命令按钮。

第六组有 3 个按钮。它们的功能分别是[插入超级链接](1nsert Hyperlink)、[组件向导](Component Wizard)、[运行组件](Run Math Connex)按钮。

第七组有 2 个按钮。它们的功能是[资源中心](ResourceCenter)和[在线帮助](Help)。

三、字体栏(Fontbar)

在三个版本的 Math CAD(从 5.0 ~ 7.0)窗口中，字体栏的主要内容基本是相同的，收入了主要的编辑排版命令。7.0 版本中的形象如图 3.4 所示。

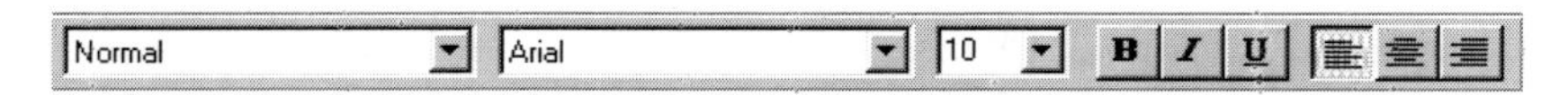

图 3.4

最左面一组有 3 个下拉列表。它们的功能大体上与 Word 里面的样式、字体、字号三个列表是对应的。不过要说明三点：① 第一个下拉列表，叫做 Style 列表，有些讲 Math CAD7.0 的中文书里叫做“风格”，实际就是 Word 里面的样式，只不过是译法的差别而已；② 第二、三两个列表，是字体列表和字号列表，列出了若干种字体名称或字号的大小；③ 字号的点数不像老版本那样(只能在列表中选择)，也能像 Word 那样自定义，但最大点数不能超过 72 点。

第二组有 3 个按钮，与 Word 里面的形象和意义都是一样的，负责字形设定。

第三组包括 3 个按钮，负责文本的版式设置。

四、数学符号板(Symbol palette 或 Math palette)

数学符号板是为了输入数学符号而专门设计的。从形式设计上说，它的思路与 Word 里面的公式编辑器(Equation Editor)上的工具板是相似的，里面容纳了数学文章书写当中常用的符号和坯模板。但从功能上说，按照 Math CAD 的思路，数学符号板得到了大大的充实和完善，并有了本质上的跃变。

在 Math CAD 7.0 中，这块板上有 8 个按钮(比 6.0 版多了一个“博士帽”按钮，其含义与老版本常用工具栏上的“博士帽”按钮不同)。单击每个按钮，都可拉出一个相应的符号板。这块数学板放到屏幕上方与其他工具栏一起横向排列时的形象如图 3.5 所示。

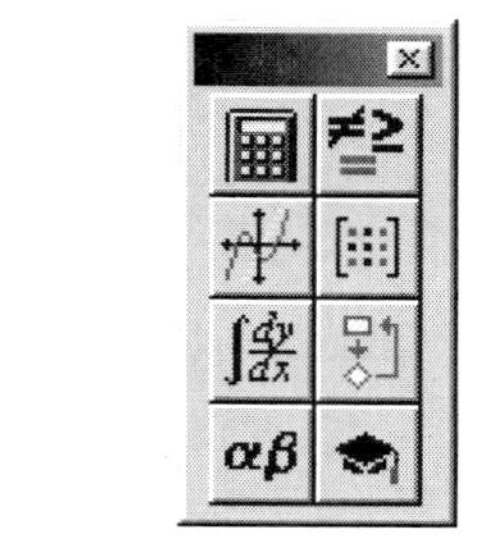

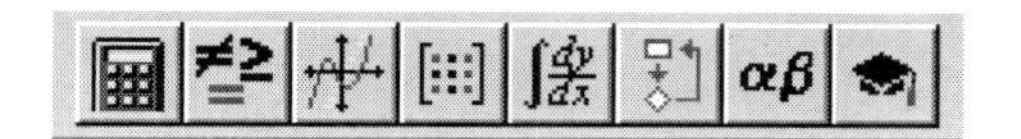

图 3.5

这些按钮也就因它所拉出的板而得名。分别叫做算术符号板(Arithmetic Palette)、估值与布尔板(Evaluation Or Boolean Palette)、矢量与矩阵板(Vector Or Matrix Palette)、图形板(Graph Palette)、微积分板(Calculus Palette)、编程版(Programming Palette)、希腊字母板(Greek Symbol Palette)、符号关键词板(Symbolic Keywords Palette)，如图 3.6 所示。

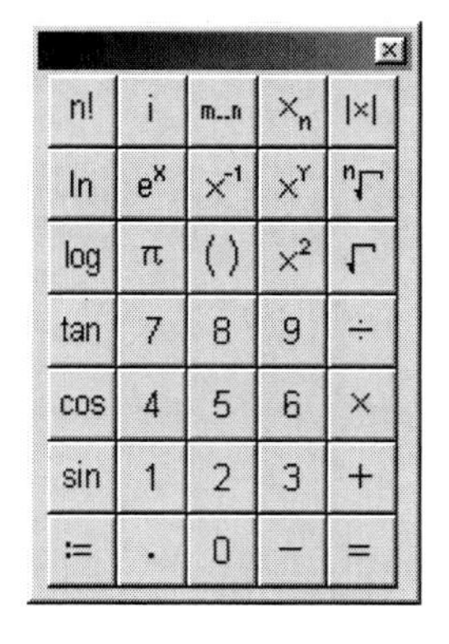

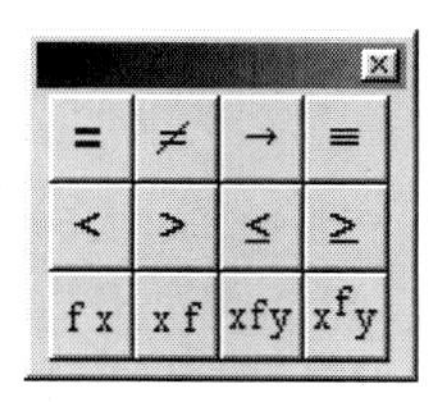

(b) 估值与布尔板

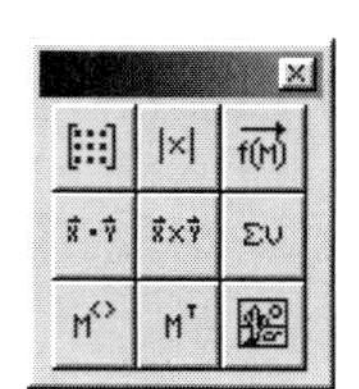

(c) 矢量与矩阵板

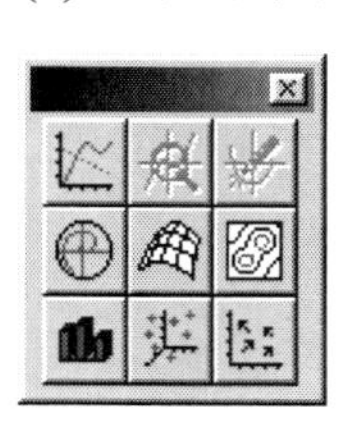

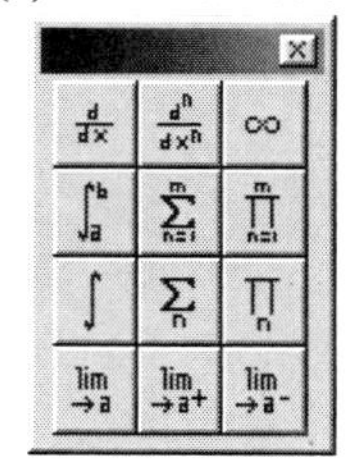

(a) 算术符号板　　(d) 图形板　　(e) 微积分板

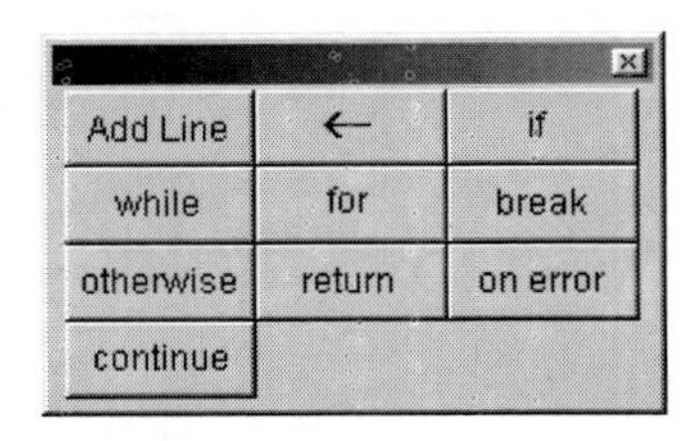

(f) 编程板

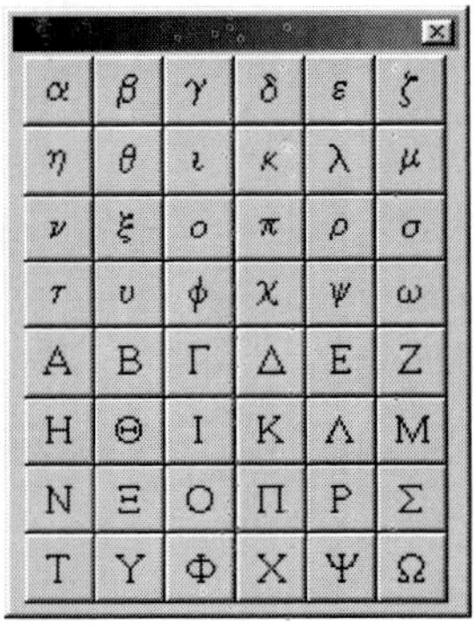

(g) 希腊字母板

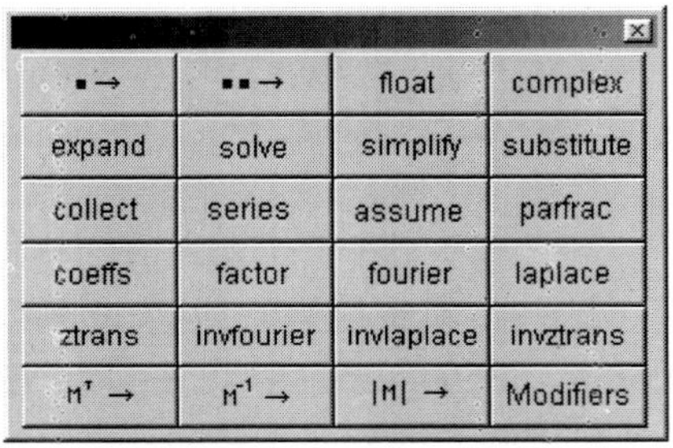

(i) 符号关键词板

图 3.6

这些子板块上面各个按钮的用法，我们将在后面结合实例加以说明。

数学符号板在窗口上的位置不是固定的，可用鼠标拖动的办法把它移动到屏幕上的任何地点。

五、提示行(Messge line)

Math CAD 7.0 版的提示行，其左端的大部分面积用于给出状态信息。右端是页数、工作模式(AUT)，还能显示大写锁定(CAP)和数字锁定(NUM)。如图 3.7 所示。

图 3.7

经常读取提示行里的信息，会帮助我们顺利地完成操作。这往往是许多初学者容易忽略的事。如果忽略，将要走不少的弯路。

六、Math CAD 的工作页(Worksheet)和工作区(Region)

在 Math CAD 窗口的中部有个面积最大的区域，叫做工作页(Worksheet)。它是 Math CAD 书写文档、输入并计算表达式、绘制数学图象、动画制作乃至编写程序的工作场地，又是记录这些工作结果的载体。工作页在默认状态下是白色的，像是一张白纸。若调用命令[视图 / 显示各区](View / Regions)以后(菜单命令左边出现一个对号)，这个工作页就会变成灰色的。若再使用一次这个命令(菜单命令左边的对号消失)，将又返回到默认的白色状态。

3.2　Math CAD 中的三种“区”(Region)

打开 Math CAD 之后，在白色的工作页上，显示有一个红色的小十字形的标记，它叫“插入指示符”。如果此时用键盘输入信息，将从这红十字的位置处开始插入。使用鼠标指针在工作页的任何位置单击，红十字标记就停在那里，并重新定位，可以用这种方式来移动插人指示符的位置。但是，我们劝告读者先不要急于输入,还是应从认识 Math CAD 的三种“区”开始。

在 Math CAD 文档的工作页中，每个数学表达式、文本段、图象都是分离的对象。它们所占据的工作页上那一块面积，都被称做“区”(Region)。如果使用命令[视图 / 显示各区](View / Regions)把工作页换成灰色的背景，就可看到这些区都是白色的矩形块，非常醒目。

在一个已经写有内容的 Math CAD 文档里，即使是在白色的工作区里，用鼠标拖动并掠过文本、公式、图形、程序，也会使它们所在的“区”显现出来，成为一些分别被虚线围起来的矩形区。顺便说一句，此虚线表示这个或这些对象已被选定，若按下删除键(Delete)，就会把所选定的内容删掉。

Math CAD 的“区”分为三种：数学区(Math region)；文本区(Text region)；图象区(Plotregion)，可以分别简称为数区、文区、图区。其中的第三种区——图区(Plot region)，主要由 Math CAD 自动生成，一般无需用户特意建立和控制。其基本特点又和数区相似，可归于一类来理解。这样，只需对这三种“区”的前两种解释得多一些就可以了。

在 Math CAD 中，之所以要把各个区设计成互相分离的对象，一方面，是为了科技文稿编排的方便，可以分别单独地移动每一个对象到合适的位置上去，让文中的文、版式、图表得到最佳搭配，编排成比较理想的文稿。若有某一处不够满意，还可以再度单独调整，就像使用 Word 里面的图文框那样。另一方面，从本质上说，更是为了给不同类的区赋予不同的功能属性，让计算机系统能分类识别出不同的“数据类型”，以便采用相应的程序，完成特定的处理过程。

一、 数学区(Math region)

数学区是专门为书写数学表达式或其同类内容(如程序)而设计的一种对象。虽然它也能接受字符(英文、中文、希腊文)，但并不当做普通意义下的文词符号，而总是把它们当做数学变量名或函数名来理解，是作为数学表达式的组成部分来接受并处理的。这是 Math CAD 的特有功能。若想录入和处理数学表达式一类的内容，必须经由数学区这个渠道。它是学习使用 Math CAD 时应重点掌握的部分。

数学区的建立，无需使用专门命令。在 Math CAD 工作页上，只要一开始录入，在小红十字标记处就立刻自动产生一个具有黑色矩形边框的数学区来接受录入内容。通常，所输入的字符呈现为黑色。这是设计者所安排的默认设置。

在数学区里，用户所输入的字符都将被 Math CAD 自动地理解为具有数学意义的数据，而不是文本符号。一切的变量名和函数名的赋值、数学符号的使用、数值计算、符号演算都是在这个前提之下实现的。这是数学区的特有功能，也是 Math CAD 的灵魂之所在。这时，一个由蓝色的横竖线组成的编辑线，显现在其中。它的作用相似于 Equation Editor 的指示符。竖线指示插入位置；横线表示相应部分已经被标定，可以实行某种编辑操作。数学区如图 3.8 所示。

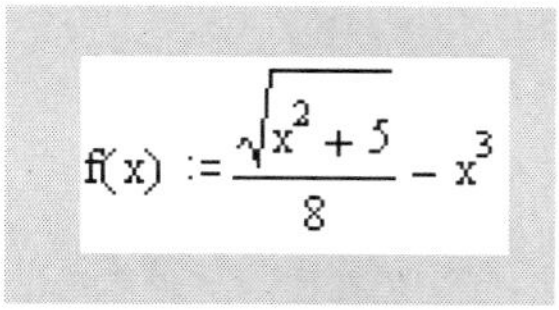

$$f(x) := \frac{\sqrt{x^2 + 5}}{8} - x^3$$

图 3.8

数学区是为接受那些文本区无法接受的数学表达式内容，并自动转化为计算机进行数学计算的程序命令而专门设计的。它对于所输入进来的文字字符，一律理解为变量名或函数名。也就是说，按设计本意，数学区不是用来书写普通字符文章的。

二、文本区(Textregion)

任何数学文章或科技文章，总要有相当数量的文字叙述，我们称这些叙述文字为文本。文本的输入和编辑所遵守的编辑法则是普通的文字录入法则，像 Word 中使用的法则一样，是不同于数学公式和图形的输入编辑法则的。为完成这种大段落的文本录入，Math CAD 专门设立了自己的文本区。

在 Math CAD 7.0 工作页里建立文本区，基本方法有两种：

（1）使用 Insert \Text region。

（2）直接在小红十字处开始输入内容，在适当时机单击空格键，就会把所输入内容自动收容在一个文本区中。

文本区的形象如图 3.9 所示，在 Math CAD 7.0 版本中是个黑色的矩形框。与数学区的不同之处是，框的右下脚及其邻边中点，各有一个控点。在一般应用软件中，对象框的控点都是 8 个或 4 个，而 Math CAD 只有 3 个。但功能相似，也可以像对待其他的对象框一样，拖动控点使对象框适当改变大小。

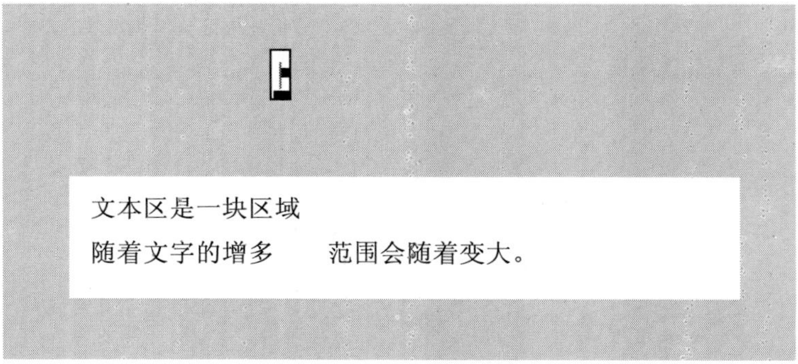

文本区是一块区域

随着文字的增多　　范围会随着变大。

图 3.9

在 Math CAD 文本区内，对于输入的内容，可以像在 Word 或 WPS 中的那样，使用通常的文字处理编辑手法。

假如想输人的内容是大段落的文本，但却忘记了建立文本区就已经开始输入，这时 Math CAD 就会把所输入的内容当做数学变量符号来理解，随时准备对它们进行数学处理。所以一定要及早在适当时机键人一个空格，使这个区转变成文本区。否则，当键人很多内容(尤其是在使用了标点或外文字符)之后，就可能无法转换为文本区，因而对它也就无法实施普通的文本编排操作。

两点说明：

（1）Math CAD 虽然是个英文软件，但在中文 Windows 3.x 或 Windows 95 / 98 环境下，基本可以接受汉字输入(会有少量的缺陷)。

（2）Math CAD 7.0 以后版本的文本区，主要用于输入文本，但也可以在它内部再插入一个数学区，用来书写少量的数学表达式。

三、图象区

Math CAD 工作页中的图象区是专门为绘制图形而设了的区域，其性质与数学区类似。Math CAD 有很强的图形绘制功能，下面我们通过一个简单的例子进行说明。

绘制余弦函数 cos(x)的图象。

（1）在工作表中输入 cos(x)。

（2）单击 Graph 工具栏中的按钮，就会出现一个区域，在该区域外单击鼠标，就可看到函数 cos(x)的图象(图 3.10)。

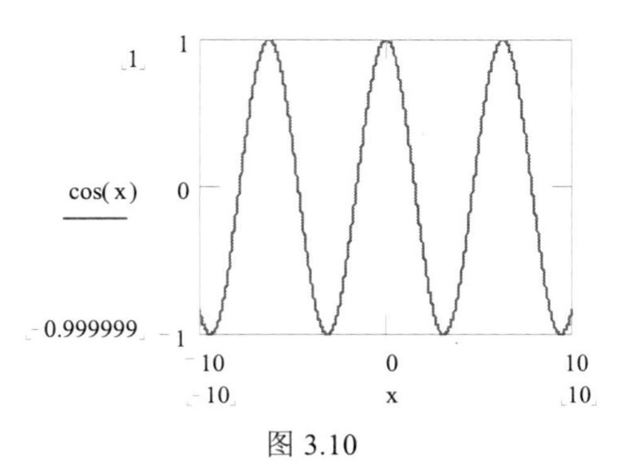

图 3.10

第四章　Math CAD 的计算功能

- **数值计算**
- **函数值运算**
- **微积分运算**
- **复数运算**

作为数学专业软件，Math CAD 具有很强的计算功能。它不仅可以进行数值计算、函数值计算、复数运算和微积分计算，而且还能进行符号运算。如因式分解、合并同类项、展开式等等。本章介绍 Math CAD 的基本的计算功能，内容将针对中学数学课程中涉及的各种运算。

4.1　数 值 计 算

一、数值的混合运算

对于一个表达十分复杂的数学式子，使用计算器计算很容易出错，运算工作量也很大。应用 Math CAD 则可以清楚地看到整个数学表达式，并立即得到最后的运算结果。下面我们举例说明。

［例 4. 1］　计算 $24-\frac{67}{35}+34^2$ 的值。

在 Math CAD 工作页上输入 24 – 67/35[空格]+34^2 后，键入等号，也可在算术符号板上单击“=”按钮，屏幕上会立即显示计算的结果

$$\left(24-\frac{67}{35}\right)+34^2=1.178\times10^3$$

在输入过程中我们可以看到，输入分母 35 后，光标停留在 35，此时，单击一次空格，光标变到 67/35 整个分式后。输入过程中，我们应当注意光标的位置，合理运用空格键，才能得到我们想要的数学式。对于这个例子，只需在 Math CAD 工作表输人所要计算的表达式和等号，就能得出计算结果，比用计算器计算方便多了。下面这道例题的计算表达式比较复杂，如果使用计算器计算，在输入时这么复杂的表达式很容易出错，那时就得全部重新输入，直到全部输入正确为止。但若使用 Math CAD 计算时，用户输入的计算表达式显示在屏幕上，可以一目了然地查看对错，一旦发现输入错误，可以随时更改输入的错误信息，省去了全部重新输入的麻烦。

[例 4.2] 计算 $\dfrac{685\times[134+\frac{43}{26}\times(17-3)-31^2]-17}{23}$ 的值。

在 Math CAD 工作表输入这一表达式，如果出现输入错误，可以用鼠标器光标把错误的输入项选中，然后用 Delete 键或 Backspace 键将错误的输入删除，在原来的位置重新输入正确的内容。输入等号，也可以用鼠标单击常用工具栏上的[=]按钮，屏幕上立即显示计算的结果。

$$\frac{685\times[134+\frac{43}{26}\times(17-3)-31^2]-17}{23}=-2.394\times10^4$$

对于这道题，如果用户使用普通的计算器来计算，则输入比较复杂，特别是表达式中有多层括号，计算器不能把表达式表示在显示屏上，若输入有误，将很难发现而得出错误结果。应用 Math CAD 就可以很方便地从显示器上看到所输人的表达式，即使输入出现了错误，也可以很容易地把它改正过来。

当表达式的结果数字较大时，Math CAD 将计算结果自动地用科学计数法来表示。这种智能化的表达方式十分方便于用户使用，而且也十分有效。

二、对变量的赋值运算

在 Math CAD 中，用户还可以进行变量的定义和计算。可以定义一个所要计算的表达式，并且将不同的数值代人这一表达式。这样就可以免去每次都要输入冗长的表达式的麻烦，增加了表达式的通用性；也可以用一个变量定义一个数，然后代入不同的表达式。这样，可以省去每次输入众多数字的繁琐，同样可以为用户节省很多时间。

［例 4. 3］ 求当 x=4、x=6 和 x=12 时，表达式 $x^2-6x+12$ 的值。

(1)定义 X 的值，在 Math CAD 工作表输入“X”，然后单击 Calculator 工具栏上的[：=]符号，也可以从键盘输入冒号“：”，然后输入数字 4。按回车键后，Math CAD 自动换行。

(2)输入要求值的表达式。在 Math CAD 工作表输入 X^2[Space] –6*X+12。由键盘键入等号或从 Calculator 工具栏选取等号(=)表达式的计算结果，便立刻显示在 Math CAD 工作表中。

$$X:=4$$

$$X^2-6\cdot X+12=4$$

(3)用鼠标单击数字 4，可将光标移到数字 4 的后面，光标变成一条竖线，再用退格键 Backspace 删除数字 4，“X：=”后面将出现一个占位符，在占位符中输人数字 6，然后单击工作表其他位置，就可以看到 Math CAD 工作表中表达式值变了，计算的结果变为 X：6 时代数式的值。

X：=6

X^2—6 • X+12=12

用同样方法可求 X：12 代数式的值。

通过这一道题的计算，初步掌握了应用定义变量的数值求含有该变量的表达式的值的基本方法，了解如何改变变量的数值，并求出此时表达式的值。可以看出，这一操作在 Math CAD 中是十分简便的，可以为用户节省不少时间。

三、对一定范围的变量的运算

Math CAD 提供了范围变量，用户可以对范围变量进行各种类型的计算。

[例 4. 4] 求从 1 ~ 10 这 10 个自然数的平方和。

(1)首先定义范围变量 i 。在 Math CAD 工作表中输入 i，然后由键盘输入冒号，或者单击 Calculator 工具栏中的局部定义符号[：=]，然后输入“1；10"。

(2)对 x_i 的表达式进行定义，输入“x[i=i”。

(3)单击 Calculator 工具栏中的求和号[$\sum_{n}$]，在求和号后面输入 x_i^2，在求和号下的占位符输入 i，输入等号就可在 Math CAD 的工作表中看到计算结果。

i：=1.. 10

x_i：= i

$$\sum_{i}(x_i)^2 = 385$$

4.2 函数值运算

Math CAD 内置了大部分常用的数学函数，包括三角函数和反三角函数、指数函数和对数函数、双曲函数和反双曲函数、整数函数以及角度函数等。对中学常用函数的求值运算在 Math CAD 中较为简便，只需按自然书写顺序键入函数符号和相应的自变量的值（自变量的值要用括号括起来），然后再按等号键，就可得到相应的函数值。这里我们以三角函数和对数函数为例进行介绍。

一、三角函数和反三角函数

Math CAD 的内部函数中，一些基本三角函数的表达为

sin(x) 正弦函数(sine)

cos(x) 余弦函数(cosine)

tan(x) 正切函数(tangent)

sec(x) 正割函数(secant)

csc(x) 余割函数(cosecant)

下面举例说明在 Math CAD 中如何进行三角函数的计算。

[例 4. 5] 求弧度为 3 的角的正弦、余弦、正切的值。

在 Math CAD 工作表输人正弦、余弦、正切的表达式和等号

sin(3)：

cos(3)：

tan(3)：

每输入一个三角函数和等号，用户就可以在 Math CAD 的工作表看到这个三角函数的函数值。

sin(3)=0.141

cos(3)= –0.99

tan(3)= –0.143

在 Math CAD 中，系统默认的角度值单位是弧度。这一点，在使用时一定要留心，以免发生不应有的错误。Math CAD 不仅可以用弧度作为角度单位，也可以用其他的角度单位。Math CAD 内置了一个角度单位 deg，就是通常说的角的度数，90deg 的角为直角。

sin(30 • deg)=0.5

cos(30 • deg)=0.866

tan(30 • deg)=0.577

Math CAD 还提供了所有的反三角函数(inversetrigonometric-function)，只要在相应的三角函数名前加字母 a 即可，例如

asin(0.7)=0.775

acos(0.7)=0.795

atan(0.7)=0.611

应当注意 Math CAD 的反三角函数返回值单位为弧度(red)。

另外，Math CAD 还提供了 atan2(x，y)和 angle(x，y) 两个函数。这两个函数均返回一个角度值，这个角是坐标值为点(x，y)的点与原点连线同 x 轴正方向所成的角，单位为弧度。不同的是，atan2(x，y)返回值的范围是–π到π，而 angle(x，y)返回值的范围是 0 到 2π。

angle(–1.3，–1.9)= 4.112

atan2(–1.3，–1.9)= -2.171

这两个函数虽然不是中学课程中的内容，但在数学实验中借助它们会得到很好的效果。

二、对数函数

Math CAD 提供了自然对数 ln (x)和常用对数 log (x)两种对数函数。自然对数是数学运算中常用的函数运算。自然对数是指以无理数 e(2.71 828 128 459 045…)为底数的对数函数。在对数的运算中，特别是在中学课程中，我们更多的遇到有关常用对数的计算。常用对数是指以自然数 10 为底数的对数函数。

ln(3)=1.099　　ln(e)=1

log(3)=0.477　　log(10)=1

上面是有关自然对数和常用对数在 Math CAD 中计算的实例。在表达时用户要注意，在输入 ln 和 log 这些函数符号时，后面的数字或者表达式一定要用括号括起来，这与我们平时用到的对数表达式是有所不同的。

如果要求以其他数为底数的对数，可以使用函数 log(x，b)，该函数表示以 b 为底数的 x 的对数。

log(3,3)=1　　log(5,3)=1.465

log(6,10)=0.778　　log(6)=0.778

4.3 微积分运算

微分(differential)与积分(integral)运算是现代广泛应用的数学方法之一。它不仅是高等数学的一个重要组成部分，而且是其他自然科学领域，如力学、运动学、天文学、化学等进行学术科研的重要工具。由于微分与积分的运算比较复杂，需要拥有较多的数学知识才能解决这类问题。特别是计算出微分与积分的结果，不仅对于一般中学生来说是件难事，就是对于初学微积分的大学生来说也不是一件容易的事。Math CAD 可以让用户轻而易举地解决微分与积分运算的问题，很方便地给出计算结果。

一、微分运算

微分运算即为求导数的运算。在自变量的某一定义域内，自变量 x 增加一个无穷小量Δx，函数的增量Δy 与Δx 的比值称为此函数在该点的导数。下面通过几个具体的例子来学如何求函数的导数。

1. 求函数的一阶导数

[例 4. 6]　已知函数$f(x)=\sin(x)+e^x$,求这一函数在自变量为 1、2、3 时的导数。

(1)定义函数 f(x)，用键盘输入“f(x)：sin(x)+e^x”。

(2)按回车键后，定义自变量，用键盘输入“x：1；3”。

(3)单击 Calculas 工具栏上的微分按钮$\frac{d^n}{dx^n}$,工作表上出现有两个占位符一个区域，在前一个中输入自变量 x，后一个中输入函数 f(x)，然后按等号键，工作表上将显示出导数值。

$$f(x) := \sin(x) + e^x$$

$$x := 1..3$$

$$\frac{d}{dx}f(x)$$

3.259
6.973
19.096

2. 求函数的高阶导数

Math CAD 不仅可以求函数的一阶导数，还可求函数的高阶导数。

[例4.7] 已知函数$f(x)=\sin(x)+e^x$，求这一函数在自变量为1、2、3时的三阶导数。

步骤(1)、(2)同前例。

(3) 单击 Calculas 工具栏上的高阶微分按钮，工作表上出现有四个占位符一个区域，在相应的占位符上输入 x、f(x)及导数的阶数。然后按等号键，工作表上将显示出高阶导数值，即

$$f(x) := \sin(x) + e^x$$

$$x := 1..3$$

$$\frac{d^3}{dx^3} f(x)$$

2.178
7.805
21.076

二、积分运算

积分运算分为不定积分运算(indefiniteintegral)和定积分运算(definiteintegral)。不定积分运算将复杂的积分式用积分后的表达式表示出来，是 Math CAD 符号计算的功能，将在以后的章节中介绍。定积分则将某一确定积分范围的积分值求出来。定积分运算在物理学、化学等自然科学中有广泛的应用。

手工进行积分运算需要较复杂的数学知识和较多的技巧，而且不是所有定积分都有解析解。在 Math CAD 中，计算定积分则很简单，用户只要输人积分的原函数和积分上下限即可。

要进行积分运算，可按如下步骤进行：

(1) 单击 Calculus 工具栏上的定积分按钮，也可直接按快捷键 Shift+7，Math CAD 工作表将出现一个区域。

$$\int_{\blacksquare}^{\blacksquare} \blacksquare\, d\blacksquare \qquad \int_{\blacksquare}^{\blacksquare} \blacksquare\, d\blacksquare$$

(2)在积分符号后面的两个占位符分别输入积分上下限，第三个占位符输入积分的原函数，最后一个占位符输入积分变量。按等号键后就可得到定积分的值。

[例 4. 8]　求函数 $f(x)=\sin(x)e^x$ 在积分限为 0～3 的积分值。

解这道题时，首先在 Math CAD 工作区中定义函数 $f(x)$，然后单击 Calculus 工具栏上的定积分按钮，在相应的占位符上输入积分上下限、积分的原函数、积分变量，最后按等号键，即

$$\mathrm{f(x):sin(x)\cdot e^x}$$

$$\int_0^3 \mathrm{f(x)dx} = 11.86$$

用户也可以不定义函数，而在积分符号的占位符中直接输入，即

$$\int_0^3 \mathrm{sin(x)e^x dx} = 11.86$$

上面的例子比较简单，看不出 Math CAD 的优点，但积分的原函数比较复杂，或者没有解析解时，就可以看到 Math CAD 的优势了。

[例 4. 9]　求定积分 $\int_0^1 \frac{\sin(x)\tan(x^2)}{x^2+8}dx$。

这个题目手工计算很困难，甚至没有解析解，在 Math CAD 中就不用考虑是否有解析解，Math CAD 将给出数值答案。

$$\int_0^1 \frac{\mathrm{sin(x)tan(x^2)}}{\mathrm{x^2+8}} = 0.032$$

Math CAD 不仅可以解决复杂的定积分计算问题，还可以轻而易举地解决多重积分的运算问题。在 Math CAD 中，用户可以把积分号连用，只要将每一重积分的上限和下限表达正确，Math CAD 就会进行多重积分的运算。这一功能对于较为复杂的多重积分运算是非常方便的。

［例 4. 10］ 求由 $0<x<1$、$0<y<1$、$0<z<1$ 表示的正方体关于 z 轴的转动惯量，设密度为 1。

这个题目在数学上可以表示为

$$\int_0^1 \int_0^1 \int_0^2 x^2 + y^2 \mathrm{d}x\mathrm{d}y\mathrm{d}z$$

在 Math CAD 工作表中连续单击按钮，即可得到相应的三重积分形式，再按上式输入表达式，再输入等号键，就可得到答案。

$$\int_0^1 \int_0^1 \int_0^1 \mathrm{x}^2 + \mathrm{y}^2 \mathrm{dxdydz} = 0.667$$

在 Math CAD 中，同微分运算一样，对于定积分的运算也是通过数值方法进行近似计算的，其中主要用到迭代的方法，由此得到一个误差在某一范围内的近似值。在 Math CAD 中，系统对迭代的次数做了极限的规定。如果在规定的迭代运算中仍然未能得到满足误差要求的积分运算结果，则系统会提示用户有关错误的信息(Can’t converge to a solution)，告诉用户不收敛。

由于 Math CAD 系统采用数值逼近的方法进行微积分运算，所以在有些情况下，微分和积分的运算可能因为函数的奇异点、不连续的点面使计算的结果不精确或无法得出计算结果。前面已经指出，Math CAD 不太适合于要求计算结果数值精度严格的情况，但它对于一般的微积分运算，还是非常适用和极为方便的。

4.4 复数运算

复数(complexnumber)运算是数值运算中的一个重要分支，复数是一门非常重要的基础数学分支，并且成为物理学等自然科学研究的有力的数学工具之一。

在一般的数学计算工具中，用户大都不能直接进行复数运算，Math CAD 可以方便地进行复数运算，还可以得到复数方程的结果，也可以进行有关复数微积分运算。本节将通过有关实例具体说明如何在 Math CAD 中进行复数运算。

在 Math CAD 中显示时，用 i 或 j 表示虚数单位。

一、复数实部和虚部

在 Math CAD 中，用来求复数实部值的函数是 Re(z)，其中，括号中参数既可以是一个常量或者变量，也可以是数值或数值表达式。Re 是英文实数(realnumber)的字头。用来求复数虚部值的函数是 Im(z)，Im 是英文虚数(imaginarynumber)的字头。如

$$a=12-i$$

$$\mathrm{Re}(a)=12 \qquad \mathrm{Re}(12-i)=12$$

$$\mathrm{Im}(a)=-1 \qquad 1\mathrm{m}(12-i)=-1$$

在应用 Re(x)和 Im(x)这两个内部函数时，要特别注意书写方式。在 Math CAD 中，系统可以自动地区分大小写字母，无论是变量名或者是函数名称，用大写或小写所代表的意义是不同的。求复数实部和虚部的这两个内部函数都是以大写字母开头的，这不同于在本章前面所介绍的那些代数或三角函数的内部函数全部用小写字母表示函数名称的情形。所以，在输入这两个函数时，要特别注意它们的书写方式，以免造成错误。

在 Math CAD 的表达式中，用户可以同时用 i 或者 j 来表示复数的虚部，但是在用 Math CAD 计算时可当做同一个虚部来处理。如

x：=3 + i – 2j

y：= 2 + 4i

x+y= 5+ 3i

注意 在输入复数的虚部时，如果虚部的系数为 1，也必须将 1 输入到工作表，即写成 1i，而在进行计算时系统却会自动地省去用户所输入的系数 1，这时在屏幕上看到的是 i，但这并不是说可以像通常情况下一样，将 i 前面的系数 1 在输入时省略。如果省略系数 1，系统将无法识别这一表达式，在屏幕上给出错误的信息提示。例如，定义复数 z=1+i，而在输入时省略了虚部前面的 1，那么就会看到显示屏出现“This variable or function is not defined above.”(变量或函数未定义)的错误。

用户应该用正确的方法输入复数，但定义后，系统显示将自动省略 i 前面的系数 1。

二、复数幅角与复数的模

1. 复数幅角

在 Math CAD 中，求复数在复平面上幅角的函数是 arg(x)函数。该函数返回的幅角值单位为弧度，范围在$-\pi \sim \pi$之间。

arg(1+i)=0.785

arg(1–i)= –0.785

2. 复数的模

复数的模(copmlex modulus)是复数的一个重要的量。在 Math CAD 中，用户可以对复数进行求模的运算。求复数的模实际上相当于求复数的绝对值。只要单击 Calculator 工具栏上的绝

对值运算符[|x|]，就会在 Math CAD 工作表上出现一个区域，在该区域的占位符上输入复数的变量名或数值，按等号键就可得到所求复数的模。

$$z=3+6i$$

$$|z|=6.708$$

三、复数的四则运算和乘方开方运算

复数的四则运算和乘方开方运算与实数的运算输入方法一样，只不过是其结果是按照复数的运算规律得到的。下面给出一些例子，读者可以自己对照练习。

$$z1:=3+5i \qquad z2:=1-3i$$

$$z1+z2=4+2i$$

$$z1-z2=2+8i$$

$$z1\cdot z2=18-4i$$

$$\frac{z1}{z2}=-1.2+1.4i$$

$$z1^2=-16+30i$$

$$\sqrt[3]{z2}=1.342-0.594i$$

四、共轭复数

所谓复数共轭，是指两个复数的实部相同但它们的虚部数值相等而符号相反。Math CAD 可以方便地求出某一确定复数的共轭复数的值，只是工具栏上没有求共轭复数的工具，所有求共轭复数只能用快捷键“””（shift+”）。输入复数或其变量名后直接按快捷键“””，则所输入的复数会变成共轭形式（即上方出现一条横线），再按等号键，就可得到其共轭复数，即

$$z:=4+3i \qquad \bar{z}=4-3i$$

第五章 符号运算

- **符号运算基础**
- **符号代数运算**
- **微积分与极限运算**
- **矩阵符号运算**

前面介绍的都是数值运算的内容。Math CAD 不仅可以进行数值运算，还可以进行符号运算，如因式分解、符号微积分、解符号方程、级数与变换等。

符号计算有两个特点：一是运算对象和过程可以存在非数值的符号变量；二是可以获得任意精度的解。事实上，符号计算的整个过程是以字符进行的，即使是那些以数字出现的量也是字符量，不是数值量。

符号计算可以获得比数值计算更精确的结果，但与之对应的是运算效率的降低。Math CAD 的符号计算是以 Maple 作为内核的。符号计算属于人工智能方面的内容，而目前人工智能的水平并不是很完美，因此，进行符号计算有时还需要用户本身的经验。但对于中学阶段的数学内容来说，这些功能对于数学实验的效果还是较为理想的。

5.1 符号运算基础

一、符号运算的方法

符号运算的方法有两种：一种是利用 Symbolics 菜单上的命令；另一种是利用符号关键词板(Symbolic Keywords Palette)上的关键字。

1. 利用 Symbolics 菜单进行符号运算

[例 5.1] 计算 $\sqrt{\frac{3^2+6^2}{6}}$ 的值。

(1)在 Math CAD 工作表上输入要计算的表达式。

(2)选择 Symbolics 菜单的 Evaluate 命令，然后从级联菜单中选择 Symbolical 命令。可以看出，同数值运算不一样，符号运算只是将表达式在保持精确的条件下尽可能地化简，而不是将其计算为数值。

$$\sqrt{\frac{3^2+6^2}{6}}$$

$$\frac{1}{2}\cdot\sqrt{30}$$

2. 利用 Symbolic 工具栏进行符号运算

如果 Symbolic 工具栏没有显示在工作表上，单击 Math 工具栏上的最后一个博士帽子形状的按钮，将出现 Symbolic 工具栏，如图 5.1 所示。

▪→	▪▪→	float	complex
expand	solve	simplify	substitute
collect	series	assume	parfrac
coeffs	factor	fourier	laplace
ztrans	invfourier	invlaplace	invztrans
$M^T \rightarrow$	$M^{-1} \rightarrow$	$\|M\| \rightarrow$	Modifiers

图 5.1

同样用上面的题目作例子。

(1)在 Math CAD 工作表上输入要计算的表达式。

(2)单击 Symbolic 工具栏的 ▪→ 按钮，或直接按快捷键 Ctrl+.，然后单击工作表其他位置，就可得到符号运算的结果。

$$\sqrt{\frac{3^2+6^2}{6}} \rightarrow \frac{1}{2}\cdot\sqrt{30}$$

这两种计算方法的区别是：前一种计算后的区域是死的，就是说，计算后的结果和初始的计算表达式不再有联系，改变初始的计算表达式，所得的结果不会发生变化；而第二种方法计算后的区域是活的，改变初始计算表达式，Math CAD 计算将自动地改变计算结果。例如将上面例子中的分母由 6 改为 3，结果也跟着改变。

$$\sqrt{\frac{3^2+6^2}{3}} \rightarrow \sqrt{15}$$

二、符号运算应注意的问题

用 Symbolics 菜单进行计算时，要特别注意光标的位置，Math CAD 只计算光标所包含的部分，而不进行其他部分的计算。如

$$\sqrt{\frac{3^2+6^2}{6}} \qquad \sqrt{\frac{3^2+6^2}{6}}$$

$$\sqrt{\frac{3^2+6^2}{6}} \qquad \sqrt{\frac{45}{6}}$$

$$\sqrt{\frac{3^2+6^2}{6}} \qquad \sqrt{\frac{3^2+36}{6}}$$

$$\sqrt{\frac{3^2+6^2}{6}} \qquad \frac{1}{2}\cdot\sqrt{30}$$

第一次计算时，光标是放在分母 6 上，而 6 已经是最简单的，不能化简，所以 Math CAD 将表达式重写一遍。

第二次计算时，光标放在分子 3^2+6^2 上，所以 Math CAD 只是将分子计算为 45。

第三次计算时，光标放在 6^2 上，所以 Math CAD 只是将分子中 6^2 的计算为 36。

第四次计算时，光标包含整个表达式，所以 Math CAD 将整个表达式进行所能够进行的计算的化简。

因此，用户在进行计算时，要特别注意光标的位置。有时也可以利用这个功能，只计算表达式的一部分，从而控制计算的过程。

大部分 Math CAD 中函数的运算符都可以进行符号运算。只不过运算时不要用等号得出结果，而应该用 Symbolics 菜单或 Symbolic 工具栏上的关键字。

5.2　符号代数运算

一、化简

Math CAD 能够将代数表达式(包括多项式、分式、三角函数等)进行化简，化简代数表达式的方法也有使用菜单和关键字两种方法。

1. 使用菜单进行化简

同前 5.1 节的方法一样，使用菜单进行化简时，只要在输入表达式后，选择 Symbolics 菜单的 Simplify 命令。如

$$\frac{\frac{r+s}{s}+\frac{s}{r-s}}{\frac{s}{r-s}} \quad \text{simplify} \quad \rightarrow \quad \frac{r^2}{s^2}$$

$$\sin(x)^2+\cos(x)^2 \quad \text{Symbolics} \quad \rightarrow \; 1$$

前面讲过，使用菜单进行符号运算时，只运算光标包含的部分。当然化简时也是一样，因此可以只化简表达式的一部分，只要将光标置于这一部分。如果要化简整个表达式，则应用光标包含整个表达式。

2. 使用关键词 simplify 化简

使用关键词 simplify 进行化简时，只要在输入表达式后，Symbolic 工具栏上的 Simplify 按钮。如

$$\frac{\frac{r+s}{s}+\frac{s}{r-s}}{\frac{s}{r-s}} \quad \text{simplify} \quad \rightarrow \quad \frac{r^2}{s^2}$$

$$\sin(x)^2+\cos(x)^2 \quad \text{simplify} \quad \rightarrow 1$$

3. 两种方法的区别

(1)使用关键词 Simplify 化简时，不能只对表达式的一部分进行化简，而使用菜单化简可以。

(2)使用菜单进行化简时，无论其中的变量是否在前面已进行过定义，都把它认为是变量，而不将变量值代入。而使用关键词 Simplify 化简时，如果变量已经进行定义，则将变量值代入进行化简。如下面的例子中，一开始先定义变量 r=2。用关键词化简时将 r=2 代入化简，而用菜单化简时则不考虑变量 r 的定义。

$$r:=2$$

$$\frac{\dfrac{r+s}{s}+\dfrac{s}{r-s}}{\dfrac{s}{r-s}} \quad \text{simplify} \quad \rightarrow \frac{r^2}{s^2}$$

$$\frac{\dfrac{r+s}{s}+\dfrac{s}{r-s}}{\dfrac{s}{r-s}} \qquad \frac{r^2}{s^2}$$

二、表达式展开

表达式展开是将原来用乘积表示的代数式尽可能地用一些单项式的和表示。Math CAD 不仅可以展开多项式，还可以展开三角函数。同前面的化简一样，表达式展开也有利用菜单和使用关键词 expand 两种。

1. 使用菜单展开

使用菜单展开时，只要在输入表达式后，选择 Symbolics 菜单的 Expand 命令。如

$(a+b)^4$ expands to $a^4+4 \cdot a^3 \cdot b+6 \cdot a^2 \cdot b^2+4 \cdot a \cdot b^3+b^4$

$\sin(3 \cdot x)$ expands to $4 \cdot \sin(x) \cdot \cos(x)^2 - \sin(x)$

表达式展开时，同样是只展开光标所包含的那一部分表达式。如果要展开整个表达式，则应用光标包含整个表达式。

2. 使用关键词 expand 展开

使用关键词 expand 展开时，只要在输入表达式后，单击 Symbolic 工具栏的 expand 命令。这时，关键词 expand 的后面会有一个逗号和一个占位符，如果要用一个特别的变量和或表达式进行展开，可以在占位符内输入该变量和或表达式。如果不需要，可以将逗号和占位符删除。下面的例子第一次展开时，对 x+y 进行展开，这时 x+y 将保持在一起。第二次展开时未指明变量，则按所有变量展开。

$\sin(x+y)^2$expand，(x+y) $\rightarrow \sin(x+y)^2$

$\sin(x+y)^2$expand $\rightarrow \sin(x)^2 \cdot \cos(y)^2+2 \cdot \sin(x) \cdot \cos(y) \cdot \cos(x) \cdot \sin(y)+\cos(x)^2 \cdot \sin(y)^2$

三、因式分解

与表达式展开相反，因式分解是将一些单项式的和表示成几个因式乘积的形式。在 Math CAD 中，因式分解有以下三种功能：

(1)将一些单项式的和因式分解表示为多项式的乘积。

(2)将一个整数分解质因数。

(3)将几个分式合并为一个分式。

因式分解的方法有利用菜单和使用关键词 factor 两种。

1. 使用菜单进行因式分解

使用菜单进行因式分解时，只要在输入表达式后，选择 Symbolics 菜单的 Factor 命令。如

$$a \cdot c + b \cdot d - a \cdot c - b \cdot c \quad \text{by factoring, yields} \quad (d - c) \cdot (b - a)$$

$$1238 \quad \text{by factoring, yields} \quad (2) \cdot (619)$$

$$\frac{r + s}{s \cdot (r - s)} + \frac{s}{r - s} \quad \text{by factoring, yields} \quad \frac{-(r + s + s^2)}{(s \cdot (-r + s))}$$

对表达式进行因式分解时，同样是只计算光标所包含的那一部分表达式。

2. 使用关键词 factor 进行因式分解

使用关键词 factor 进行因式分解时，只要在输入表达式后，单击 Symbolic 工具栏的 factor 按钮。这时，关键词 factor 的后面会有一个逗号和一个占位符，如果要用一个特别的变量和或表达式进行因式分解，可以在占位符内输入该变量和或表达式。如果不需要，可以将逗号和占位符删除。

$$a \cdot c + b \cdot d - a \cdot d - b \cdot c \quad \text{factor} \rightarrow (d - c) \cdot (b - a)$$

$$1258 \quad \text{factor} \rightarrow (2) \cdot (17) \cdot (37)$$

$$\frac{r + s}{s \cdot (r - s)} + \frac{s}{r - s} \quad \text{factor} \rightarrow \frac{(r + s + s^2)}{(s \cdot (-r + s))}$$

Math CAD 如果不能对表达式进行因式分解，将输出原来的表达式。

四、合并同类项

Math CAD 还可以将一个表达式按照某个变量合并同类项。合并同类项的方法有利用菜单和使用关键词 collect 两种。

1. 使用菜单合并同类项

使用菜单合并同类项时，只要在输入表达式后，将光标置于要用来进行合并的变量上，然后选择 Symbolics 菜单的 Collect 命令。如

$$x^2 - a\cdot y^2\cdot x^2 + 2\cdot y^2\cdot x - x + x\cdot y \quad (-a\cdot y^2+1)x^2 + (y+2\cdot y^2-1)\cdot x$$

$$x^2 - a\cdot y^2\cdot x^2 + 2\cdot y^2\cdot x - x + x\cdot y \quad (-a\cdot x^2+2\cdot x)\cdot y^2 + x\cdot y + x^2 - x$$

要注意的是，同前面的化简、展开、因式分解等不同，合并同类项要将光标置于要用来合并的变量上，运算将对整个表达式进行。选择的变量不同，所得的结果也不同，如上面的题目，第一次合并时选择变量 x，第二次合并时选择变量 y。

如果选择的变量不能合并同类项，Math CAD 将显示一个对话框，提示用户发生错误，不能得到符号计算结果，如图 5.2 所示。

图 5.2

2. 使用关键词 collect 合并同类项

使用关键词 collect 合并同类项时，只要在输入表达式后，单击 Symbolic 工具栏的 collect 按钮。这时，关键词 collect 的后面会有一个逗号和一个占位符，在占位符中输入要用来合并的变量。

$$x^2 - a\cdot y^2\cdot x^2 + 2\cdot y^2\cdot x - x + x\cdot y \text{ collect}, x \to (-a\cdot y^2+1)\cdot x^2 + (y+2\cdot y^2-1)\cdot x$$

$$x^2 - a\cdot y^2\cdot x^2 + 2\cdot y^2\cdot x - x + x\cdot y \text{ collect}, y \to (-a\cdot x^2+2\cdot x)\cdot y^2 + x\cdot y + x^2 - x$$

五、分式展开

分式展开是将有理分式表示成几个分式的和，展开的分式的分母是一次多项式，分子是常数，或者分母是二次多项式，分子

为一次多项式。分式展开的方法有利用菜单和使用关键词 parfrac 两种。

1. 使用菜单展开分式

使用菜单展开分式时，只要在输入表达式后，将光标置于要展开的变量或表达式上，然后选择 Symbolics 菜单中 Variable 下的 Convert to Partial Fraction 命令。如

$$\frac{x^2-3\cdot x+1}{x^3+2\cdot x^2-9\cdot x-18} \quad \frac{1}{(30\cdot(x-3))}+\frac{19}{(6\cdot(x+3))}-\frac{11}{(5\cdot(x+2))}$$

$$\frac{1}{x^4-1} \quad \frac{1}{(4\cdot(x-1))}-\frac{1}{(4\cdot(x+1))}-\frac{1}{[2\cdot(x^2+1)]}$$

2. 使用关键词 parfrac 展开分式

使用关键词 parfrac 展开分式时，只要在输入表达式后，单击 Symbolic 工具栏的 parfrac 按钮。这时，表达式后面出现关键字 parfrac，后面还有一个逗号和一个占位符，在占位符中输入要用来展开的变量或表达式。

$$\frac{x^2-3\cdot x+1}{x^3+2\cdot x^2-9\cdot x-18}\text{parfrac},x \rightarrow \frac{1}{(30\cdot(x-3))}+\frac{19}{(6\cdot(x+3))}-\frac{11}{(5\cdot(x+2))}$$

Math CAD 并不能将所有的分式都展开，如果不能展开，将输入原来的表达式。

5.3 微积分与极限运算

一、符号微积分

符号微积分运算有两种方法：一种是应用符号运算符进行运算；另一种是应用菜单进行运算。

1. 应用符号运算符

首先应该先利用 Calculm 工具栏或快捷键写出微积分表达式，然后单击 Symbolic 工具栏上的符号运算符按钮(或使用快捷键 Ctrl+.)进行运算。下面给出微积分运算的几个例子：

$$\frac{d}{dx}(\sin\cdot(x)e^{x}) \to \cos(x)\cdot\exp(x)+\sin(x)\cdot\exp(x)$$

$$\frac{d^3}{dx^3}x^3\ln(x) \to 6\cdot\ln(x)+11$$

$$\int\frac{\sin(x)\cos(x)}{1+\cos(x)^2}dx \to \frac{-1}{2}\cdot\ln(1+\cos(x)^2))$$

$$\int_4^9\frac{\sqrt{x}}{\sqrt{x}+1}dx \to 7-2\cdot a\tanh(3)+\ln(8)+2\cdot a\tanh(2)-\ln(3)$$

要注意的是，进行定积分的符号运算时，Math CAD 是先求出积分的原函数，再将积分上下限代入进行相减。如果积分上下限是含有小数点的实数，则该位置的值表示为实数形式，如上面的定积分中，将下限 4 改为 4.0，则计算结果中，下限处的值用实数形式表示，而上限处的值仍用精确的表达式表示

$$\int_{4.0}^9\frac{\sqrt{x}}{\sqrt{x}-1}dx \to 7.0-2\cdot a\tanh(3)+\ln(8)-3.141592653589793238$$

如果积分式本身就包含有小数点的数，则计算结果用实数形式表示

$$\int_{4.0}^9\frac{\sqrt{x}}{\sqrt{x}-1.0}dx \to 8.38629436111989061$$

由于不定积分计算的复杂性，Math CAD 并不能对每个表达式都给出积分结果，即使该积分表达式是存在的，此时将输出原来的表达式。如下面的例子，Math CAD 不能给出积分的结果，但该积分式是存在的，为 $\ln x^2(\tan(x))/2$。

$$\int \frac{\ln(\tan(x))}{\sin(x)\cdot\cos(x)}dx \to \int \frac{\ln(\tan(x))}{\sin(x)\cdot\cos(x)}dx$$

2. 应用菜单

应用菜单进行微分运算可按如下步骤进行：

(1) 输入要求微分的表达式。

(2)将光标置于要用来求微分的变量上，然后选择 Symbolics 菜单的 Variable 命令，再从级联菜单中选择 Differentiate 命令。如

$$\frac{m\cdot x^2+n\cdot x+p}{a+b} \qquad \frac{(2\cdot m\cdot x+n)}{(a+b)}$$

应用菜单进行积分运算，方法与微分基本一样。

(1)输入要求积分的表达式。

(2)将光标置于要用来求积分的变量上，然后选择 Symbolics 菜单的 Variable 命令从级联菜单中选择 Integrate 命令。

$$\frac{x^2\cdot\cos(x)}{\sin(x)^3} \qquad \frac{-1}{2}\cdot\frac{x}{\sin(x)^2}-\frac{1}{(2\cdot\sin(x))}\cdot\cos(x)$$

同前面的计算一样，对于不能求得积分结果的情况，Math CAD 只输出积分表达式。

三、极限

在 Math CAD 的 Calculas 工具栏上有三个极限运算符，分别用来求函数极限、左极限、右极限。求极限时先利用 Calculas 工具栏或快捷键写出极限表达式，然后单击 Symbolic 工具栏上的符

号运算符按钮(或使用快捷键 Ctrl+.)进行运算。如

$$\lim_{x \to 0} \frac{1-\cos(x)\cdot\cos(2\cdot x)}{x^2} \to \frac{5}{2}$$

$$\lim_{x \to 0^+} \frac{|x|}{x} \to 1 \to 1$$

$$\lim_{x \to 0^-} \frac{|x|}{x} \to -1$$

Math CAD 也可以求出变量趋于无穷时函数的极限。如

$$\lim_{x \to \infty} \left(1+\frac{2}{x}\right)^x \to \exp(2)$$

求极限时也可以单击 Symbolics\Evaluate\Symbolically 命令。

5.4 矩阵符号运算

Math CAD 为矩阵的转置、求逆、求行列式值提供了专门的菜单和关键词。

一、矩阵转置

1. 使用菜单

使用菜单进行矩阵转置的符号运算，其方法如下：

(1)在工作表中输入要转置的矩阵。

(2)选择 Symbolics 菜单中的 Matrix 命令，再从级联菜单中选择 Transpose 命令，就可得到结果。

$$\begin{bmatrix} 3 & 2 & 4 \\ 4 & 9 & 6 \\ 1 & 6 & 1 \\ 7 & 2 & 3 \end{bmatrix}$$

by matrix transposition，yields

$$\begin{bmatrix} 3 & 4 & 1 & 7 \\ 2 & 9 & 6 & 2 \\ 4 & 6 & 1 & 3 \end{bmatrix}$$

注意　进行转置时，要用光标包含整个矩阵，否则 Transpose 命令将显示为灰色，该命令将不可选。

2. 使用关键词

使用关键词进行矩阵转置的符号运算，其方法为：

(1)定义要转置的矩阵。

(2)在工作表中输入要转置的矩阵或矩阵变量，然后单击 Symbolics 工具栏上的 $M^T\rightarrow$ 按钮，就可得到结果

$$\begin{bmatrix} 3 & 2 & 4 \\ 4 & 9 & 6 \\ 1 & 6 & 1 \\ 7 & 2 & 3 \end{bmatrix}^T \rightarrow \begin{bmatrix} 3 & 4 & 1 & 7 \\ 2 & 9 & 6 & 2 \\ 4 & 6 & 1 & 3 \end{bmatrix}$$

二、矩阵求逆

1. 使用菜单

(1)在工作表中输入要求逆的矩阵。

(2)选择 Symbolics 菜单中的 Matrix 命令，再从级联菜单中选择 Inven 命令，就可得到结果。

$$\begin{bmatrix} 3 & 5 & 7 \\ 1 & 6 & 2 \\ 5 & 2 & 4 \end{bmatrix}$$

by matrix transposition，yields

$$\begin{bmatrix} \frac{-10}{53} & \frac{3}{53} & \frac{16}{53} \\ \frac{-3}{53} & \frac{23}{106} & \frac{-1}{106} \\ \frac{14}{53} & \frac{-19}{106} & \frac{-13}{106} \end{bmatrix}$$

注意

(1)与进行转置时一样，求逆时要用光标包含整个矩阵，否则 Inven 命令将显示为灰色，该命令将不可选。

(2)求逆矩阵必须是非奇异的，即行列式值不为 0，否则将显示一个错误对话框，提示用户矩阵奇异。

2. 使用关键词

(1)定义要求逆的矩阵。

(2)在工作表中输入要求逆的矩阵或矩阵变量，然后单击 Symbolics 工具栏上的 $M^{-1}\rightarrow$ 按钮，就可得到结果

$$\begin{bmatrix} 3 & 5 & 7 \\ 1 & 6 & 2 \\ 5 & 2 & 4 \end{bmatrix}^{-1} \rightarrow \begin{bmatrix} \frac{-10}{53} & \frac{3}{53} & \frac{16}{53} \\ \frac{-3}{53} & \frac{23}{106} & \frac{-1}{106} \\ \frac{14}{53} & \frac{-19}{106} & \frac{-13}{106} \end{bmatrix}$$

三、求矩阵行列式值

1. 使用菜单

(1)在工作表中输入要求值的矩阵。

(2)选择 Symbolic 菜单中的 Matrix 命令，再从级联菜单中选择 Determinant 命令，就可得到结果。

$$\begin{bmatrix} 3 & 5 & 7 \\ 1 & 6 & 2 \\ 5 & 2 & 4 \end{bmatrix}$$

has determimant

–106

2. **使用关键词**

(1)定义要求行列式值的矩阵。

(2)在工作表中输入要求行列式值的矩阵或矩阵变量，然后单击 Symbolic 工具栏上的 |M| → 按钮，就可得到结果

$$\left|\begin{bmatrix} 3 & 5 & 7 \\ 1 & 6 & 2 \\ 5 & 2 & 4 \end{bmatrix}\right| \to -106$$

第六章　二维图形绘制

- **直角坐标图形绘制**
- **极坐标图**
- **图形缩放与坐标追踪**
- **数学图形的保存**

Math CAD 有较强的图形功能，它与其他数学软件相比，毫不逊色，而且还有自己的优势。特别是 Math CAD 2000 的图形功能比以前版本有较大的进步。Math CAD 可以生成二维直角坐标图形、二维极坐标图，还可以生成各种三维图形，并可以对图形进行各种格式设置。

本章将介绍 Math CAD 的二维图形操作。因为三维图形在中学数学中用的很少，所以，这部分内容本书不作介绍，有兴趣的读者可以参看其他相关资料。

6.1　直角坐标图形绘制

一、绘制直角坐标图

1. 直接用函数表达式生成

直角坐标图是最经常用到的图形，Math CAD 中绘制直角坐标图的方法很简单。例如，在 Math CAD 工作表中输入函数 sin(x)，然后单击 Graph 工具栏中的按钮，就会出现一个区域，在该区域外单击鼠标，就可看到 sin(x)的图形（图 6.1）。

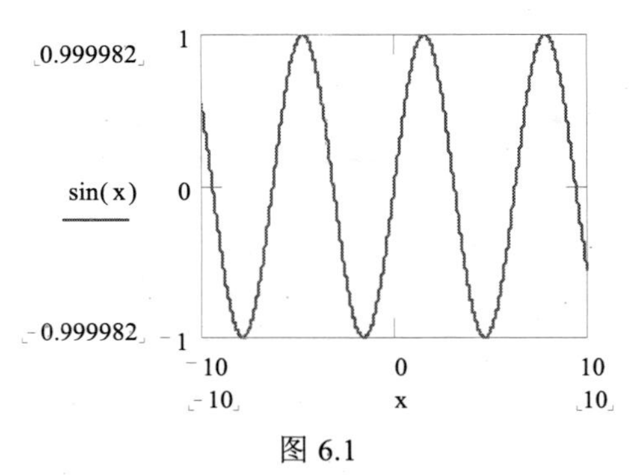

图 6.1

输入的函数可以不用 x 变量，而是其他变量,如 y、t 等。还可以同时输人两个函数，生成两条曲线（图 6.2），只要将两个函数用逗号隔开。例如，输入函数 $100\sin(y)+y^2$，y^2，然后按快捷键@，也可以生成图形。这种方法生成的图形比较简单，用户还需要对其进行相应的格式化。图形的格式化将在后面详细介绍。

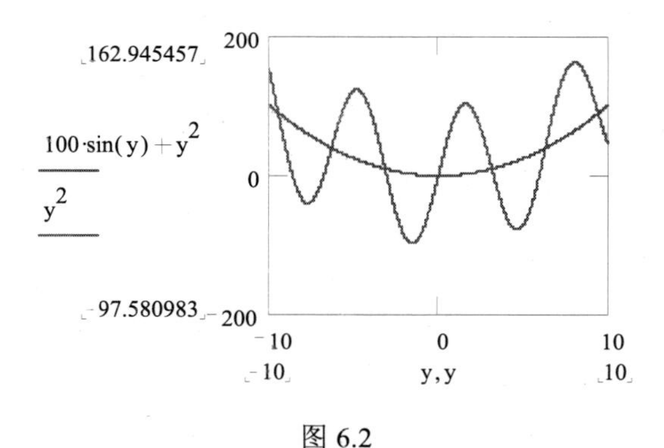

图 6.2

2. 使用范围变量生成

绘图时，常希望对函数的自变量范围进行控制，在这种情况下可以利用范围变量。

［例 6.1］　绘出函数 $1/(1+x^2)$在区间[–5，10]的图形。

(1)定义函数 $f(x)=1/(1+x^2)$。

(2)定义范围变量 t= – 5．．10。

(3)按快捷键@，生成一个图形区域。

(4)在横轴下面中间的占位符输入变量 t，在竖轴右边中间的占位符输入函数 f(t)，就可得到图形（图 6.3）。

$$f(x) := \frac{1}{1+x^2}$$

$$t := -5..10$$

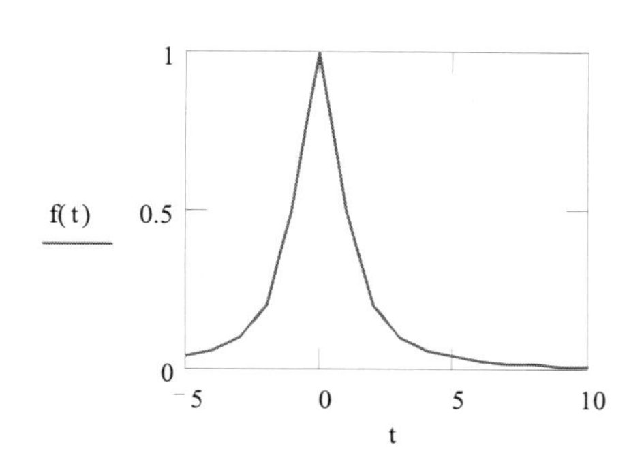

图 6.3

由此可以看出，所绘制的图形曲线不是很光滑，这是因为所用的点太少了，可以把范围变量的间距变小，使点数增加。下面的图形是点数增加后的图形（图 6.4），曲线明显变得光滑了。

$$f(x) := \frac{1}{1+x^2}$$

$$t := -5, -5+0.1..10$$

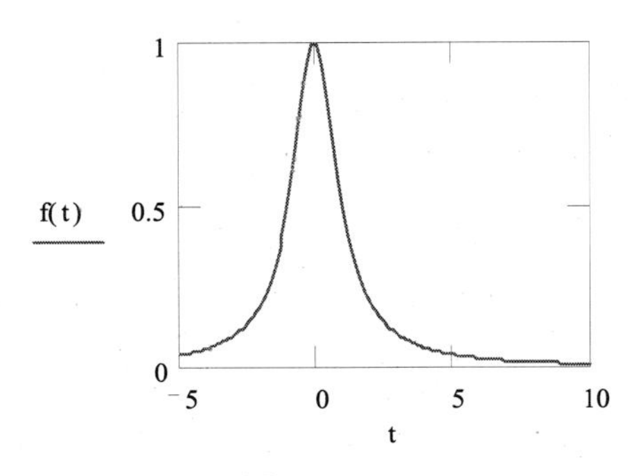

图 6.4

这种方法也可以同时生成多条曲线，只要定义好相应的自变量和函数，然后每输入一个变量，按逗号后输入下一个自变量，输入函数也是如此。如果所有函数的自变量范围相同，以只输入一个自变量，让所有函数共有。Math CAD 最多可以在同一个图形（图 6.5）中绘制 16 条曲线。

$$f(x) := x \qquad t := -1, -1 + 0.1..1$$

$$y(x) := \sin(x) + \cos(x) \qquad a := -0.5, -0.5 + 0.1..1$$

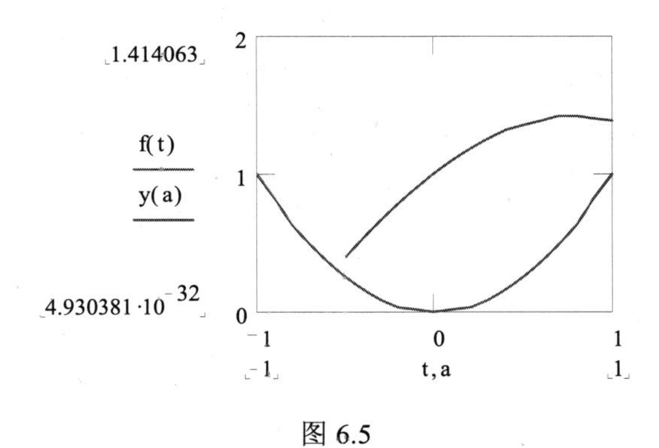

图 6.5

在绘图区填写站位符时，应当注意，输入的自变量 t 和 a 要用逗号隔开；上面的站位符输入前面定义的两个函数，中间也要用逗号隔开。函数的自变量要相应地换成 t 和 a。

3. 参数图形

有些数据相互间的关系很难用简单的函数来表示，而利用一个参数则可以很清楚地表示出来。Math CAD 也可以容易地绘制利用参数表示的函数图形。

［例 6.2］　已知函数 $x=\cos(3t)$，$y=\sin(4t)$，作出 $x-Y$ 的关系图。

(1)定义一个范围变量来表示参数的范围。

(2)按快捷键@，生成一个图形区域。

(3)在横轴下面中间的占位符输入函数 cos(3t)，在竖轴右边中间的占位符输入函数 sin(4t)，单击图形区域外侧，就可得到图形（图 6.6）。

该方法也可以在一个图形内同时绘制多条曲线，方法与前面相同。如果不知道参数的范围，也可以不定义范围变量，Math CAD 将自己确定，但在知道的情况下，最好是自己定义参数范围。

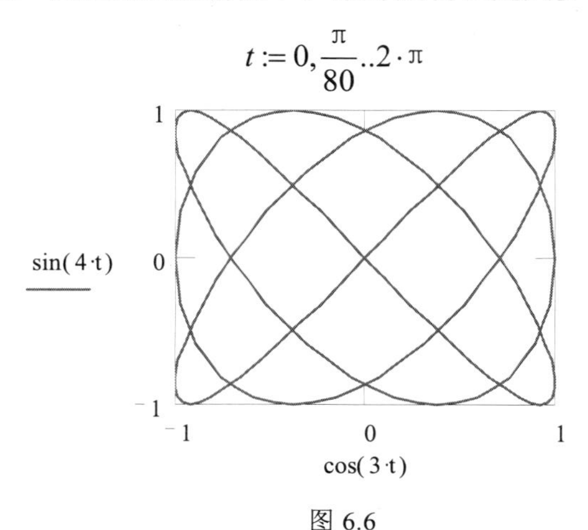

图 6.6

4. 图形区域操作

图形区域与其他区域相同，可以移动、删除，其方法也是一样的。另外，图形区域还可以放大和缩小，如果要对图形区域进行放大或缩小，可按如下步骤进行：

(1)选中要放大或缩小的图形区域，图形区域将出现三个黑点。

(2)将鼠标指针置于黑点上，鼠标指针变为双向箭头。按住鼠标左键，移动鼠标就可对图形区域进行放大或缩小，如图 6.7 所示。

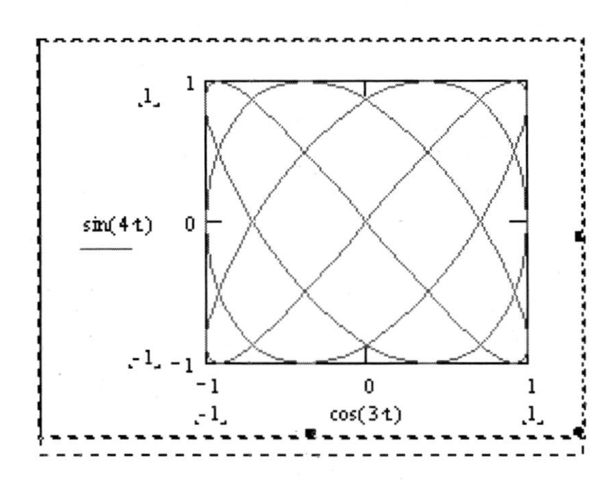

图 6.7

鼠标指针位于右边黑点时，可以改变图形区域的宽度。

鼠标指针位于下边黑点时，可以改变图形区域的高度。

鼠标指针位于右下角的黑点时，将按比例对图形区域进行放大或缩小。

二、坐标轴设置

绘制一个图形以后，默认的格式可能不符合要求，需要对图形的格式进行修改，使之符合要求。下面将介绍直角坐标图格式的设置。

1．坐标轴范围

作图过程中，如果未定义自变量的显示范围，Math CAD 一般默认为–10~10。y 坐标轴则显示所取值的范围，有时可能希望自己控制图形的坐标轴显示范围，可按如下步骤进行：

(1)选中要更改的图形。

(2)在图形下方有 3 个变量，中间的变量是所输入的自变量。右边的变量则是 x 轴的下限值，删除该值后，就可以输入所需要的 x 轴的下限值。左边的变量是 x 轴的上限值，可用同样的方法修改。

(3)在图形右边也有 3 个变量，中间的变量是所输入的函数。上面的变量则是 y 轴的上限值，下面的变量是 y 轴的下限值，可用同样的方法修改。

下面的图形就是将上例参数图形显示范围修改后的图形（图 6.8）。x 轴的上下限分别为–1、2，y 轴的上下限分别为–1、2。

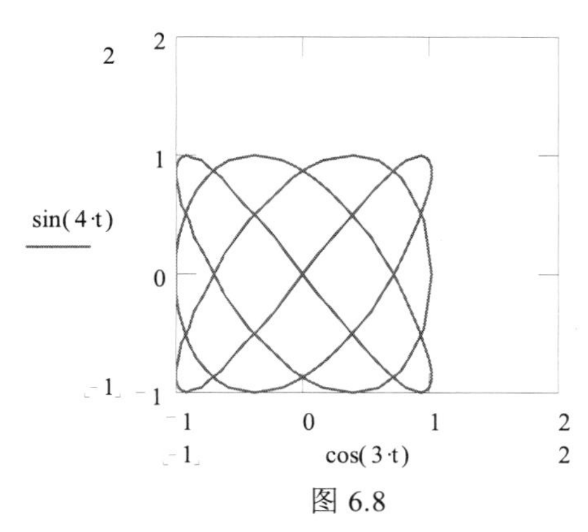

图 6.8

2．坐标轴显示方式

直角坐标图的坐标轴有 3 种显示方式，分别是方框形、十字形和不显示坐标轴。如果要改变坐标轴的显示方式，可按如下步骤进行：

(1)用鼠标双击要设置格式的图形，出现 Formatting Currently SelectedX - Y Plot 对话框，选中 X-Y Axex 选项卡，如图 6.9 所示。

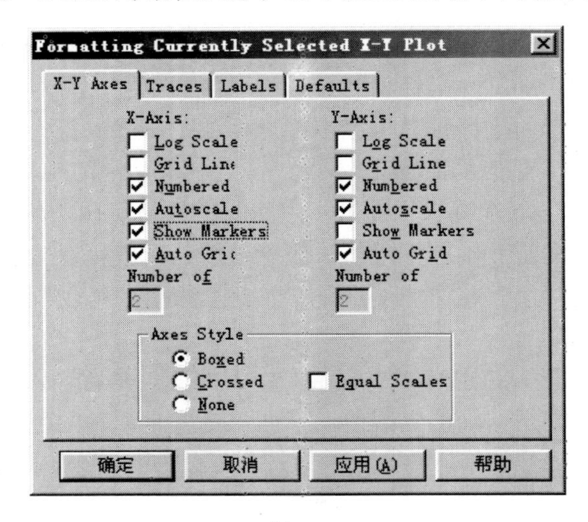

图 6.9

(2)该选项卡的底部有 3 个单选按钮 Boxed、Crossed、None，分别表示方框形、十字形和不显示坐标轴。选中需要的选项，单击[确定]或[应用]按钮即可。

图 6.10（a）是曲线坐标轴方式的方框形，图 6.10（b）是十字形，图 6.10（c）右边是不显示坐标轴。

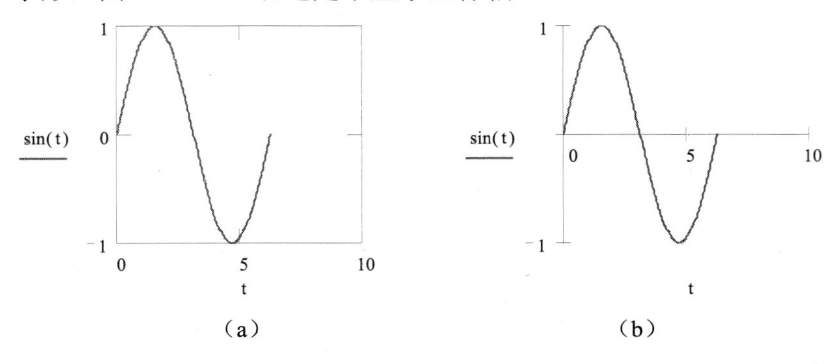

（a）　　　　（b）

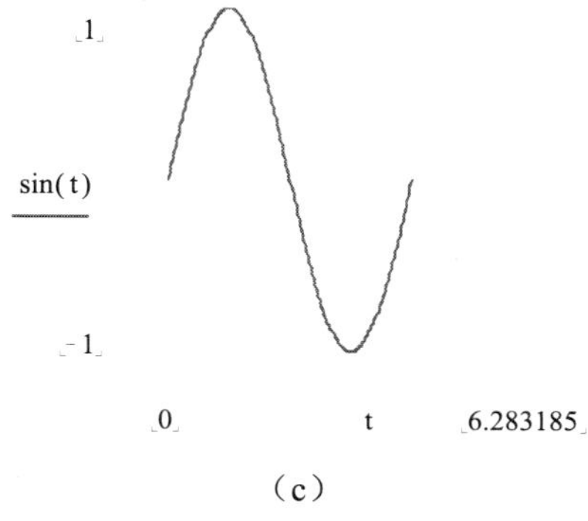

（c）

图 6.10

在 3 个单选按钮的右边有 EqualScales 复选框，选中该复选框则 x 轴和 y 轴将按相同的比例显示。下面两条曲线中，图 6.11（a）是选中 EqualScales 复选框的效果，两个坐标轴的显示比例相同，图 6.11（b）的则不相同。

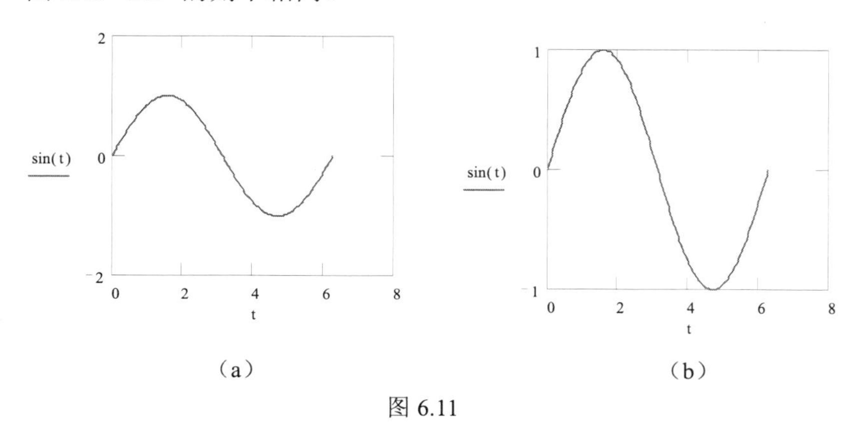

（a）　（b）

图 6.11

三、曲线样式设置

曲线样式包括曲线的线形、颜色、数据点的显示与否及显示形状等。要设置曲线的样式，首先用鼠标双击要设置格式的图形，出现 Formatting Currently Selected X-YPlot 对话框，选中 Traces 选项卡，如图 6.12 所示。

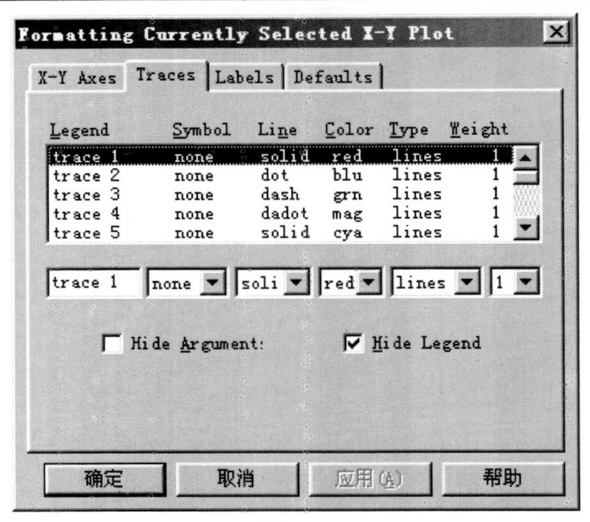

图 6.12

在选项卡的上方有一个列表框，每一列上边都有一个标名，即 Legend、Symbol、Line、Color、Type、Weight，用来表示图中各曲线的属性，列出了各条曲线的当前样式。如果要改变某条曲线的样式，可用鼠标单击选中，然后就可在列表框下面的选择框中更改曲线样式。

(1)Legend 对应的是一个文本框，可以在该文本框中输入曲线的名称。

(2)Symbol 表示数据点的显示方式时，有 6 个选项，其中 none 表示不显示数据点。

(3)Line 表示曲线的线形时，有 5 个选项，其中 none 表示不显示曲线，solid 表示实线，dot 表示点线，dash 表示虚线，dadot 表示点划线。一般来说，Symbol 和 Line 不能同时选择 none。

(4)Color 表示曲线的颜色，有红色、蓝色、绿色、橙色等，因为印刷时不能显示颜色。

(5)Type 表示曲线的形状，有 6 个选项，lines 表示线形，points 表示点形，error 表示误差性，bar 表示条形，step 表示阶梯形，stem

表示杆形。

(6)Weight 表示线条的粗细或点的大小。当其为 lines、points、stem 形时才可选。Weight 值越大，线条越粗，点越大。

当选中 Traces 选项卡的下部时，有两个复选框：

(1)Hide Argument 表示是否显示自变量及函数，选中该复选框，将不显示自变量，如图 6.13（b）不显示自变量 x 和函数关系 x^2。

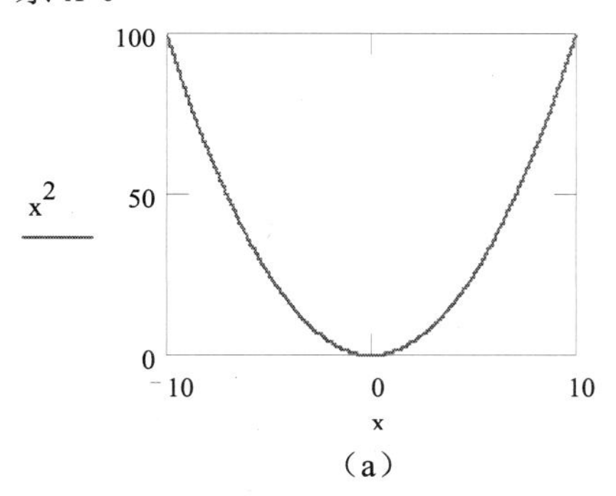

（a）

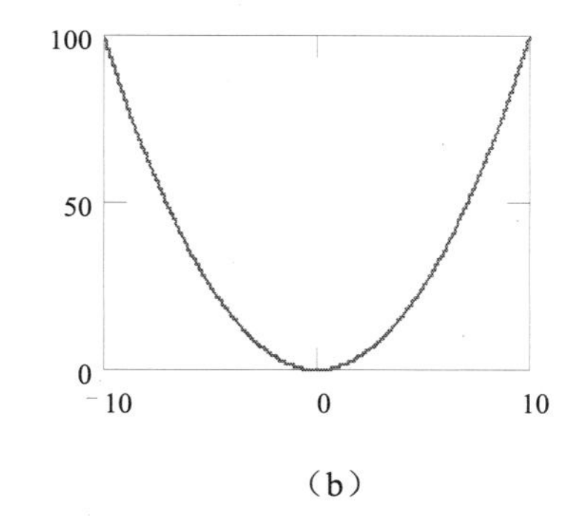

（b）

图 6.13

(2)Hide Legend 表示图例，选中该复选框，将不显示图例。在图 6.14 中显示图例。一般情况下，当有多条曲线且不显示自变量和函数关系时应显示图例。

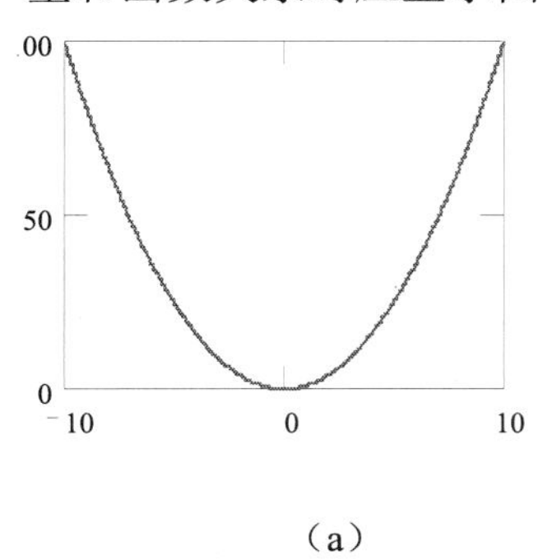

（a）

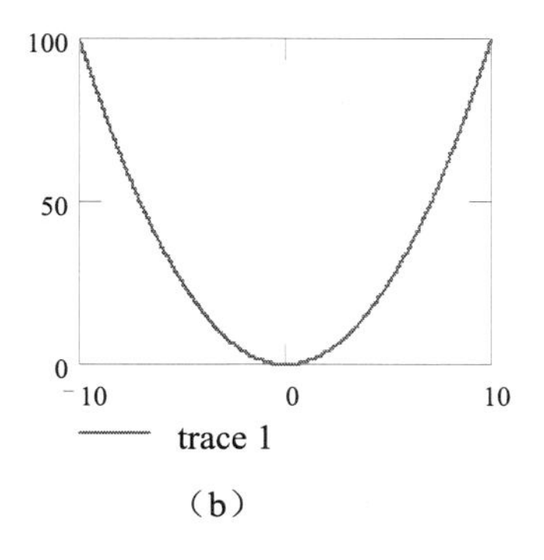

（b）

图 6.14

四、标题

标题包括图形本身的名字和坐标轴的名称。要设置标题，首先用鼠标双击要设置标题的图形，出现 Formatting Currently Selected X-Y Plot 对话框，选中 Lables 选项卡，如图 6.15 所示。

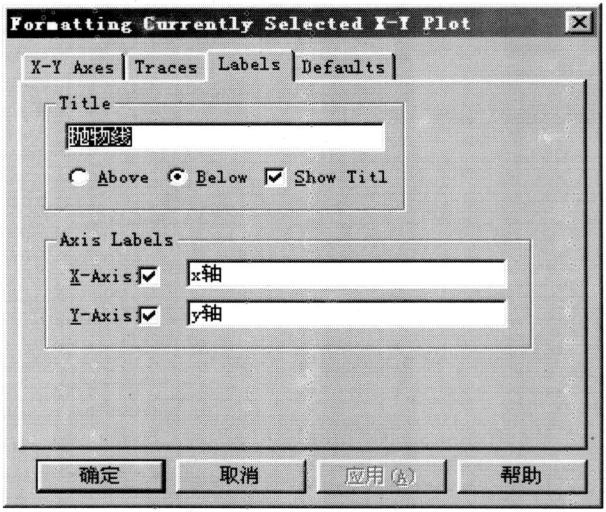

图 6.15

在 Title 文本框中，可以输入图形的标题。文本框下有两个单选按钮 Above 和 Below，表示图形标题的位置，分别为图形上方和图形下方。

Show Titl 复选框表示是否显示图形标题，选中该复选框，则显示，否则为不显示。

在 X-Axis 和 Y-Axis 后面各有一个复选框和一个文本框。可在文本框中输入坐标轴的标题，复选框表示是否显示坐标轴标题，选中则显示。如按图 6.15 设置后，图形显示如图 6.16 所示。

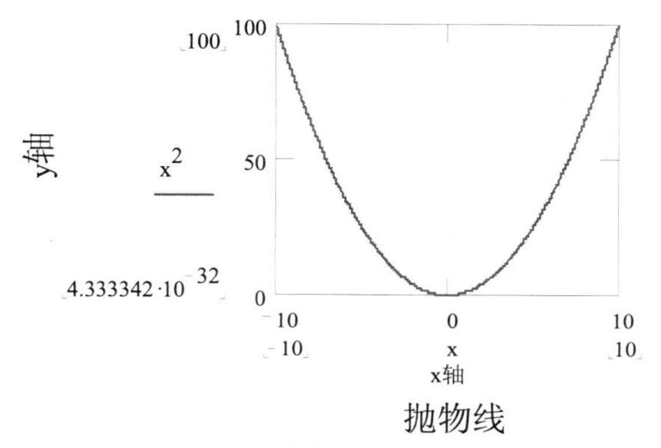

图 6.16

五、图形的默认格式

有一些图形格式可能经常用到，如果每次都重新设置，就会很麻烦。这时可以将一幅这种类型图形的设置保存为默认格式，以后就可以直接调用默认格式来设置图形。

用鼠标双击某个图形，出现 Formatting Currently Selected X-Y Plot 对话框，选中 Defaults 选项卡，如图 6.17 所示。

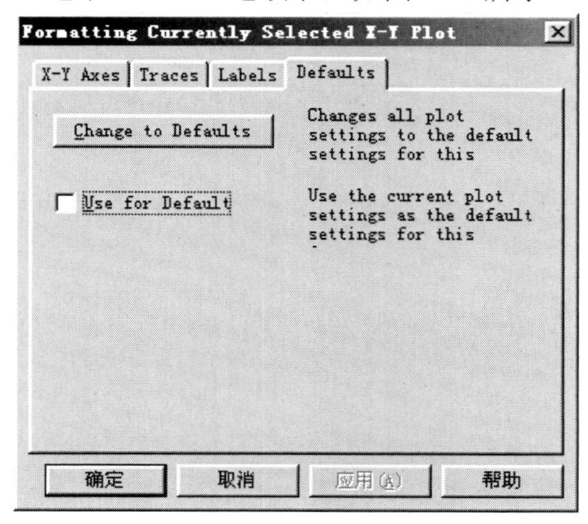

图 6.17

单击 Change to Defaults 按钮，然后再单击[应用]按钮，就可以将图形设置为默认格式。如果要将该图形的格式保存为默认格式，选中 Use for Default 复选框，然后单击[应用]按钮即可。

6.2 极 坐 标 图

极坐标图是另一种常用的平面图形，它用来描述幅角和矢径之间的关系。

一、极坐标图的绘制

绘制极坐标图的方法和直角坐标图的差不多，用来生成直角坐标图的各种方法都可以用来生成极坐标图，只不过自变量是幅角，而函数值是矢径。

1. 直接用函数表达式生成

在 Math CAD 工作表中输入函数，例如 cos(t)，然后选择单击 Graph 工具栏中的⊕按钮，就会出现一个区域，在该区域外单击鼠标，就可看到 cos(t)的极坐标图形（图 6.18）。

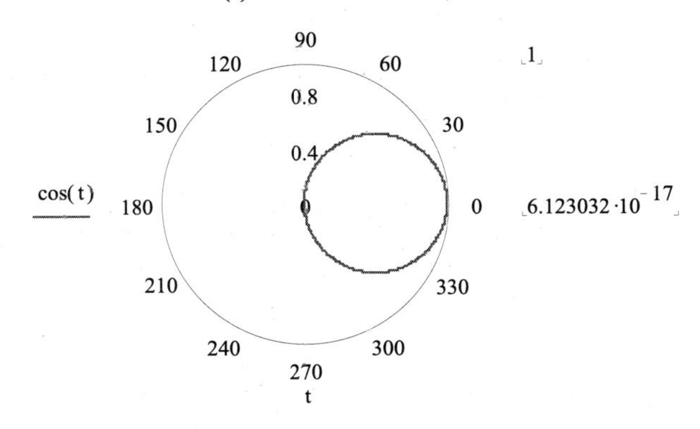

图 6.18

输入的函数可以是任意变量，同直角坐标图一样，也可以同时输入多个函数，生成多条曲线，只要将两个函数用逗号隔开。

例如，输入函数 t，l0sin(3p)，然后单击⊕按钮，也可以生成图形(图 6.19)。

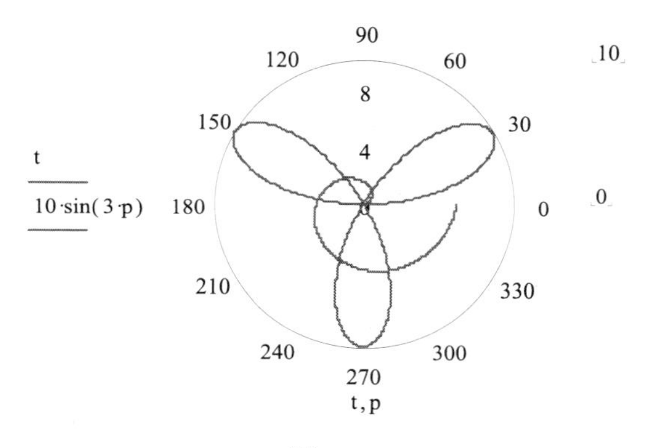

图 6.19

2. 使用范围变量生成

如果要对函数的自变量范围进行控制，可以利用范围变量。

［例 6. 3］　绘出函数 $r = t$ 在区间[0，4π]的图形。

(1)定义函数 r(t)=t。

(2)定义范围变量 t=0，0+π / 20..4π。

(3)按快捷键 Ctrl+7，就会生成一个图形区域。

(4)在横轴下面中间的占位符输入变量 t，在竖轴右边中间的占位符输入函数 r(t)，就可得到图形（图 6.20）。

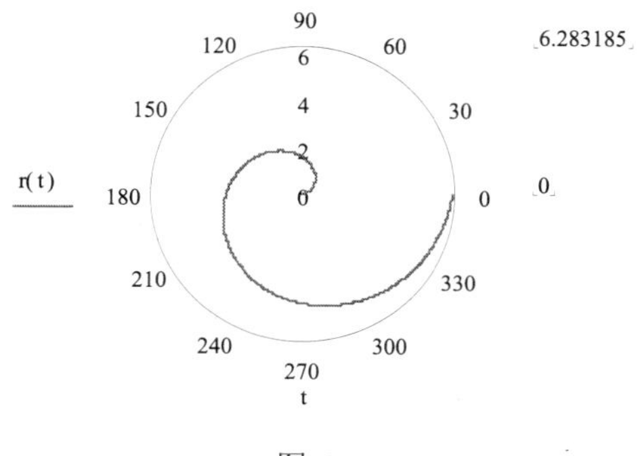

图 6.20

如果图形曲线不够光滑，可以把范围变量的间距变小，使点数增加。

这种方法也可以同时生成多条曲线，只要定义好相应的自变量和函数，然后每输入一个自变量，按逗号键后输人下一个自变量，输入函数也是如此。如果所有函数的自变量范围相同，可以只输入一个自变量，让所有函数共用。

$$r1(t) := t$$

$$r2(t) := 6 - 6 \cdot \sin(2 \cdot t)$$

$$t := 0, 0 + \frac{\pi}{20} .. 4 \cdot \pi$$

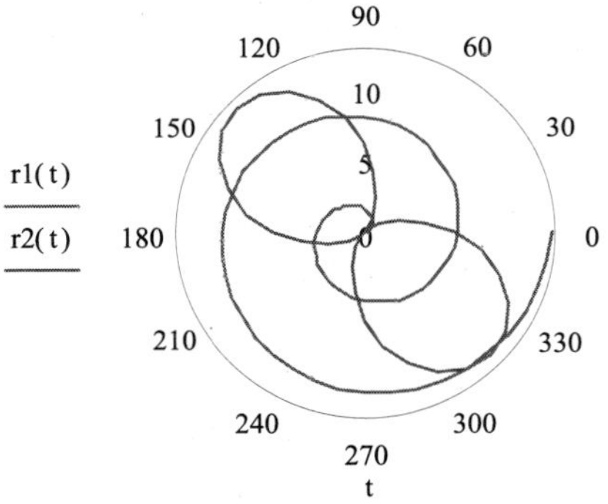

图 6.21

6.3　图形缩放与坐标追踪

一、图形缩放

1．直角坐标图的缩放

如果要对直角坐标图进行缩放，可按如下步骤进行：

(1)选中要进行缩放的直角坐标图。

(2)单击 Graph 工具栏上的按钮，将出现 X-YZoom 对话框，如图 6.22 所示。

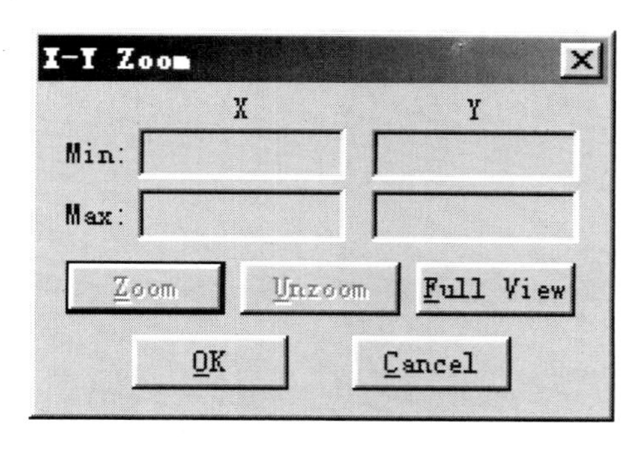

图 6.22

(3)按住鼠标左键拖动，图形（图 6.23）上将出现一个虚线矩形，表示将放大的区域。在 X-Y Zoom 对话框中将显示矩形框的左下角点和右上角点的坐标。

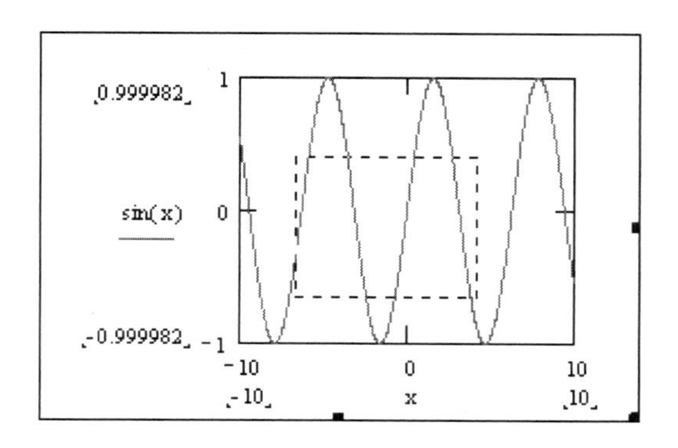

图 6.23

(4)单击 Zoom 按钮，图形（图 6.24）将只显示选定的部分。

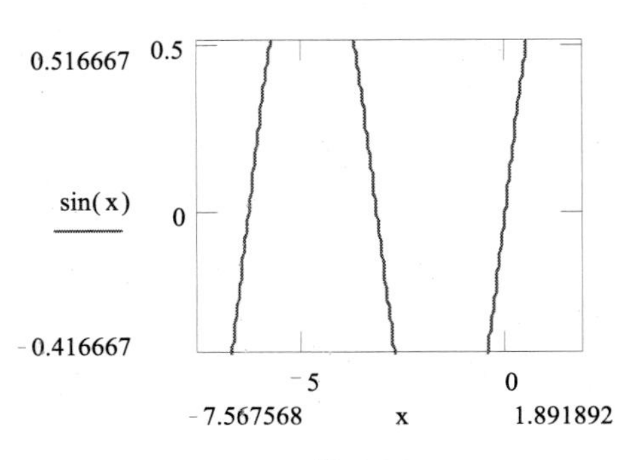

图 6.24

(5)单击 Unzoom 按钮，图形（图 6.25）将返回原有的样子。

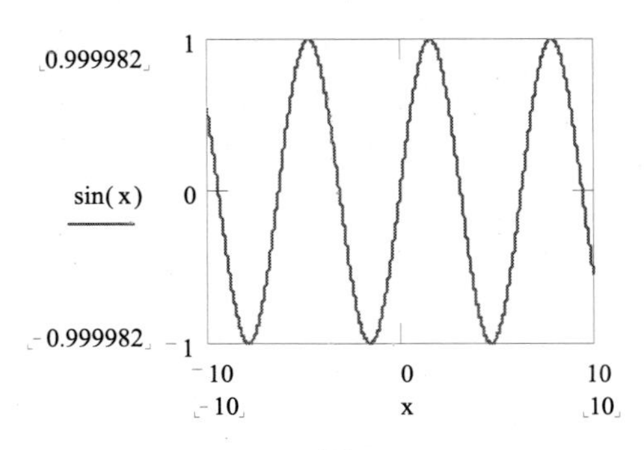

图 6.25

(6)单击 FullView 按钮，将显示整个图形（图 6.26）。

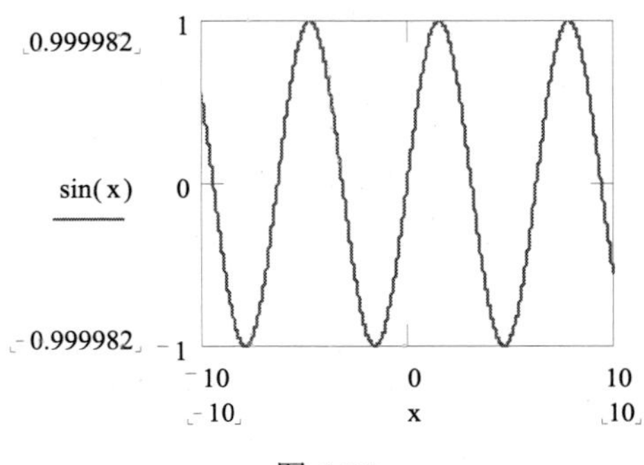

图 6.26

2. 极坐标图的缩放

极坐标图也可以进行相同的缩放。

(1)选中要进行缩放的极坐标图。

(2)单击Graph工具栏上的按钮，将出现PolarZoom对话框，如图6.27所示。

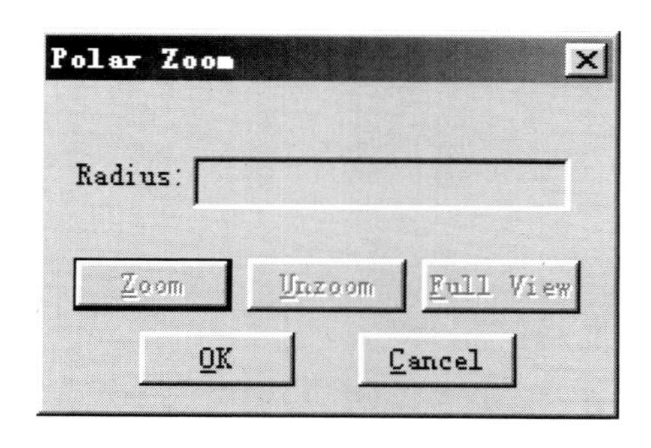

图 6.27

(3)用鼠标在图形（图6.28）上单击，将出现一个虚线圆，表示要放大的部分。在对话框中将显示该圆的半径。

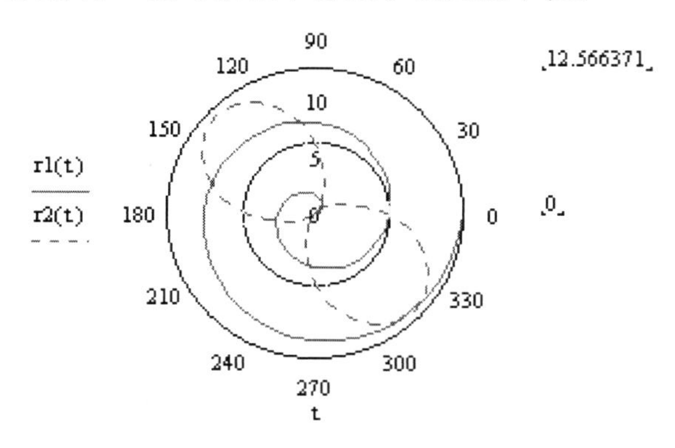

图 6.28

(4)单击 Zoom 按钮，图形将只显示选定的部分。

(5)单击 Unzoom 按钮，图形将返回原有的样子。

(6)单击 FullView 按钮，将显示整个图形（图 6.29）。

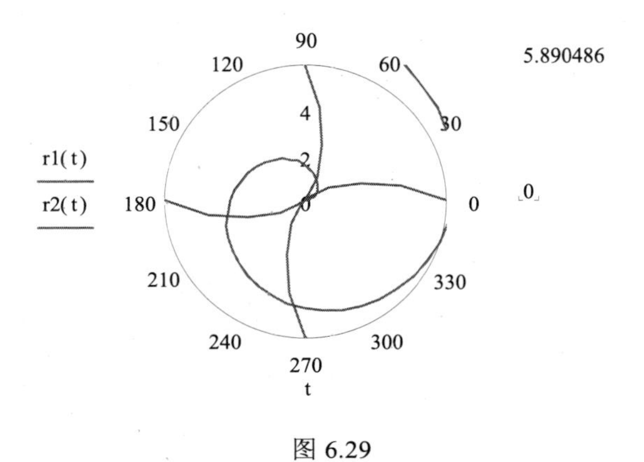

图 6.29

二、曲线上点的坐标

绘制一个图形，可能希望知道曲线上某个点的坐标，特别是用离散数据绘制的图形，这一功能非常有用，Math CAD 也提供了这一功能。

1. 直角坐标图

如果要知道直角坐标图上曲线某点的坐标，可按如下步骤进行：

(1)选中要进行操作的图形。

(2)单击 Graph 工具栏上的按钮，将出现 X-Y Trace 对话框，如图 6.30 所示。

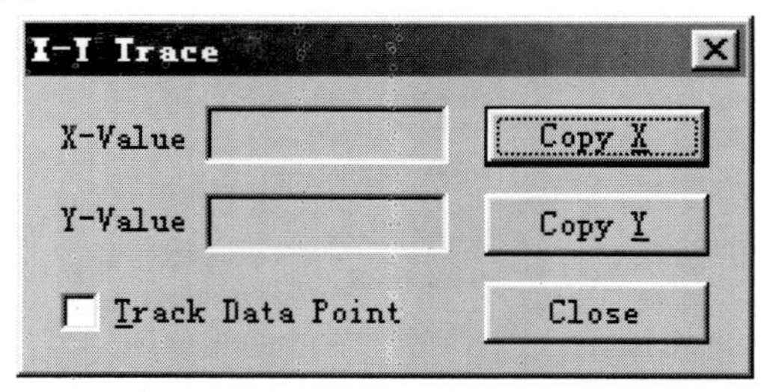

图 6.30

(3)用鼠标在图形（图 6.31）上单击，将出现两条互相垂直的虚线，它们的交点表示追踪到的点。如果选中 Track Data Point 复选框，则追踪到的点是图象上最近的数据点，否则可以是图形内任意的点。

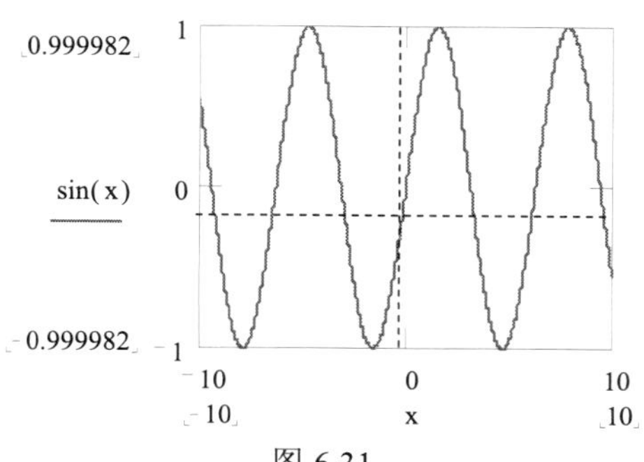

图 6.31

(4)在 X-Value 文本框中显示出该点的 X 坐标值，单击 CopyX 按钮，可将该点的 X 坐标值复制到剪贴板，再在工作区中粘贴，就可保留该点的横坐标。同样的方法，单击 CopyY 按钮，可将该点的 Y 坐标值复制到剪贴板，再在工作区中粘贴，就可保留该点的纵坐标。

2. 极坐标图

极坐标图中追踪点坐标的方法同直角坐标图差不多，所不同的是单击 Graph 工具栏上的固定按钮，将出现 Polar Trace 对话框，如图 6.32 所示。

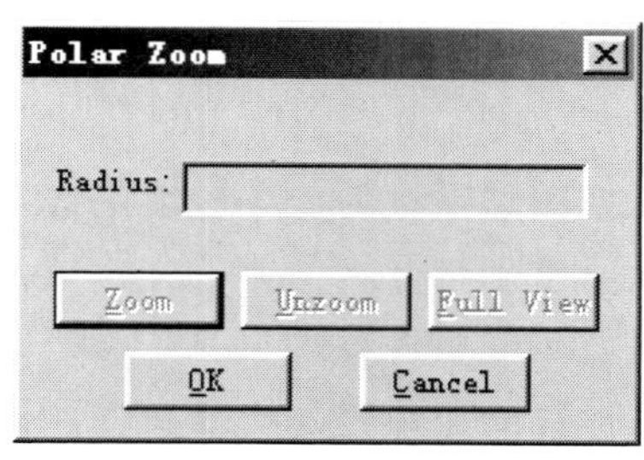

图 6.32

用鼠标在图形（图 6.33）上单击，将出现一个虚线圆，它与曲线的交点表示追踪的点。

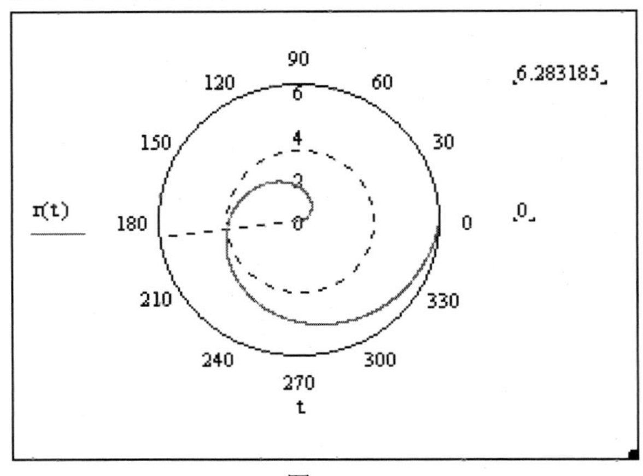

图 6.33

6.4 数学图形的保存

Math CAD 绘制出的图形清晰、精确，非常适合作为数学文章的插图和数学教学软件的素材。所以保存 Math CAD 文件、图形及根据不同的需要保存不同的类型是十分重要的。

一、图形与文本及数学式一起保存在*.mcd 文件中

将图形与文本及数学式一起保存在*.mcd 文件中是最常用、也是最简单的保存方式。只要使用 Math CAD 的[保存]命令或[另存为]命令，就能实现。

我们也可以把图形保存为一个独立的 Math CAD 文档。如果想要这样做，只需事先打开一个空的工作页，再把原文档中的图形粘贴过来，然后再取名保存。

这两种方式保存的图形是 x.mcd 文件，只有在 Math CAD 环境下才能再次打开。

二、图形作为 OlE 对象嵌入各种客户应用程序文档

这里主要是说，把图形作为 OLE 对象嵌入到 Word 文档、PowerPoint 演示文稿及写字板文件中去的操作。这种做法的优点是，在所插入的文档尚未定稿时，能随时调用 Math CAD 软件来修改图形的某一部分，甚至是全部图形。缺点是，占用空间比较大。

三、把图形作为独立的*.bmp 文件

使用剪贴板可以将 Math CAD 图形粘贴到应用程序“画图”的文档中，并且会自动地成为位图格式(即 x.bmp 文件)。在“画图”软件中，调用菜单命令[保存]或[另存为]，就实现了把图形作为独立文档的目的。

四、图形作为图片插入各种客户应用程序文档

这里说的，也是把图形作为 OLE 对象插入到各种客户应用程序文档，包含 Word 文档、owerPoint 演示文稿及写字板文件中等等。这种插入，不是作为对象，而是作为“图片”或者“位图”的插入，既可把图形插入文章成为它的一部分，也可单独成为文档。不过要注意，通过剪贴板插入时，最好使用“选择性粘贴”，使图形成为“图片”或者“位图”，而不要使用普通的粘贴，使图形成为“对象”(这时虽然也可以使用解除链接的方法使尺寸缩减，但向图中添加文字的操作会产生一些困难)。

五、把 Math CAD 文件保存成为 RichTextFile 文件

RichTextFile 文件是一种一般文字处理软件(应用程序)都能读懂的文件格式。通常叫做*.RTF 文件，有时也被称做“带格式的文本”。可以把图形和它所在的*.mcd 文件一起或者把图形单独保存为一个 RFT 文件。

对此，应注意两点：

（1）保存的操作命令是 File[Save as]，在对话框中指定 FileType 为 Rich Text File，而且一定要在文件名的扩展名处手工键入.RTF。

（2）把图形和它所在的 Math CAD 文件一并保存成为*.RTF 文件之后，原来在 Math CAD 文件中的每个数学区、图形区都将成为 Word 文件中单独的插入图片，一律呈现为左对齐排列，并可分别作为图片经受编辑操作；惟有原来 Math CAD 文件中的文本区不能成为单独的图片，而是变成文本行，并且不支持原来在 Math CAD 文件中写下的汉字。

第七章　Math CAD 的二维动画制作

- **动画制作方法**
- **动画实例**

电脑动画是近年来非常流行的东西，有许多专门制作电脑动画的软件。Math CAD 也具有一定的动画功能，它的动画功能是建立在图形功能的基础上的。

利用 Math CAD 的动画功能，可以直观地表现图形与参数之间的关系，可以将比较抽象的或者难于想象的内容直接演示出来。同时 Math CAD 的动画功能是与数学结合起来的，在教育方面有更广泛的应用。但是，Math CAD 并不是专门的动画制作软件，它只能演示能用数学公式表示的图形。

Math CAD 制作的动画，不仅可以在 Math CAD 中播放，还可以存储为*.avi 文件，在 Windows 中单独播放，相应地，也就可以作为其他文档的插件。近几年，高版本的 Math CAD 在制作动画方面，功能有了许多改进。可以制作二维、三维动画，并且在图形渲染方面也有很大提高。考虑到本书主要针对中学数学内容，所以在这里，我们只介绍二维动画制作的基本方法。其他方面有兴趣的读者可以参看专门的有关 Math CAD 的书籍。

7.1　动画制作方法

Math CAD 制作动画的原理很简单，利用内部变量 FRAME 来制作动画。任何图形，如果它的形状只依赖于一个参数，把这个参数与内部变量 FRAME 联系起来，就可以制作一个动画。Math CAD 将创作出变量 FRAME 从 0 到指定数值进行变化的所有图形，然后将这些图形按顺序和一定速度连续播放，就形成了动画。下面用简单的例子来说明动画的创建方法。

一、创建动画

以物体的斜抛为例，介绍创建动画的方法，读者可以一步一步地跟着练习。

一个物体以角度θ、初速度 v 向上斜抛，设初始点的位置为(0,0)，则它的轨迹用参数方程表示为

$$x(t) := v \cdot \cos(\theta) \cdot t$$

$$y(t) := v \cdot \sin(\theta) \cdot t - \frac{1}{2} \cdot g \cdot t^2$$

显然，在角度θ、初速度 v 确定的情况下，物体所在的位置只与时间 t 有关。要制作动画，必须将时间 t 与变量 FRAME 联系起来。如果能作出不同时间的物体位置的图形，并连续播放，就可以形成动画。下面就用这个例子介绍如何创建动画，首先要做的是创建动画前的准备工作。

(1)定义一个角度θ、初速度 v、重力加速度 10（为了操作简便，取整数）。

(2)定义两个函数 $x(t)$、$y(t)$，表示物体在 t 时刻的位置。

(3)定义一个范围变量 a，用来绘制物体运动的完整的轨迹。

(4)定义变量 t，并将它与内部变量 FRAME 联系，用来创建动画

$$v := 20 \qquad \theta := \frac{\pi}{6}$$

$$x(t) := v \cdot \cos(\theta) \cdot t$$

$$y(t) := v \cdot \sin(\theta) \cdot t - \frac{1}{2} \cdot 10 \cdot t^2$$

a:=0,0+0.1..　　　2t:=0.5·FRAME

(5)做好上述工作后，下面绘制图形用来创建动画。此图形（图7.1）包含两条曲线：一条是(x(a)，y(a))，表示物体运动的完整轨迹；另一条是(x(t)，y(t))，实际只有一个点，表示物体在 t 时刻的位置。第一条曲线使用默认设置，第二条曲线的 Type 设为 Point，Symbol 设为 o’s。

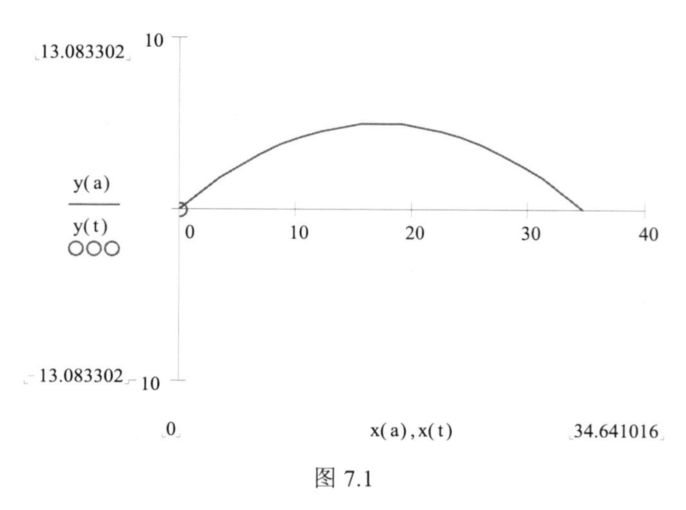

图 7.1

做好上述准备工作后，就可以开始创建动画。其步骤如下：

(1)选择 View 菜单中的 Animate 命令，出现 Animate 对话框，如图 7.2 所示。

(2)按住鼠标左键拖动，选中要创建动画的区域。屏幕上会出现一个虚线矩阵框表示选中的区域。

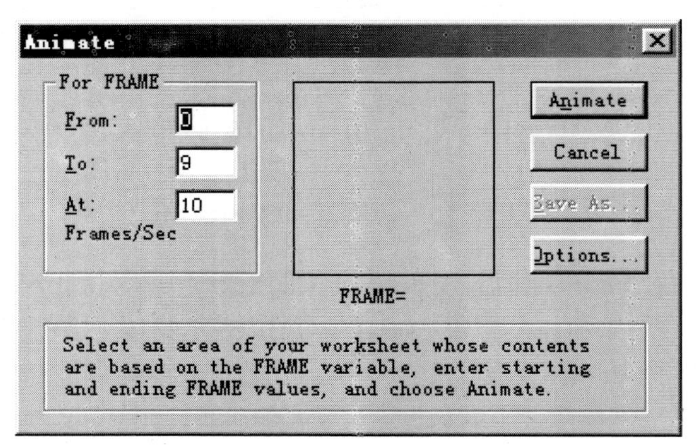

图 7.2

(3)设置 Animate 对话框的选项。From 文本框的数字表示第一帧动画的 FRAME 变量的数值，必须为整数。To 文本框的数字表示最后一帧动画的 FRAME 变量的数值，也必须为整数。At 文本框表示动画播放的速度，即每秒播放的帧数。本例中，根据需要 From 文本框设为 0，To 文本框设为 4，At 文本框设为 4。

(4)设置好选项后，单击 Animate 按钮，Math CAD 就开始生成动画。Animate 对话框中间的对话框显示动画生成的过程，方框下面的“FRAME；”后面的数字表示正在生成第几帧动画，方框中显示该帧的图形。

生成动画所用的时间同图形的复杂程度和动画的帧数直接相关。如果图形很复杂，帧数又多，可能需要相当长的时间，用户要自己控制。

生成动画后，将出现一个动画回放窗口，如图 7.3 所示。

回放窗口下有播放用的工具栏，单击有三角形符号的播放按钮，就可播放动画。

生成动画以后，如果要在以后播放，或者脱离 Math CAD 环境播放，必须将它存成 avi 的文件。如果要保存动画，可以单击 Animate 对话框上的 Save As 按钮，将出现一个 Save Animation 对话框，输入要保存的路径和文件名就可进行保存。

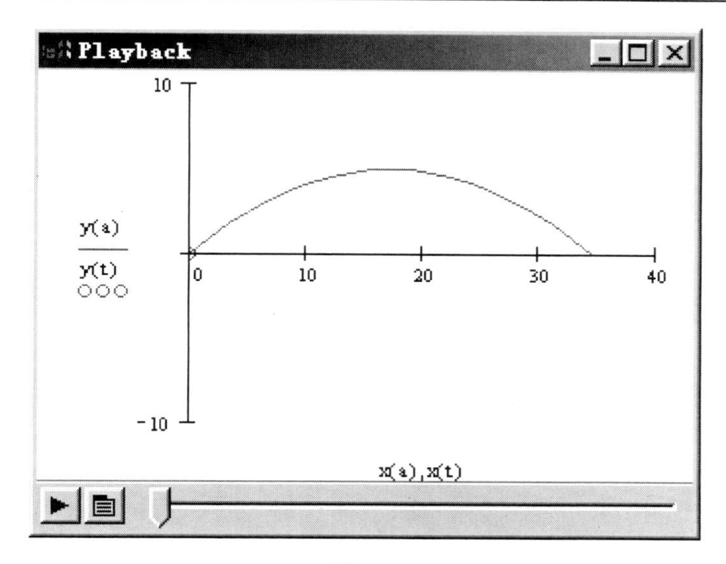

图 7.3

单击 Animate 对话框上的 Optoins 按钮，将出现 Compressor Options 对话框，可以设置动画的压缩属性，如图 7.4 所示。在[压缩程序]列表框中可以选择使用的压缩程序，[压缩品质]滚动条设置压缩率，压缩率越高，回放品质越差，但动画文件越小。不同的压缩程序可能需要不同的配置，这时可以单击[配置]按钮，将出现相应的对话框，由此可以进行配置。压缩属性的设置涉及到多媒体的知识，如果用户不熟悉的话，一般使用默认设置就行了。

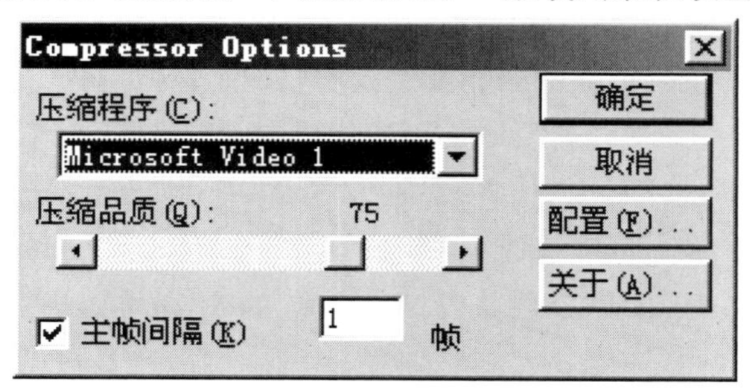

图 7.4

二、动画回放

前面讲过，制作完动画后将出现回放窗口，可以进行回放。在播放按钮的旁边是回放选项按钮。单击该按钮，将出现一个屏幕菜单，用来设置回放的选项，如图 7.5 所示。

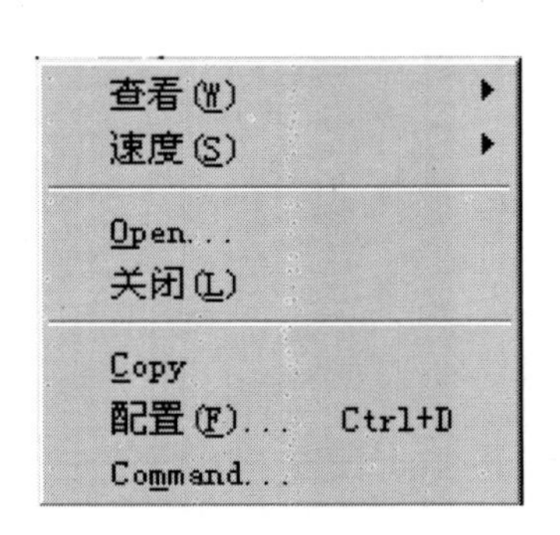

图 7.5

[查看] 该选项下有三个子选项，用来设置播放窗口的大小，可以按正常的大小播放，也可以按正常大小的一半或二倍播放。

[速度] 用来设置动画播放的速度。单击该选项后，将出现一个竖直的滚动条，并显示一个数字，当数字为 100 时以正常的速度播放，数组越大，则播放速度越快，反之播放速度越慢。

Open 用于打开其他动画文件进行播放。

关闭 关闭回放窗口。

Copy 把当前帧的内容复制到剪贴板上。

[配置] 单击该选项，将出现[视频属性]对话框，可以设置视频属性。

Command 单击该选项，将出现[发送 MCI 字符串命令]对话框，可以在 Math CAD 内执行 Windows 的 MCI(多媒体程序接口)命令。

7.2 动画实例

通过上节的介绍，可以看出 Math CAD 的动画制作是非常简单的。下面将介绍几个动画制作的例子，使读者能更好地创作动画。

一、水平方向上的简谐振动

动点以 x=0 为中心，在水平方向上作简谐振荡的动画如图 7.6 所示。

$$t-\frac{6\cdot\pi}{50}\cdot \mathrm{FRAME}$$

$$x:=\sin(t)$$

$$y:=1$$

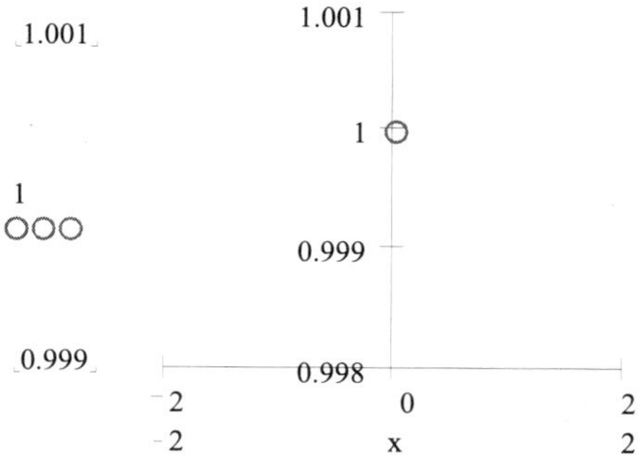

1.001
1
ooo
0.999
1.001
1
0.999
0.998
-2
-2
0
x
2
2

图 7.6

图 7.6 为函数图形，曲线的 Type 设为 Point，Symbol 设为 o’s。

图 7.7 是动画过程中的一个画面。

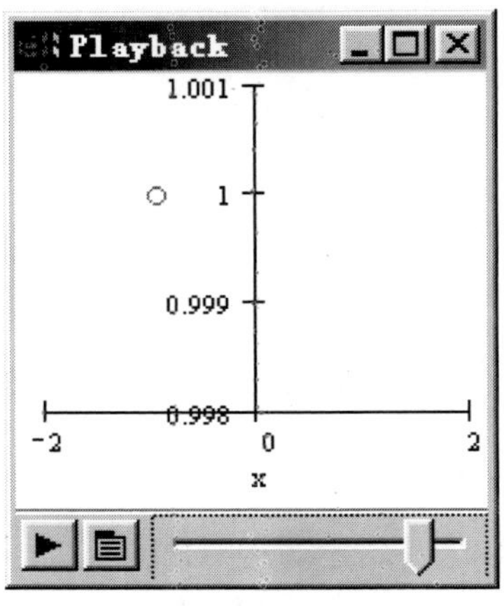

图 7.7

二、简谐振动与匀速圆周运动的关系

简谐振动是最简单也是最重要的周期性直线振动，可以认为简谐振动是匀速圆周运动物体的横坐标或纵坐标的变化。

下面用动画来演示它们之间的联系，其步骤为：

(1)定义圆周运动的半径、周期、角速度。

$$r:=10 \qquad T:=2 \qquad \omega:=\frac{2\cdot\pi}{T}$$

(2)定义圆周运动的方程和绘制圆周的范围变量。

$$X(\phi):=R\cdot\cos(\phi+\frac{\pi}{4})-R \qquad Y(\phi):=R\cdot\cos(\phi+\frac{\pi}{4})$$

$$\phi:=0,0.1..2\cdot\pi$$

(3)定义与内部变量 FRAME 相关的变量 t，用来制作动画。

$$t:=\frac{FRAME\cdot T}{20}$$

(4)定义函数用来绘制圆周上的小圆圈。

$$x(t) := R\cdot\cos(\omega\cdot t+\frac{\pi}{4})-R \qquad y(t) := R\cdot\sin(\omega\cdot t+\frac{\pi}{4})$$

(5)定义函数用来绘制简谐振动的正弦曲线和正弦曲线上的小圆圈。

$$x1(t) := R\cdot\omega\cdot t$$

(6)定义矢量和范围变量用来绘制摆动的水平线。

$$k := 0..1 \qquad p0 := x(t) \qquad p1 := x1(t)$$

$$q0 := y(t) \qquad q1 := q0$$

(7)定义矢量和范围变量，用来绘制转动的半径。

$$u0 := -R \qquad u1 := x(t) \qquad v0 := 0 \qquad v1 := y(t)$$

(8)定义好需要的函数后，绘制要用来生成动画的图形（图7.8）。

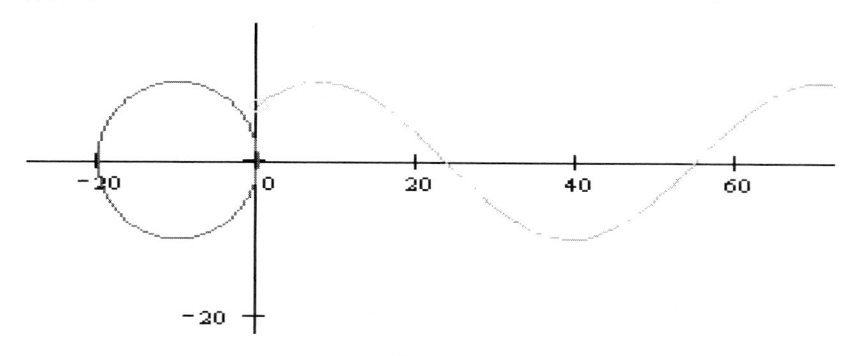

图 7.8

图形内各曲线的属性设置为：其中第二条曲线的 Type 应设置为 points；第二条和第五条曲线的 Symbol 应设为 o’s。

播放动画时，水平线、半径和小圆圈将运动起来，演示简谐振动与匀速圆周运动的关系。简谐振动与匀速圆周运动的关系比较难于想象，这个动画可以将它们之间的关系很直观地表示出来。

利用 Math CAD 制作的动画，既可以用来在数学实验的过程中探索数学规律，同时也可以把它作为多媒体教学软件的素材在教学过程中使用。

第八章 几何画板

- **几何画板的基本功能**
- **几何画板的特殊功能**
- **系列按钮**
- **主从型多重运动**
- **参数方程和极坐标方程曲线**
- **立体图形的直观图**
- **几何画板的快捷键功能**
- **几何画板功能范例**

The Geometer's Sketchpad 是美国优秀的教育软件，由美国 Nicholas Jackiw 设计，Nicholas Jackiw 和 Scott Steketee 程序实现，Steven Rasmussen 领导的 Key Curriculum 出版社出版。它的中文名是《几何画板——21 世纪的动态几何》。

几何画板是以数学为根本，以"动态几何"为特色来动态表现设计者的思想，供用户探索几何奥秘的一个新的工具。该软件短小精悍，功能强大，能够动态表现相关对象的关系，适合于教师根据教学需要自编微型课件，同时也适合于学生探索和学习。

1. 电子作图工具

几何画板可以作为一个电子作图工具，利用它的工具箱提供的工具模拟直尺、三角板、圆规，作出点、线段、射线、直线、圆等几何图形，并可以在各几何元素旁标注字母，也可以在画板上任何地方注释文字。

由于计算机具有快速精确的计算功能，使得几何画板软件作图既快又精确。但它又与一般图形软件不同，在大部分几何图形中，一些几何元素之间是有一定关系的，例如，垂直、平行、相交等。在几何画板中，可以利用“作图”菜单中提供的各种功能，由系统自动产生出交点、平行线、垂直线、圆弧、抛物线等几何图形。

2. 动态演示的工具

几何画板能够准确地、动态地表现几何问题，提供方便的动态演示，使传统教学中只能在黑板上静态表现的结果变成动态的展示过程，从而使学生对一些几何性质和定理理解得更快、更深刻。例如“任意三角形”这一概念，过去教师只能在黑板上画几个三角形，再用语言补充，但是画得再多也是有限的。而用几何画板可以拖动三角形的任一顶点，动态地演示出“任意三角形”这一概念的真实情况。

3. 显示和探求轨迹的工具

轨迹是几何中一个重要的知识点，且又是一个难点。难就难在需要用动态的观点来看几何图形。但过去的课堂教学一般是借助于静态的图形或简单的教具进行讲解，学生只能根据对问题的分析和最终的结果去想象出轨迹生成的过程，如果学生的想象能力差一些，理解这部分内容就更难。而利用几何画板的动态功能可直观地演示出轨迹的生成过程，不仅使分析、过程、结果都一目了然，而且还可以由此发现许多新的规律。

4. 课件开发工具

几何画板又可以作为课件的开发工具，帮助教师大大扩展几何教学的能力。在备课时，用这个软件事先编制好要讲的内容，以文件形式存在磁盘中。讲课时，调出该文件就可以进行自动演示。

几何画板与一般的 CAI 写作工具软件不同。一般的 CAI 写作工具需要有一定的编程能力，一些几何关系编程者自己必须在程序中定义。而几何画板不需要教师有程序设计知识，仅需要一定的数学知识，特别是几何构件思想。只要教师在“画板”上画出和定义课堂上要讲解的实际内容，系统将自动记录绘制的过程和内容，然后把它们存成文件，上课时调出，系统就会自动重复教师制作的过程。

特别是，利用系统的动画功能可以制作动态的教学过程，使有些原本抽象、枯燥的内容变得具体、生动、活泼。

5. 良好的学具

几何画板为学生提供一个自由的、开阔的、十分理想的“做数学”的环境。几何画板本身就是一个很好的几何情景，它可以作为学生研究几何关系，猜测、发现和验证几何方法，探索几何规律的一个电子“实验室”。在这个“实验室”中，学生可以在画板上画出各种几何图形，系统利用它所存储的几何定理和公式，自动显示出这些图形之间的关系，学生从中就可以验证有关的几何性质，接受并理解相关的知识。

8.1　几何画板的基本功能

一、绘制基本图形

1. 建立新画板

制作一个画板文件，第一步是建立一个新画板。操作步骤如下(如果是刚进入几何画板，系统已自动打开一个新画板窗口，下面步骤可以省略)：

单击“文件”菜单，屏幕出现一个下拉式子菜单(这个操作以后简称为打开“文件”菜单)；把鼠标指针移到子菜单的第一行“新绘图”上，单击鼠标左键(这个操作以后简称为单击)；屏幕几何画板窗口内部出现如图 8.1 所示的新窗口，这就是新画板。如果大小不合适，可以用窗口操作，进行放大或缩小。

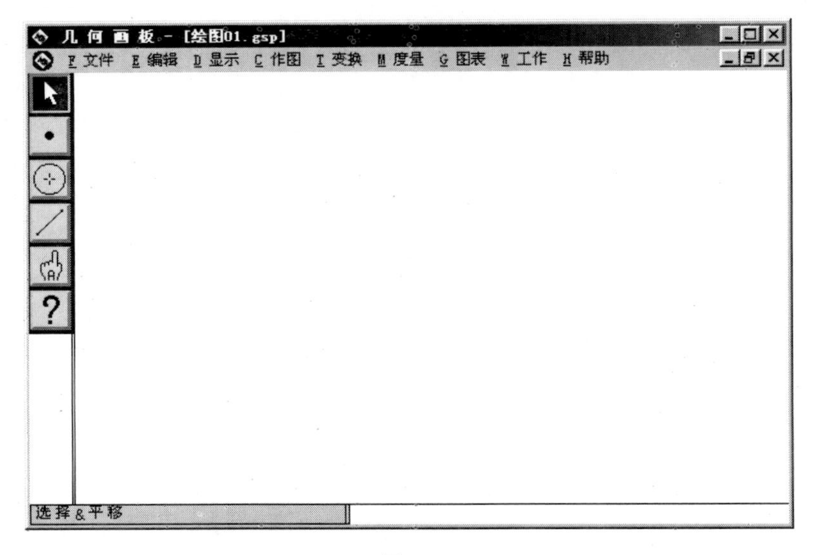

图 8.1

2. 基本几何图形的绘制

在几何画板中新建一个画板文件，屏幕的左侧就会出现一个工具箱图（图 8.2）。单击其中的任一个图标，就可以选择一个绘图工具，在画板中就可以绘制相应的基本几何图形。

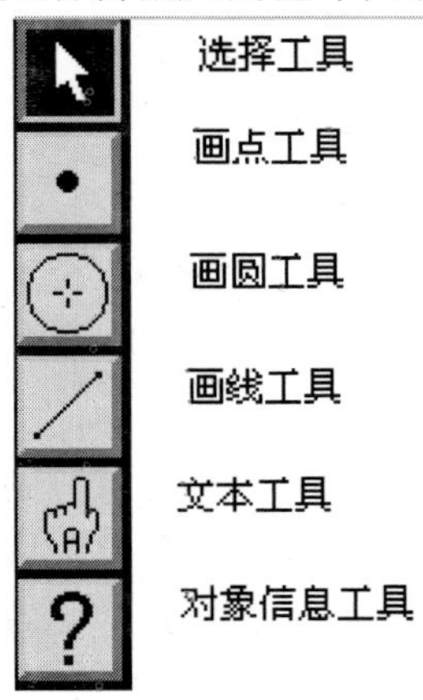

图 8.2

（1）画点。工具箱第二个图标，即中间画有一个小圆点的图标，称为“画点”工具。单击该图标，使它变成红底显示，就选定了画点的功能。再把鼠标指针移到画板上要画点处单击，指针处就出现一个小的空心圆点，就表示在该处画了一个点。

只要选定的画点功能不变（画点工具为红底显示），用同样方法可以在画板上画出更多的点。

（2）画圆。工具箱中第三个图标（即有圆形图案的图标）就是画圆工具。选中它，就可以在画板中绘制圆。

在平面几何中，已知圆心位置和半径可以决定一个圆，几何画板中也遵循这个原则。把鼠标指针移到要画圆的圆心位置，按下鼠标左键不放，画板上原指针所在位置就会出现一个点，表示圆心，然后拖动鼠标，圆心周围出现一个圆，该圆会随着指针离圆心的距离不同而不同。把鼠标指针拖动到合适位置后放开左键，一个圆就出现在画板上。圆的中间有一个小圆点表示圆心，圆上也有一个小圆点，称为圆上点，它与圆心距离表示圆的半径。只要选定画圆功能不变，就可以在画板上连续作出任意多个圆，如图 8.3 所示。

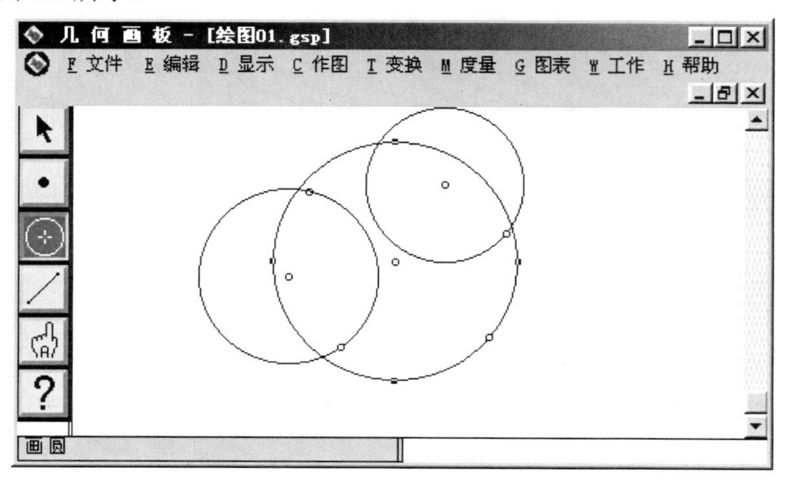

图 8.3

（3）画线。工具箱中的第四个图标（即画有一条斜线的图标），称为“画线该图标，使它变为红底显示，表示当前选定了画线功能。

几何画板中的“线”有三种类型：线段、射线和直线。把指针移到画线工具上，按下左键不放开，约 1 s 后右边就会显示出如图 8.4 的三个正方形图标。

第一个两端有两点的斜线图标代表线段；第二个是右上角有一个箭头的图标表示射线；第三个两端都有箭头的斜线图标表示直线。把指针拖动到其中一个图标上，放开左键，原工具箱中的画线图标就变成选定的图标，表示今后画出的线的类型。

① 画线段。先选定画线类型为“线段”。即把指针移到画线工具上，按下左键不放，屏幕出现如图 8.4 的三个正方形图标后，把指针拖动到第一个图标上，放开左键，原工具箱中的画线图标就变成两端有点的画线段图标。如果原画线图标已是线段，这步可省略。

把指针移到要画线段的一个端点处，按下左键不动并拖动鼠标，屏幕就会出现以开始位置为一个端点、当前指针位置为另一端点的线段；把指针拖动到要画线的第二个端点位置后放开左键，一条线段就出现在画板上。

② 画射线。先用上述所选线型的方法，选定画线的类型为射线；再把指针移到要画射线的一个端点处，按下左键不动并拖动鼠标，屏幕就会出现以开始位置为一个端点，当前指针位置为射线上另一点的射线；把指针拖动到要画线的第二个端点位置后放开左键，一条射线就出现在画板上(图 8.4 中部的射线)，射线可无限延长的一端，一直画到窗口边缘，并且当画板窗口放大和缩小时，该线也相应地延长和缩短。这是几何画板与其他软件不同的一个特点。

③ 画直线。先用与前面画射线相同的方法选定画线的类型为直线；再把指针移到要画直线的一个点处，按下左键不动并拖动鼠标，屏幕就会出现以开始位置为一个点，当前指针位置为另一点的过这两点的直线；拖动指针使直线到达正确位置后放开左键，一条直线就出现在画板上(图 8.4 下部的直线)，该直线两端一直画到画板窗口的边缘，并且当画板窗口的大小变化时，直线也随着伸长和缩短，始终延伸到窗口边缘。这种特性真正体现了“直线两端可无限延长”这一几何性质。

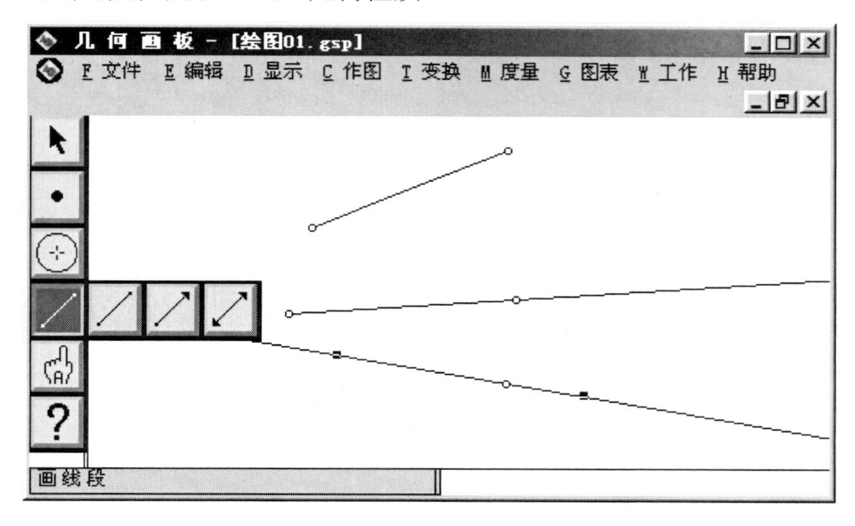

图 8.4

[例 8. 1]　画一个圆，再画它的内接三角形。

绘制的步骤如下：

（1）单击“文件”菜单中的“新绘图”选项，打开一个新画板。

（2）单击工具箱中画圆工具，选定画圆功能。

（3）把鼠标指针移到新画板中心，按下左键不动，拖动鼠标到适当位置，放开左键，画出一个圆。

（4）单击画线工具；如画线图标表示的线型不是线段，则应用前面介绍的方法，把鼠标指针移到画线图标上，按下左键不放，当右边显示出三种线型图标后，拖动鼠标指针到第一个线段图标上，再放开左键。

（5）把鼠标移到圆上作为三角形的一个顶点处，按下左键不放，鼠标到圆上作为三角形的第二个顶点的位置，放开左键，屏幕显示在圆上的线段。

（6）把第一条线段的末端点作为新的起点，再画第二条线段。

（7）把第二条线段的末端点作为新的起点，第一条线段的起点作为末端点，画出第三条线段。

这样一个圆内接三角形图形就画好了，如图 8.5 所示。

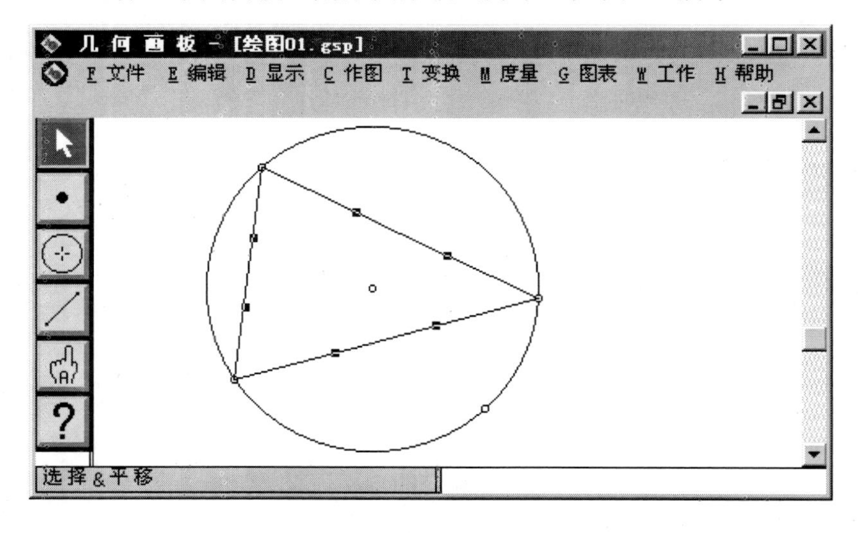

图 8.5

（8）存盘。如果要把作好的图形存盘，只要单击“文件”菜单中的“保存”选项，就会弹出一个保存文件的对话框，如图 8.6 所示。

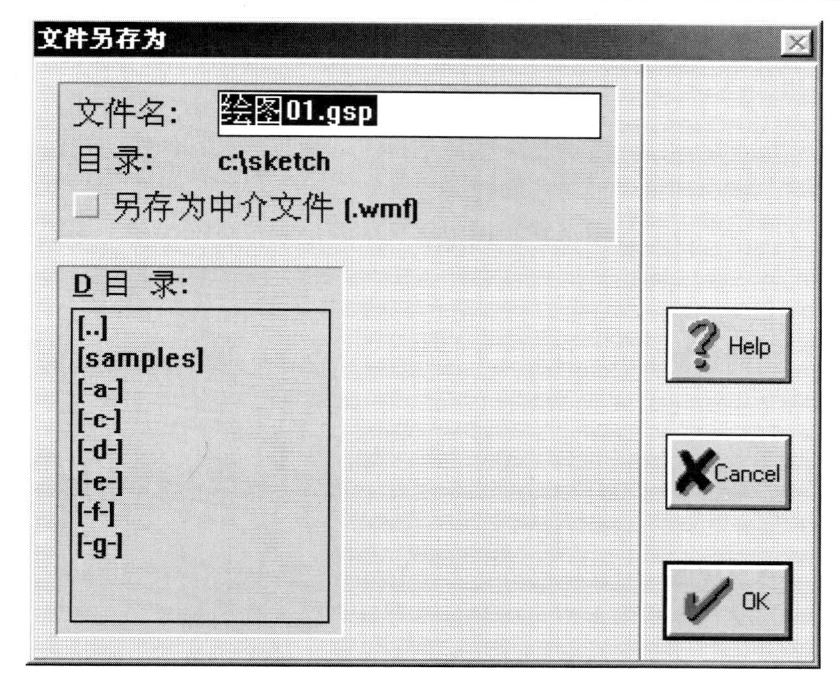

图 8.6

先在左下角的“目录”选择框中选定盘符和子目录，选定的盘符和子目录显示在对话框第二行中；然后在对话框的第一行文件名输入框中输入你选定的文件名(例如，liul.gsp)，最后单击右下角的“确定”按钮，对话框消失，图板上的图形就被保存在磁盘上。.gsp 是几何画板默认的图形文件的扩展名，输入文件名时可以省略不写。

3. 标签与注解

（1）标注标签。在几何画板中的每个几何目标都对应一个“标签”(用字母或小写字母带数字表示)，当您在画板上画出一个新的基本图形时，系统会自动给决定这个图形的关键点标注上标签，只是没有在屏幕上显示出来而已。要显示标注的标签，就要用到工具箱（图 8.7）中的“文本”工具。

单击工具箱第五个画有伸出一个食指的手的图标，就选中了“文本”工具，这时鼠标指针变成和工具箱中一样的一只手形状，只要把这只“手”的手指尖移到要标注的目标上单击，如果该目标旁边没有标注，就会把标签显示出来，如果该目标的标注已经显示，就会把这个标签隐藏起来。

几何画板是按图形在画板中出现的顺序来标注标签的，一般情况下，点的标签是从大写字母 A 开始标注；线的标签是从小写字母 j 开始标注；圆的标签是用加前缀 c 的数字(c1，c2，…)标注的，弧的标签是用加前缀 a 的数字(a1，a2，…)标注的，扇型的标签是用加前缀 p 的数字(p1，p2，…)标注的。在选中文本工具的状态下，标注的标签可以移动、修改和隐藏。

移动标签：用鼠标对准某个目标的标签，按下左键不放拖拽鼠标，可以改变标签的位置。

修改标签：用鼠标双击要修改的标签，就会显示“重设标签”对话框，在“标签”框可以根据需要随意输入新的标签，标签可以是英文、数字、汉字等，还可以是下标，输入完单击“确定”按钮即可。

隐藏标签：用鼠标对准某个目标的标签，单击该标签即可。

（2)添加注解。几何画板可以在画板中加一块一块的文字框，每一个文字框都是一个目标，可以移动、缩放和隐藏。

加注解的方法是：选定文本工具后，在画板中的适当位置按住鼠标左键，拖出一个矩形框(文字框)，在这个文字框中可以输入中西文的注解。

单击选择工具，选中的标注可以改变大小和位置。画板中显示的所有文字信息，都可以改变文字的字体、字型和字号等。方法是：先选定字块，执行《显示菜单 / 字型》选项进行选择，可以改变字的大小；执行《显示菜单 / 字体》选项进行选择，可以改变字体。文字的颜色不能改变。

文本工具实际上可以在画板中加入文字。但是，几何画板的汉字处理能力较弱，建议不要输入大量文本。

4. 对象信息工具

单击画板工具箱中的对象信息工具，光标就变成一个问号。此工具给目标提供三级信息：

一是在对象信息工具上按住鼠标左键，弹出显示当前依次选取目标的列表，选择该表中任一目标，可以看到一个有关目标及它的父母和子女的详尽信息对话框。

二是用问号指针单击任何目标，就会显示该目标的简短的信息概要。

三是用问号指针双击任何目标，就会弹出该目标的信息对话框。

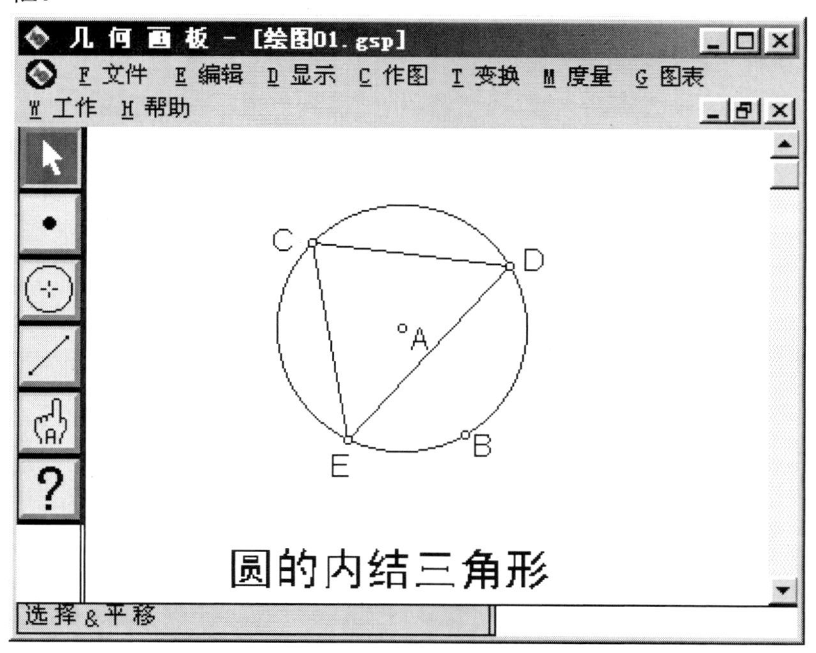

图 8.7

5. 撤消、重复和隐藏

在几何画板中，有几种修改错误的方法。一种是使用“删除”功能，删除错误的目标，再构造正确的目标。这种删除操作必须十分小心，因为如果删除一个目标，那么它的子女目标就同时被删除；另一种是使用“撤消”功能，我们提倡使用此功能。如果发现某步出错，可以反复执行《编辑 / 撤消》选项(快捷键是Ctrl+Z)，一步一步复原到出错之前的工作状态；“全部撤消”的快捷键是 Shift+Ctrl+Z。如果这时又不想“撤消”了，可以使用“重复”功能。

6. 修改图形位置和大小

如果画板中的图形位置、大小等不合适，还可以修改。无论修改哪种图形元素(以下简称图元)，都必须是在选定“选择”工具的状态下。否则应先单击工具箱中第一个图标，使它红底显示，再进行下面的操作。

（1）修改点的位置。把鼠标指针移到点上，按下左键不放，这时该点外围出现一个小圆，表示被选中，拖动鼠标，该点随着鼠标也相应地移动，到达合适位置后，放开左键，选中的点就移动到新的位置。如果仍不合适，还可以重复进行上述操作，直到满意为止。

（2）修改圆。如果要修改圆的位置，只要把鼠标指针移到圆周上，然后与移动点位置一样进行操作。如果要改变圆的半径，只要移动圆上代表圆半径的大小的那个“圆上关键点”即可。

[例 8. 2]　修改“画板 01.gsp”中圆的位置。

原画板中的圆画在窗口中间，如果我们想把它移到画板左侧。步骤是：

（1）选定“选择”工具，即单击工具箱第一个图标。

（2）移动圆。把鼠标指针移到圆周上，按下左键不放，拖动鼠标，我们可以看到整个圆随着指针移动。

（3）移动圆心。把鼠标指针移到圆心上，按下左键不放，向左拖动鼠标，圆心也相应向左移动，移到合适位置后，放开左键。在移动过程中，我们会发现圆上关键点不动，所以圆心向左移动时，圆也逐渐增大。

（4）移动圆上的关键点位置，移动方法同圆心。

这里向读者提一个问题，在移动圆心和圆上点的过程中，你注意内接三角形是怎么变化的吗?如果没注意，请把上面的第（1）步和第（2）步在自己的计算机上进行操作。我们会发现，三角形也随着移动、变化，但“内接”这个性质却始终保持。这就是几何画板不同于其他一些图形制作软件的突出优点之一。

7. 选择和操作目标

在工具箱的最上边的图标就是选择工具，是我们绘图中常用的工具。利用选择工具，我们可以选中目标，进行各种操作，也可以拖动目标进行移动，如图 8.8 所示。

（1）选择目标。选择目标有以下几种方法(被选中的图形目标，会加重显示)：

① 选中一个目标。移动鼠标到某一个目标(图元)上，单击鼠标左键，即可选中该目标。当用鼠标再单击另一个目标时，新的目标被选中，原目标将自动取消。

② 选中两个以上离散的目标。按下 Shih 键不动，连续单击目标，可以同时选中若干个离散的目标。

③ 选中一个矩形区域内所有的目标。在适当位置，按下鼠标左键不动，向右下方(或左上方)拖拽，形成一个虚框的矩形区域，该区域经过的对象都将被选中。按下 Shih 键不动，可以同时选中若干个离散的区域。

④ 选中画板的所有目标。执行《编辑 / 选择所有》选项，即可选中画板中所有的信息。如果当前工具是画点工具或画线工具或画圆工具，这一项就变成“选择所有的点”或“选择所有的线”或“选择所有的圆”。

在画板文件中，不同的对象被选中时，其表现的方式也不相同。点被选中时，其范围会变大，并且为黑色；圆被选中时，圆周上会出现四个均匀分布的黑色小方块；直线型对象（包括线段、直线和线段）被选中时，其上会出现两个黑色小方块。

⑤ 选择目标的“父母”或“子女”。所谓“父母”和“子女”，是指目标之间的派生关系。如线段是由两点派生出来的，因此两点是“父母”，而线段是“子女”。

选中一些目标后，执行《编辑 / 选择父母》选项，就可以把已选中目标的父母选中。类似地，也可以选择子女。

取消所有被选中的目标，只要在画板的任何空白处，单击一下鼠标左键，所有选中的标记都会消失。

（2）操作过程。必须先选中操作目标，然后才能进行有关的操作。操作可以通过选择有关的操作命令，即菜单命令或快捷键方式来实现。

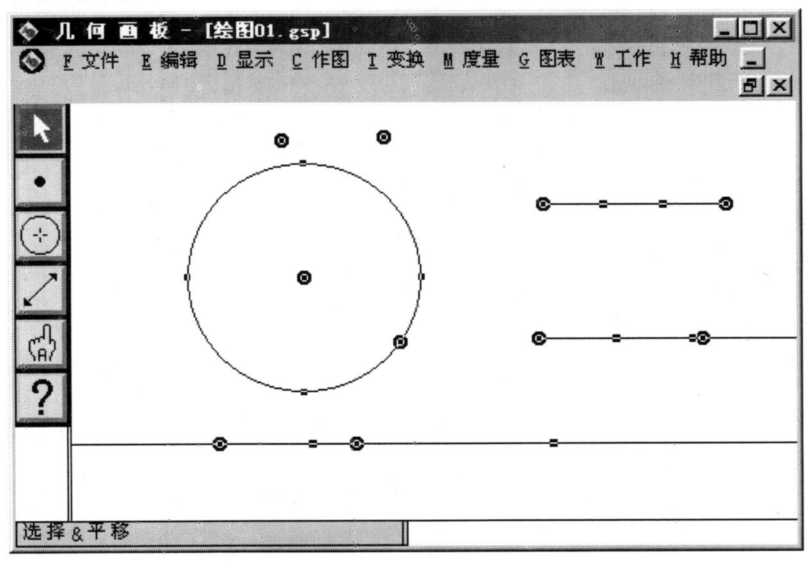

图 8.8

★ 对选中的目标可以作以下操作：

删除、拖动、复制、旋转、缩放、作图、度量、变换等操作。

在旋转和缩放操作之前，必须确定一个标记中心，方能执行。

★ 对已经度量出来的线段的值、角度的值或两条线段的比值等度量值，利用变换菜单中的功能将其标记成“标记距离”(作平移用)、“标记角”(作旋转用)、“标记比”(作缩放用)，对选择的两点标记为“标记向量”(作平移用)。这些我们将在以后详细介绍。

下面我们先介绍删除和拖动操作。

① 删除操作。删除就是把选中的目标(图形或文字信息)从画板上清除出去。共有两种方法：

★ 先选中要删除的目标，然后执行《编辑 / 清除》选项即可。

★ 或按键盘上的“Delete”键，删除所有被选中的目标。

注意　删除时，与该目标有关的所有目标和标注均会被清除。

② 拖动操作。选中“选择”工具状态下(即在移动的光标下)，选中要移动的目标，按下鼠标左键，拖动已选的目标可以在画板中移动。当你拖动画板中的图形时，与该图形有关的所有目标也会跟着移动。这就是几何画板的精髓——在运动中保持几何关系不变性。

二、构造几何关系

平面几何中的图形之间是有一定关系的，这些关系在几何画板中必须用“作图”功能来实现。

1. 平行线

（1）选画直线工具，在画板上画出一条直线；选文本工具，标注直线上点 AB。

（2）选画点工具，在画板的直线 AB 外画出一个点 C。

（3）同时选中直线 AB 和点 C 为当前选中目标。方法是在单击“选择”工具后，单击点 C，使它成为当前目标，然后按下 Shih 键不放，用鼠标单击直线 AB，这时点 C 的选中标志(外围的小黑圈)不消失，而直线 AB 上增加了两个小黑方点，表示它也被选中。

附注：还可以用另一个方法同时选中几个目标。先确认当前是“选择”工具状态，把鼠标指针移到画板左上角，按下左键不放，然后把鼠标往右下方拖动，屏幕出现一个虚线的矩形框，继续往右下方拖动鼠标，直至虚线框包含了 A、B、C 三个点，放开左键，可看到直线 AB 和点 C 上都出现了选中的标记。

（4）画平行线。单击“绘图”菜单中“平行线”选项，在画板上出现了一条过点 C 且与 AB 平行的直线。

（5）选中“文本”工具，在新画的直线上单击，该直线出现标注字母 m。

新直线 m 是由计算机自动计算生成的，因此它要比我们手工绘制准确。更重要的是当我们选中点 B，并在屏幕上拖动它时，不但直线 AB 随之变动，新产生的直线 m 也随着变动，并且始终保持与直线 AB 平行，如图 8.9 所示。

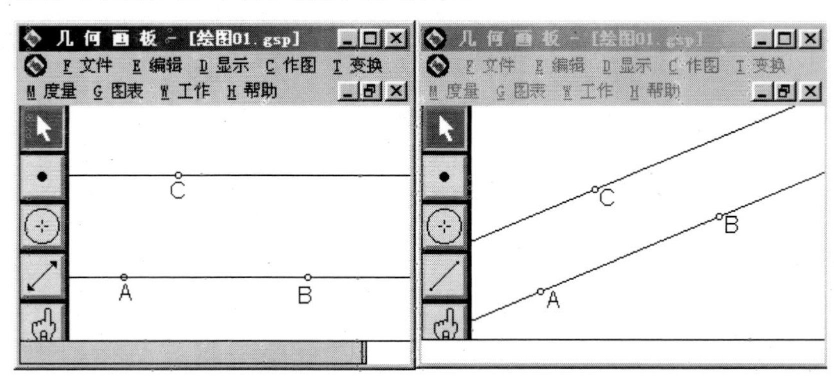

图 8.9

2. 垂线

[例 8.3]　绘制演示三角形三条高交于一点的图形。

操作步骤如下：

（1）创建新画板。打开“文件”菜单，单击“新绘图”选项，屏幕出现一个新的画板文件，如图 8.10 所示。

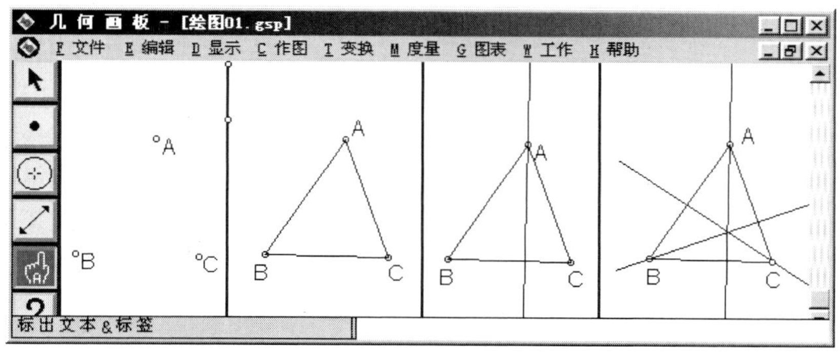

图 8.10

读者请注意，当打开“文件”菜单时，“新绘图”选项后面有“Ctrl+N”字样，熟悉 Windows 的读者应该知道，它表示这个命令的“快捷键”，即直接按 Ctrl+N 键，同样可达到上面所叙述的操作效果，但速度要快得多。

（2）在画板适当位置画三个点。

（3）画三角形三条边。在工具箱中选中“选择”工具，按下左键并拖动鼠标画出一个包含三个点的虚线框，放开左键，使三个顶点都被选为当前目标；确认画线工具中是线段类型；打开“作图”菜单，单击其中的“线段”选项，屏幕上三顶点间立即画出了三条边，上面操作也可以用选中“画线段”工具，直接画出三角形来。

（4）标注顶点字母。工具箱中选中“文本”工具，分别单击三个顶点，出现字母 A、B、C。

（5）作三边上的高。在工具箱中选中“选择”工具；单击点 A，再按下 Shift 键不放，单击 BC 边，使点 A 和线段 BC 同时为当前选中的目标；打开“作图”菜单，选中“垂线”选项，画板中出现 BC 上的高。用相同的方法作出另两条边上的高。

（6）拖动三角形的任一个顶点在画板上随意移动，可看到三条高始终交于一点。

3. 构造其他图形

以下操作如不特殊声明，均在工具箱中选中“选择”工具后进行。

（1）中线（绘制三角形 ABC 的中线 AD）。先画线段 BC 的中点：选中线段 BC(用鼠标单击该边)；打开“作图”菜单，单击“中点”选项，这时一个中点出现在边上，并且外围有标注的小圆，表明它是当前选中目标；再按下 Shift 键不放，单击对面的顶点 A，使它也成为当前选中目标；最后打开“作图”菜单，单击其中第四行“线段”选项，中线即出现在画板上。如果“作图”菜单第四行不是“线段”，而是直线或射线，那是因为工具箱的“画线”工具中的线型不是线段，必须先把它改成线段后再进行上面的操作。如图 8.11 所示。

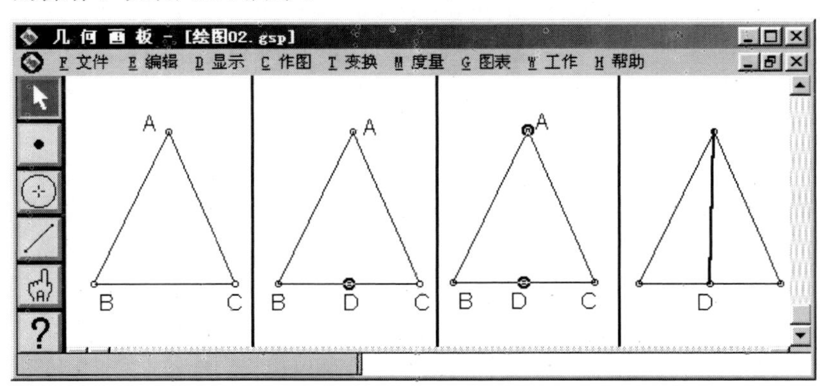

图 8.11

（2）角平分线。要作∠ABC 的角平分线，先按书写顺序，选中 A、B、C 为当前目标，单击“作图”菜单中“角平分线”选项，相应的角平分线立即出现在画板上。

注意

① 上述方法绘制出来的角平分线是条射线。

② 绘制某角的平分线不是以一点就作出这个角，而需选中三个点。

③ 在绘制角平分线时，选择标志这个角的三个点一定要注意选择的顺序，角的顶点一定要在中间。

（3）线段的垂直平分线。先作出线段的中点，再选取线段和中点为当前目标，然后单击“作图”菜单中“垂线”选项，相应的垂直平分线立即出现在画板上，如图 8.12 所示。

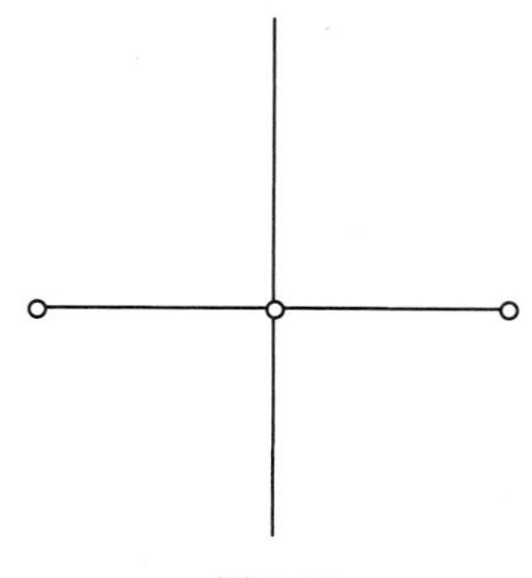

图 8.12

4. 长度、距离、角度、面积的度量

下面的操作是在画板上已画有三角形 ABC 的基础上而进行的。

（1）度量线段长度。先选中线段 AB 为当前目标，再打开“度量”菜单，选中“L 长度”项，在画板上出现一行文字

“AB=3.963cm”

（2）度量点到线或度量两点距离。例如，要度量点 A 到线段 BC 的距离，先选定点 A 和线段 BC，打开“度量”菜单，单击“距离”选项，在画板上出现一行文字

“距离(A 到 BC)=3.281cm”

（3）度量角度。例如，要度量∠ABC 的度数，先依次选中 A、B、C 为当前目标。注意顺序不能错，中间的点必须是角的顶点。再打开“度量”菜单，选中“角度”选项，菜单消失，在画板上部出现一行文字

“∠ABC=55° ”

（4）度量周长和面积。度量面积操作要比上面度量方法复杂一些。例如，要度量△ABC 的面积（图 8.13（a）），先选定点 A、B、C 为当前目标(顺序无关紧要)；执行《作图 / 多边形内部》选项，△ABC 内部被阴影填充（图 8.13（b））；再执行“度量 / 面积”选项，菜单消失，画板上部显示一行文字：“面积 ABC=5.729 cm²”。再执行“度量 / 周长”选项，画板上部显示另一行文字

“周长 ABC=10.973 cm”

注意 度量多边形周长和面积时，一定要先通过作图绘制出

$\overline{BA}$=3.963 cm

距离（A 到 $\overline{CB}$）=3.281 cm

∠BAC=55°

周长 ABC=10.973 cm

面积 ABC=5.729 cm²

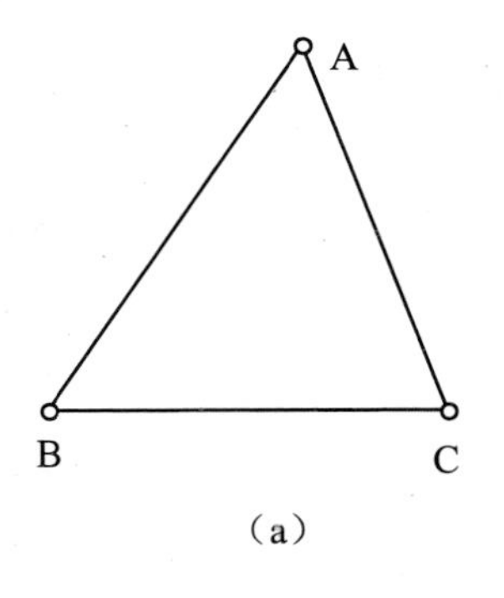

（a）

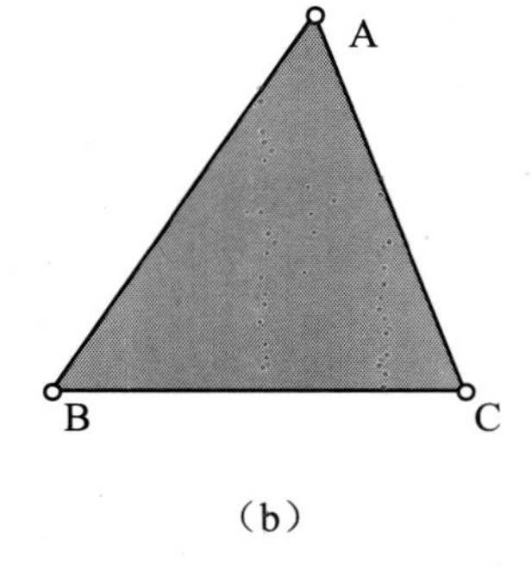

（b）

图 8.13

（5）度量点的横坐标与纵坐标。例如，要度量点 A 的横坐标与纵坐标，先选定点 A，执行《度量 / 坐标》选项，在画板上显示出点 A 的坐标。再选定点 A 的坐标值，执行《度量 / 计算…》选项，弹出“计算器”，在计算器“数值”列表框选定点 A 的“X”值，最后单击“确定”按钮，画板上显示 X_A=…，即为点 A 的横坐标。用同样的方法可以显示点 A 的纵坐标。

5. 公式计算

构造计算公式的方法有两种：

方法 1　先用选择工具同时选中公式中需要的所有度量值(如点、线段、角等的度量值)，然后执行《度量 / 计算…》选项，弹出“计算器”对话框（图 8.14），此时被选中的所有度量值都存

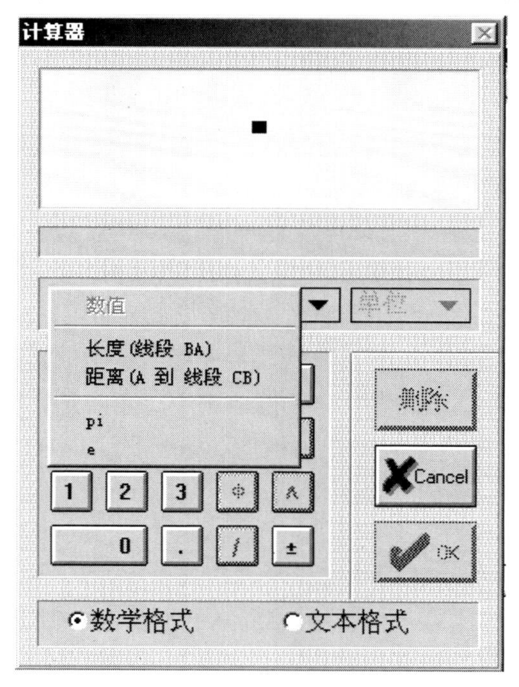

图 8.14

入计算器的“数值”列表框中。输入计算公式时，公式的各项均在计算器的“数值”、“函数”和“单位”三个列表框及键盘符号中选取，最后单击“确定”按钮，就可以在画板上得到计算公式的度量值。

方法 2 事先不选中所需的度量值，直接打开计算器对话框，此时计算器的“数值”列表框中没有存入任何的度量值。输入计算公式时，如果遇到度量值，可以直接单击画板上相应的度量值，公式的其他项均在计算器中选取(同方法一)，最后单击“确定”按钮，就可以在画板上得到计算公式的度量值。

[例 8. 4] 验证三角形的内角和定理。

（1）现绘制出三角形 ABC。

（2）度量∠ABC 的度数。按顺序选择点 A、B、C，执行(度量/角度)，画板上显示

“∠ABC=xxx”

（3）度量 ∠BCA 和∠CAB 的度数（方法同 2）。

（4）计算表达式∠ABC+∠BCA+∠CAB 的值。方法如下：

方法 1 先选中三个角度的度量值，然后执行《度量 / 计算…》选项，弹出“计算器”对话框(图 8.15)。这时输入计算三角形三内角和公式，在计算器的“数值”列表框中选中“角(ABC)”项，单击“+”号，再在“数值”列表框中选中“角(BCA)”，单击“+”号，再在“数值”列表框中选中“角(CAB)”，单击“确定”按钮，计算器消失，在画板中出现等式“∠ABC+∠BCA+∠CAB＝180”，如图 8.15 所示。

方法 2 先打开“计算器”对话框，再用鼠标单击画板上∠ABC 的度量值，然后单击计算器中的“+”号，再单击画板上∠BCA 的度量值，单击“+”号，再单击画板上∠CAB 的度量值，最后单击“确定”按钮即可。

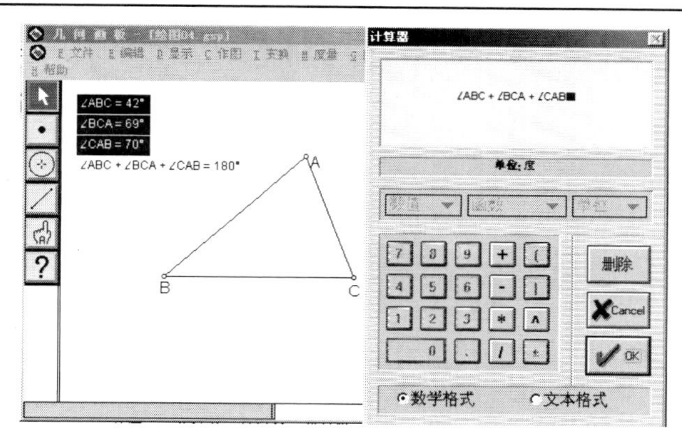

图 8.15

（5）在画板上任意拖动三角形的一个顶点，可以看到，三个角的度数在不断变化，但最后一个表达式等号右边的值不变，总是 180°。

6. 变换

（1）变换菜单。变换就是对几何图形进行移动、反射、旋转、缩放等操作。几何画板可以有两种方法来进行变换。

一种方法是用“变换”菜单中的命令生成原目标的变换图象；另一种方法是利用不同的“选择工具”拖动指定目标进行变换。

① 平移变换。应用“变换”菜单中的“平移”选项，可以将一个或一个以上图形平移到指定方向上的指定位置，对于选中的目标，执行《变换 / 平移》选项，再平移对话框，选择其中之一：

★ “按极坐标向量”，在对话框输入偏移方向和偏移量的值；

★ “按直角坐标向量”，在对话框输入 x 轴方向和 y 轴方向平移量的值；

★ “按标记向量”，按事先标记好的标记向量值作平移。

单击“确定”按钮后，画板上在距原来选中的目标(保持不动)的指定方向上的指定位置出现平移后的目标图形，该图形可以随标记向量的变化而同步进行移动。

[例 8. 5] 用平移绘制全等三角形。

（1）打开一个新画板，画一个三角形 ABC（图 8.16）。

（2）画两个点 D 和点 E，并同时选中，执行《变换 / 标记向量》选项。

（3）选中三角形 ABC，执行《变换 / 平移》选项，在对话框选择“按标记向量”，单击“确定”后，得一个与原三角形全等的三角形 A'B' C'。

（4）拖动点 E，可以看到两个三角形位置的变化情况，当点 E 和点 D 重合时，两三角形也重合。

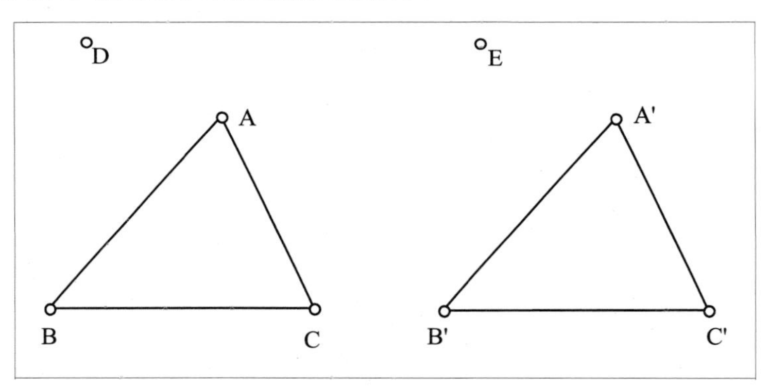

图 8.16

② 旋转变换。应用“变换”菜单中的“旋转”选项，可以将一个或一个以上图形，以某一点为标记中心，旋转到指定角度的位置。对于选中的目标，执行《变换 / 旋转》选项，在旋转对话框中选择其中之一：

★ 直接输入旋转角度值(正值为逆时针，负值为顺时针旋转)；

★ “按标记的角”自动显示标记角的值(在此之前已有标记角存在)。

单击“确定”按钮后，画板上在距原来选中的目标(保持不动)

的指定角度位置出现旋转后的目标图形，该图形可以随标记角的改变而同步旋转。

[例 8. 6]　画一个正方形。

（1）打开一个新画板，画一条线段 AB。

（2）双击点 A 标记为中心，同时选中线段和点 B。

（3）执行《变换 / 旋转》选项，在旋转对话框输入旋转 90°，单击“确定”，出现 B' A'边。

（4）双击点 B'标记为中心，同时选中线段 AB'和点 A。

（5）执行《变换 / 旋转》选项，在旋转对话框输入旋转 90°，单击“确定”，出现 A'B'边。

（6）用线段连接点 B 和点 A'，得正方形 AB A'B'。

（7）拖动点 B，可以看到正方形的大小位置可变，而形状不变。

③ 反射变换。应用“变换”菜单中的“反射”选项，可以将一个或多个图形，以某一直线为标记镜面，作镜面反射，亦称轴对称变换。

[例 8. 7]　用反射变换制作菱形。

（1）如图 8.17 所示。在画板上画出一圆，标识圆心为 A，圆上定点为 B。

（2）在圆上画一点，并标识为 D。

（3）单击选择工具，选定点 B 和点 D，执行《作图 / 线段》，画出线段 BD。

（4）选中线段 BD，执行《变换 / 标识镜面》，BD 闪动。

（5）选定点 A，执行《变换 / 反射》，产生新点，标识为 C。

（6）顺次选定点 A、B、C、D，执行《作图 / 线段》，画出菱形。

（7）选中圆，执行《显示 / 隐藏》，圆被隐藏。

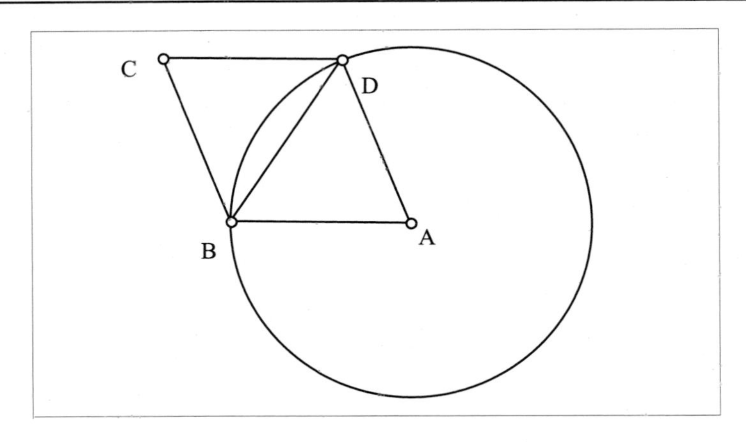

图 8.17

④ 缩放变换。应用“变换”菜单中的“缩放”选项，可以将一个或多个图形以某一点为标记中心，按比例作中心缩放。对于选中的目标，执行《变换 / 缩放》选项，在缩放对话框中，选择其中之一：

★ 直接输入新旧图形缩放的比值。

★ “按标记的比”，按事先作好的标记比作中心缩放。缩放的过程是一个相似变换过程。

[例 8. 8] 用变比例缩放制作相似三角形。

（1）作两条线段 AB 和 CD，并同时选中，执行《变换 / 标记比例》选项。

（2）画一个三角形 EFG，再画一个点 H，让点 H 标记为中心执行《变换/标志中心》或双击 H。

（3）选中三角形 EFG，执行《变换 / 缩放》选项。

（4）在对话框中选择“根据标记的比例”后，画板上显示一个与原三角形相似的三角形 E'F'G'。

（5）分别拖动点 D 或点 H，可以看到两个三角形的变化情况（图 8.18）。

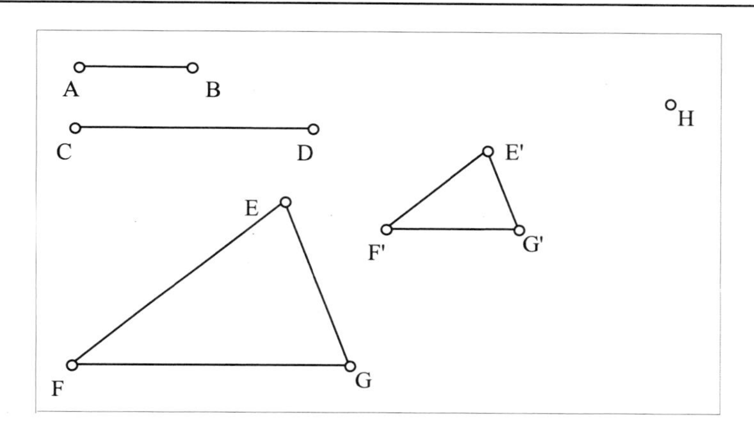

图 8.18

⑤ 定义新变换。几何画板可以将由一系列变换得到的像定义为一个新的变换。

[例 8.9] 将一图形平移、旋转、缩放及反射定义为一个新的变换（图 8.19）。

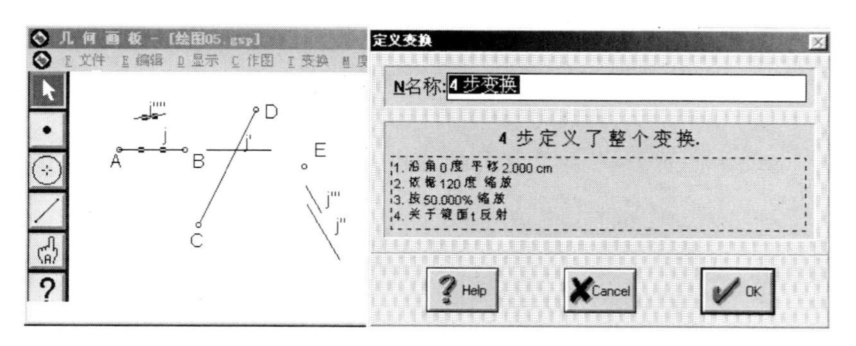

图 8.19

（1）作线段 j(AB)和线段 CD，画一个点 E，让点 E 为标记中心，线段 CD 为标记镜面。

（2）选中线段 j，执行《变换 / 平移》选项水平 2 个单位，得线段 j'，由 j' 旋转 120° 得线段 j"，由 j"缩放 0.5 倍得线段 j'"，由 j'"反射得线段 j""。

（3）同时选中原线段 j 和经 4 次变换的线段 j""，执行《变换 / 定义变换》选项，在定义变换对话框给第（4）步的变换起一个名字，按“确定”按钮后，在画板的变换菜单中就会出现一个新的变换。

（4）画一个多边形，并选中它，执行《变换 / 4 步变换》选项，即可看到多边形的像。

⑥ 利用各种标记作变换。在几何画板的变换菜单中有许多标记的功能，如：

标记参照物：标记中心和镜面。

标记变化量：标记向量、角度、比例、距离以及标记通过测量菜单得到的测量值，如标记距离测量、标记角度测量、标记比例测量等。

平移、旋转和缩放都可以使用上述标记进行丰富的变换。

2. 用“选择”工具进行变换

按下“选择”工具不抬起，约 0.5 s 后右边显示出 3 个不同的图标，它们分别用于平移、旋转和缩放操作（图 8.20）。

[例 8. 10] 用选择工具进行三角形的旋转和缩放。

（1）首先画两个具有公共顶点角的三角形 ABE 和三角形 ECD。

（2）进行旋转和缩放必须要标定一个旋转中心和缩放中心。执行《变换/标定中心》，被选中点将会闪动，以显示它是变换的中心。

（3）首先作旋转：将鼠标指针移至选择工具图标上，按下左键，动鼠标至第二个图标“旋转”工具上，然后放开鼠标左键；向右拖。

（4）将三角形某一顶点 A 标记为中心，然后同时选中两三角形，旋转拖动两三角形的任意一条边或一个顶点，两个三角形将绕这个中心 A 旋转。

（5）“缩放”也像“旋转”那样，先选中选择工具中的“缩放”工具(指针移到选择图标上，拖动指针到第三个图标上放开)。

（6）将三角形某一顶点 A 标记为中心，然后同时选中两个三角形，平移拖动两个三角形的任意一条边或一个顶点，两个三角形将绕这个中心 A 缩放。

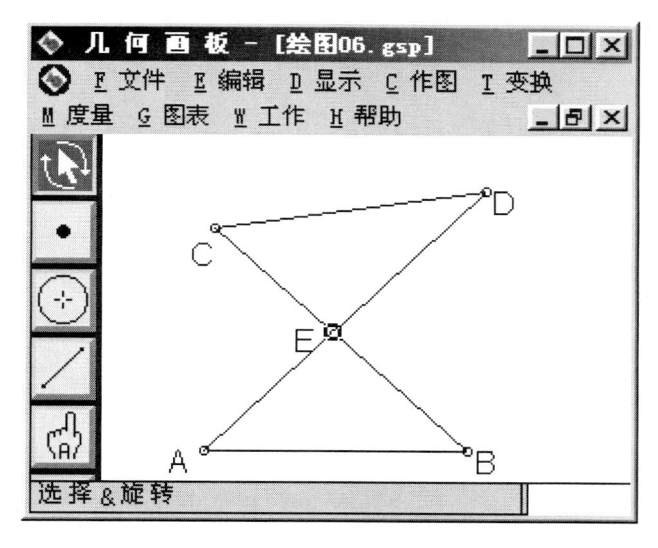

图 8.20

8.2　几何画板的特殊功能

一、动画与移动

1. 动画功能

几何画板还设置了自动的动画演示功能，可以使一个点沿某条轨迹运动，使静态变成动态，也可以绘制美观、生动有趣的动态图形。画面的动态演示由系统自动完成，使我们在教学中能集中对学生进行指导，实现动态的教学。

（1）动画制作规则。

① 动画。点在某一条路径(例如，圆周、圆弧、直线、线段、轨迹或多边形内部)上的运动。

② 动点的选择。路径上的任意点(决定路径的父母点不能作为动点使用)。例如，确定圆半径的点、确定圆弧的三点、确定线段的两个端点等。

③ 对路径的要求。在动画中，路径不能(直接)移动。凡是动画中路径静止不动的，都称为一重动画。

（2）动画的实现。在几何画板的(编辑)菜单中有(操作类型按钮/动画…)一项 ，几何画板的动画功能是通过编辑动画按钮来实现的。在编辑动画按钮之前，先要选定要产生动画的点和它的路径。

[例 8.11] 画一个点在圆上运动的演示图形。

绘制步骤如下：

（1）建立新画板。敲 Ctrl+N 键，屏幕出现新画板。

（2）画圆。选中画圆工具，在画板上画一个圆。

（3）圆上画一点。选中画点工具，在圆上单击，在圆上画出一点，并选中标注工具，标注出该点字母 C。

（4）选中圆和点为当前目标。选中工具箱选择工具，单击点 C，按下 Shih 键不放，单击圆，使圆和点 C 同为当前选中目标。

（5）打开“编辑”菜单，选中“操作类按钮”命令，右边出现子菜单， 单击其中“A 动画…”选项弹出一个“定义动画”对话框，如图 8.21 所示。

图 8.21

单击最右边写有“快速地”的速度选择框右边的下拉键，下拉出一个列表框，单击其中“慢速地”；然后单击“动画”按钮，对话框消失，在画板上出现一个有[动画]文字的矩形，这个矩形叫做“动画按钮”，如图 8.22 所示。

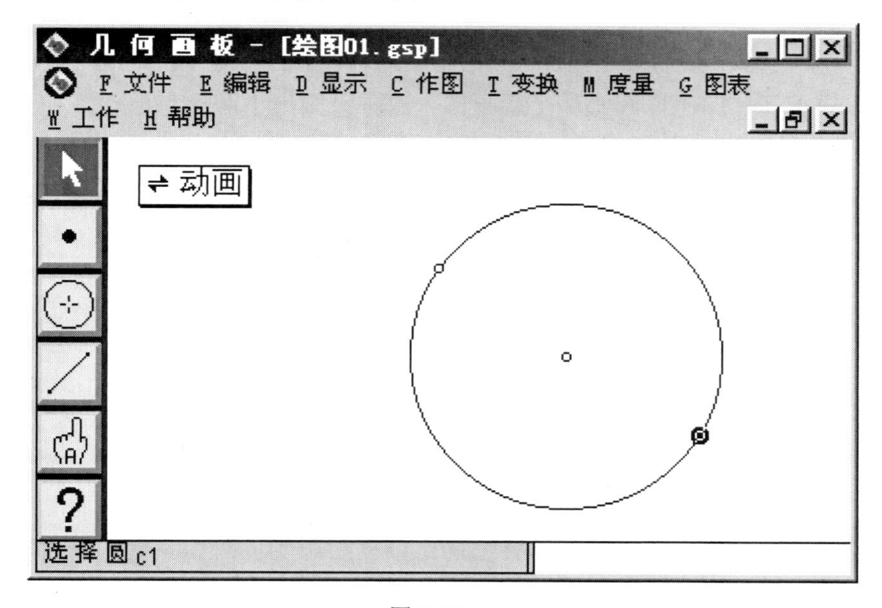

图 8.22

（6）改变颜色。为了演示更醒目，我们让动点 C 为红色。方法是先选定点 C 为当前目标；单击鼠标右键，屏幕弹出一个选择菜单，再单击菜单中“C 颜色”选择项，右边又弹出一个颜色的选择框，单击其中红色块，菜单和颜色框消失，点 C 变为红色显示。

（7）双击[动画]按钮，点 C 就沿着圆运动起来。要停止运动，只要单击鼠标左键，点就停止运动，返回原来状态。

[例 8.12] 显示“地球绕太阳旋转”的课件。

实际上是制作一个小圆在大圆上运动的动画。

（1）打开一个新画板。

（2）选择画圆工具，在画板上画一个大圆作为地球运动的轨迹。

（3）选择画线工具，在画板上画一线段，再选择画点工具，在大圆上画一点。

（4）同时选中线段(小圆的半径)和大圆上的点(小圆的圆心)，执行《作图 / 以圆心和半径画圆》选项，画出小圆作为地球。

（5）选中新画的小圆，执行《作图 / 圆内》命令。

（6）单击右键，在弹出的对话框中选颜色，在颜色框中选中蓝色。

（7）同时选中小圆的圆心和大圆为当前目标，执行《编辑 / 操作类按钮 / 动画》命令，在对话框中选择“正常的”速度，再单击“动画”按钮，在画板中出现一个按钮 [⇌ 动画] 。

（8）选择画圆工具，画一个同心圆作为“太阳”。

（9）选择选择工具，选中新画的圆，执行《作图 / 圆内》命令。

（10）单击右键，在弹出的对话框中选颜色，在颜色框中选中红色。

（11）双击 [⇌ 动画] 按钮，观察“地球”围绕“太阳”旋转运动的情况，在空白处单击左键，停止动画，如图 8.23 所示。

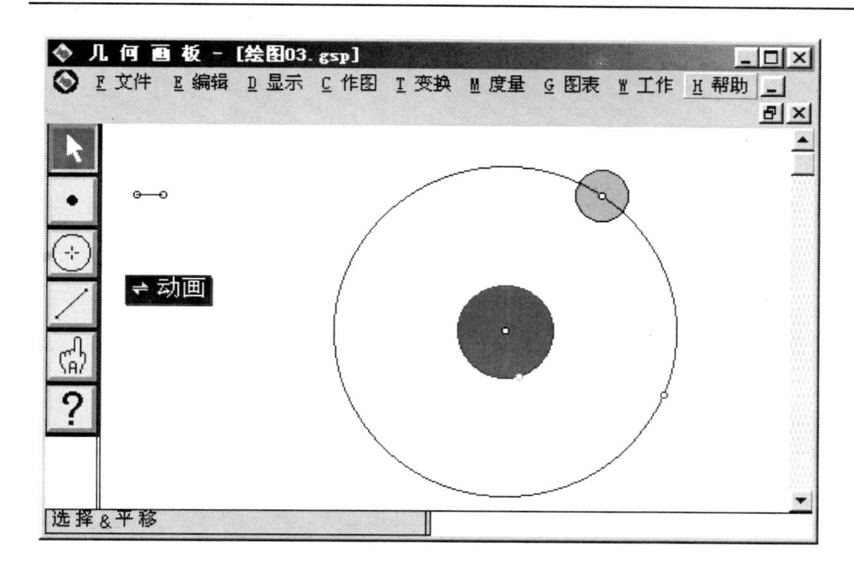

图 8.23

注意　小圆(地球)不能用画圆工具画出，否则，决定小圆半径的点(父母点)在动画时，将固定不动。

（3）多点动画。用同样的方法，也可以实现两个以上点在各自不同的相互独立的路径上的同时运动。注意，在动画中路径不能移动。

[例 8.13]　画一个大圆，在大圆上选一个动点；再画一条直线，在该直线上选另一个动点；同时选中大圆上的动点和大圆，直线上的动点和直线为当前目标，要求成对选中，然后执行《编辑 / 操作类按钮 / 动画》选项，在对话框中选择“正常的”速度，再单击“动画”按钮，在画板中出现一个按钮 ⇌ 动画 ，如图 8.24 所示。

双击 ⇌ 动画 按钮，可以看到两动点分别在大圆和直线上运动。

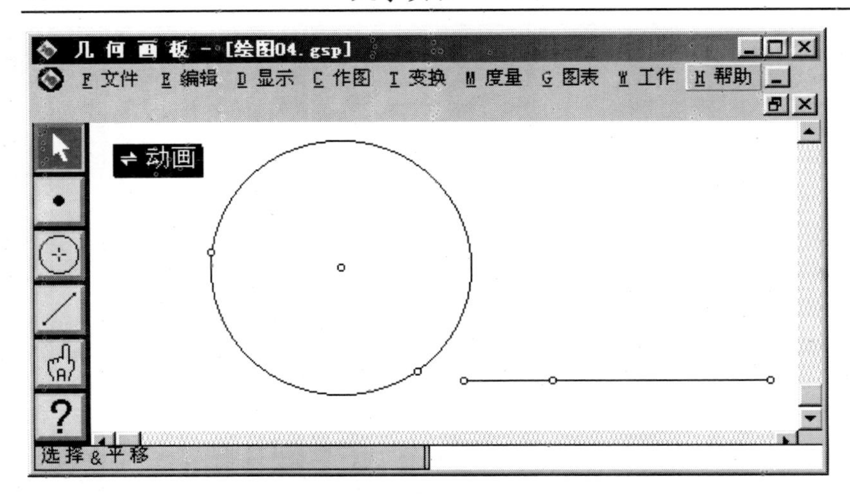

图 8.24

（4）点在任意多边形上的动画可以通过取多边形内部上的对象点为动点，多边形内部为路径作动画来实现。

具体的作法是：任意画一个多边形，并选择其内部；执行《作图 / 选取对象的点》选项，此时在多边形内部的边缘上选取了一个动点；同时选中该动点和多边形的内部作动画按钮即可。

（5）动画的修改。几何画板不具备对动画按钮进行修改的功能。因为动画制作的过程比较简便，所以要想修改动画，只需删除原按钮，重新编辑即可。

2. 移动功能

几何画板不仅可以让一个点沿着一条路径运动，也可以定义“点到点”的运动。前者叫做“动画”，后者就叫做“移动”。

定义“移动”的方法是：同时选定两个点作为当前目标，执行《编辑菜单 / 操作类按钮 / 移动》选项，并指定移动的速度后，按“确定”按钮，在画板上就会出现“移动”按钮。

双击“移动”按钮，就可以实现从第一个点向第二个点的运动，这种运动一般是沿直线的移动。若是圆弧上的两点所作的移动，就可以实现沿弧线的移动。

[例 8.14]　小圆的移动。

（1）打开一个新画板。

（2）在画板上画一条线段 AB，在线段 AB 上取一点 C。

（3）再在画板上画一小线段 k，同时选中线段 k 和点 C，执行《作图 / 以圆心和半径画圆》选项，画出小圆。

（4）选中新画的小圆，执行《作图 / 圆内部》命令；单击右键，在弹出的对话框中选颜色，在颜色框中选中蓝色。

（5）作移动按钮。同时选定点 C 和点 B，执行《编辑菜单 / 操作类按钮 / 移动》选项，并指定移动的速度为慢速后，按“确定”按钮。在画板上就会出现一个 C-B“移动”按钮。同时选定点 C 和点 A，执行《编辑菜单 / 操作类按钮 / 移动》选项，并指定移动的速度为中速后，按“确定”按钮。在画板上就会出现另一个 C-A“移动”按钮。

（6）分别双击“移动”按钮，观察小圆的运动情况，如图 8.25 所示。

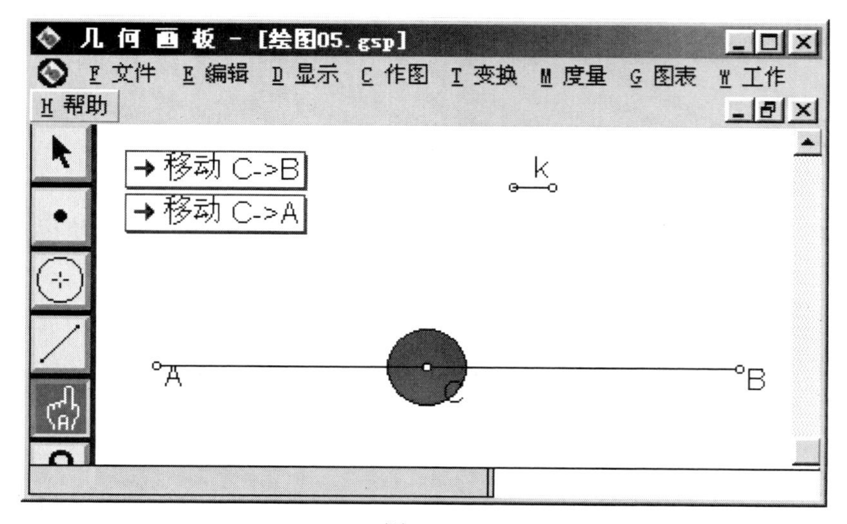

图 8.25

二、轨迹的追踪与绘制

1. 轨迹追踪

几何画板可以对点、线、圆或弧等基本元素进行轨迹追踪，其方法是：首先选中要进行追踪的目标，然后执行《显示菜单 / 追踪》选项。此时，移动图形时，该目标就会留下相应的轨迹。

如果想取消轨迹追踪，可以先选中要取消的追踪目标，然后再执行一次《显示菜单 / 追踪》选项即可。

轨迹追踪功能非常重要，尤其是在画函数图象和研究解析几何的轨迹问题时，非常有用。

[例 8.15] 作同心圆系。

任作一个圆，并对圆周进行追踪，改变圆的半径，就可以得到许多同心圆。

（1）画射线 AC，在该射线上画线段 AB，并在射线外画一个点 D，同时选中线段 AB 和点 O 作圆。

（2）选中圆周，执行《显示菜单 / 追踪》选项，并隐藏射线 AC。

（3）随意拖动线段的端点 B，即可看到许多同心圆的轨迹，如图 8.26 所示。

注意 这样追踪出来的轨迹鼠标一点就会消失，如果使用《作图菜单 / 轨迹》功能，就可以把轨迹保留下来。

作法是：同时选中被拖动点“B”(即自变量的动点)和想要观察轨迹的目标“圆周”(即轨迹上的动点或点集合)，再执行《作图菜单 / 轨迹》选项即可。

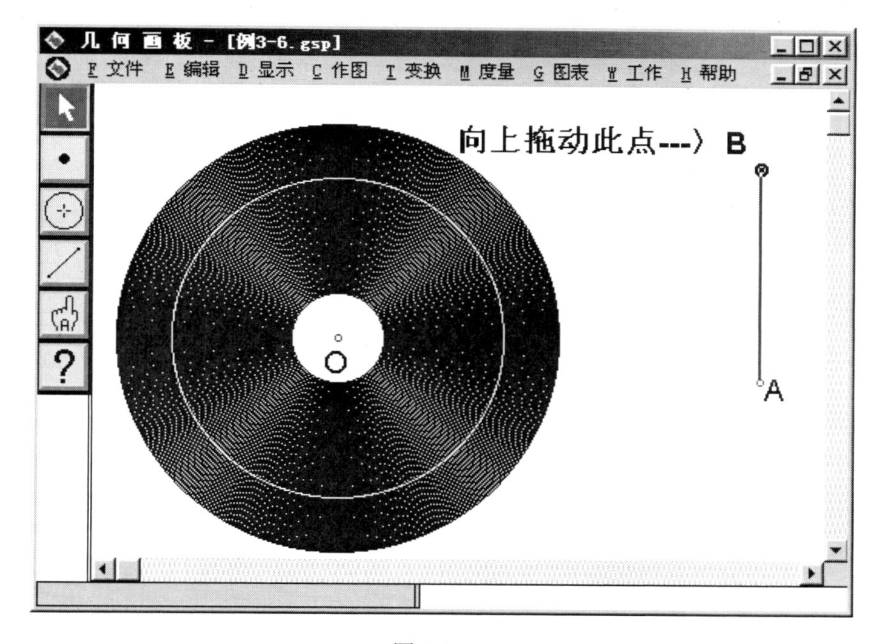

图 8.26

2. 动画与轨迹追踪

[例 8.16] 探索线段 CD 的端点 C 在圆上运动时，其垂直平分线的轨迹。

（1）先画一个圆，圆心是点 A，过点 B。

（2）在圆上任取一点 C 和圆外任取一点 D，作线段 CD。

（3）选中线段 CD，执行《作图菜单 / 中点》选项，同时选中线段 CD 和中点 E，执行《作图菜单 / 垂直线》选项，得中垂线。

（4）选中中垂线，执行《显示菜单 / 追踪》选项。

（5）同时选定点 C 和圆周，执行《编辑 / 操作类按钮 / 动画》选项，在画板中出现“动画”按钮。

（6）双击“动画”按钮，就会出现垂直平分线的轨迹，另外，也可以同时选中自变量“动点 C”和轨迹上的动点集合“中垂线”，再执行《作图菜单 / 轨迹》选项，得到垂直平分线的轨迹。

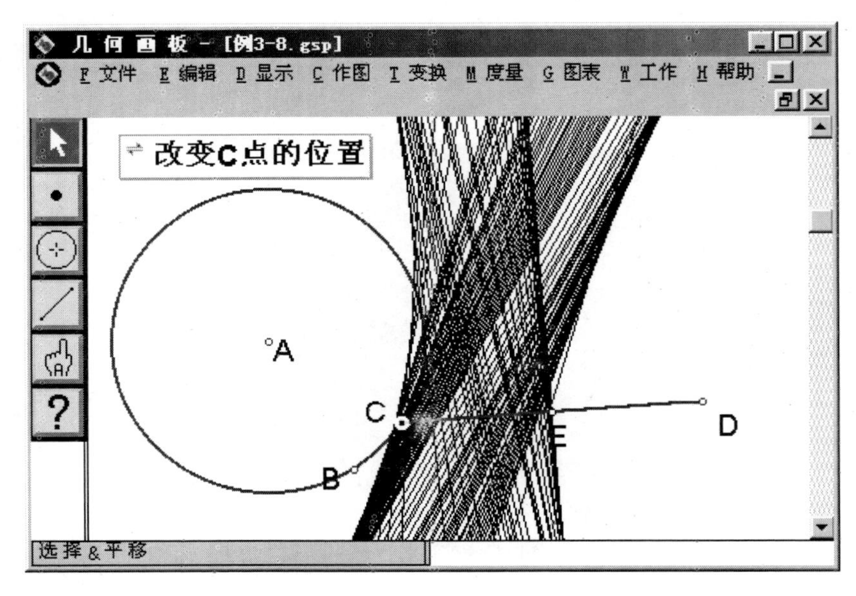

图 8.27

3. 由定义构造轨迹

[例 8.17] 根据**椭圆**的定义“到两个定点 F 和 F'，距离等于定长的点的轨迹”来制作椭圆轨迹动画。

（1）先画一个圆，圆心是点 F，过点 B。

（2）构造圆上点 C。选中圆 F，执行《作图 / 对象上的点》，得点 C。

（3）在点 F 右侧的圆内画点 F '。

（4）构造线段 CF 和 C F '。

（5）作中垂线。构造 C F '中点 E，过 E 构造 CF '的垂线；

（6）构造交点 D。选中中垂线和线段 CF，执行《作图 / 交点》，并追踪点 D。

（7）构造线段 F 'D。

（8）建立动画。依次选定点 C 和圆 F，执行《编辑 / 操作类按钮 / 动画》选项。

（9）度量。选定 DF 和 D F '，执行《度量 / 长度》。

（10）求和。选定 DF 和 DF'的度量式子，执行《度量 / 计算》，依次输入“长度(线段 DF)”、“+”、“长度(线段 DF')”，单击“确定”。如图 8.28 所示。

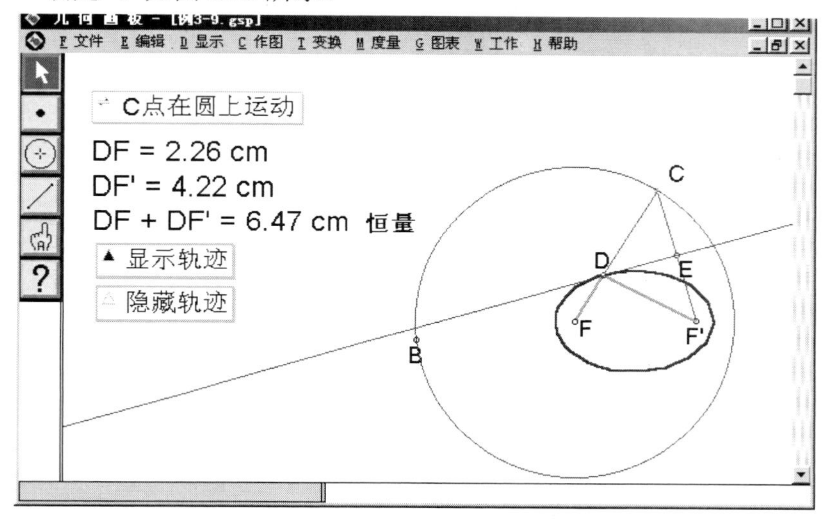

图 8.28

4. 由函数表达式构造轨迹

[例 8. 18]　绘制幂函数 $y = x^3$ 图象。

（1）打开一个新画板，执行《图表 / 建立坐标轴》。

（2）标注出坐标原点和单位点。

（3）在横坐标轴上任画一点 C。

（4）选定点 C，用《度量 / 坐标》，显示点 C 坐标。

（5）选定点 C 坐标，用《度量 / 计算…》显示点 C 的横坐标 x_c。

（6）选定点 C 的 x 坐标式，用《度量 / 计算》，得出 x^3 的值。

（7）同时选中 x 度量值和 x^3 度量值。

（8）用《图表 / 画点—根据(x，y)》，这时就会出现坐标(x，

x^3)的点 D。如果画面上没有，可以拖动点 C 向原点靠近，直到看见点 D 为止。

（9）选中自变量动点 C 和轨迹上动点 D，执行《作图菜单 / 轨迹》选项，幂函数曲线就显示在画板上，如图 8.29 所示。

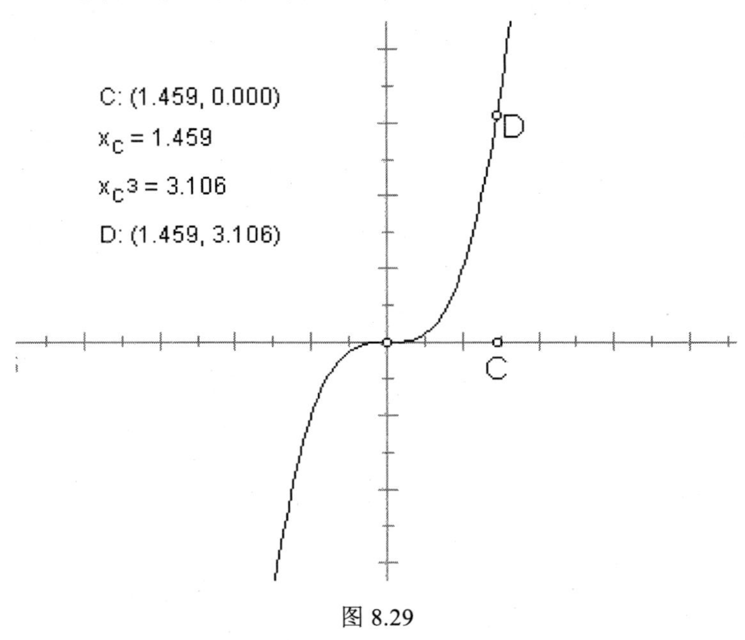

图 8.29

三、运用记录绘制图形

几何画板中的记录，实际上是一个画图过程的文字记录器，它可以记录几何画板的作图步骤并存盘(记录文件扩展名为.gss)，而且还能将记录的步骤再重现出来。重要的是利用记录的播放功能，可以在画板上自动重复作图过程，作出我们原来手工制作的相似图形。

1. 记录的制作

用“文件”菜单中“新记录”选项，打开一个新“记录”窗口，单击“记录”窗口中的“录制”按钮，可以将我们在画板上的作图过程逐步自动转换成文字记录下来。

2. 记录的执行

打开一个新画板，并打开已有的记录文件。在画板中同时顺序选中满足记录执行的前提条件，依照“记录”窗口中提供的记录，执行如下三种按钮方式之一即可。

“阶进”按钮：每单击一次“阶进”按钮，画板就会按照记录的步骤绘制下一步的图形，起到控制绘制速度的效果。

“播放”按钮：按下“播放”按钮，画板就自动按照记录的步骤绘制其他图形。

“快进”按钮：按下“快进”按钮，画板会省去中间绘图过程，直接显示所绘图形。

3. 记录的“循环”功能

作图中有规律的、并需重复多次绘制的复杂过程，可以用“记录”中的循环功能来实现，这样会使作图快捷而方便。

[例 8.19]　利用正方体的纪录绘制立体图形。

（1）作菱形，作线段 AB，以 A 为中心，把 B 旋转 60° 得 B'。

（2）以 B'。为中心，把 B 旋转 60° ，连接四点成菱形；

（3）以 B'。为中心，选中全部图形，把该菱形旋转 120° 两次；涂不同颜色。

（4）选中正方体右边两点，单击记录中“循环”；再单击“停止”。

（5）存记录为“正方体 1.gss”。

（6）再打开一个新记录，单击“录制”。

（7）画两点并选中，单击“正方体.gss”中“快放”，在“递归循环”话框的深度框中输入 3。

（8）选 B 为中心，把 B' 旋转 180° ，选定 B 和 B"。

（9）单击记录中“循环”，再单击“停止”；存记录为“正方体 4.gss。

（10）选定点 A、B，单击记录“快放”。

（11）在“递归循环”对话框的深度框中输入 3。就会得到如图 8.30 所示的立体图形。

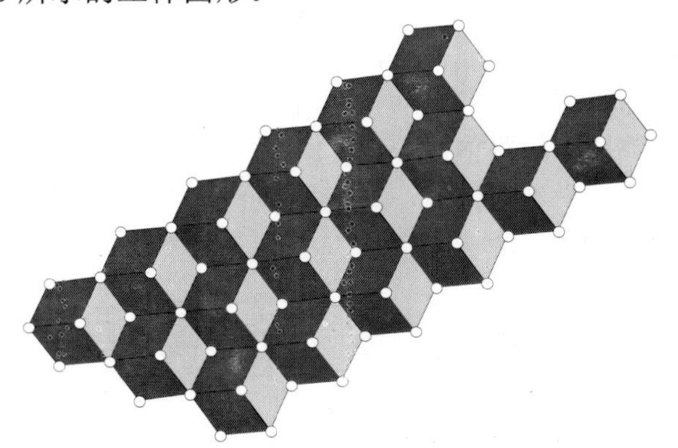

图 8.30

4. 使用记录的“循环”功能绘图的一般过程

欲将圆上正 N 边形的顶点按某种规律投影到指定的位置上。若一个顶点一个顶点地去绘制出它所对应的投影点，显得既烦琐又复杂。如果使用记录的“循环”功能来实现，就能起到事半功倍的效果。

具体作法是：只要把一个“循环节”的作图过程记录下来，然后利用记录的“循环”和“快进”功能，就可以迅速完成整个绘图过程。

[例 8.20]　用“记录”自动画出一个正六边形。

（1）初始值。打开一个新画板窗口，在“画板”上先画一个圆 A，并在圆上任选一点 C。

（2）录制。打开一个新“记录”窗口，单击“录制”；选圆心 A 为标记中心，把点 C 旋转 60° 得点 C'，连接点 C 和点 C'。

① 在画板中顺序选中满足“前提”条件的点 C 和点 A，单击记录中“循环”，再单击“停止”按钮。

② 存记录为“正六边形.gss”，如图 8.31 所示。

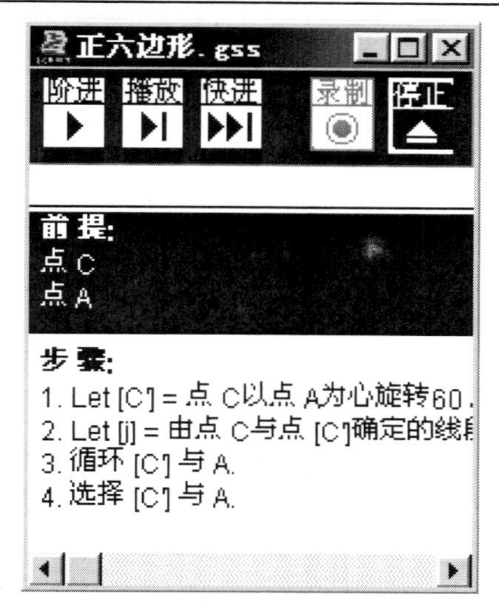

图 8.31

（3）运行记录文件。打开一个新“画板”窗口，任画两点 A 和 B，并同时选中；单击记录中“快进”按钮，在“递归循环”对话框的深度框中输入 5，如图 8.32 所示。

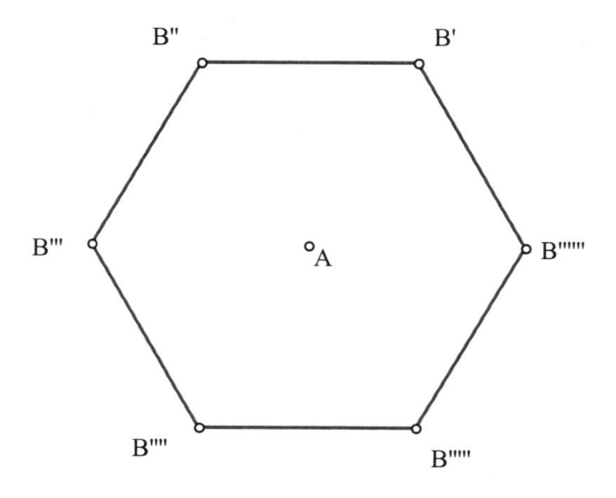

图 8.32

［例 8.21］ 制作正弦波。

（1）初始值。

新建一个画板，画直线 i 和线段在直线 j 上任取一点 E，以点 E 为圆心，线段 k 为半径作圆；在圆上取第一个点 F，执行《变换 / 平移》选项，让点 F 向右平移 1cm，得圆上第一个点 F 的投影点 F '。

（2）录制。

① 打开一个新记录窗口，单击记录窗口“录制”按钮。

② 双击点 E，标识为中心；选择点 F，旋转 18° ，得到圆上第二个点 F '。

③ 过圆上点 F '，作直线 j 的平行线；让投影点 F '向右平移 0.5 cm 得点 F "，过点 F "作直线 j 的垂线；求得平行线与垂线的交点 G，即为圆上第二个点 F'的投影点，用线段连接两个投影点 F '和点 G；隐藏该平行线、垂线和点 F "，取消圆上各点及它们投影点的标注，如图 8.33 所示。

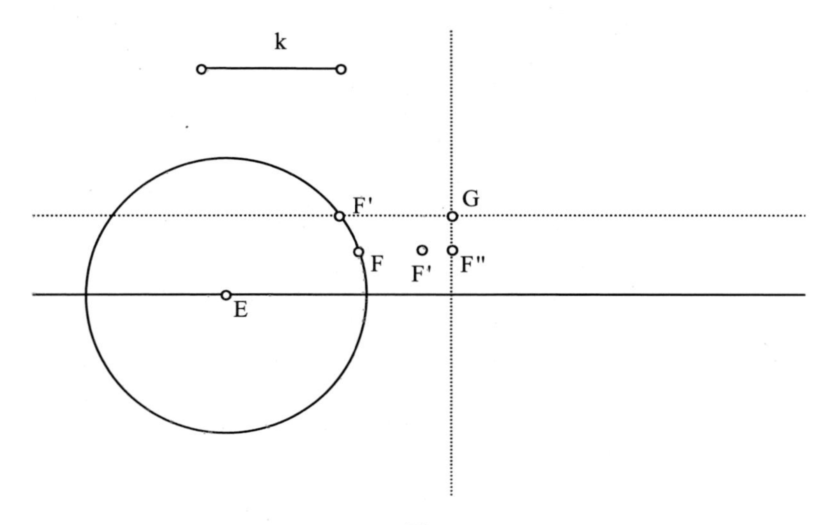

图 8.33

④ 根据记录的“前提”条件，依次选中圆上第二个点 F'、E 及第二个投影点 G 和直线 j，单击记录中“循环”按钮(因为循环是接着圆上第二个点往下进行的，所以虽然前提中显示的是圆上第一个点 F 和它的投影点 F'，而实际选中时应换成第二个点 F'及它的投影点 G)，再单击记录中“停止”按钮。

⑤ 将这个“记录”存盘为“正弦波.gss”文件，如图 8.34 所示。

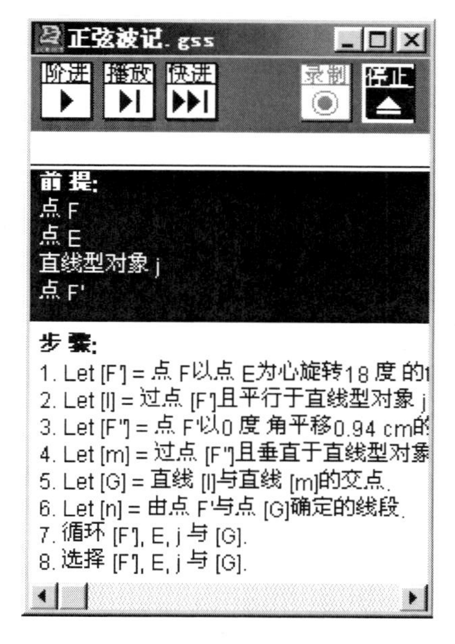

图 8.34

（3）运行记录文件。根据记录的“前提”条件，依次选定点 F、E、G 和直线 j，单击记录中“快进”按钮；在循环深度填写 20 次，单击“确定”按钮，即得到含 20 点的正弦波，如图 8.35 所示。

（4）作动画按钮。定义点 F 在圆 E 上的运动“动画”，此时单击“动画”按钮，就会看到圆上的点转动起来，正弦波也波动起来。

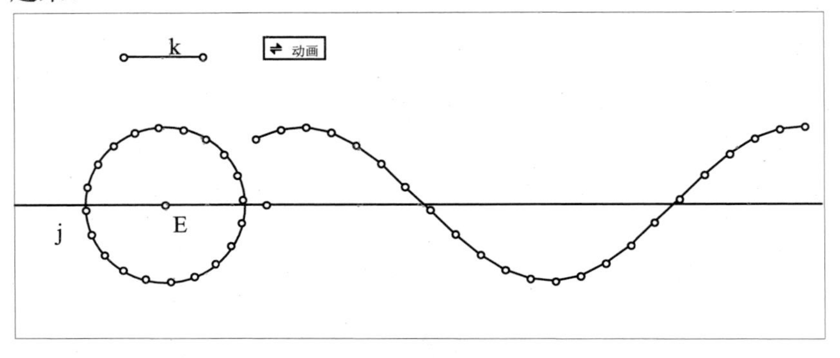

图 8.35

使用“循环”功能应该注意的是：

（1）循环的“前提”中显示的是第一个点的有关信息，实际选取时应换成第二个点的有关信息，否则将不能实现递归作图。

（2）在录制一个循环节作图时，一定要隐藏所有的辅助线、点及标注等多余的信息，否则将给显示画面带来混乱。

四、图形的移动变形

几何画板具有使图形在移动过程中发生变形的功能。这个功能可以使不同图形相互转换的过程清晰可见。这个过程就是把一个位置上的一个形状的图形，移动变化到另一位置上的另一个形状的图形。要实现这个功能，在制作画板时，需要定义三个图形：

移动图形：这是一个原始移动对象。

源图形：演示画板时图形的起始形状。

目标图形：源图形变化后的形状。

制作过程中，将移动图形与源图形相对应的点顺序选择，定义为一个移动；再把源图形与目标图形各对应点顺序选择定义另一个移动。这个移动用来变化图形，前一个移动用来恢复图形。

具体的制作过程我们可用下面这个简单的例子来加以说明。

[例 8.22]　正五边形变成五角星。

移动图形：任意一个五边形 ABCDE。

源图形：一个正五边形，由 ABCDE 变化得到。

目标图形：一个五角星，由正五边形变化得到。

步骤：

（1）画一个任意五边形 ABCDE，如图 8.36（a）所示。

（2）绘制两个圆：圆心 F，过点 G，圆心 I，过点 J。

（3）在圆 F 上画一点 H，以 F 为标定中心运用旋转变换产生正五边形的五个顶点 H、H2、H3、H4、H5，如图 8.36（b）所示。

（4）在圆 J 上用上步方法绘制五角星的五个顶点 K、K2、K3、K4、K5，如图 8.36（c）所示。

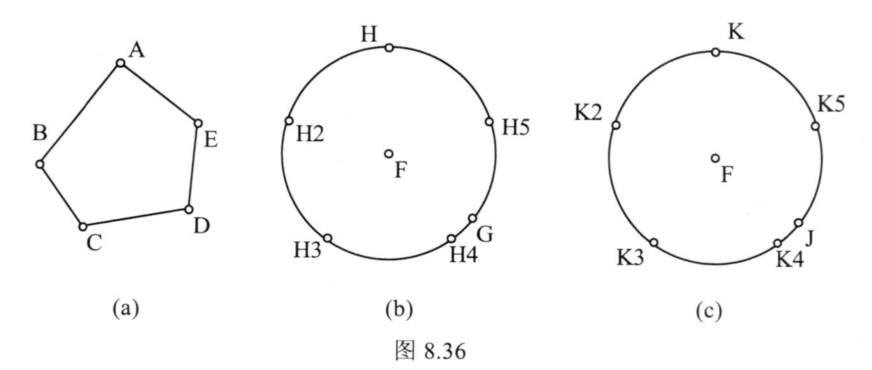

图 8.36

（5）同时选择五边形与正五边形对应点 A、H2，B、H3，C、H4，D、H5，E、H，执行《编辑/按钮/移动》命令，编辑移动按钮，并命名为“正五边形”。

（6）同时选择五边形与五角星对应点 A、K，B、K3，C、K5，D、K2，E、K4，执行《编辑/按钮/移动》命令，编辑移动按钮，并命名为“五角星”；演示效果如图 8.37 所示。

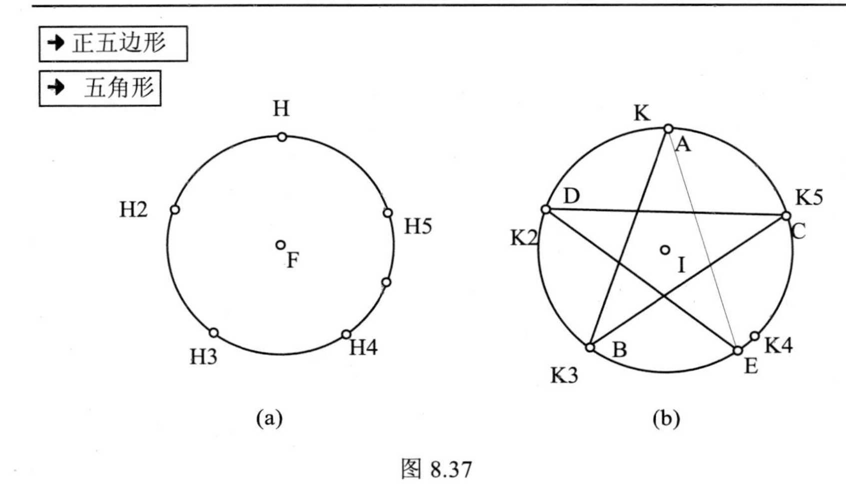

(a) (b)

图 8.37

[例 8. 23]　制作三棱锥的侧面展开图。

（1）画一个三棱锥 A-BCD，AD、AB、BD 用实线，其他用虚线。

（2）作线段 DE，使 DE 在 BD 延长线的上方，连接 AE；作线段 EF，EF 在 DE 延长线的上方，连接 AF。

（3）给三角形 ABD 着色：选定点 A、B、D，执行《作图 / 多边形内部》选项，并执行《显示 / 颜色》选项选浅灰色。同样，给三角形 ADE 和 AEF 分别着上浅蓝色和浅黄色。

（4）同时选定点 E 和点 C、F、B，执行《编辑 / 按钮 / 移动》选项，画板显示“移动”按钮，改名为[复原]。

（5）分别在点 E、F 的附近画点 G、H。

（6）同时选定点 E 和点 G、点 F 和点 H，执行《编辑 / 按钮 / 移动》选项，画板显示“移动”按钮，改名为[展开]。

（7）拖动点 G、H，使点 G 与点 E 重合，点 H 与点 F 重合。

（8）双击复原三棱锥按钮，隐藏点 G 和 H。

（9）将点 E 改名为 C，将点 F 改名为 B，如图 8.38 所示。

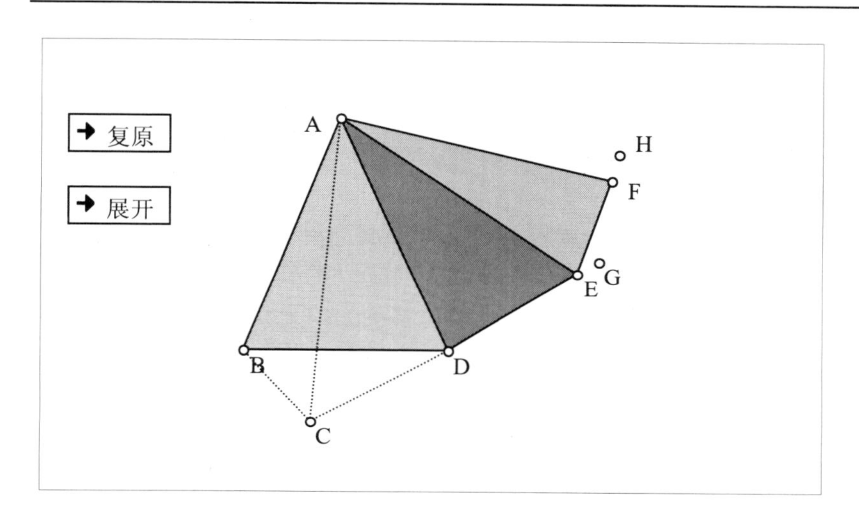

图 8.38

只要我们交替双击展开三棱锥和复原三棱锥按钮，即可形象地演示三棱锥侧面展开的过程，如图 8.39 所示。

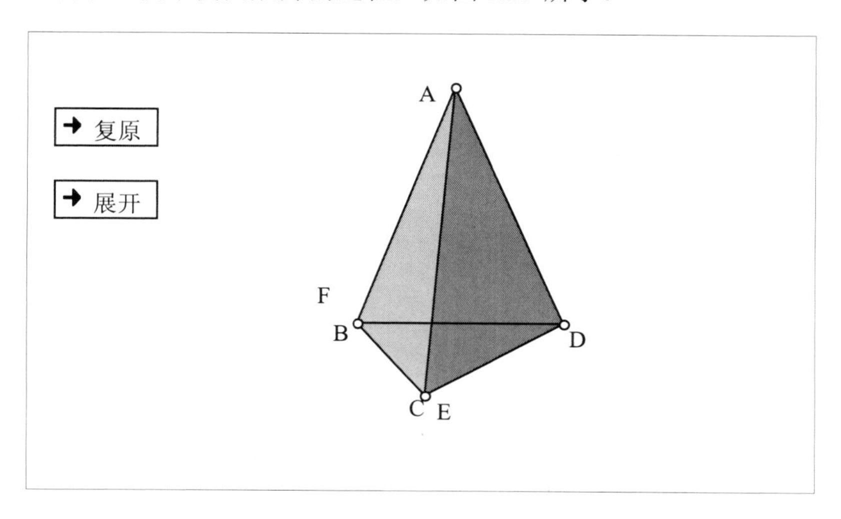

图 8.39

8.3 系列按钮

一、建立系列按钮

几何画板提供的操作类型按钮中有一种“系列”按钮。这种类型按钮的操作对象是画板文件中所建立的其他类型的按钮。选中文件中已有的若干个按钮，如“移动”、“显示”、“隐藏”等，就可以建立并编辑系列按钮

利用几何画板提供的“显示／隐藏”和“系列”等按钮功能，在同一画板上可以方便地实现不同课件之间的转换和操作，也可以实现同一课件的分步操作和演示，使操作更便捷，画面更清晰，重点更突出。下面通过一个简单的例子加以说明。

[例 8.24] 图形的分组显示。

本例中，我们绘制几组基本图形，然后利用“显示／隐藏”和“系列”按钮的组合应用，使这几组图形分别显示。具体步骤如下：

1. 建立“显示／隐藏”按钮

（1）打开一个新画板，绘制第一组图形，并配有相应的文本说明。选中“第一组图形”的所有信息，执行《编辑菜单／操作类按钮／隐藏／显示》选项，建立“显示／隐藏”按钮，并用文本工具改名为 ▲ 显示1 和 △ 隐藏1 按钮。双击 △ 隐藏1 按钮，隐藏掉“第一组图形”所有信息。

（2）绘制第二组图形，并配有相应的文本说明。然后选中“第二组图形”所有信息，同样建立 ▲ 显示2 和 △ 隐藏2 按钮。双击 △ 隐藏2 按钮，隐藏掉“第二组图形”的所有信息。

（3）重复以上作法，可以建立多组图形组“显示 / 隐藏”按钮。

2. 建立系列按钮

（1）选中 ▲ 显示1 按钮，同时选中其他组 △ 隐藏i 按钮，执行《编辑菜单 / 操作类按钮 / …系列》选项，建立 … 系列1 按钮。

（2）用同样方法，可以建立 … 系列2 ， … 系列3 等系列按钮。

（3）对“显示 / 隐藏”按钮，可以任意组合，建立起满足某种目的的系列按钮；最后隐藏掉多余的信息。

（4）双击 … 系列i 按钮，即可实现显示第 i 组图形，而隐藏掉其他图形信息的效果如图 8.40 所示。

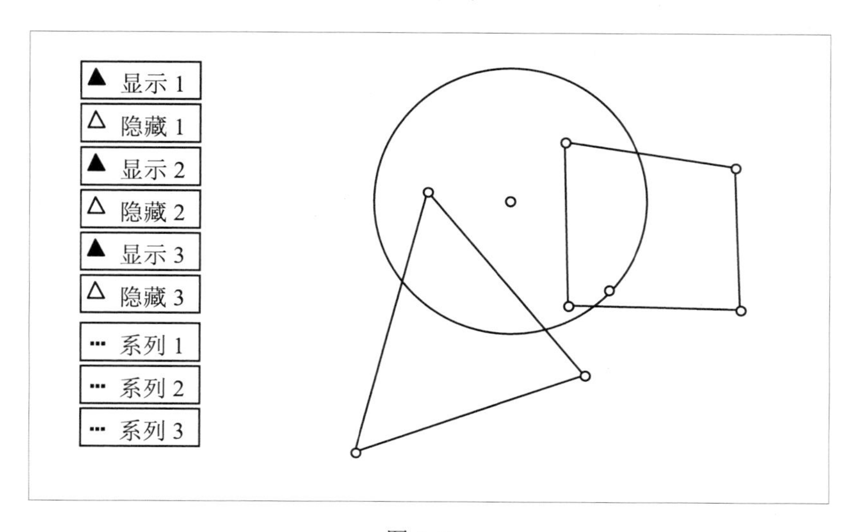

图 8.40

注意　根据需要，也可以选中一组“显示 / 隐藏”按钮，再建立一个“显示 / 隐藏”按钮。暂时不用时，可以将这组按钮先隐藏起来；用时再显示出来，以保持版面的整洁。

系列按钮也可以通过选取移动按钮进行编辑，使移动可以分步进行，这样可以使某些变化过程更清晰、更精确，实现图形的保形移动。下面我们通过制作棱柱的几种侧面展开图来体验这种保形移动的效果。这种效果与 8.2 节中棱锥的侧面展开图的展开效果相比较，就要真实的多。

在几何画板中，移动都是点到点的运动。在两点之间没有其他曲线连结的情况下，这种移动都是沿直线方向平移。在 8.2 节所作的“棱锥的侧面展开图”一例中，展开的效果就是这种平移的效果。这种效果的真实性较差。如果想得到较为真实的展开效果，就需要做保形移动。实现保型移动的关键是让点作圆周运动，而不是直线运动。这样的效果往往要借助系列按钮。

二、棱柱沿两个方向同时的展开

以五棱柱为例。

首先求作以五边形 ABCDE 为底的五棱柱，然后以 AB 为不动边，其他各边沿两个方向同时展开，让它的右边(左边)两条边的上端点，分别沿相应的圆作顺时针(逆时针)移动，移动到过其下端点并与 AB 平行的直线上，即实现了棱柱的侧面展开。具体步骤如下：

（1）打开一个新画板，作五边形 abcde。

（2）以五边形 abcde 为底，作五棱柱侧面的立体图。

① 选定点 a、b 标记为向量，另画一点 A，让点 A 按标记向量平移，得点 B，连结 AB。

② 选取棱柱侧面展开的动点 E、C、D1、D2。以 A 为圆心、线段 ae 为半径作圆 c1，在圆 c1 上取一点 E，连结 AE；以点 B 为圆心、线段 bc 为半径作圆 c2，在圆 c2 上取一点 C，连结 BC；以 C 为圆心、线段 cd 为半径作圆 c3，在圆 c3 上取一点 D1，连结 CDl；以 E 为圆心、线段 ed 为半径作圆 c4，在圆 c4 上取一点 D2，连结 ED2。如图 8.41 所示。

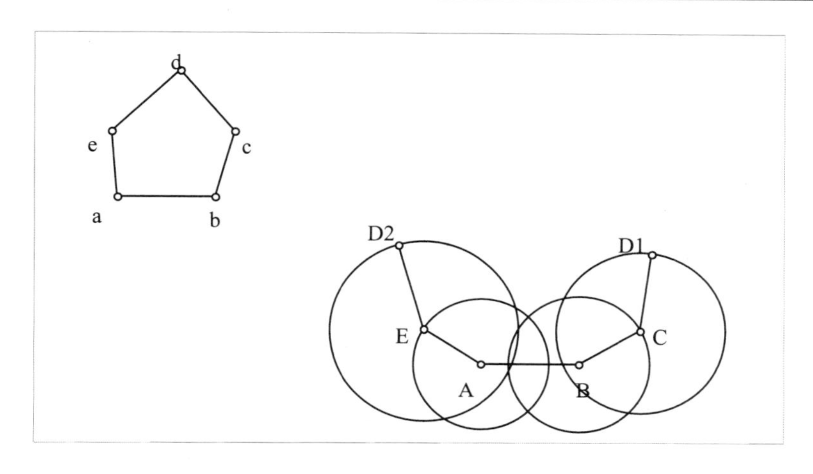

图 8.41

③ 取两点 M、N，标记向量 MN，选定点 A、B、C、D1、D2、E 及它们的连线，并按标记向量平移，得五棱柱另一个底；连结两底相应的点、作相应的四边形内部，给各侧面着上不同的颜色，得到开口的五棱柱侧面的立体图形，如图 8.42 所示。

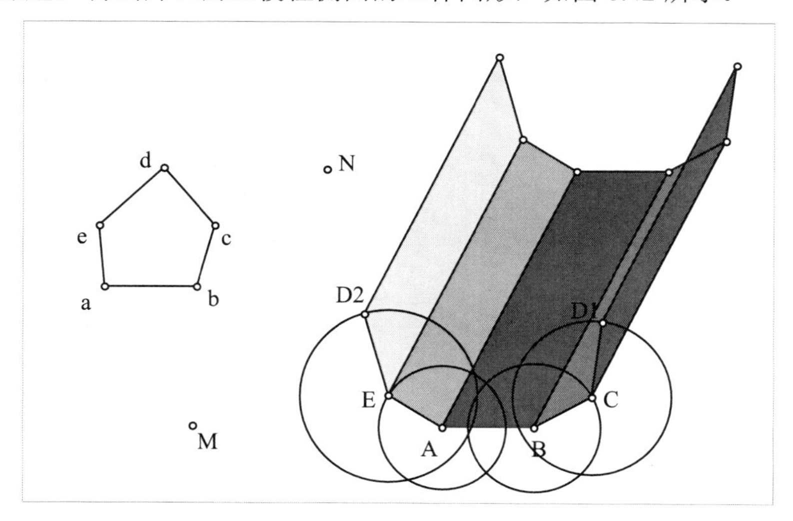

图 8.42

（3）作五棱柱的侧面复原。

① 求作棱柱侧面展开前对应动点的起点位置 E'、C'、D、D'点：让点 B 按标记向量 bc 平移，得圆 c2 上的点 C'；让点 A 按标记向量 ae 平移，得圆 c1 上的点 E'；让点 C 按标记向量 cd 平移，得圆 c3 上的点 D；让点 E 按标记向量 ed 平移，得圆 c4 上的点 D'。

② 作复原按钮：依次选定点 C 和 C'，点 E 和 E'作“移动”按钮，改标签为“复原 1”；依次选定点 D1 和 D，点 D2 和点 D'作“移动”按钮，改标签为“复原 2”；再依次选定这两个“复原”按钮作“系列”按钮，改标签为“复原”。然后隐藏掉点 E'、C'、D 和 D'，如图 8.43 所示。

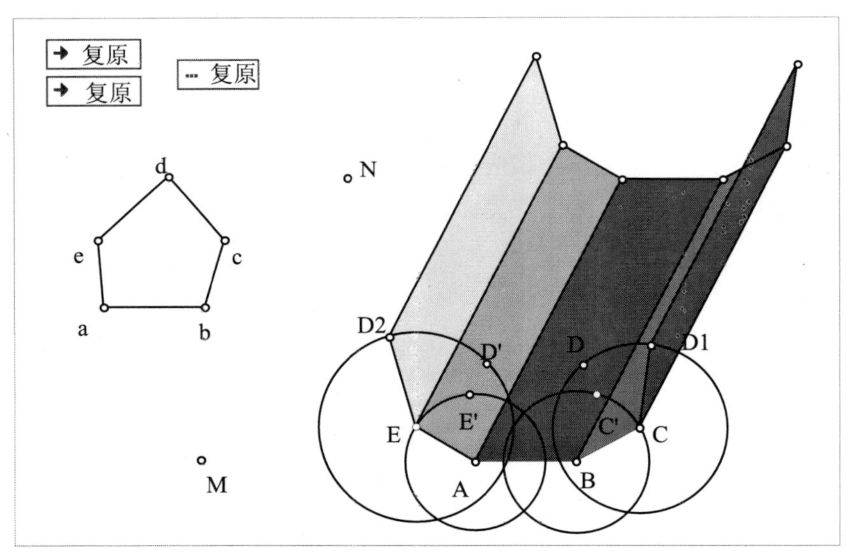

图 8.43

（4）作五棱柱的侧面展开。

① 求作棱柱侧面展开后对应动点的终点位置点 E''、C''、D1''、D2''：选定点 E、B、C 和线段 ab，作平行线，分别交圆 c1 于点 E''、交圆 c2 于点 C''、交圆 c3 于点 D1''、交圆 c4 于点 D2''。

② 作展开按钮：依次选定点 D1 和 D1"、D2 和 D2"作“移动”按钮，改标签为“展开”；依次选定点 C 和点 C"、E 和 E"作“移动”按钮，改标签为“展开 2”；再依次选中这两个“移动”按钮作“系列”按钮，改标签为“展开”。然后隐藏掉点 E"、C"、D1"、D2"。如图 8.44 所示。

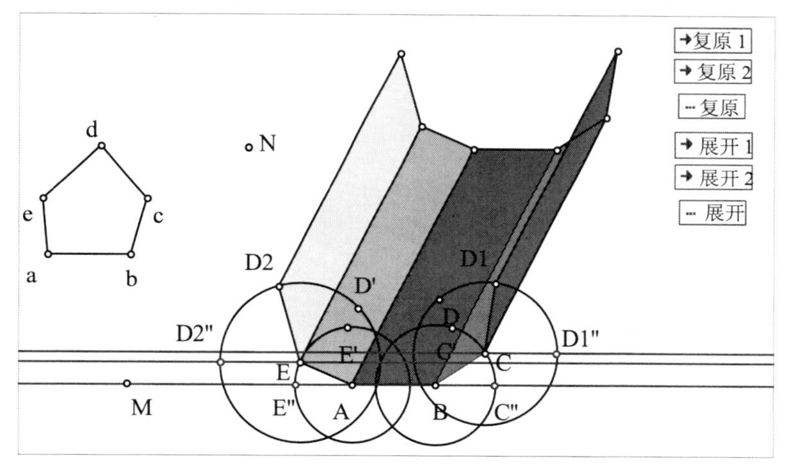

图 8.44

（5）选中所有辅助圆和点、辅助按钮，将它们隐藏起来。双击“展开”和“复原”按钮。可以看到五棱柱侧面展开和复原的效果，如图 8.45 所示。

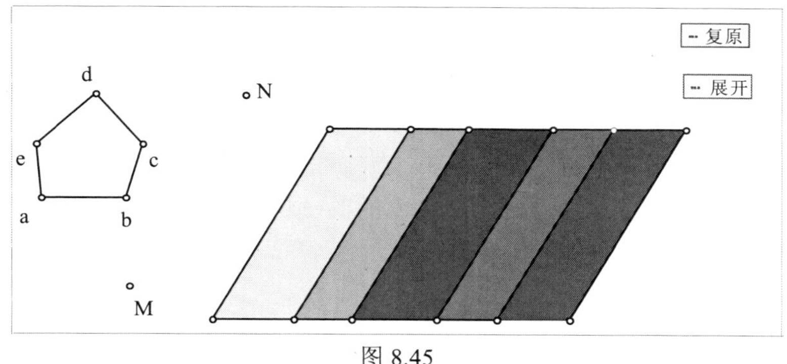

图 8.45

从例 8.24 可以看到，系列按钮的作用相当于把几个按钮所要做的工作一次完成。这样使得操作变得很简捷，同时也会把图形的演变过程展示得很清晰。但是，我们在编辑系列按钮时，一定要注意用来生成系列按钮的那些按钮的选择次序。错误的选择次序会给我们带来不必要的麻烦。

三、棱柱侧面顺时针展开

从上例的制作过程中我们可以看到，在几何画板中点沿圆周移动时，总是沿着劣弧方向移动，这就使点的移动方向受到了限制。不过我们也可以寻找其他的办法，那就是将优弧变成两段劣弧的移动来实现，让点沿优弧方向移动。下面以三棱柱的侧面展开为例。

[例 8. 25] 三棱柱的侧面保形展开。

具体步骤如下：

（1）打开一个新画板，作三边形 abc。

（2）以三边形 abc 为底，作三棱柱。

① 选定点 a、b 标记为向量，另画一点 A，让点 A 按标记向量平移，得点 B，连结 AB。

② 以 B 为圆心、线段 bc 为半径作圆 c1，在圆 c1 上取一点 C，连结 BC。

③ 以 C 为圆心、线段 ca 为半径作圆 c2，在圆 c2 上取一点 A1，连结 CA1。

④ 标记向量 MN，选定点 A、B、C、A1 及它们的连线，并按标记向量平移，得三棱柱另一个底；连接两底相应的点、作相应的多边形内部，给各侧面着上不同的颜色，得到开口的三棱柱侧面的立体图形，如图 8.46 所示。

（3）作三棱柱的侧面展开。

① 让点 B 按标记向量 bc 平移，得圆 c1 上的点 C'，让点 C 按标记向量 ca 平移，得圆 c2 上的点 A'；选定点 C、B 和线段 ab，

作平行线，分别交圆 c1、c2 于点 C"、A"。

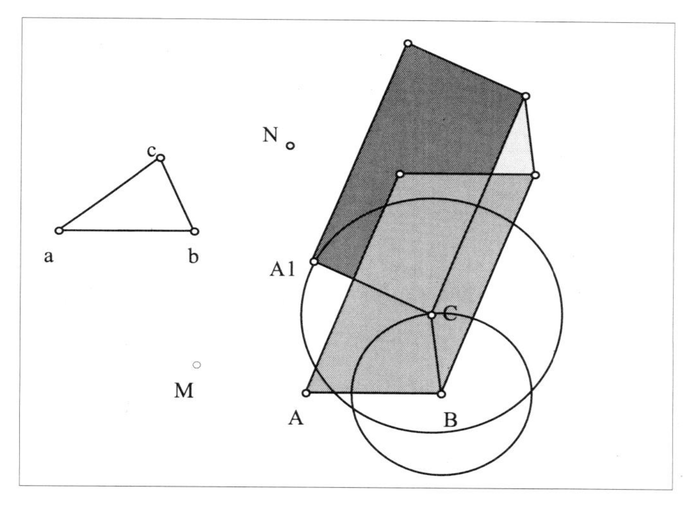

图 8.46

② 在优弧 A"A'中间取一点：取线段 A"A'的中点 K，选定点 K、C 作射线交圆 c2 于点 D，如图 8.47 所示。

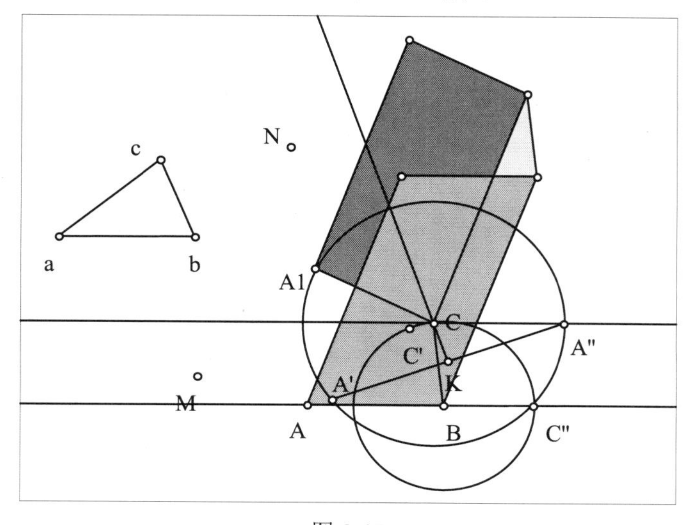

图 8.47

③ 作展开按钮：依次作点 A1 到点 D，点 A1 到点 A"、点 C 到点 C"的“移动”按钮，再依次选中这三个“移动”按钮作“系列”按钮，改标签为“展开”。

（4）作三棱柱的侧面复原。作复原按钮：依次作点 C 到点 C'、点 A1 到点 D、点 A1 到点 A'的“移动”按钮，依次选中三个“移动”按钮作“系列”按钮，改标签为“复原”，如图 8.48 所示。

（5）选中所有辅助圆和点、辅助按钮，将它们隐藏起来，拖动点 N，可以改变棱柱的形状和大小。双击“展开”和“复原”按钮，可以看到三棱柱的侧面展开和复原的过程。如图 8.48 所示。

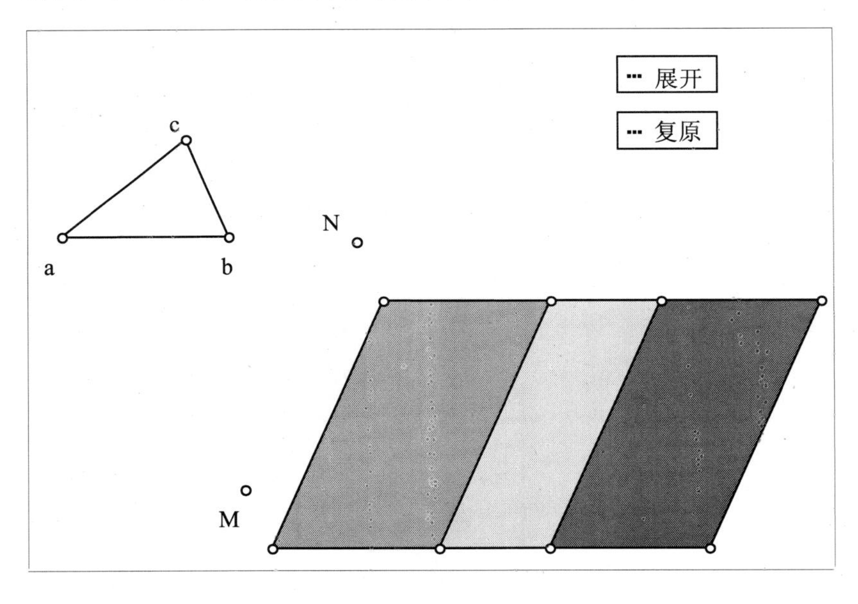

图 8.48

四、棱柱沿一个方向的滚动展开

滚动展开就是让一个棱柱沿一个方向滚动，保留其侧面所留下的轨迹，而棱柱本身并不被破坏。这样的效果可以采用按侧面分别作展开，然后再合成的办法。下面以三棱柱的侧面滚动展开为例。

[例 8.26]　三棱柱的侧面滚动展开。

具体步骤如下：

（1）打开一个新画板，绘制三角形 ABC，并作两点 M、N，选择 MN 为标记向量。

（2）作棱柱侧面展开后的平面图。

① 作水平直线 a，在 a 上依次取点 A'、B'、C'、D'，使 A'B'=AB，B'C'=BC，C'D'=AC。

② 选定点 A'、B'、C'、D'，按标记向量 MN 平移，得点 A"、B"、C"、D"。选定点 A'、B'、B"、A"，作内部，并建立“显示 A”、“隐藏 A”按钮。选定点 B'、C'、C"、B"，作内部，并建立“显示 B”、“隐藏 B”按钮。选定点 C'、D'、D"、C"，作内部，并建立“显示 C”、“隐藏 C”按钮，如图 8.49 所示。

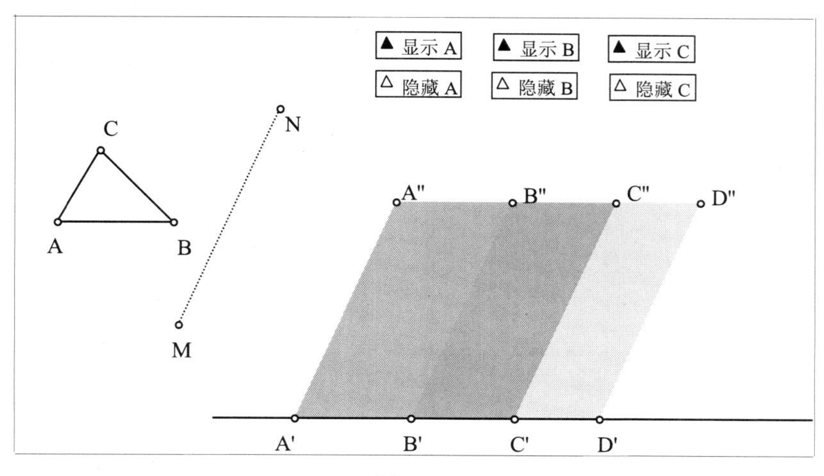

图 8.49

（3）作以三角形 ABC 为底、MN 长为棱的三棱柱各侧面的展开。

① 作 AB 边对应侧面的展开。

Ⅰ. 另画一点 O，以 O 为圆心、线段 AB 为半径作圆 c1。在圆 c1 上取一点 P，分别以点 P、O 为圆心、线段 AC 和线段 BC 为半径作圆，求得交点 Q。连结点 O、P、Q，求得底 OPQ。标记角 C–B–A。

Ⅱ. 过点 O 作直线 a 的平行线，圆 c1 于点 E、F。以点 O 为中心，点 F 按标记角旋转，得点 F '。

Ⅲ. 依次选定点 P、F'，作“移动”按钮，再依次选定点 P、E，作“移动”按钮。隐藏三角形 OPQ 周围的其他信息及标注。

Ⅳ. 选中三角形 OPQ，按标记向量 MN 平移，得棱柱另一个底，连接相应的点，作出三棱柱，并给三个侧面着上不同的颜色；选中该棱柱，建立“显示 / 隐藏”按钮。

Ⅴ. 改“移动 P–F'”按钮的标签为“展开 1”，改“移动 P–E 签为“复原 1”，将“显示 / 隐藏”按钮的标签改为“显示 1”和执行“隐藏 1”按钮。

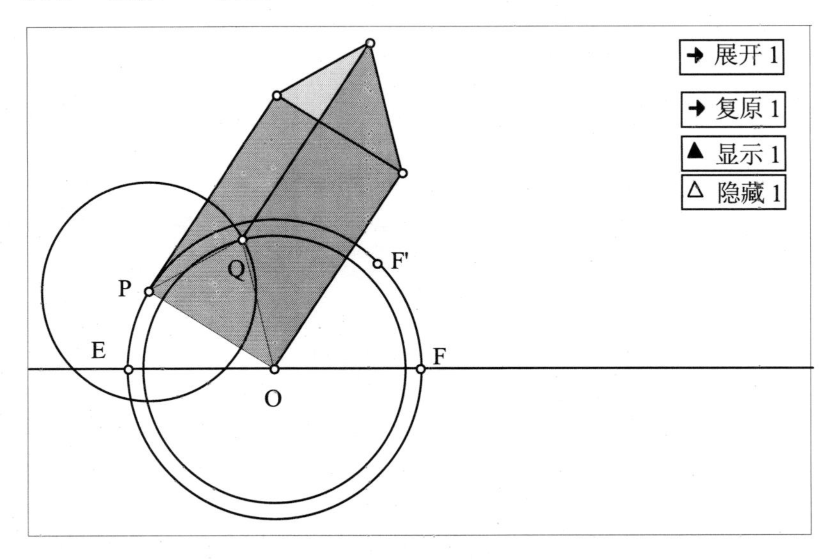

图 8.50

② 作 BC 边对应侧面的展开。

Ⅰ. 另画一点 O，以 O 为圆心、线段 BC 为半径作圆 c1。在圆 c1 上取一点 P，分别以点 P、O 为圆心，线段 AB、AC 为半径作圆，求得交点 Q。连结点 O、P、Q，求得底 OPQ。标记角 A–C–B。

Ⅱ、Ⅲ、Ⅳ步同①。

Ⅴ. 改“移动 P–F”' 按钮的标签为“展开 2”，改“移动 P–E 签为“复原 2”，将“显示 / 隐藏”按钮的标签改为“显示 2”和执行“隐藏 2”按钮。

③ 作 CA 边对应侧面的展开。

Ⅰ. 另画一点 O，以 O 为圆心、线段 CA 为半径作圆 c1。在圆 c1 上取一点 P，分别以点 P、O 为圆心，线段 AB、BC 为半径作圆，求得交点 Q。连接点 O、P、Q，求得底 OPQ。标记角 B–A–C。

Ⅱ、Ⅲ、Ⅳ步同①。

Ⅴ. 改“移动 P–F”' 按钮的标签为“展开 3”，改“移动 P–E”按钮的标签为“复原 3”，将“显示 / 隐藏”按钮的标签改为“显示 3”和“隐藏 3”。执行“隐藏 3”按钮。

④ 执行 3 个“显示”按钮，依次选中第 1 个棱柱的点 O、B，第 2 个棱柱的点 O、C，第 3 个棱柱的点 O、D，作“移动”按钮，改标签为“归位”。

（4）作“展开”、“复原”按钮。

① 展开棱柱：依次选中“归位”、“显示 1”、“显示 A”、“展开 1”、“显示 2”、“隐藏 1”、“显示 B”、“展开 2”、“显示 3”、“隐藏 2”、“显示 C”、“展开 3”等按钮，作“系列”按钮，改标签为“展开”。

② 复原棱柱：依次选中“归位”、“显示 3”、“复原 3”、“隐藏 C”、“显示 2”、“隐藏 3”、“复原 2”、“隐藏 B”、“显示 1”、“隐藏 2”、“复原 1”、“隐藏 A”等按钮，作“系列”按钮，改标

签为“复原”。

（5）隐藏除三角形 ABC、向量 MN 以及“展开”、“复原”按钮外的所有信息，如图 8.51 所示。

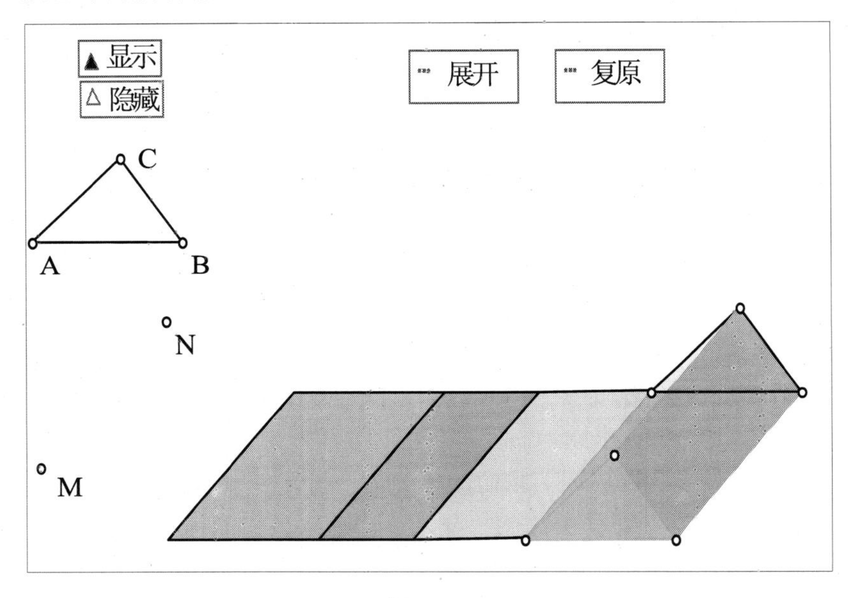

图 8.51

8.4 主从型多重运动

本节我们通过一些具体例子来了解几何画板中的几种基本的主从型多重运动方式，从而对多重运动有一个初步的认识。

一、平行关系(平行线法)

如主运动是圆 O 上有一点 A 沿该圆运动，从运动是过圆外一定点 K，作与半径 OA 平行的直线 j 的运动。这样当点 A 沿圆 O 运动时，直线 j 上任一点 P 均绕点 K 运动，如图 8.52 所示。

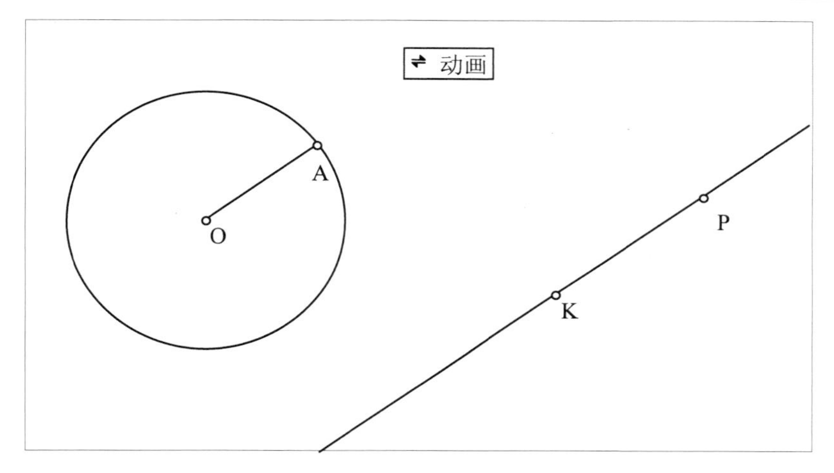

图 8.52

二、垂直关系(垂线法)

主运动是圆 O 上有一点 A 沿该圆运动，从运动是过圆外一定点 K，作与半径 OA 垂直的直线 j 的运动。这样当点 A 沿圆 O 运动时，直线 j 上任一点 P 均绕点 K 运动，如图 8.53 所示。

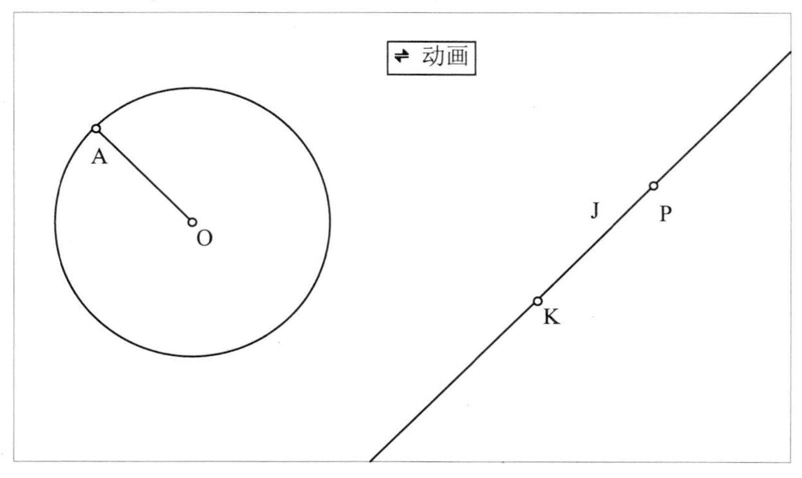

图 8.53

三、向量关系(标记向量法)

主运动是圆 O 上有一点 A 沿该圆运动，从运动是过圆外一定点 K，按标记向量 OA 作平移变换得到点 P 的运动。这样当点 A 沿圆 O 运动时，点 P 绕点 K 运动，如图 8.54 所示。

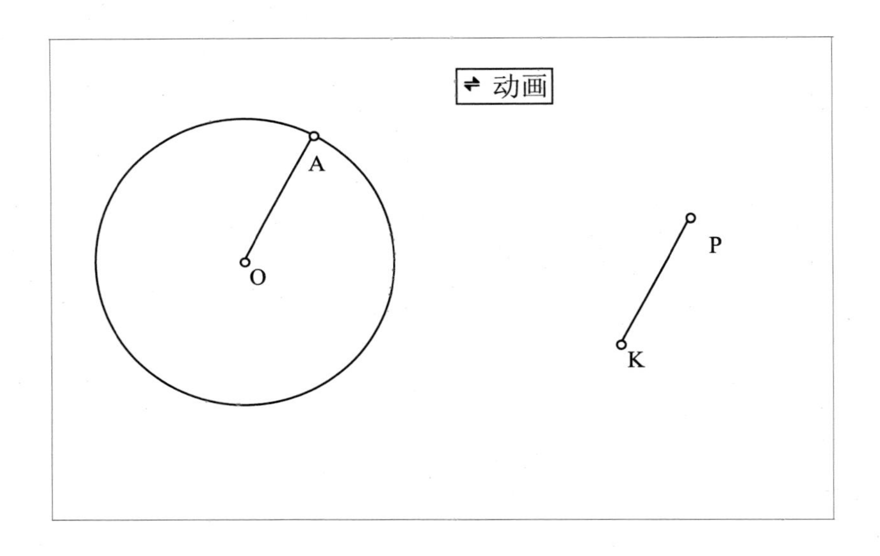

图 8.54

四、角度关系(标记角度法)

主运动是圆 O 上有一点 A 沿该圆运动，从运动是过圆外一点 P，以定点 K 为标记中心，按标记角度∠BOA 作旋转变换得到点 P 的运动。这样当点 A 沿圆 O 运动时，点 P'绕点 K 运动，如图 8.55 所示。

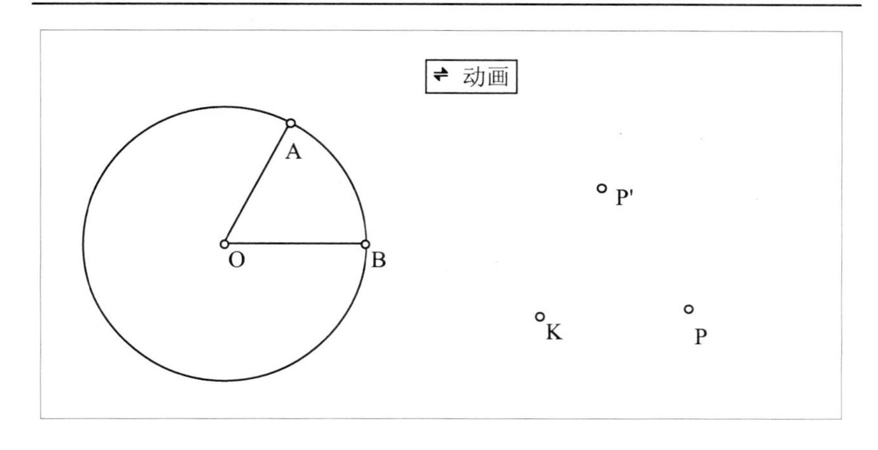

图 8.55

五、反射关系(标记镜面法)

主运动是圆 O 上有一点 A 沿该圆运动，从运动是按标记镜面 CD 作圆 O 及点 A 的反射得到点 A'的运动。这样当点 A 沿圆 O 运动时，点 A'绕点圆 O'运动，如图 8.56 所示。

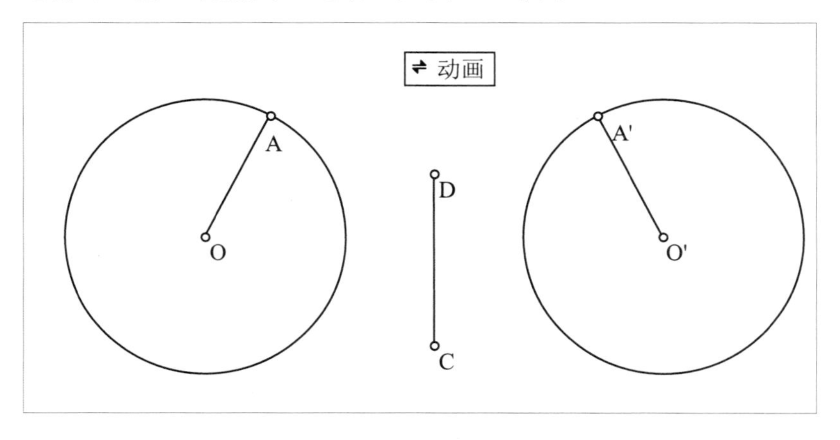

图 8.56

六、圆心偏移距离比(标记角度值)

取定长 r：1.15 cm，作长为 2* π *r 线段 AB，在线段 AB 上取一点 C，测量 AC 的长度，度量公式“–1 弧度*AC / r”的值或度量公式“–180° *AC / r / π ”的值，并标记为角度值。

以 r 为半径、以点 K 为圆心作圆。在圆上取一点 P，以点 K 为标记中心，使点 P 按标记角度旋转得到点 P'，让点 C 在线段 AB 上作单向运动时，则点 P'沿圆 K 作顺时针运动，如图 8.57 所示。

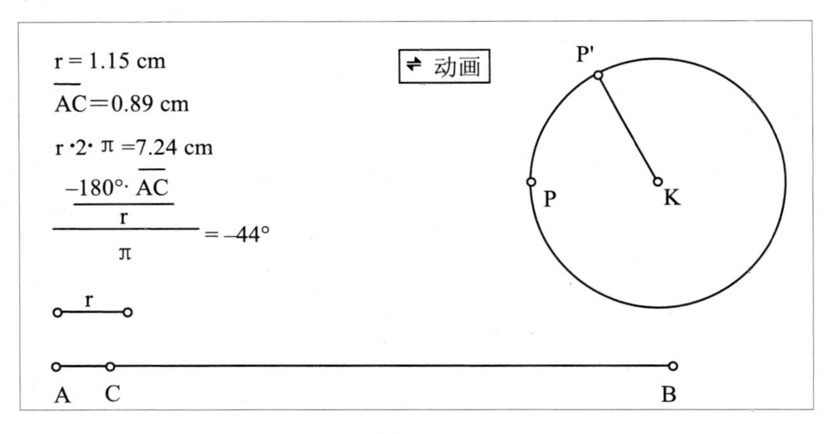

图 8.57

灵活运用上述六种方法，可以构造出许多复杂的多重运动。

[例 8. 27] 多重运动的小球。

（1）取一新画板，画小圆 A，在圆 A 上作角∠BAC，并测量它的角度值和负角度值。

（2）画一大圆 D，作线段 i 和线段 m(其中 i<m)。

（3）在大圆 D 上任取一点 J，以点 J 为圆心、m 为半径作圆。

（4）让∠BAC 为标记角，让点 J 为标记中心，在圆 J 上任取一点 K，让点 K 按标记角旋转得到点 K'，以点 K 为圆心、线段 i 为半径作圆。

（5）以负的∠BAC 为标记角，以点 D 为标记中心，在大圆 D 上取一点 E，让点 E 按标记角旋转得到点 E'。以点 E'为圆心、线段 i 为半径作圆。

（6）同时选定点 C 和圆 A、点 J 和大圆 D，执行《编辑／操作按钮／动画》选项。

当双击“动画”按钮时，可以看到圆 J 绕大圆 D、圆 K 绕小圆 J 作逆时针运动，圆 E'沿大圆 D 作顺时针运动，如图 8.58 所示。

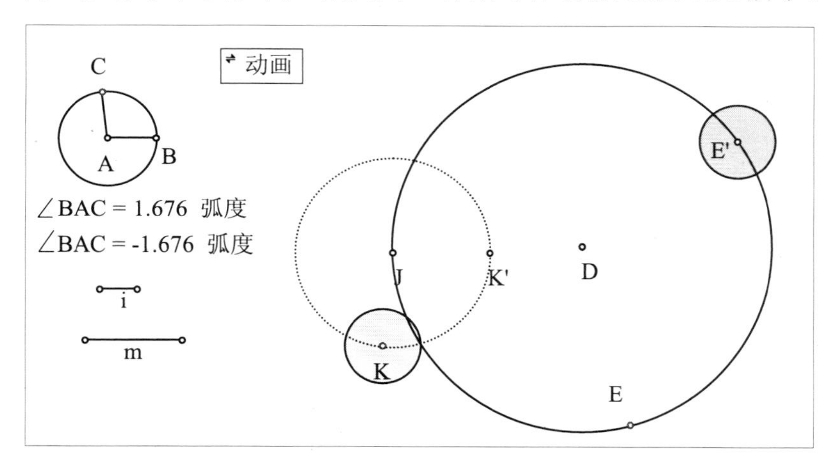

图 8.58

8.5　参数方程和极坐标方程曲线

一、参数方程

[例 8. 28]　在直角坐标系，下动态演示参数方程为

$$\begin{cases} x=a\cos t-k \\ y=b\sin t+k \end{cases}$$

的图象。

（1）建立直角坐标系。选中《显示 / 参数选择 / 弧度制》。建立相应的坐标系：选中《图表/建立坐标轴》选项，改原点为 O，单位点为 1。过原点 O 和点(–1，–1)作射线。

（2）准备工作。截取变量和常量的值。

变量 t：在 x 正半轴上选一动点 N，并度量点 N 的横坐标值 x_n，将度量值 x_n 改为 t 来表示。

常量 a、b、k：在 x 负半轴上画点 C、D、E，过点 C、D、E 分别作纵轴的平行线，在这三条直线上分别取三个点 F、G、H。隐藏这三条直线，连结线段 CF、DG、EH，将点 C、D、E 隐藏起来；度量点 F、G、H 的纵坐标值，将度量值 y_F、y_G、y_H 改为相应的 a=、b=、k= 来表示。

（3）构建计算公式及动画。

① 利用“度量 / 计算…”输入计算公式 a*cos(t)—k，并设置公式的值为 x=X X X；再输入计算公式 b*sin(t)+k，并设置公式的值为 y=X X X。

② 同时选定 t 与 y 的度量值，执行《图表/绘出（x，y)》选项，作出点 V；再同时选定 t 与 x 的度量值，执行《图表 / 绘出(x，y)》选项，作出点 W。

③ 过点 V 和点 W 分别作横轴的平行线 m、n，直线 n 与射线交于点 X。过点 X 作纵轴的平行线与直线 m 交于点 Y。连结线段 VY、XY、XW，并将三条直线隐藏起来。

④ 作动画。同时选定点 N 和线段 OM，执行《编辑 / 操作类按钮 / 动画》选项，画板中显示“动画”按钮，并追踪点 W 和 V。

（4）隐藏各点的坐标值、直线。改变正弦曲线轨迹为红色和粗线，作适当的文本说明和标注，调整显示的位置等，如图 8.59 所示。

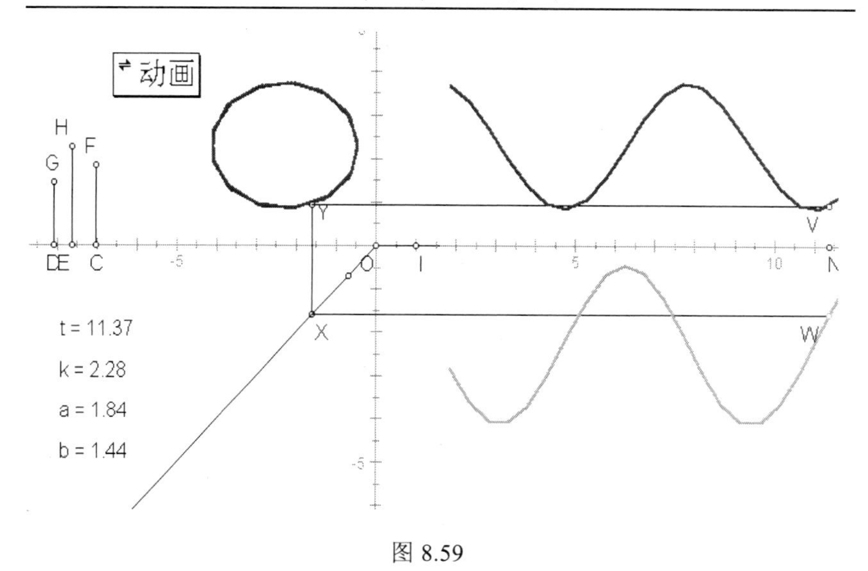

图 8.59

（5）调试。执行“系列”按钮或用鼠标拖动点 a 或点 b 或点 k，改变系数 a、b、k 的值，观察轨迹的变化情况。

[例 8.29]　在同一坐标系下绘出以下参数方程的图象

星形线
$$\begin{cases} x_1 = a\cos^3 t \\ y_1 = a\sin^3 t \end{cases}$$

叶形线
$$\begin{cases} x_2 = 3at/(1+t^3) \\ y_2 = 3at^2/(1+t^3) \end{cases}$$

（1）建立直角坐标系。选中《显示 / 参数选择 / 弧度制》，建立相应的坐标系：选中《图表 / 建立坐标轴》选项，改原点为 O，单位点为 1。

（2）准备工作。截取变量和常量的值。

参数 t：画一小圆，在小圆上画一小角，度量小角的度量值表示角 t。

常量 a：在 x 负半轴上画点 F，过点 F 作纵轴的平行线，在这条直线上取一个点 G，隐藏这条直线。连接线段 FG，将点 F 隐藏起来。度量点 G 的纵坐标值，将度量值 $y_{G=}$ 改为 a= 来表示。

（3）构建计算公式及轨迹。

① 利用“度量 / 计算…”输入计算公式 $a*\cos^3 t$，并设置公式的值为 x_1=X X X；再输入计算公式 $a*\sin^3 t$，并设置公式的值为 $y_{1=}$X X X。

② 同时选定 x_1 与 y_1 的度量值，执行《图表 / 绘出(x，y)》选项，作出点 H。

③ 在该坐标系中同时选定轨迹上的动点 H 和自变量的动点 E，《作图 / 轨迹》选项，绘出星形线的轨迹图象。

④ 选定轨迹，建立“显示 / 隐藏”按钮。

同理：

① 利用“度量 / 计算…”输入计算公式 $3at/(1+t^3)$，并设置公式的值为 $x_{2=}$X X X；再输入计算公式 $3at^2/(1+t^3)$，并设置公式的值为 $y_{2=}$X X X。

② 根据点对 x_2 与 y_2 的度量值，执行《图表 / 绘出(x，y)》选项，作出点 N。

③ 在该坐标系中同时选定轨迹上的动点 N 和自变量的动点 E(在小圆上)，执行《作图 / 轨迹》选项，绘出叶形线的轨迹图象。

④ 选定轨迹，建立“显示 / 隐藏”按钮。

（4）版面设计。隐藏掉各点的坐标值、直线和小圆。改变星形线轨迹为红色和粗线，改变叶形线轨迹为蓝色和粗线，作适当的文本说明和标注，调整显示的位置等。

作动画。同时选定点 E 和小圆，执行《编辑 / 操作类按钮 / 动画》画板中显示“动画”按钮，并追踪点 H，如图 8.60 所示。

（5）调试与存盘。用鼠标拖动点 a，改变系数 a 值，观察轨迹的变化情况。特别在拖动中当得到系数 a 为特定值时，可以看到特定方程的曲线图形。

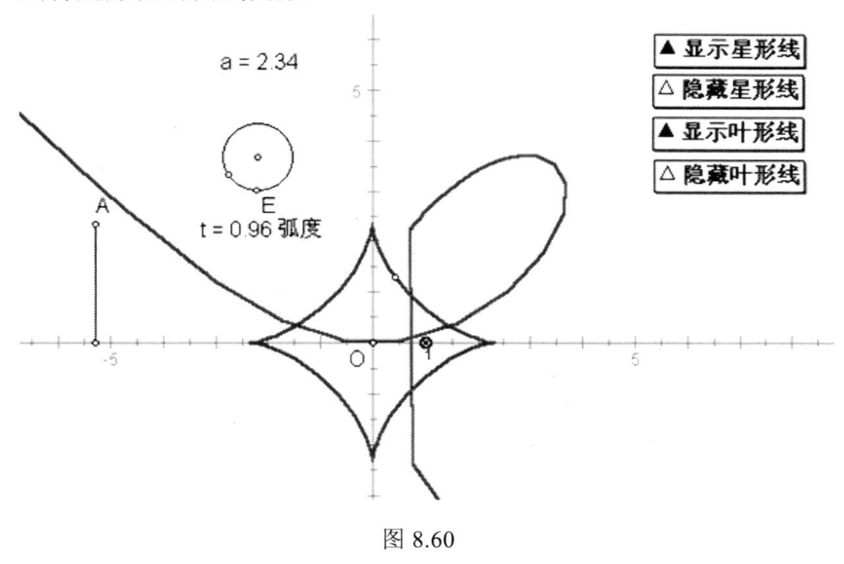

图 8.60

二、极坐标方程

[例 8. 30]　　在极坐标系下绘制圆锥曲线$\rho = ep/(1-e\cos\theta)$(其中 e 为离心率)的图象。

（1）设置编辑环境。

选中《图表 / 坐标系形式 / 极坐标》选项；

选中《图表 / 网格形式 / 极坐标》选项；

选中《显示 / 参数选择 / 弧度制》选项；

建立相应的坐标系：选中《图表 / 建立坐标轴》选项，改原点为 O，单位点为 1。

（2）准备工作：截取变量和常量的值。

变量θ：以极点为圆心画一小圆，度量该圆上某动点 D 的角度值θ_d，度量值θ_d改用θ来表示。

常量 e、p：在坐标系的左下方画两条水平线段度量值来表示 e 和 p 的值。

（3）构建计算公式及轨迹度量这两条线段的长。

① 选定θ 和 e、p 的算式，利用“度量 / 计算...”输入并度量计算公式 e*p / (1–e*cos(θ))的值，并设置公式的值为ρ =X X X。

② 根据点对ρ 与θ 的度量值(ρ的值不宜过大)，执行《图表 / 按(r，theta)绘制》选项，作出点 M(ρ ，θ)。

③ 在该坐标系中同时选定轨迹上的动点 M 和自变量的动点 D，执行《作图 / 轨迹》选项，绘出圆锥曲线轨迹图象，如图 8.61 所示。

④ 选定轨迹，建立“显示 / 隐藏”按钮。

（4）版面调整。隐藏掉各坐标点的坐标值、直线和小圆。改变圆锥曲线轨迹为红色和粗线，作适当的文本说明和标注，调整显示的位置等。如图 8.61 所示。

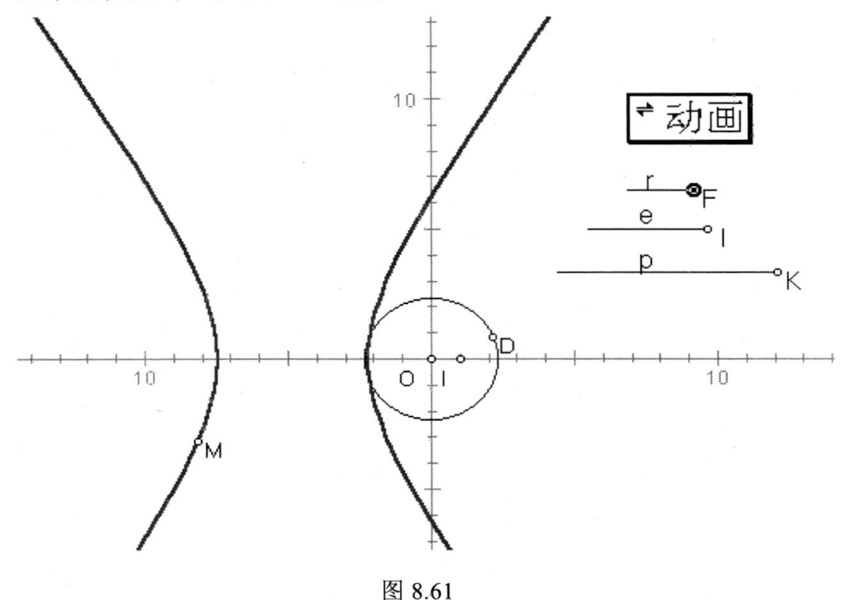

图 8.61

（5）调试。用鼠标分别拖动线段 p 和 e 的一端点，可方便地改变 p 和 e 的值，屏幕将同步动态地呈现离心率和圆锥曲线的连续变化情况。可以看出：当 $e<1$ 时，曲线为椭圆；$e=1$ 时，曲线为抛物线；$e>1$ 时，曲线为双曲线。

［例 8.31］ 在极坐标系下绘制玫瑰线$\rho=2a\cos n\theta$的图象。

（1）设置编辑环境。

选中《图表 / 坐标系形式 / 极坐标》选项；

选中《图表 / 网格形式 / 极坐标》选项；

选中《显示 / 参数选择 / 弧度制》选项；

建立相应的坐标系：选中《图表 / 建立坐标轴》选项，改原点为 O，单位点为 1。

（2）准备工作。截取变量和常量的值。

变量θ：以极点为圆心画一小圆，度量该圆上某动点 D 的角度值为θ_d，将度量值θ_d改用θ来表示。

常量 a、n：在坐标系的左下方画两条水平线段度量这两条线段的长值来表示 a 和 n 的值。

（3）构建计算公式及轨迹。

① 利用“度量 / 计算…”输入计算公式 2*a*cos(n*θ)，并设置公式的值为 P=X X X。

② 根据ρ与θ的度量值，执行《图表 / 按(r，theta)绘制》选项，作出点 M(ρ，θ)。

③ 在该坐标系中同时选定轨迹上的动点 M 和自变量的动点 D，执行《作图 / 轨迹》选项，绘出玫瑰线函数轨迹图象。

④ 选定轨迹，建立“显示 / 隐藏”按钮。

（4）版面设计。隐藏掉各点的坐标值、直线和小圆。改变玫瑰线轨迹为红色和粗线适当的文本说明和标注，调整显示的位置等。

（5）调试与存盘。用鼠标分别拖动线段 n 和 a 的一端点，改变 n 和 a 的值，观察玫瑰线的变化情况。可以看出：当 n 为奇数时，为 n 叶玫瑰线；当 n 为偶数时，为 2n 叶玫瑰线；当 n 为小数时，为不规则叶玫瑰线；特别当 n=0.1，0.01，0.001，…时，图形趋于圆，如图 8.62 所示。

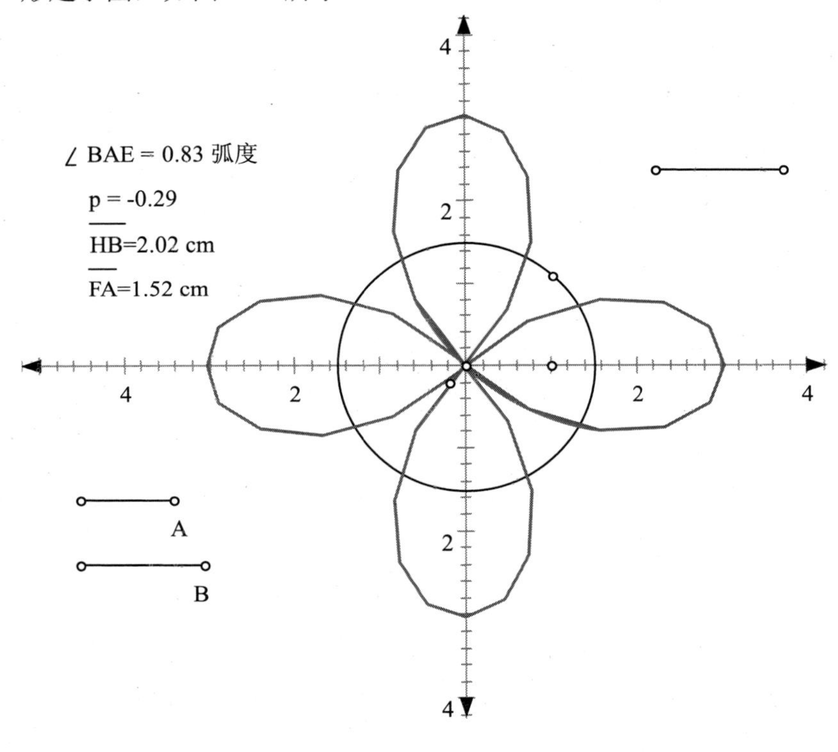

图 8.62

8.6 立体图形的直观图

一、两条直线的位置关系

平面上：相交与平行；

空间中：相交与平行；

空间中第三种关系：异面。

1. 平面画法

（1）画线段 AB 和 BC。

（2）过 A 构造 BC 的平行线 AD。过 C 构造 AB 的平行线 CD。

（3）选定直线 AD 和 CD，构造两线的交点 D。构造线段 AD 和 CD，隐藏直线 AD 和 CD。

2. 平行线画法

（1）在平面内画线段 EF。选定 EF，执行《变换 / 平移》选项，在对话框中按极坐标方向输入方向量 135，数量 2，得平面外平行线。

（2）再执行《变换 / 平移》选项，在对话框中输入方向量–135，数量 2，得平面内平行线，如图 8.63 所示。

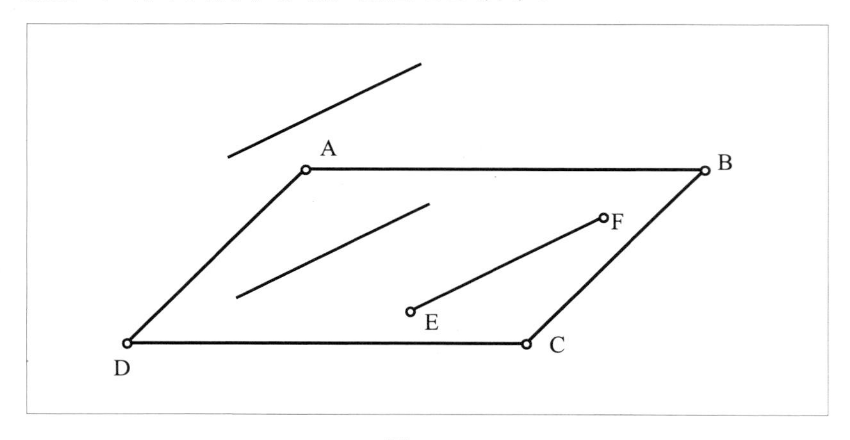

图 8.63

二、异面直线

[例 8. 32]　两条异面直线。

异面直线：不同于在任何一个平面内的两条直线(既不相交又不平行)。

（1）如图 8.64 中(a)所示，作平行四边形 ABCD，标记为平面 m。

（2）以点 D 为圆心、DA 为半径作圆。在圆上取三点 I、J、K 作圆弧，在该弧上任取一点 E。

（3）将点 E 按标记向量 AB 平移得点 F。用线段连结点 E、F、C、D，并标记为平面 n。

（4）在 CD 上任取两点 G、H。在平面 m 上作过点 G 且平行于 BC 的直线 b。在平面 n 上，作过点 H 且平行于 DE 的直线 a。

（5）直线 a、b 即为所求的异面直线。

（6）作点正在弧上的动画。

（7）最后隐藏多余的点、圆、弧，如图 8.64(b)所示。

双击“动画”按钮或拖动点 E，可以改变两平面 m、n 的夹角和位置。

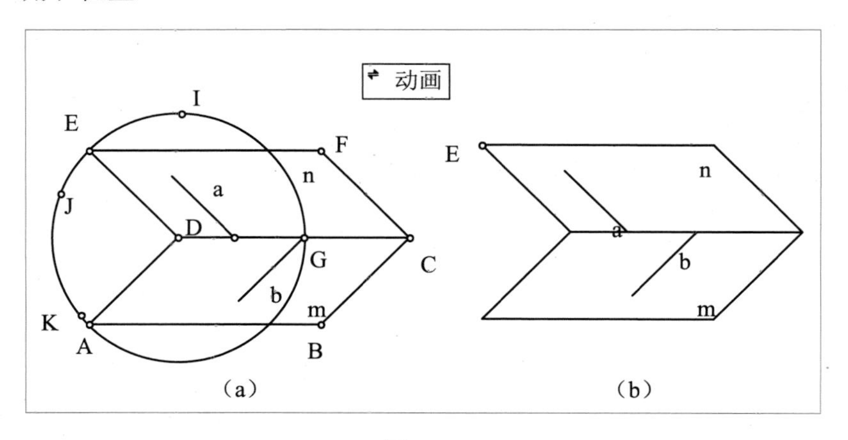

图 8.64

[例 8. 33]　两条异面直线所成的角。

（1）作两条异面直线。

① 打开一个新画板，画平行四边形。在平行四边形内画射线 DE，在射线上取一点 F(使点正在点 D 和点 F 之间)。用线段连结 DF，并改名为 a，然后将射线、点 D 和点 F 隐藏起来。

② 在平行四边形外画射线 GH，在该射线上取一点 I(使点 H 在点 G 和点 I 之间)。用线段连结 GI，并改名为 b，然后将射线、点 G 和点 I 隐藏起来。这样直线 a 与直线 b 可以看做是两条异面直线。

（2）作两条异面直线所成的角。在平行四边形外画点 J，过点 J 分别作直线 a 和直线 b 的平行线及∠KJL，并度量出该角的角度值。

（3）动态演示。当拖动两条异面直线上的点 E 或点 H 作旋转运动时，观察两条异面直线所成的角∠KJL 的变化情况；当拖动两条异面直线 a 和 b 中的任何一条作平行移动时，观察∠KJL 的变化情况，如图 8.65 所示。

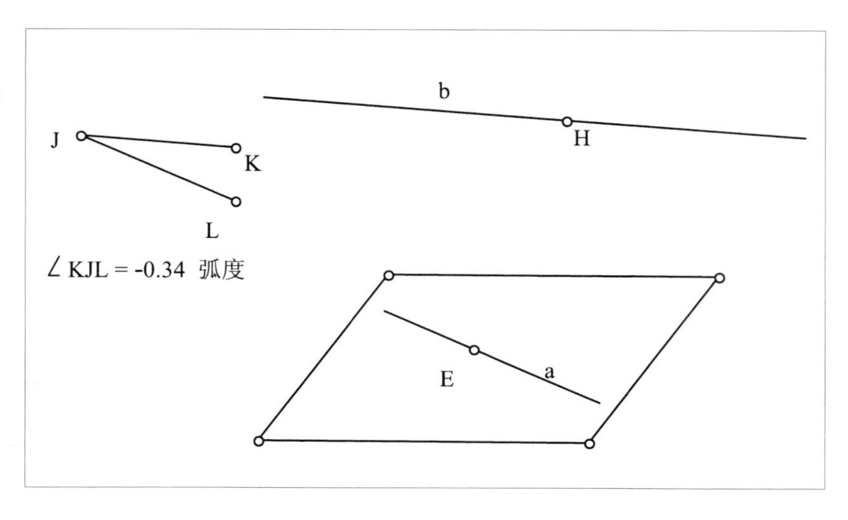

图 8.65

三、旋转体

[例 8.34]　圆柱。

（1）绘制一个椭圆，取中心点为 A，作水平线段 AB，B 在椭圆上。

（2）在椭圆上任取一点 M，选定点 M 和椭圆，作“动画”按钮，改标签为“圆柱的形成”。

（3）过点 M 作线段 AB 的垂线 k，在该线上任取一点 N。隐藏直线 k，连结线段 MN。

（4）将线段 MN 置成浅颜色。用时选定线段 MN 和点 N，执行《显示 / 轨迹追踪对象》选项。双击“动画”按钮，产生轨迹圆柱。

（5）同时选定线段 MN 和点 M，执行《作图 / 轨迹》选项，再选定点 N 和点 M，执行《作图 / 轨迹》选项，产生圆柱轨迹。选定圆柱轨迹，建立“显示 / 隐藏”按钮，改“显示”为“显示圆柱”按钮，改“隐藏”为“隐藏圆柱”按钮，如图 8.66 所示。

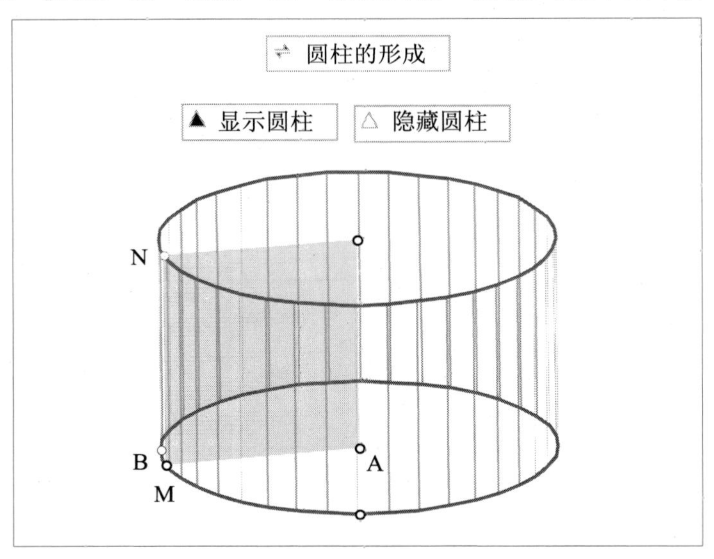

图 8.66

[例 8.35]　圆锥。

（1）绘制一个椭圆，取中心点为 A，作水平线段 AB，B 在椭圆上。

（2）过点 A 作线段 AB 的垂线 k，在该线段上任取一点 G。隐藏直线 k，连结线段 AG。

（3）在椭圆上任取一点 H，选定点 H 和椭圆，执行《编辑/按钮/动画》选项,作“动画”按钮。

（4）连结 GH，将线段 GH 置成浅颜色。执行《显示 / 轨迹追踪线》选项，双击“动画”按钮(或同时选定线段 GH 和点 H，执行《作图 / 轨迹》选项)，产生轨迹圆锥。

（5）取消 GH 轨迹跟踪线段，在 GH 上构造一动点 I。同时选定线段 GH 和点 I，作“动画”按钮。

（6）过点 I 作线段 AH 的平行线，构造它与线段 AG 交点 J。

（7）作线段 IJ，隐藏平行线。同时选定点 H 和点 I 作轨迹，再同时选定线段 U 和点 H 作轨迹，产生椭圆形截面，如图 8.67 所示。

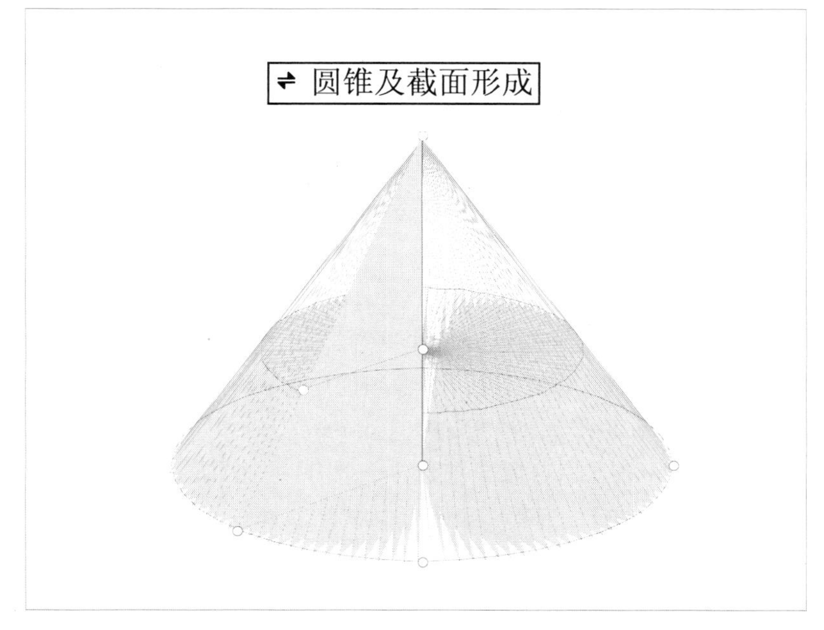

图 8.67

8.7　几何画板的快捷键功能

一、Shift、Ctrl、Alt、Tab 键的用途

（1）全部撤消，全部重复。编辑菜单上的撤消命令会逐步撤消你先前的操作。如果将先前的操作全部撤消，按下 Shift 键的同时选择编辑菜单上的全部撤消命令即可。全部重复操作与上述操作类似，不再重复。

（2）选中多个对象。在箭号工作状态下，按下 Shift 键的同时单击对象；或在其他工具状态下，按下 Ctrl+Shift 键的同时，单击对象。

（3）按下 Shift 键的同时选择直尺，可得到水平线、竖直线或 15°角的间隔线。

（4）使用删除键，不仅删除了被选的对象，而且还删除了它们的子女。假如只希望删除被选对象，而不删除它们的子女，则用删除键 Delete 的同时，按下 shift 键即可。

（5）如在选择移动或动画命令的同时，按下 Shift 键，直接创建移动或动画按钮。

（6）改变文本对象的字号。按“Ctrl+Shift+>”或“Ctrl+Shift+<”一次，可增大或减小文本尺寸一个字号。

（7）暂时激活文本工具。不管当前选择何种工具，按下 Tab 键，即激活文本工具。

（8）把屏幕上的对象全部选中。按下“Ctrl+a / A”即可，用鼠标在屏幕上拖动，即可部分选中对象。

（9）键盘控制图形。选中关键点以后，按下“Shift+‘光标移动键’”，即可控制图形。

（10）快速打开菜单。“Alt+菜单项后的字母”为打开菜单的快捷键，如“Ctrl+1 / L”为画线的快捷键，“Ctrl+m / M”为画中点的快捷键。

二、键盘上的五个键决定了要创建或选取对象的类型

逗号——画圆；句号——画点；斜杠键——画出线段、射线、直线(重复按键，线段、射线、直线可循环绘出)；分号——绘出弧；撇号——绘出多边形。

其中，画点需要键入一个点的标签；画圆或线需要键入两个点的标签；画弧需要键入三个点的标签；画多边形需要键入三个以上点的标签；各标签之间用“空格”键隔开，输入完后按回车键，相应的图形就绘制在画板上。

例如，假设画板上已有 A、B、C、D 四个点，现在要画线段 AC，具体的操作是：

（1）单击“ / ”键，画板进入画线状态，下方的状态条显示“绘出线段”提示信息。

（2）此时键入“A”，状态条接着显示“从 A”，按一下“空格”键，再键入“C”，又接着显示“到 C”，最后按回车键。画板上绘出一条从 A 到 C 的线段。

三、复制轨迹

选取图形并从显示菜单中选择追踪命令，然后移动该图形。建立的轨迹被放在粘贴板上，选择复制轨迹的命令，再选择粘贴命令，即可把刚建立的轨迹复制下来。

8.8　几何画板功能范例

[例 8. 36]　用定义变换作圆内接多边形(以正 12 边形为例)。

（1）在画板上画出一圆，标识圆心为 A，圆上定点为 B。

（2）在圆上取一点 C，以点 A 为中心将点 C 旋转 30° 得点 C'，连接 C C'。

（3）依次选定点 C、C'，执行(变换 / 定义变换)选项，定义一个 1 步的新变换，其快捷键为 Ctrl+1。

（4）同时选定点 C 和线段 CC'，反复击快捷键 Ctrl+1，可很快得到圆内接正 12 边形。

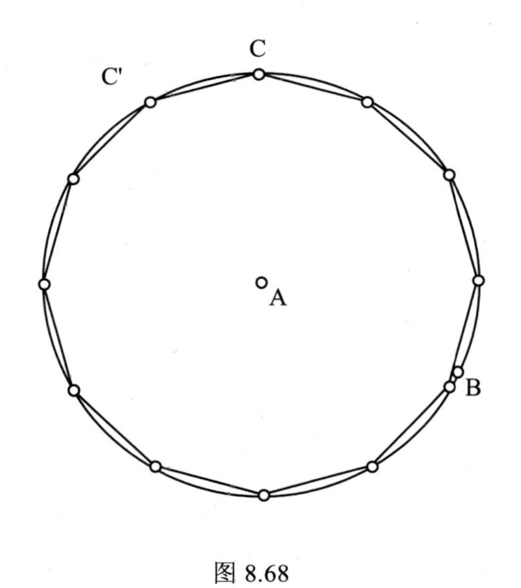

图 8.68

［例 8.37］ 变换的综合应用。

1. **六角形**

（1）画线段 AB，以 A 为变换中心，把 B 旋转 60°。

（2）以 B 为变换中心，把 A 旋转–120°；连接四点成菱形。

（3）以 A 为中心，把菱形旋转 60°。

（4）重复步骤（3）4 次，得到六角形，如图 8.69 所示。

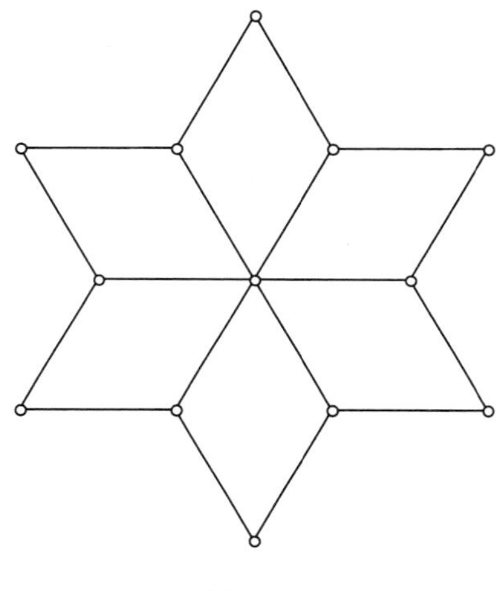

图 8.69

2. 四瓣花

（1）作线段 DE，作其中点 F；以 F 为中心把 E 旋转 90° 得点 E。

（2）以 E、E'、D 三点画弧。

（3）以 E' 为中心，全部图形旋转 90° 。

（4）重复步骤（3）2 次，如图 8.70 所示。

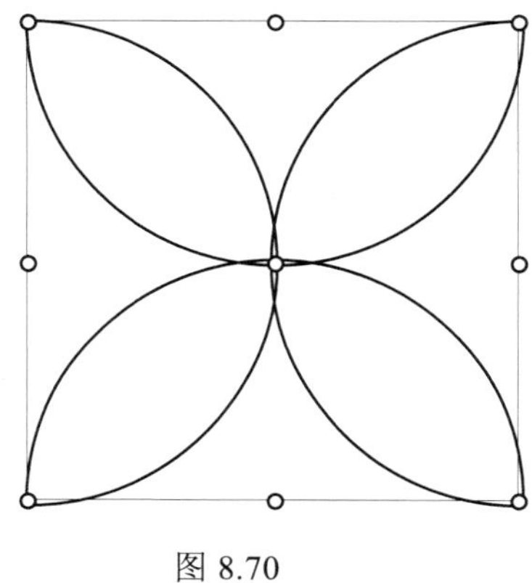

图 8.70

3. **立体图**

（1）打开新画板和新记录，单击录制。

（2）作菱形，作线段 FG，以 F 为中心，把 G 旋转 60° 得 G'。

（3）以 G 为中心，把 G 旋转 60°，连结四点成菱形。

（4）以 G 为中心，选中全部图形，把该菱形旋转 120° 2 次后再涂不同颜色。

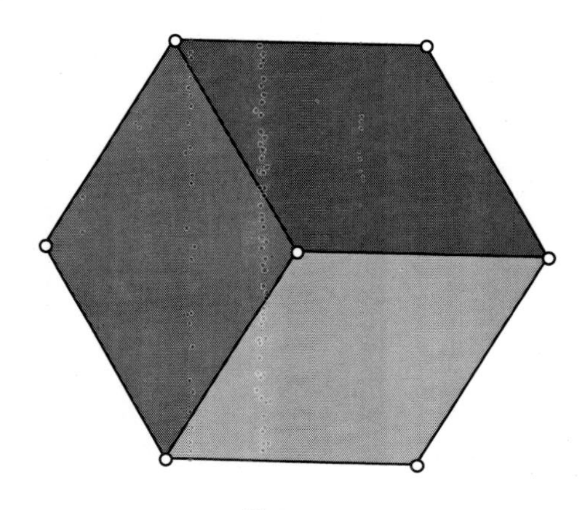

图 8.71

[例 8. 38] 作过两点的圆系。

过已知两点 AB 的圆的圆心，在这两点连线的垂直平分线上，以垂直平分线上任一点 D 为圆心、线段 DA 为半径作圆，对圆周进行追踪，拖动圆心就可以得到过两点的圆系。

（1）先画一条线段 AB，执行《作图菜单 / 中点》选项，得中点 C。

（2）同时选定点 C 和线段 AB，执行《作图菜单 / 垂线》选项。

（3）在垂线上任取一点 D，同时选定点 D 和点 A，执行《作图菜单 / 以圆心和圆上一点画圆》选项。

（4）选中圆周，执行《显示菜单 / 追踪》选项。

（5）拖动点 D，可以看到过两点的圆系，如图 8.44 所示。

注意　要把轨迹保留下来，须同时选中拖动点 D 和要观察轨迹的目标圆周，再执行(作图轨迹)选项。

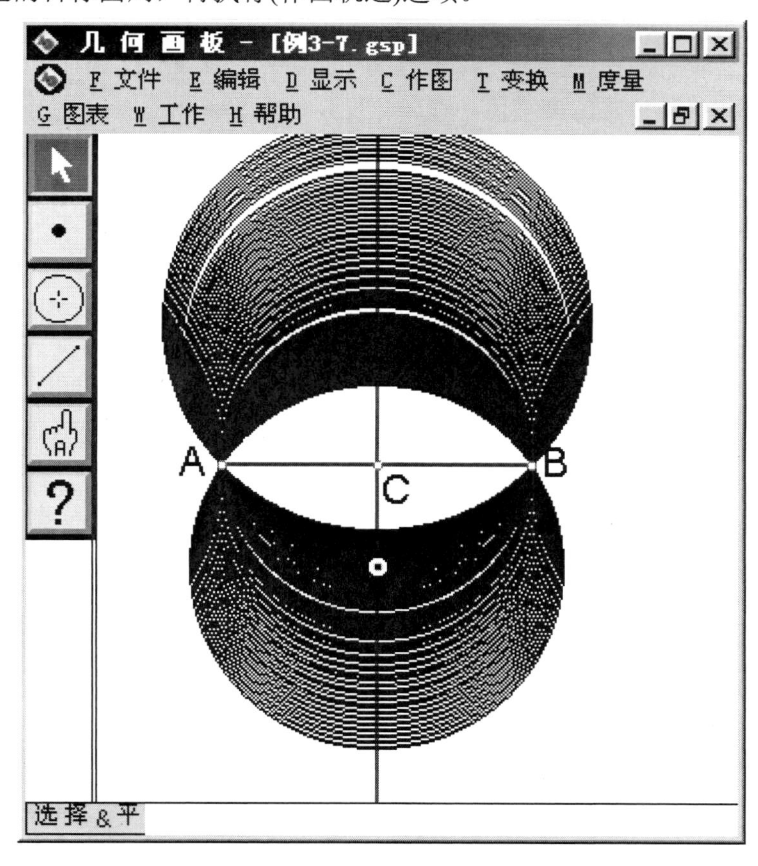

图 8.72

[例 8.39]　等比数列前 n 项的图象表示。

（1）打开一个新“画板”窗口，建立直角坐标系，作线段 CD 和线段 EF，并度量出它们的长度，改 CD 为 q，改 EF 为 a1。

（2）打开一个新“记录”窗口，单击“录制”按钮；选中坐标原点 A，让点 A 向右平移 0.5 cm 得点 A'。

（3）先标定距离 a1。选定点 A'，让点 A'向上移动距离 a1 得点 A"，连接点 A'A"。

（4）同时选中度量值 a1 和 q，执行《度量 / 计算… 》选项，输入公式 alx*q/l cm(除以 1 cm 是为了保持单位为 cm ，否则单位是 cm^2)，得公式的度量值，改公式度量值为 a2。

（5）根据记录的“前提”条件，依次选定点 A，度量值 a2 和 q，单击记录中“循环”按钮，再单击记录中“停止”按钮。

（6）存记录为“级数.gss”。

（7）依次选定点 A，度量值 a1 和 q。

（8）单击记录中的“快进”按钮，在“第归循环”对话框的深度框中输入 20。

（9）分别拖动 CD 和 EF 的一端，改变 q 和 a1 的值，图象会作出相应的变动。

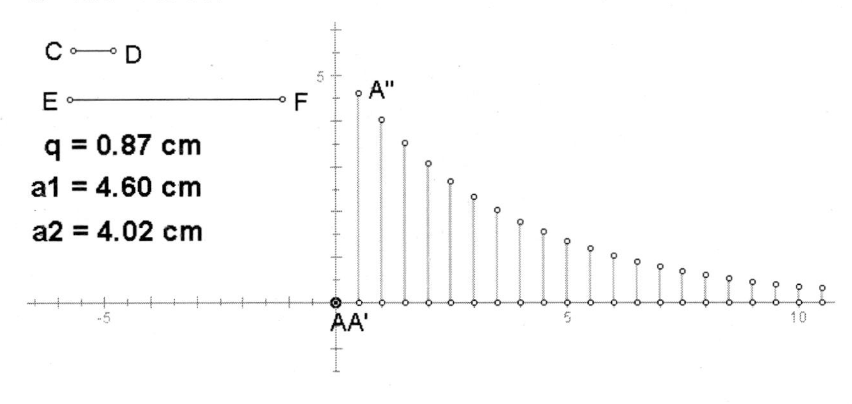

图 8.73

[例 8. 40]　验证复杂图形中的全等三角形。

（1）打开一个新画板，画三角形 ABC。

（2）运用旋转变换，分别以 AB 和 AC 为边绘制正方形，连结 B'C 和 BC'，如图 8.74 所示。

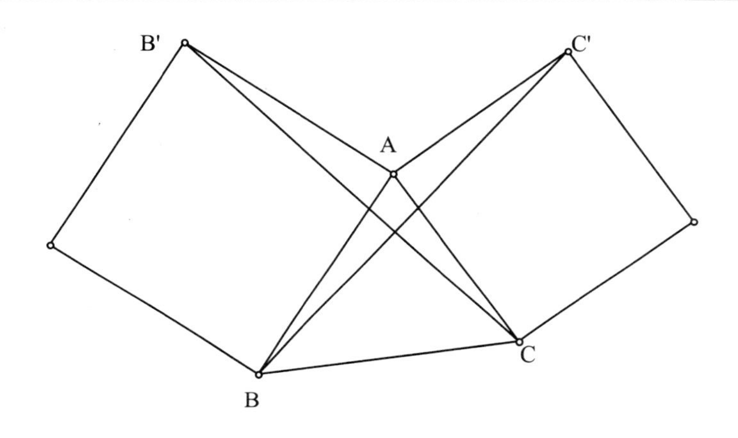

图 8.74

下面用“移动”功能来演示三角形 AB'C 和三角形 ABC'的全等性。

（3）作三角形 BA C'的全等三角形 AED'。以点 A 为圆心，分别以 AC 和 AB 为半径画同心圆 c1、c2，在大圆 c1 上取一点 D。度量角 BAC'，并标记为角度值。让点 D 按标记角旋转，得到点 D'，连结 AD 交圆 c2 于点 E。连结三角形 AED'，并构造三角形内部。

（4）作点到点的圆周运动。顺序选定点 D'和点 C，执行《编辑 / 按钮 / 移动》选项，画板显示“移动 D–C”按钮，改为“移动三角形 ACB'”按钮；同样定义点 D'到 C'的“移动”按钮，改为“移动三角形 ABC'”按钮。

（5）将圆 c1、c2 和点 D 隐藏起来，如图 8.75 所示。

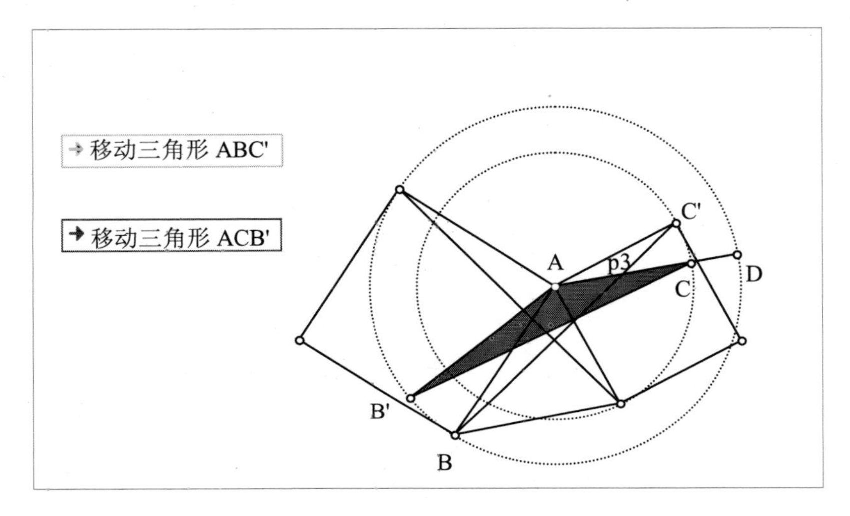

图 8.75

只要交替双击两个“移动”按钮，就可以保形地演示两个三角形的全等关系。

[例 8.41]　任意两圆的关系。

（1）用画圆工具画出两圆，圆心分别为点 A 和点 C，确定圆的半径点分别为 B 和 D，再用画线段工具画四条线段（图 8.76）。

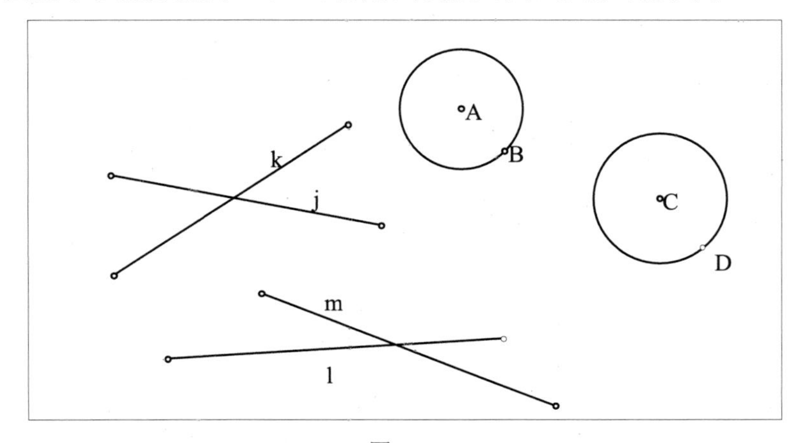

图 8.76

（2）定义圆的四个点分别在四条线段上作双向移动的“动画”。

顺序选定点 A 和线段 j、点 B 和线段 k、点 C 和线段 1、点 D 和线段 m，执行《编辑 / 按钮 / 动画》选项，在匹配路径对话框顺序单击四行动画描述：

将点 A 的运动速度定义成正常地

将点 B 的运动速度定义成快速地

将点 C 的运动速度定义成正常地

将点 D 的运动速度定义成慢慢地

然后单击对话框中的“动画”按钮，画板上出现一个“动画”按钮，用文本工具改“动画”按钮为“任意两圆”。

（3）双击“任意两圆”按钮，这时确定两圆的四点，就会分别沿四条线段移动起来，看上去好像任意两圆，如图 8.78 所示。按 Ctrl-z 键，复原两圆初始位置。

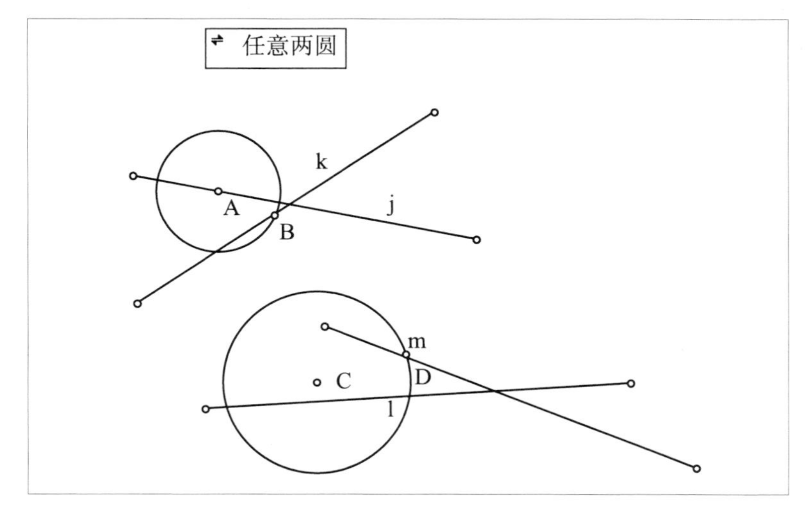

图 8.77

（4）作两圆相离、相交和内含三种位置关系。

顺序选择点 A 和点 E、点 B 和点 G、点 C 和点 J、点 D 和点 L，《编辑 / 按钮 / 移动》选项，画板显示“移动”按钮，改名为“相离”；

顺序选择点 A 和点 E、点 B 和点 G、点 C 和点 I、点 D 和点 K，《编辑 / 按钮 / 移动》选项，画板显示“移动”按钮，改名为“相交”；

顺序选择点 A 和点 G、点 B 和点 E、点 C 和点 K、点 D 和点 L，执行《编辑 / 按钮 / 移动》选项，画板显示“移动”按钮，改名为“内含”。

注意 适当调节点 E、G、I、K、L 的位置，使之同时满足两圆相离、相交和内含的关系，如图 8.78 所示。

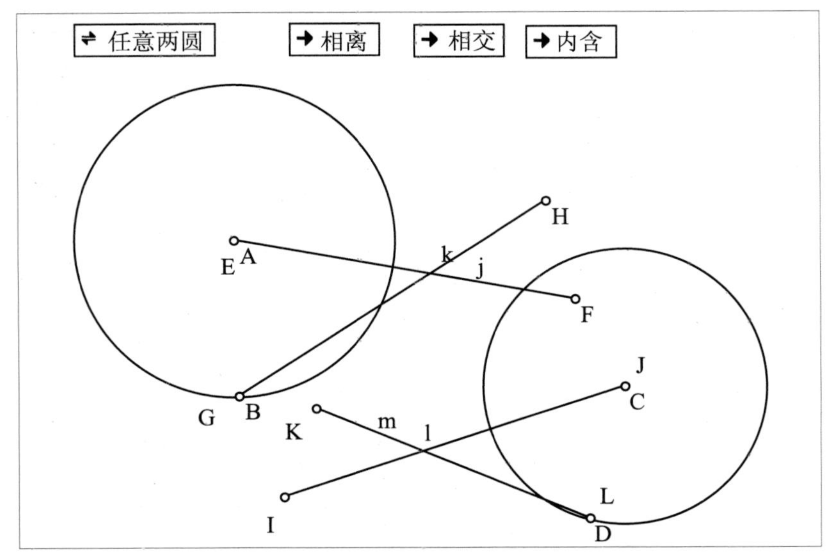

图 8.78

（5）作两圆的重合、内切和外切的特殊关系。

在线段 GH 上画点 O 和点 Q，分别在点 F、H、O 附近画点 N、M、P。

顺序选择点 A 和点 F、点 B 和点 H、点 C 和点 N、点 D 和点 M，《编辑 / 按钮 / 移动》选项，画板显示“移动”按钮，改名为“重合”；

顺序选择点 A 和点 G、点 B 和点 O、点 C 和点 Q、点 D 和点 P，《编辑 / 按钮 / 移动》选项，画板显示“移动”按钮，改名为“外切”；

顺序选择点 A 和点 Q、点 B 和点 H、点 C 和点 O、点 D 和点 M，《编辑 / 按钮 / 移动》选项，画板显示“移动”按钮，改名为“内切”，如图 8.79 所示。

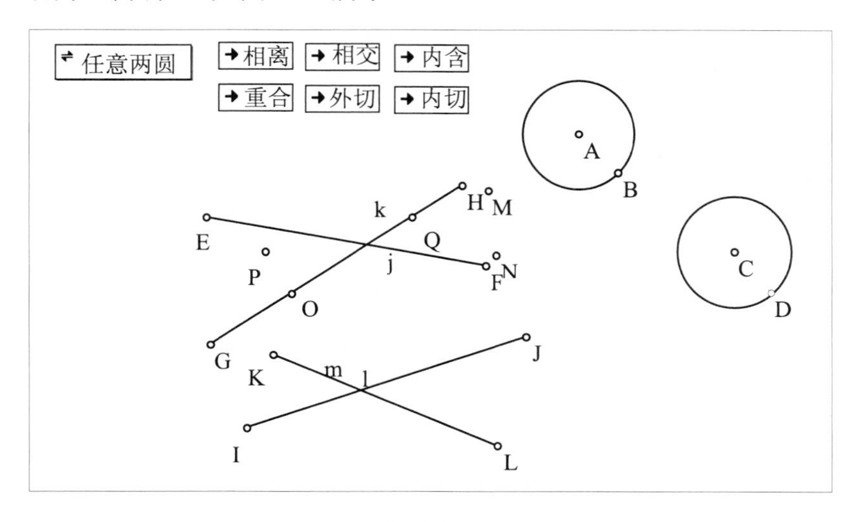

图 8.79

（6）拖动点 P，使它与点 O 重合；拖动点 M，使它与点 H 重合；拖动点 N，使它与点 F 重合；将四条线段隐藏起来，最后将点 B 和点 D 隐藏起来，如图 8.80 所示。

由此可以看出，几何画板的“动画”功能与各种按钮的组合应用，可以较好地表达两圆的任意性，即它们之间的相离、相交和内含三种位置关系；通过定义一些特殊点的“移动”来表现两圆的重合、内切和外切特殊关系。

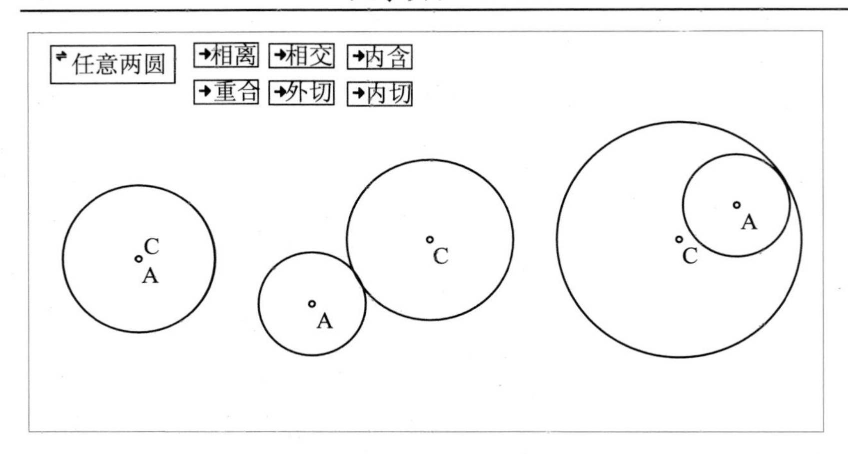

图 8.80

[例 8. 42] 根据定义绘制圆的摆线。

（1）打开一个新画板，作线段 AB 和半径长 r。

（2）AB 上取圆心 O，以 O 为圆心、r 为半径作圆。

（3）过 A、B 构造直线，构造直线与圆的交点 F。

（4）度量半径 r 的长度和距离 OA 的值。

（5）选定度量式半径 r 和距离 OA，执行《度量 / 计算》选项。

（6）输入公式：90° –180° *OA / r / π 。

（7）选定新建公式，执行《变换 / 标识角度》选项。

（8）选定 O 为变换中心，选定点 F，执行《变换 / 旋转》选项，建立点 F '。

（9）选定点 F'和点 O，执行《作图 / 轨迹》选项，显示摆线。

（10）选定摆线，执行《编辑 / 按钮 / 隐藏》选项，作“隐藏”按钮。

（11）选定 O 和线段 AB，执行《编辑 / 按钮 / 动画》选项，作“动画”并按追踪点 F '。

（12）标记中心 O，选定点 F '，不断旋转 60° ，得到圆上六个等分点，分别将六个等分点与圆心 O 连结。隐藏不必要的图形，双击"动画按钮"，就看到摆线的生成过程，如图 8.81 所示。

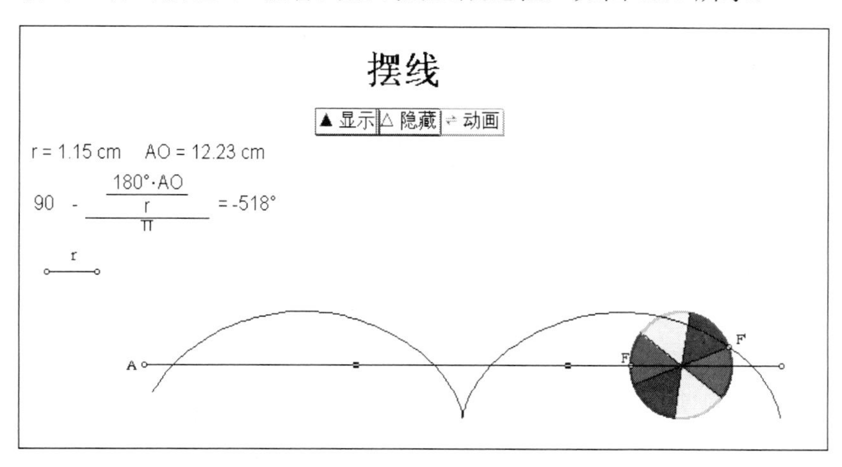

图 8.81

[例 8.43]　绘制参数方程曲线。

在直角坐标系下绘制参数方程

$$\begin{cases} x = a\cos\theta \\ y = b\sin\theta \end{cases}$$

的图象。

（1）设置课件的运行环境。

选中《图表 / 坐标系形式 / 极坐标》选项；

选中《图表 / 网格形式 / 极坐标》选项；

选中《显示 / 参数选择 / 弧度制》选项。

（2）准备工作。截取变量和常量的值。

变量 x：任画一小圆，在小圆上画一小角，度量小角的度量值∠CAD，将度量值∠CAD 改用 x 来表示。

常量 a、b：在坐标系的左下方画两条水平线段，用度量这两条线段的长度值来表示 a 和 b 的值。

（3）构建计算公式及轨迹。

① 利用“度量 / 计算…”输入计算公式 a*cos(θ)，并设置公式的值为 x=X X X；再输入计算公式 bxsin(θ)，并设置公式的值为 y=X X X。

② 根据对点的度量值 x 与 y(y 的值不宜过大)，执行《图表 / 绘出(x，y)》选项，作出点 M(x，y)。

③ 在该坐标系中同时选定轨迹上的动点 M 和自变量的动点 D, 执行《作图 / 轨迹》选项，绘出正弦函数轨迹图象。

④ 选定轨迹，建立“显示 / 隐藏”按钮。

（4）版面设计。隐藏各点的坐标值、直线和小圆。改变曲线轨迹为红色和粗线，作适当的文本说明和标注。

（5）调试。执行“系列”按钮或用鼠标拖动点 a 或点 b，改变系数 a、b 的值，观察轨迹的变化情况。特别是在拖动中，当得到系数 a、b 的一组特定值时，可以看到特定方程的曲线图形，如图 8.82 所示。

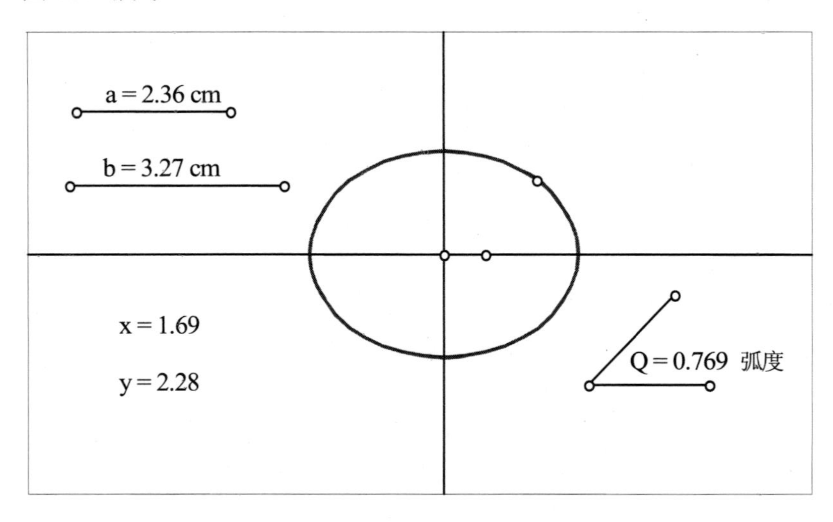

图 8.82

［例 8.44］　绘制极坐标方程曲线。

极坐标系下绘制心脏线$\rho=a(1-\cos\theta)$的图象。

（1）设置课件的运行环境。

选中《图表／坐标系形式／极坐标》选项；

选中《图表／网格形式／极坐标》选项；

选中《显示／参数选择／弧度制》选项；

建立相应的坐标系：选中《图表／建立坐标轴》选项，改原点为 O，单位点为 1。

（2）准备工作。截取变量和常量的值。

变量θ：以极点为圆心画一小圆，度量该圆上某动点 E 的角度值θ_E，将度量值θ_E改用θ来表示。

常量 a：在坐标系的左下方画一条水平线段，度量这条线段的长度值来表示 a 的值。

（3）构建计算公式及轨迹。

① 选定θ和 a 的度量值，利用“度量／计算…”输入并度量计算公式 a*(1–cos(θ))的值，并设置公式的值为 p=X X X。

② 根据 p 与θ的度量值(p 的值不宜过大)，执行《图表／按(r，theta)绘制》选项，作出点 M(p，θ)。

③ 在该坐标系中同时选定轨迹上的动点 M 和自变量的动点 E，执行《作图／轨迹》选项，绘出心脏线的轨迹图象。

④ 选定轨迹，建立“显示／隐藏”按钮。

⑤ 作动画。同时选定点 E 和小圆，执行《编辑／操作类按钮／动画》项，画板中显示“动画”按钮，并追踪点 M，如图 8.83 所示。

（4）用鼠标拖动线段 a 的一端点，改变 a 的值，观察心脏线的变化情况。

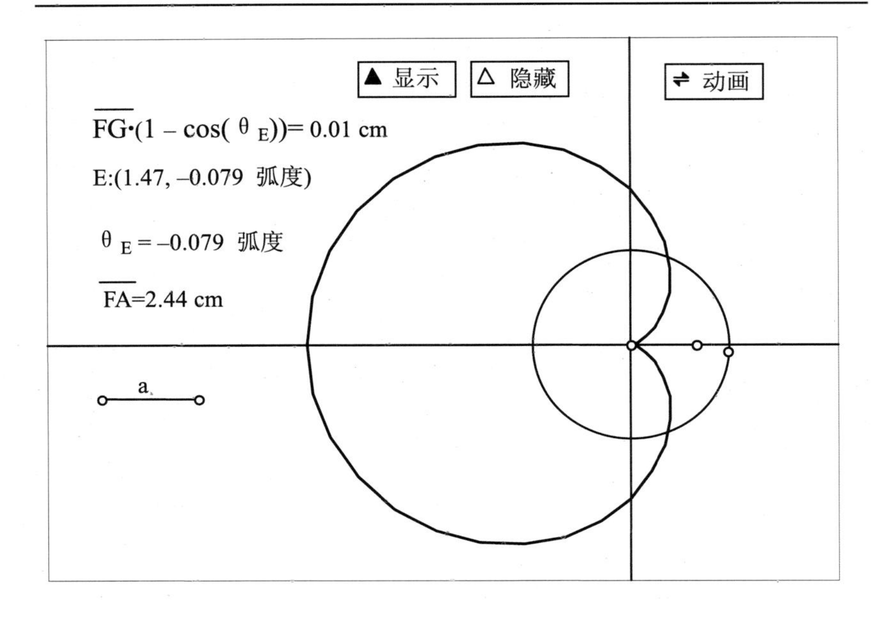

图 8.83

[例 8.45] 圆柱、圆台、圆锥的形成。

（1）打开一个新画板，画出椭圆。

（2）在椭圆上任取一点 M，选定点 M 和椭圆，作“动画”按钮。

（3）另画两点 E、F，并标记为向量。让点 A 和点 M 按标记向量平移，得点 A′ 和点 M′，用线段连结 A′M′，并取中点 G。

（4）在线段 A′ M′ 上取自由点 N。分别作点 N 到点 M′ 、点 N 到点 G、点 N 到点 A′ 的“移动”按钮。

（5）作系列按钮。选定“移动 N—M′ ”和“动画”按钮作“系列”按钮，改标签为“圆柱的形成”；选定“移动 N—G”和“动画”按钮作“系列”按钮，改标签为“圆台的形成”；选定“移动 N—A′ ”和“动画”按钮作“系列”按钮，改标签为“圆锥的形成”。

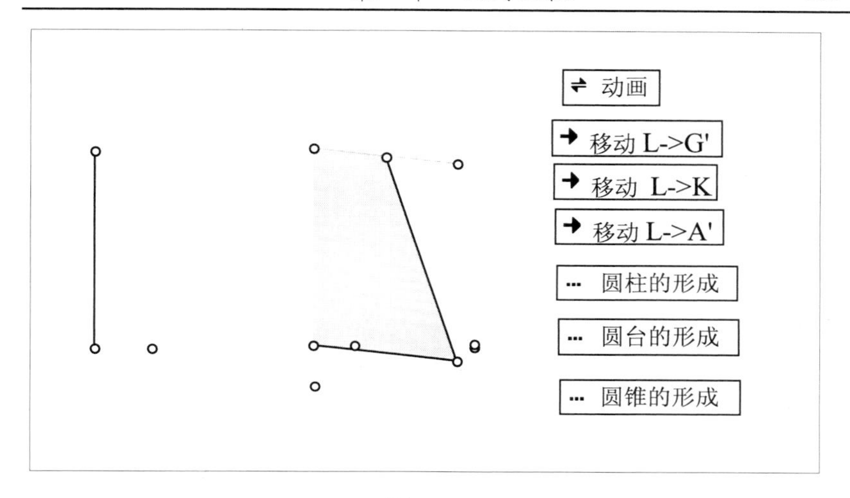

图 8.84

（6）连结点 A、A′、N、M，并取内部，将四边形 AA′NM 置成浅颜色。同时选定线段 MN 和点 M 作轨迹，再同时选定点 M 和点 N 作轨迹，选定线段 MN 和 NA′ 为追踪对象。

（7）隐藏点 M′、N、G、A′ 和线 M′A′，隐藏所有“移动”按钮和“动画”按钮，如图 8.85 所示。

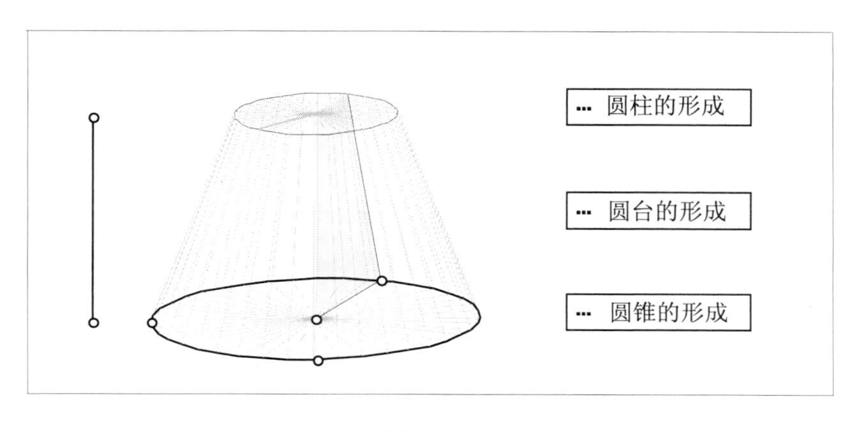

图 8.85

第九章　数学实验范例

- **连接四边形各边的中点所组成的图形是平行四边形**
- **勾股定理**
- **同弧上的圆周角相等**
- **根据定义绘制抛物线**
- **相交弦定理**
- **切割线定理**
- **三角形全等判定定理——边角边**
- **相似多边形面积比等于相似比的平方**
- **三角形内角平分线定理**
- **指数函数的图象与性质**
- **函数** $f(x)=x+\frac{k}{x}(k>0)$ **的单调性**
- **三角函数** $y=A\sin(\omega x+\phi)$ **的图象**
- **原函数和其反函数图象间的关系**
- **离心率对椭圆、双曲线形状的影响**
- **一些特殊三角函数的周期性**
- **函数图象的变换**

9.1 连接四边形各边的中点所组成的图形是平行四边形

一、实验目的

验证“连接四边形各边的中点所组成的图形是平行四边形”对任意四边形成立。

二、实验平台

几何画板。

三、实验步骤

1. 绘图

（1）画出四边形。在工具箱中选画点工具，在画板适当位置画四个顶点 A、B、C、D，然后顺序同时选定点 A、B、C、D，执行{作图菜单 / 线段}选项，即画出并选中四条边。

（2）构造中点。执行{作图菜单 / 中点}选项，即画出并选中四个中点。

（3）构造四边形。执行{作图菜单 / 线段}选项，即画出连结各边中点的连线，如图 9.1 所示。

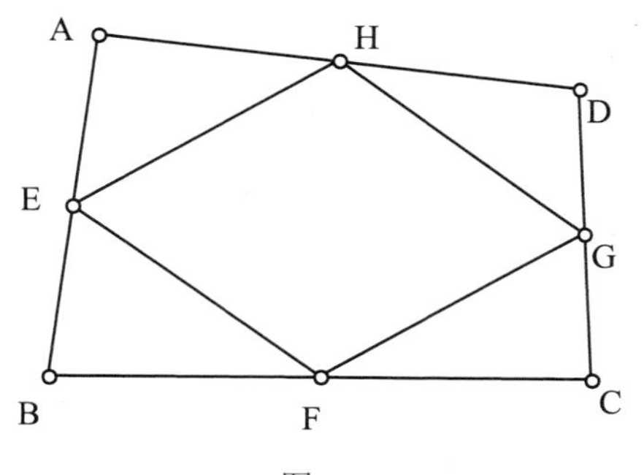

图 9.1

2. 验证平行关系

（1）选中线段 EF 和点 H，作 EF 的平行线，观察与 EF 的关系。

（2）选中线段 EH 和点 G，作 EH 的平行线；观察与 EH 的关系。

3. 改变四边形的形状

任意拖动四边形 ABCD 某个顶点，观察四边形 EFGH 各边的关系，如图 9.2 所示。

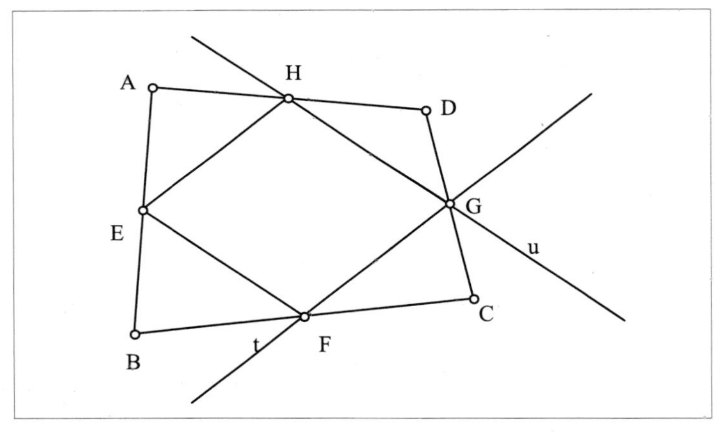

图 9.2

四、实验结论

命题“连结四边形各边的中点所组成的图形是平行四边形”对任意四边形都成立。

9.2 勾股定理

一、实验目的

验证勾股定理中的数量关系。

二、实验平台

几何画板。

三、实验步骤

1. 绘图

（1）建立新画板。按 Ctrl+N 键(或打开“文件”菜单，选中“新绘图”选项)，新建一画板。

（2）画线段 AC。选中“画线段”工具，在画板上画出线段，并标注字母 A 和 C。

（3）画过点 C 的 AC 的垂直线。选中“选择”工具，选中线段 AC 和点 C 为当前目标，打开“作图”菜单，选中“垂线”选项，画板出现过点 C 且垂直 AC 的直线。

（4）确定点 B。选中垂直线为当前目标，打开“作图”菜单，选中第一行“目标上的点”选项，在垂直线上出现一点，把这点拖动到合适位置，并标注字母为 B。

（5）画线段 AB。选中“画线段”工具，画线段 AB，绘制出直角三角形。

2. 度量

（1）度量线段 AC 长度。选中“选择”工具，选定点 A 和点 C 为当前目标，执行“度量 / 2 距离”选项，画板出现算式“AC＝X X X”。

（2）用相同的方法显示 BC 和 AB 的长度。

3. 验证数量关系

（1）计算 $AC^2+BC^2-AB^2$。选中画板上三行文字为当前目标，执行“度量 / 计算...”选项，弹出计算器；在计算器“数值”列表框选中“距离(A 到 C)”，单击“^”号，再单击“2”；再单击“+”号，“数值”列表框选中“距离(B 到 C)”，单击“^”号，再单击“2”；再用同样方法输入“$-AB^2$”；最后单击计算器上的“确定”按钮，计算器消失，画板出现算式

$$AC^2+BC^2-AB^2=0.000\ \text{cm}^2$$

（2）拖动 ABC 的某个顶点，任意改变三角形形状，结果总为 0.000 cm^2，如图 9.3 所示。

BC= 6.79 cm

AB= 10.92 cm

AC = 8.55 cm

$AC^2+BC^2-AB^2=0.00\ \text{cm}^2$

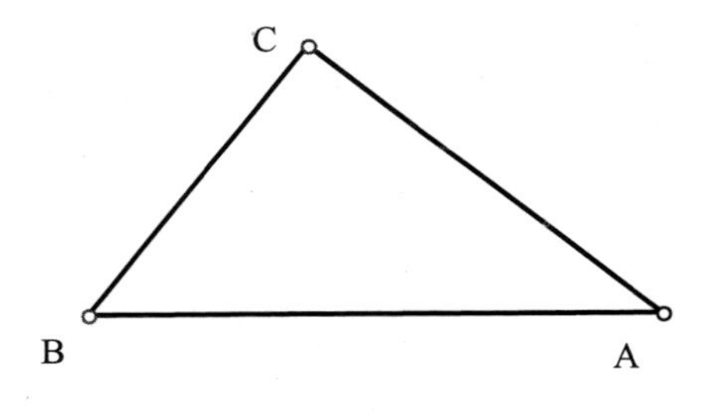

图 9.3

四、实验结论

勾股定理对任意直角三角形都成立。

9.3 同弧上的圆周角相等

一、实验目的

从直观上理解命题“同弧上的圆周角相等”。

二、实验平台

几何画板。

三、实验步骤

（1）建立新画板。按 Ctrl+N 键，建立新画板。

（2）画圆。选中“画圆”工具，在画板中画出以点 A 为圆心、过点 B 的圆。

（3）画点。选中“画点”工具，在圆上单击三下，画出圆上三个点。

（4）标注字母。选中“标注”工具，在圆上三个点上单击，显示出它们的字母 C、D、E。在圆心上单击显示字母 A；双击字母 A，弹出改变符号框，把字母 A 改为字母 O，如图 9.4 所示。

（5）画出线段。选中“选择”工具，按下 Shift 键，单击点 B、C、D，选定 B、C、D 为当前目标，画出线段 BD、CD 和 BC。

（6）度量角 BDC 大小。选中“选择”工具，顺序单击点 B、D、C；打开“度量”菜单，选中“角度”选项，画板出现角度算式。

（7）度量边 BD 和 CD 长度。单击线段 BD，打开“度量”菜单，选中“长度”选项，BD 长度算式出现在画板中。用相同方法显示线段 CD 的长度。

（8）画弧 BEC。顺序选定点 B、E、C 为当前目标；单击右键，打开子菜单，选中“线类型 / 粗线”选项；打开“作图”菜单，选中“过三点的弧”选项，一条较粗的、过 BEC 的弧显示在画板上。

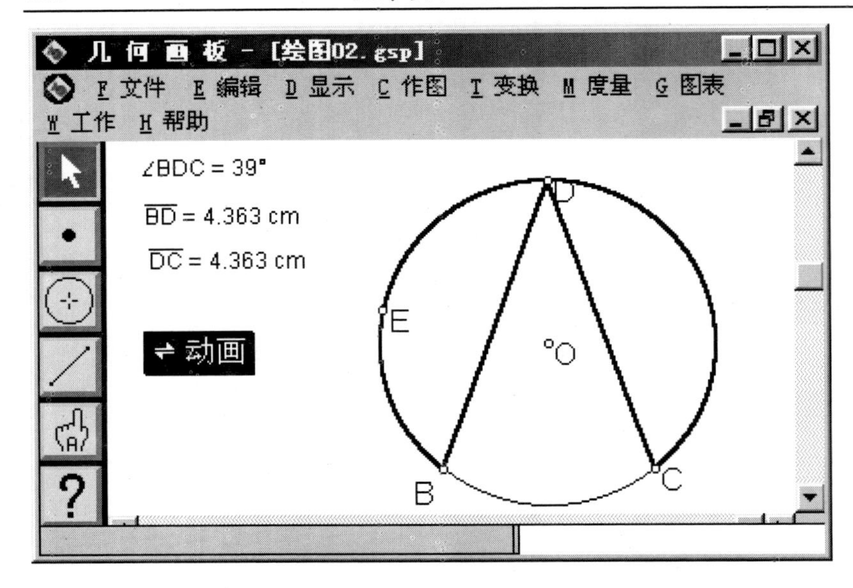

图 9.4

（9）设置动画。选中弧 BEC 为当前目标。注意弧和圆是重合的，所以要分清是选中了圆还是弧，它们的区别是，圆的标志是四个黑点，而弧是两个黑点。如果是四个黑点，表示选中的是圆，这时只要再单击一下，变为两黑点，即转换为弧是选中的目标；再按下 Shift 键并单击点 D，使点 D 同时为当前目标；打开“编辑”菜单，选中“操作类按钮”选项，弹出子菜单，选择“动画”子项，弹出“编辑动画”对话框，单击对话框中“确认”按钮，画板中出现[动画]按钮。双击画板上[动画]按钮，点 D 就在弧 BC 上运动起来，同时三个算式中长度在不断变化，但角 BDC 大小不变。

四、实验结论

同弧上的圆周角相等。

9.4　根据定义绘制抛物线

一、实验目的

从直观上认识抛物线，归纳抛物线定义。

二、实验平台

几何画板。

三、实验步骤

（1）建立坐标轴，选择(图表/绘制点)，在“绘制点”对话框中输入(2,0)和(–2,0)，绘制两个点 F 和 G。

（2）过点 G 作 x 轴垂线 k。

（3）在直线 k 上作一点 H，连结线段 FH。

（4）在线段 FH 上取中点，作它的中垂线 l。

（5）过点 H 作 x 轴的平行线 j，取直线 l 和 j 的交点 M，点 M 就是描绘轨迹的动点。

（6）同时选择点 H 和点 M，选择(作图/轨迹)，就会得到点 M 的轨迹，如图 9.5 所示。

四、实验结论

轨迹上的点到定点与到定直线的距离相等。（到定点与到定直线距离相等的点的轨迹，称为抛物线）

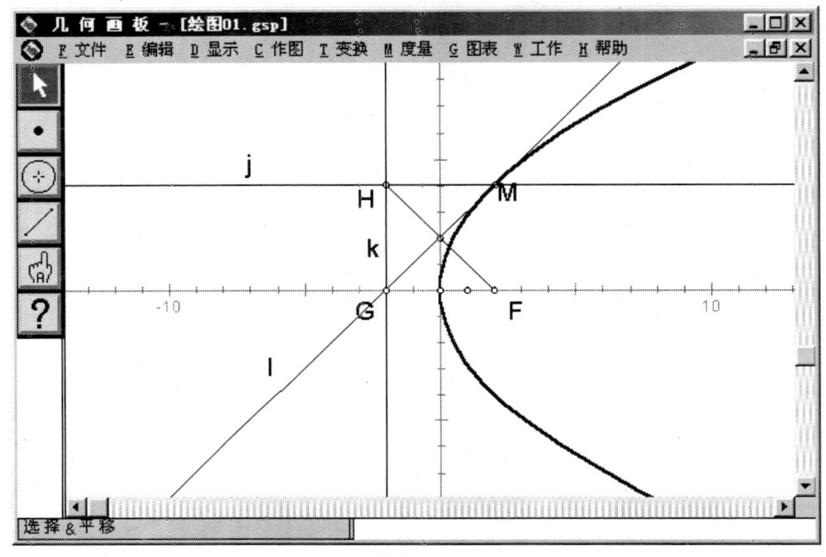

图 9.5

9.5 相交弦定理

一、实验目的

通过数量关系归纳相交弦定理。

二、实验平台

几何画板。

三、实验步骤

1. 绘图

（1）绘制圆 A，在其上任意作两条相交弦 CD 和 EF；

（2）取 CD、EF 交点 G，作线段 CG、DG、EG 和 FG（图 9.6）。

2. 度量

选择[度量/长度]命令，度量线段 CG、DG、EG 和 FG 的长度。

$$\overline{GC}\cdot\overline{GD}-\overline{EG}\cdot\overline{FG}=0.000\ \text{cm}^2$$

3. 计算

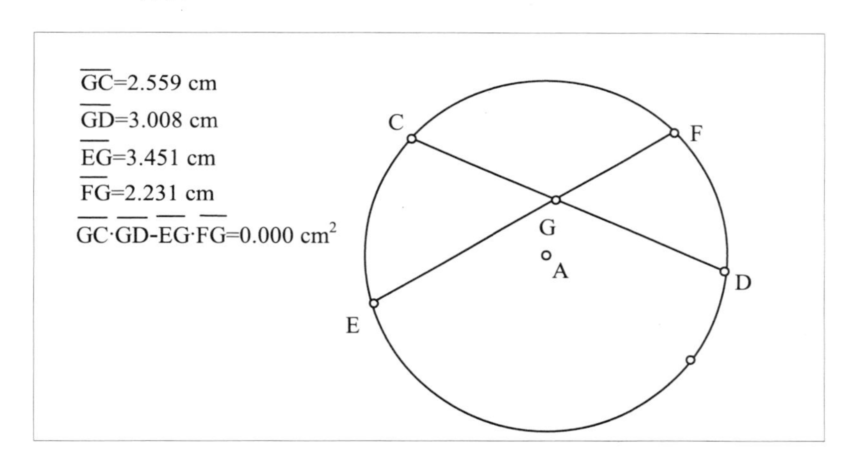

图 9.6

4. 验证

任意改变两条弦的位置，可以看到它们的长度发生变化，但算式的结果始终为 0。

四、实验结论

$$\overline{GC}\cdot\overline{GD}=\overline{EG}\cdot\overline{FG}$$

9.6　切割线定理

一、实验目的

通过数量关系归纳切割线定理。

二、实验平台

几何画板。

三、实验步骤

1. 绘制

（1）建立圆，并把圆心命名为 O。
（2）在圆 O 上取一点 A，连结半径 OA。
（3）同时选取点 A 和线段 OA，作垂线，在垂线上取一点 P。
（4）过点 P 作圆的割线 PBC，与圆的交点为 B、C。

2. 度量

度量线段 PA、PB、PC 的长度，得

$$PA=5.77\ \text{cm}$$

$$PB=4.14\ \text{cm}$$

$$PC=8.04\ \text{cm}$$

$$\overline{PA}^2-(PB\cdot PC)=0.00\ \ \text{cm}^2$$

3. 计算

任意改变点 P、A、C 的位置，上等式始终成立。

4. 实验结论

$$\overline{PA}^2=\overline{PB}\cdot\overline{PC}$$

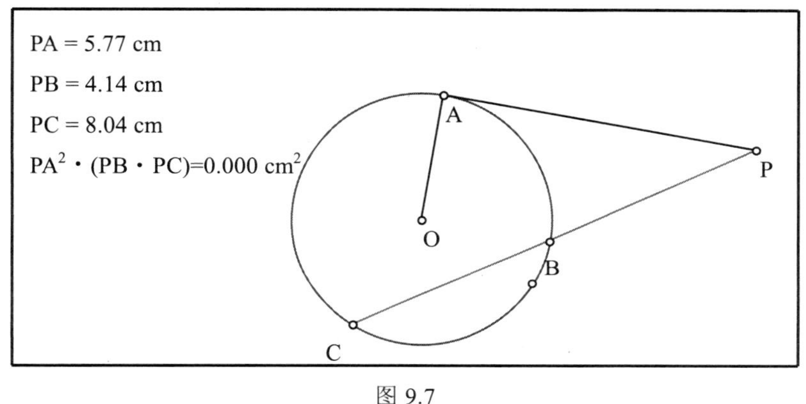

图 9.7

9.7　三角形全等判定定理——边角边

一、实验目的

通过实验归纳边角边定理。

二、实验平台

几何画板。

三、实验步骤

（1）绘制三角形 ABC，过点 A 作 AB 的垂线。在垂线上任取一点 D，过点 D 作 AB 的平行线段 DE。

（2）在 DE 上任取一点 F，作 DE 的垂线，交 AB 所在直线与 A'。

（3）以线段 AB 为标定向量，平移 A'得点 B'。

（4）以线段 AC 为标点向量，平移 A'得点 C'，连结 A'、B'、C'得三角形。

（5）选定点 F 和 D，编辑移动按钮；选定点 F 和点 E，编辑另一个移动按钮。

（6）双击这两个移动按钮，观察两个三角形（图 9.8）。

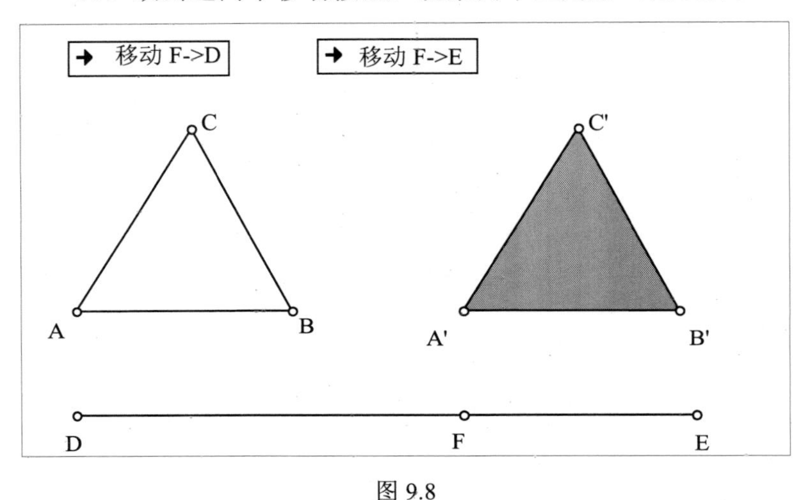

图 9.8

四、实验结论

双击 F 到 D 的的移动按钮会看到，三角形 A'B'C'和三角形 ABC 完全重合。说明两个三角形两边及其夹角对应相等，则两个三角形全等。

9.8　相似多边形面积比等于相似比的平方

一、实验目的

验证“相似多边形面积比等于相似比的平方”。

二、实验平台

几何画板。

三、实验步骤(以三角形为例)

（1）绘制一个三角形 ABC。

（2）画一点 P，设为标定中心，作两条线段 EF、GH，选定作为标记比。

（3）选取三角形 ABC，按标记比作缩放变换，得到与之相似的三角形 A'B'C'。

（4）选取点 A、B、C，作多边形内部并度量出面积值，同样的方法度量出 A'B'C'的面积。

（5）度量并计算出（GH/EF）^{2} 的值和 $S_{\Delta ABC}/S_{\Delta A'B'C'}$ 的值，作差。

（6）调整线段 EF 或 GH 的长度，观看上式的结果。

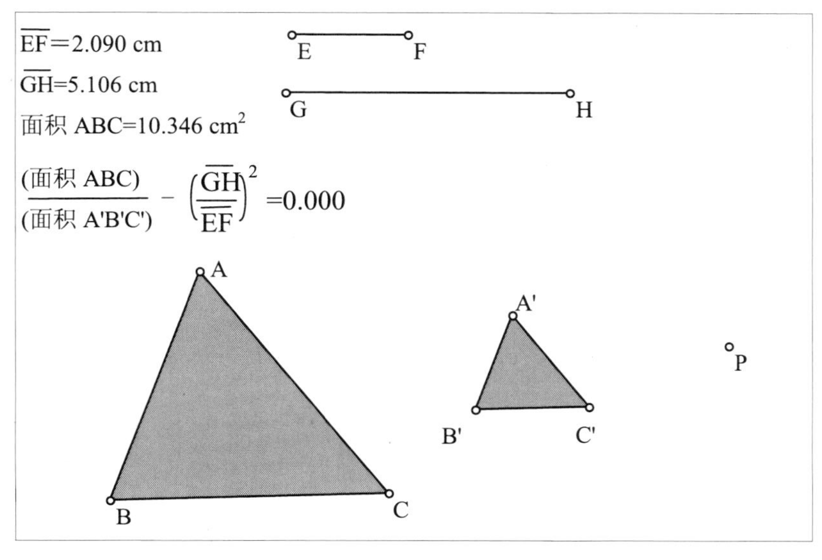

图 9.9

四、实验结论

相似多边形面积比等于相似比的平方。

9.9 三角形内角平分线定理

一、实验目的

通过度量和计算归纳三角形内角平分线定理。

二、实验平台

几何画板。

三、实验步骤

（1）绘制一个任意三角形 ABC。

（2）作∠BAC 的平分线。按顺序选取点 B、A、C，执行《绘图/角平分线》命令，绘制出角平分线，选取角平分线与 BC 的交点 D，连结 A、D，作线段，并隐藏角平分线（图 9.10）。

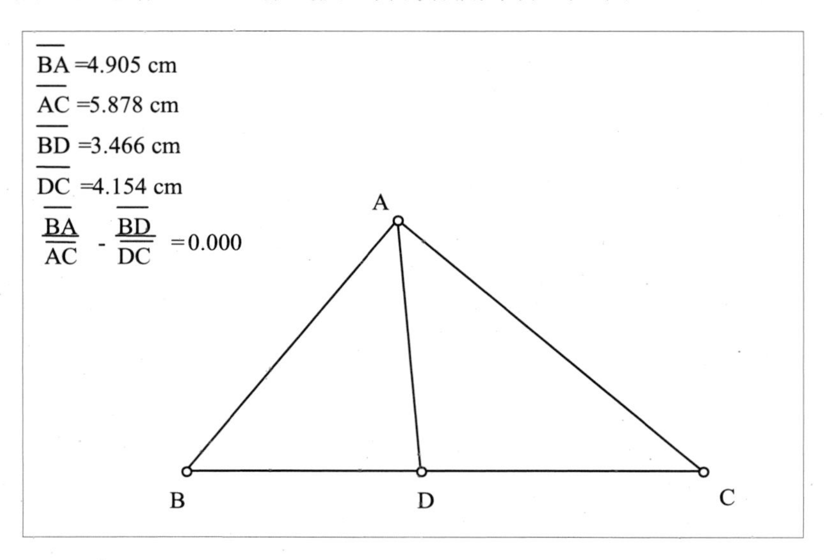

图 9.10

（3）分别选择点 B、D 和点 C、D，作线段。

（4）度量线段 AB、AC、BD、CD 的长度。

（5）计算 AB/AC – BD/CD 的值。

（6）改变三角形的位置与形状，观察上式的结果。

四、实验结论

$$\frac{AB}{AC}=\frac{BD}{CD}$$

9.10　指数函数的图象与性质

一、实验目的

通过观察指数函数的图象归纳其性质。

二、实验平台

几何画板。

三、实验步骤

（1）打开新画板，建立坐标系，坐标原点命名为 O。

（2）在 x 轴上任取一点 C，度量出坐标。

（3）计算 C 的横坐标 x_C，利用它计算 2^{x_c} 的值。

（4）同时选取数值 x_C 和 2^{x_c}，执行《图表/绘出(x，y)》命令，绘制以 x_C 和 2^{x_c} 为坐标的点 P(如果画面中不能看到 P，就向原点方向拖动点，直到点 P 出现在画面上) 。

（5）同时选取点 A 和点 P，执行《作图/轨迹》命令，绘制出函数 $y=2^x$ 图象。

（6）运用上述方法绘制函数 $y=3^x$、$y=(\frac{1}{2})^x$ 和 $y=(\frac{1}{3})^x$ 的图象(图 9.11)。

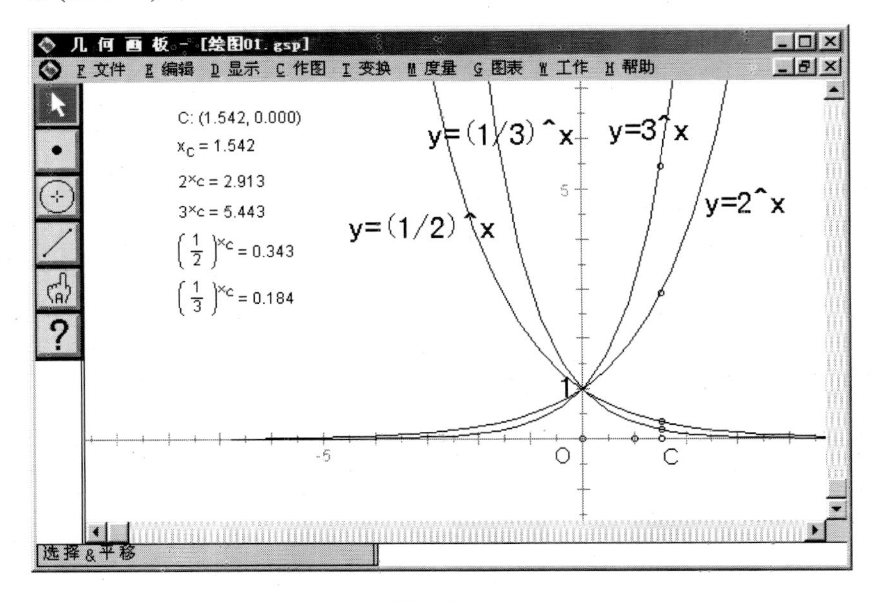

图 9.11

四、实验结论

指数函数 $y=a^x$ 的性质如表 9.1 所示。

表 9.1

	$a>1$	$1>a>0$
定义域	$-\infty \sim +\infty$	$-\infty \sim +\infty$
值　域	$y>0$	$y>0$
特殊点	经过点(0,1)	经过点(0,1)
单调性	增函数	减函数

9.11　函数 $f(x)=x+\frac{k}{x}(k>0)$ 的单调性

一、实验题目

函数 $f(x)=x+\frac{k}{x}(k>0)$ 的单调性。

二、实验目的

探讨函数 $f(x)=x+\frac{k}{x}(k>0)$ 的单调性与 k 的关系。

三、实验工具

Math CAD。

四、实验过程

（1）给出具体的 k 值，画出函数 $\mathrm{f(x)=x+\frac{k}{x}(k>0)}$ 的图象。

（2）大致计算出拐点的横坐标。

五、实验结果

（1）对 k=1,2,3,4,5 的情况，如图 9.12 所示。

（2）函数 $\mathrm{f(x)=x+\frac{1}{x}}$ 所对应的拐点的横坐标大约是–1.02,1.02。

函数 $\mathrm{f(x)=x+\frac{2}{x}}$ 所对应的拐点的横坐标大约是–1.43,1.43。

函数 $\mathrm{f(x)=x+\frac{3}{x}}$ 所对应的拐点的横坐标大约是–1.70,1.7。

函数 $f(x)=x+\dfrac{4}{x}$ 所对应的拐点的横坐标大约是–2.1,2.1。

函数 $f(x)=x+\dfrac{5}{x}$ 所对应的拐点的横坐标大约是–2.24,2.24。

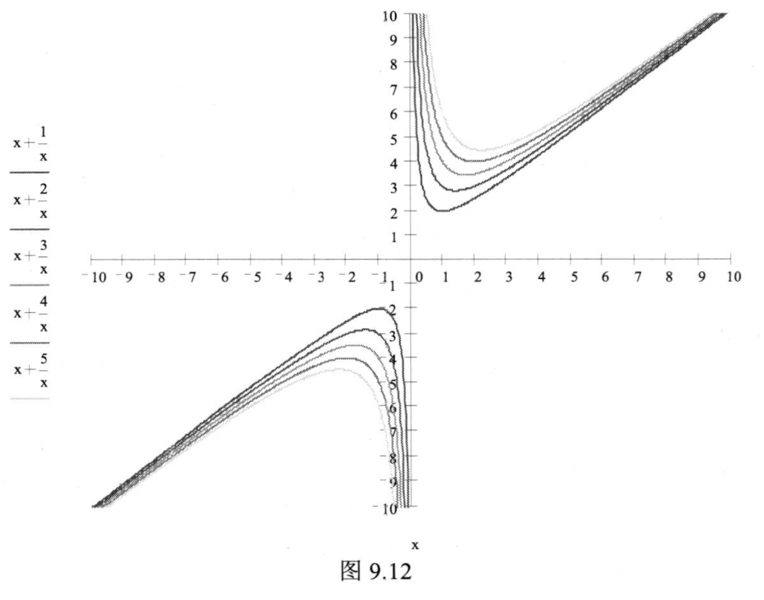

图 9.12

（3）根据上述所做的结果，猜测函数 $f(x)=x+\dfrac{k}{x}(k>0)$ 的单调区间为：$(-\infty,-\sqrt{k}),(\sqrt{k},+\infty)$ 为单调递增区间；$(-\sqrt{k},0)(0,\sqrt{k})$ 为单调递减区间。

9.12 三角函数 $y=A\sin(\omega x+\phi)$ 的图象

一、实验题目

三角函数 $y=A\sin(\omega x+\phi)$ 的图象。

二、实验目的

（1）指出函数 $y=\sin(x+\phi)$ 的图象的变化规律。
（2）指出函数 $y=\sin\omega x$ 的图象的变化规律。
（3）指出函数 $y=A\sin x$ 的图象的变化规律。
（4）指出函数 $y=A\sin(\omega x+\phi)$ 的图象变化规律。

三、实验工具

Math CAD。

四、实验过程

（1）给出不同的 ϕ 值，绘出函数 $y=\sin(x+\phi)$ 的图象。
（2）给出不同的 ω 值，绘出函数 $y=\sin\omega x$ 的图象。
（3）给出不同的 A 值，绘出函数 $y=A\sin x$ 的图象。
（4）给出一组 A、ω、ϕ，绘出函数 $y=A\sin(\omega x+\phi)$ 的图象。
（5）给出函数 $y=A\sin(\omega x+\phi)$ 的图象变化的规律。

五、实验结果

（1）对于 $\phi=-1$，-2，0，1，2 绘制的图象，如图 9.13 所示。
（2）结论：

① 当 $\phi<0$ 时，把函数 $y=\sin x$ 的图象向右平移 $|\phi|$ 个单位，就得到函数 $y=\sin(x+\phi)$ 的图象。

② 当 $\phi>0$ 时，把函数 $y=\sin x$ 的图象向左平移 $|\phi|$ 个单位，就得到函数 $y=\sin(x+\phi)$ 的图象。

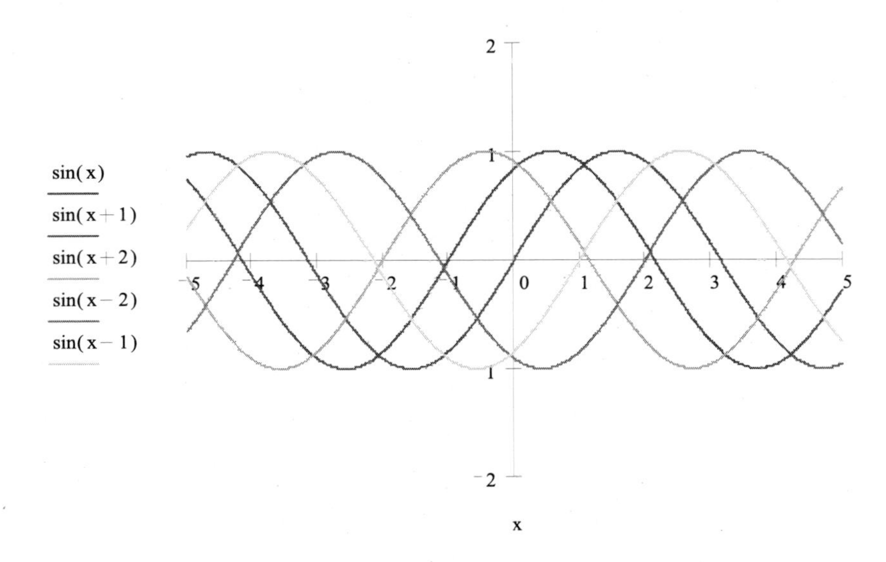

图 9.13

（3）对于 $\omega=1,2,\frac{1}{2}$，绘制函数 $y=\sin\omega x$ 的图象，如图 9.14 所示。

（4）结论：

① 当 $0<\omega<1$ 时，函数 $y=\sin x$ 图象上点的纵坐标不变，将横坐标伸长到原来的 $\frac{1}{\omega}$ 倍，就得到函数 $y=\sin\omega x$ 的图象。

② 当 $\omega>1$ 时，函数 $y=\sin x$ 图象上点的纵坐标不变，将横坐标缩短为原来的 $\frac{1}{\omega}$ 倍，就得到函数 $y=\sin\omega x$ 的图象。

（5）对于 A=1，2，4，0.5,0.25，绘制函数 $y=A\sin x$ 的图象，如图 9.15 所示。

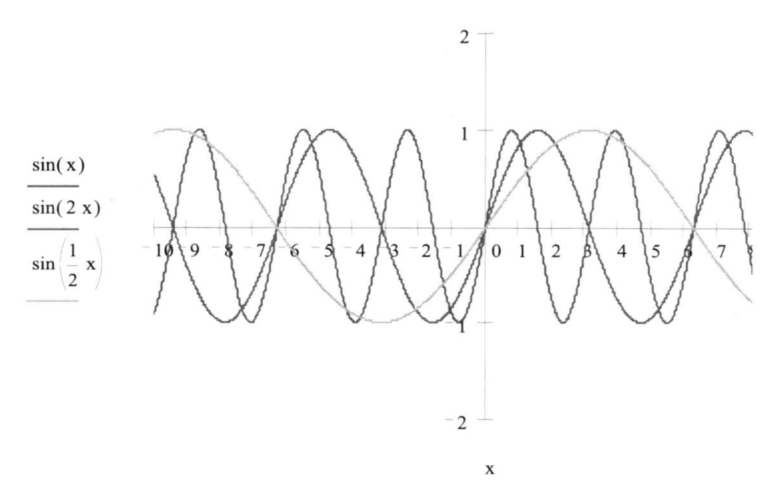

图 9.14

（6）结论：

① 当 $0<A<1$ 时，函数 $y=\sin x$ 图象上点的横坐标不变，纵坐标缩小到原来的 A 倍，就得到函数 $y=A\sin x$ 的图象。

② 当 $A>1$ 时，函数 $y=\sin x$ 图象上点的横坐标不变，纵坐标伸长为原来的 A 倍，就得到函数 $y=A\sin x$ 的图象（图 9.15）。

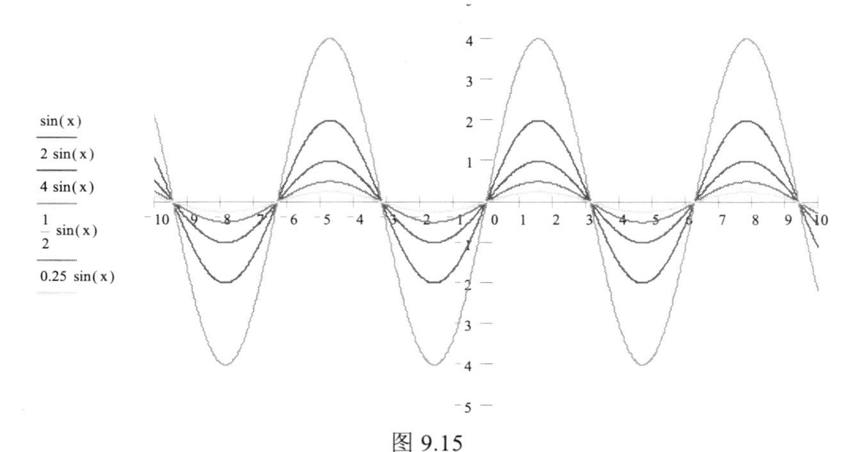

图 9.15

（7）对给定的 $A=3$、$\omega=2$、$\phi=-2$，绘制的函数图象如图 9.16 所示。

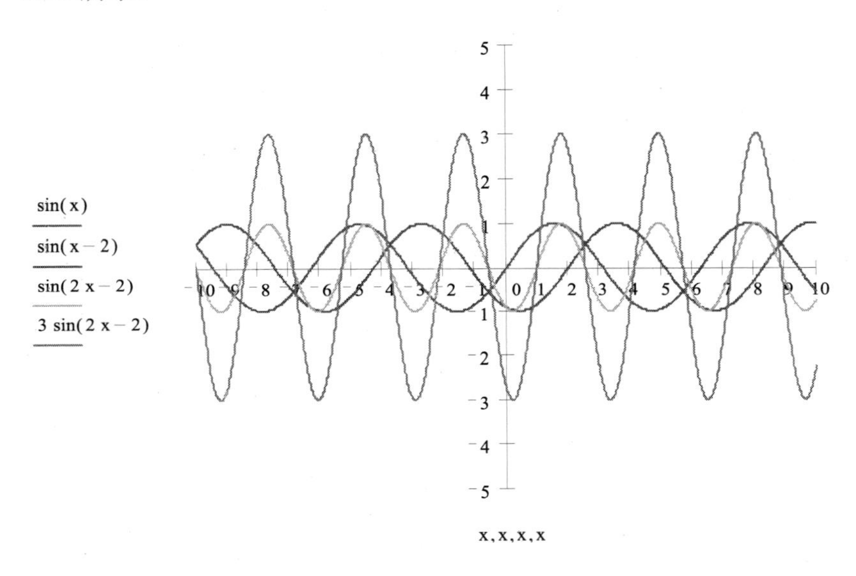

图 9.16

（8）结论。对于函数 $y=\sin x$ 的图象，当 $\phi<0$ 时，把函数 $y=\sin x$ 的图象向右平移 $|\phi|$ 个单位，就得到函数 $y=\sin(x+\phi)$ 的图象；当 $\phi>0$ 时，把函数 $y=\sin x$ 的图象向左平移 $|\phi|$ 个单位，就得到函数 $y=\sin(x+\phi)$ 的图象；对于函数 $y=\sin(x+\phi)$ 的图象，当 $0<\omega<1$ 时，函数图象上点的纵坐标不变，横坐标伸长到原来的 $\dfrac{1}{\omega}$ 倍，就得到函数 $y=\sin(\omega x+\phi)$ 的图象；当 $\omega>1$ 时，函数图象上点的纵坐标不变，横坐标缩短为原来的 $\dfrac{1}{\omega}$ 倍，就得到函数 $y=\sin(\omega x+\phi)$ 的图象；对于函数 $y=\sin(\omega x+\phi)$ 的图象，

当 0<A<1 时，函数图象上点的横坐标不变，纵坐标缩小为原来的 A 倍，就得到函数 $y = A\sin(\omega x + \phi)$ 的图象。当 A>1 时，函数图象上点的横坐标不变，纵坐标伸长为原来的 A 倍，就得到函数 $y = A\sin(\omega x + \phi)$ 的图象。

9.13　原函数和其反函数图象间的关系

一、实验题目

原函数和其反函数图象间的关系。

二、实验目的

在同一坐标系绘制一对互为反函数的函数图象，探究函数图象间的关系。

三、实验工具

Math CAD。

四、实验过程

（1）绘制一次函数及其反函数的图象。

（2）绘制幂函数及其反函数的图象。

（3）绘制指数函数及其反函数的图象。

五、实验结果

（1）函数 y=3x+2、y=x、$y = \frac{x-2}{3}$ 的图象如图 9.17 所示。

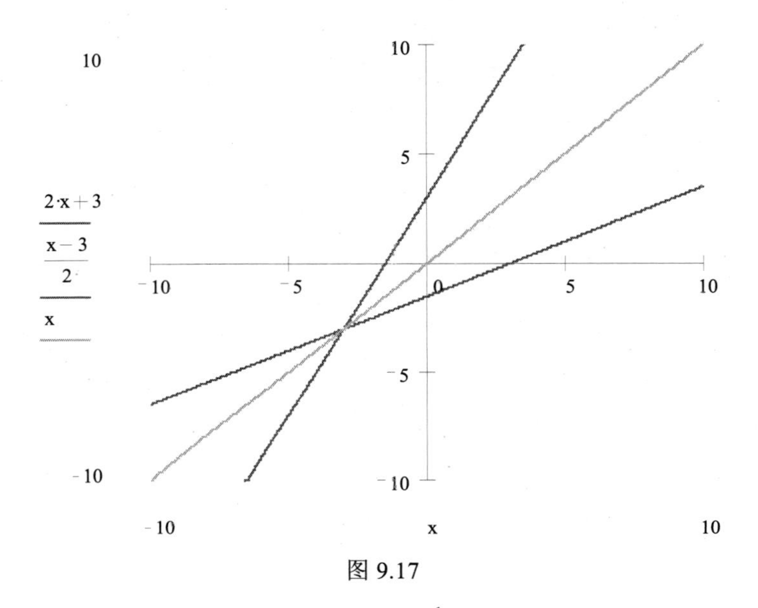

图 9.17

（2）函数 $y = x^3$、$y = x$、 $y = x^{\frac{1}{3}}$ 的图象如图 9.18 所示。

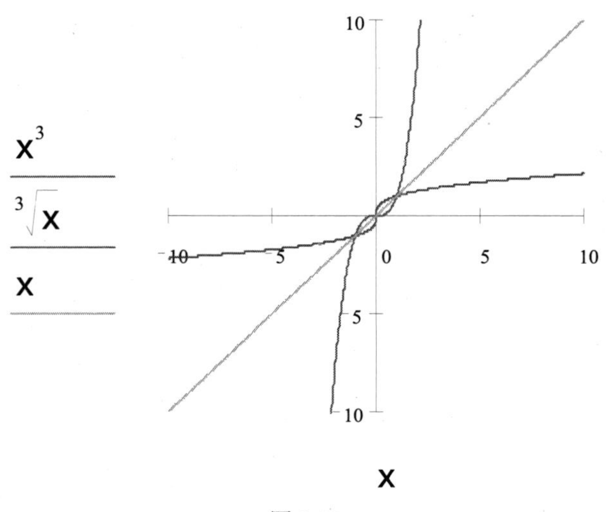

图 9.18

（3）函数 $y = 3^x$、$y = x$、$y = \log_3 x$ 的图象如图 9.19 所示。

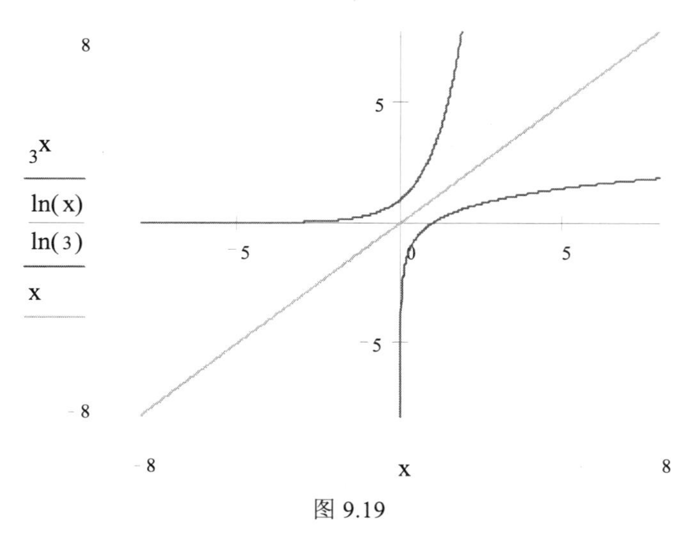

图 9.19

对以上三组图象进行分析，可知原函数和其反函数的图象关于直线 $y=x$ 对称。

9.14　离心率对椭圆、双曲线形状的影响

一、实验题目

离心率对椭圆、双曲线形状的影响。

二、实验目的

指出离心率变化时椭圆、双曲线形状的变化规律。

三、实验工具

Math CAD。

四、实验过程

（1）绘制离心率不等的椭圆，观察椭圆的形状。

（2）绘制离心率不等的双曲线，观察双曲线的形状。

五、实验结果

（1）图 9.20 所对应的椭圆的离心率分别为

$$e_1=\frac{\sqrt{65}}{8},e_2=\frac{\sqrt{60}}{8},e_3=\frac{\sqrt{48}}{8},e_4=\frac{\sqrt{28}}{8}$$

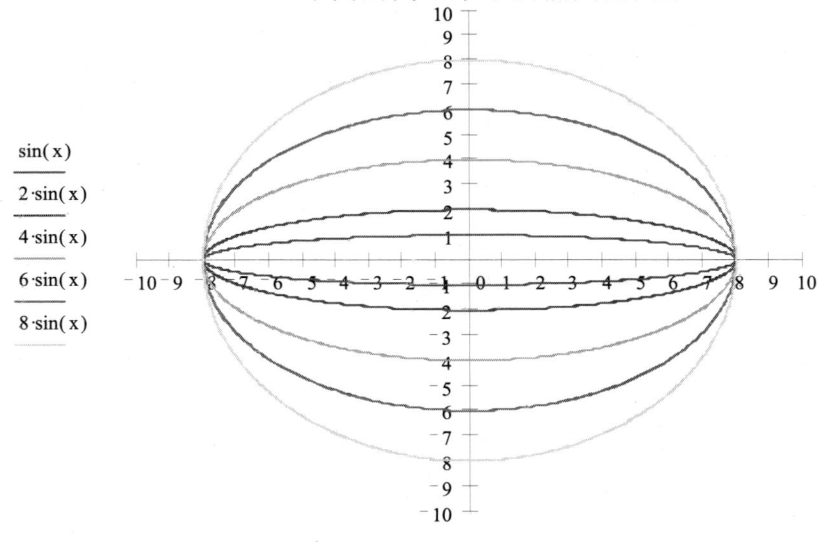

图 9.20

（2）当 0<e<1 时，椭圆的离心率 e 越大，椭圆越扁；椭圆的离心率越小，椭圆越圆。

（3）图 9.21 所对应的双曲线的离心率分别为

$$e_1 = \frac{\sqrt{5}}{2}, e_2 = \sqrt{2}, e_3 = \frac{\sqrt{13}}{2}$$

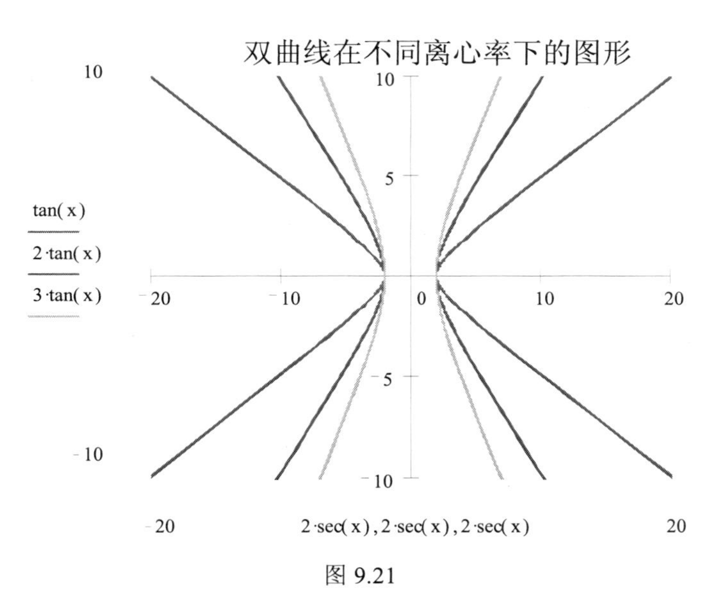

图 9.21

（4）当 $e>1$ 时，e 越大，双曲线的形状越向 y 轴无限沿展，e 越接近 1，双曲线的形状越扁。

9.15　一些特殊三角函数的周期性

一、实验题目

一些特殊三角函数的周期性。

二、实验目的

（1）研究函数 $y = \sin(x^2)$ 的周期性。

（2）研究函数 $y=\sin(|x|)$ 的周期性。

（3）研究函数 $y=\sin(\frac{1}{x})$ 的周期性。

（4）研究函数 $y=\sin^2 x$ 的周期性。

（5）研究函数 $y=|\sin x|$ 的周期性。

三、实验工具

Math CAD。

四、实验过程

（1）绘制以上三角函数的图象。
（2）分析、指出它们的单调性。

五、实验结果

（1）函数 $\mathrm{y}=\sin(\mathrm{x}^2)$ 的图象如图 9.22 所示。

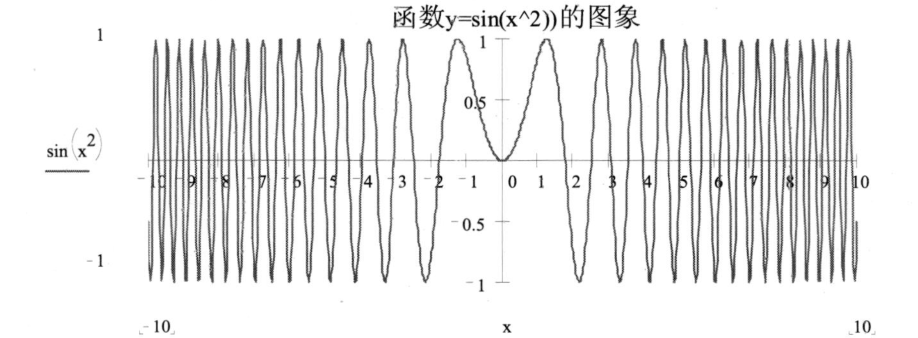

图 9.22

显然，函数 $y=\sin(x^2)$ 不是周期函数。

（2）函数 $y=\sin(|x|)$ 的图象如图 9.23 所示。

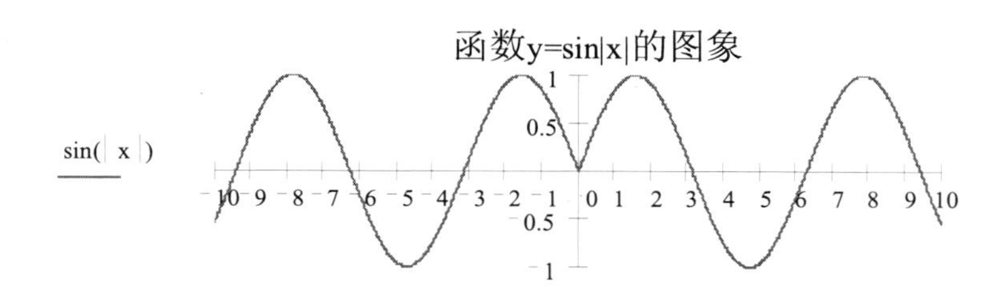

图 9.23

显然，函数 $y=\sin(|x|)$ 不是周期函数。

（3）函数 $y=\sin(\frac{1}{x})$ 的图象如图 9.24 所示。

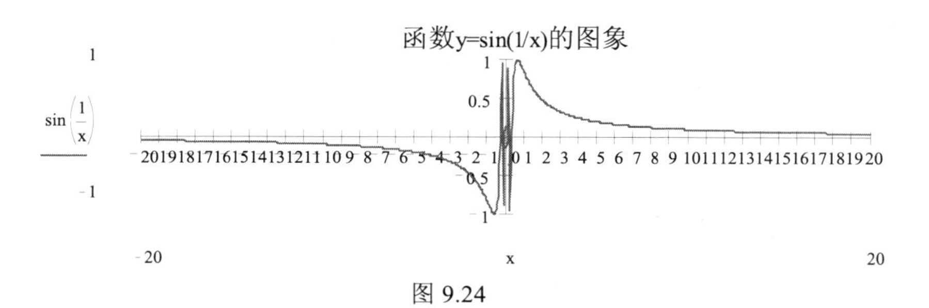

图 9.24

从图象观察分析可知，此函数不是周期函数。

（4）函数 $y=\sin^2 x$ 的图象如图 9.25 所示。

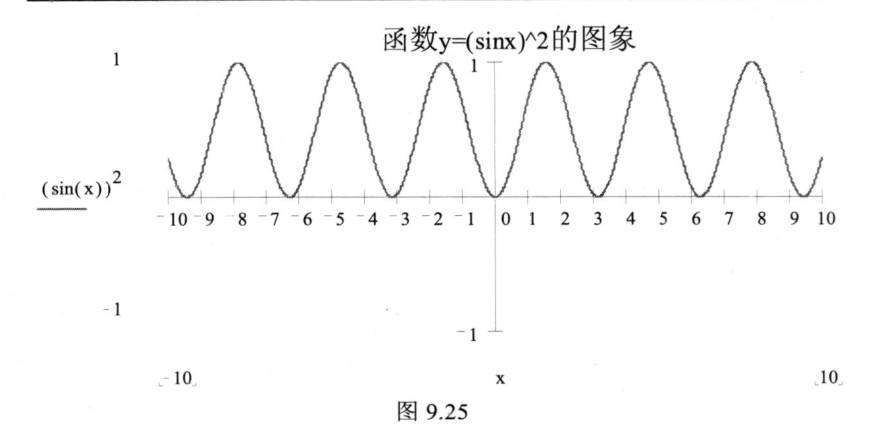

图 9.25

观察函数的图象可知，此函数是周期函数，周期为π。

（6）函数 $y=|\sin x|$ 的图象如图 9.26 所示。

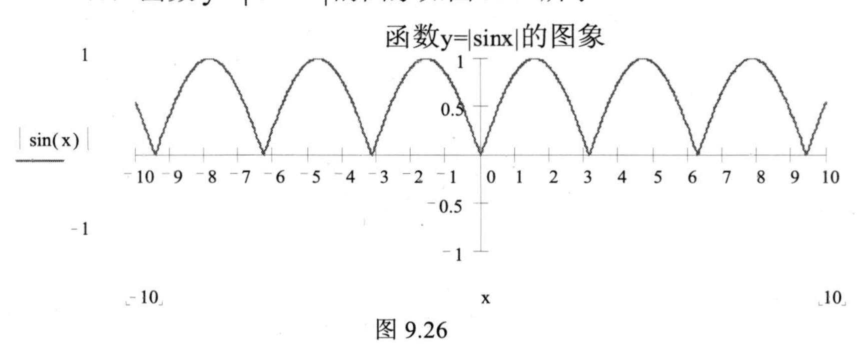

图 9.26

观察函数的图象可知，此函数是周期函数，周期为π。

9.16 函数图象的变换

一、实验题目

函数图象的变换。

二、实验目的

掌握函数图象的变换方法——平移、伸缩、旋转。

三、实验工具

Math CAD。

四、实验过程

（1）画出函数 $f(x)=x^2-2x-3$ 的图象，再画出函数 $f(x-2),f(x+2)$ 的图象，掌握函数图象的左右平移方法。

（2）画出函数 $g(x)=x^2-4x-5$ 的图象，再画出函数 $g(x)-4,g(x)+4$ 的图象，掌握函数图象的上下平移方法。

（3）画出函数 $h(x)=x^2-4x+3$ 的图象，再画出函数 $h(2x),f(\frac{x}{2})$ 的图象，掌握函数图象的伸缩方法。

（4）画出函数 $I(x)=x^2+2x-3$ 的图象，再画出函数 $I(-x),-I(x)$ 的图象，掌握函数图象的对称变换。

五、实验结果

（1）根据绘制的图象发现：对于函数 $f(x+a)$，当 $a>0$ 时，把函数 $y=f(x)$的图象向左平移 a 个单位，就得到函数 $f(x+a)$的图象；当 $a<0$ 时，把函数 $y=f(x)$的图象向右平移$|a|$个单位，就得到函数 $f(x+a)$的图象（图 9.27）。

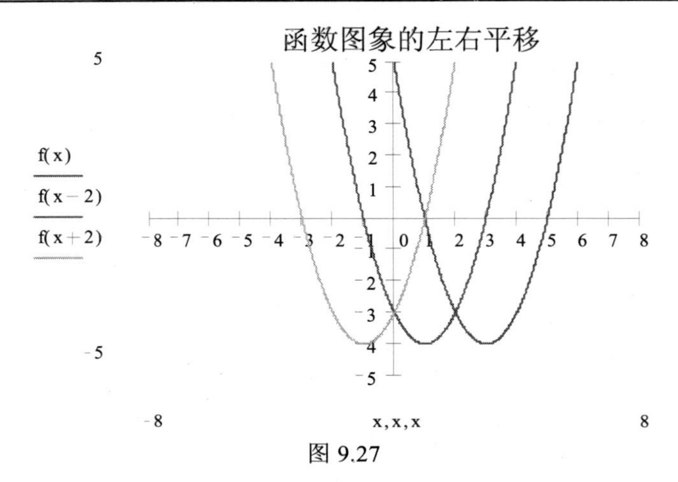

图 9.27

（2）根据绘制的图象发现：对于函数 $f(x)+a$ ，当 a>0 时，把函数 y=f(x)的图象向上平移 a 个单位，就得到函数 $f(x)+a$ 的图象；当 a<0 时，把函数 y=f(x)的图象向下平移|a|个单位，就得到函数 $f(x)+a$ 的图象（图 9.28）。

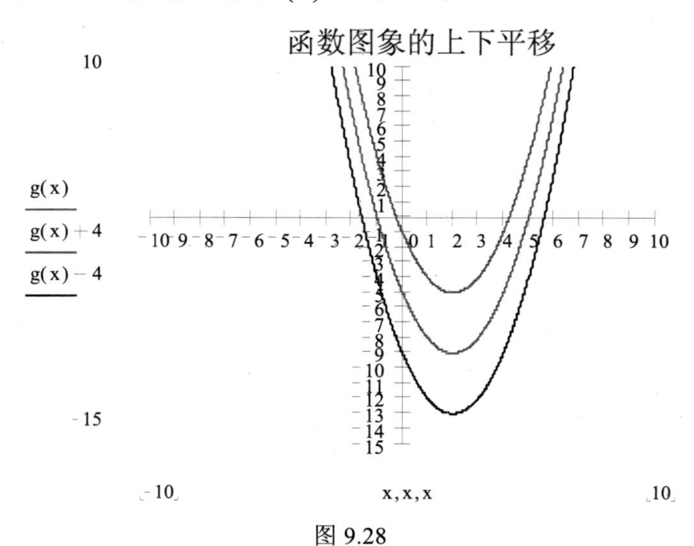

图 9.28

（3）根据绘制的图象发现：对于函数 $f(\omega x)$，当 $\omega>1$ 时，函数 $y=f(x)$ 的图象纵坐标不变，横坐标缩短到原来的 $\frac{1}{\omega}$ 倍，就得到函数的图象 $f(\omega x)$；当 a<1 时，函数 $y=f(x)$ 的图象纵坐标不变，横坐标伸长到原来的 ω 倍，就得到函数的图象 $f(\omega x)$。

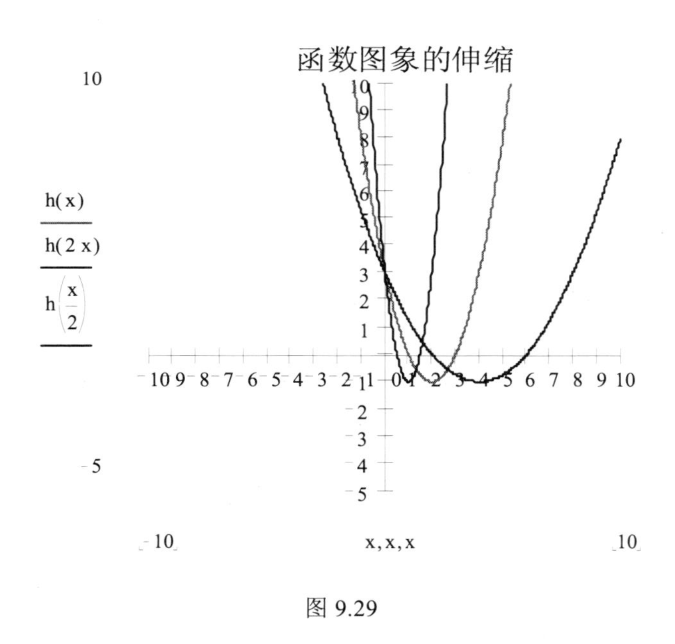

图 9.29

（4）根据绘制的图象发现：函数 I(x)的图象沿 y 轴翻转 180°，就得到函数 I(–x)的图象，此图象与函数 I(x)的图象关于 y 轴对称；把函数 I(x)的图象沿 x 轴翻转 180°，就得到函数–I(x)的图象，此函数的图象与 I(x)的图象关于 x 轴对称（图 9.30）。

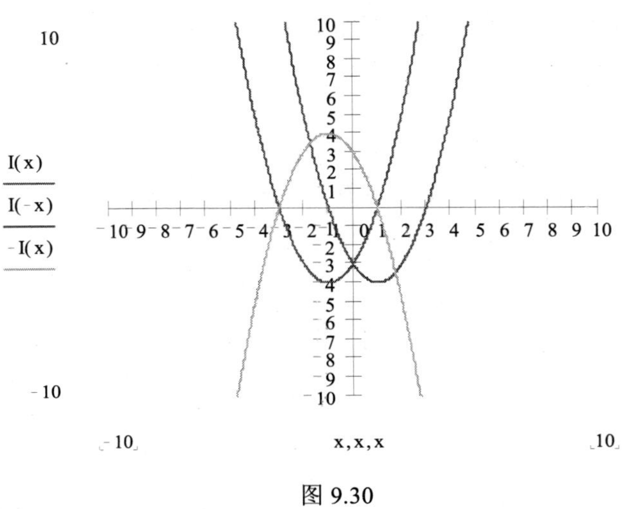

图 9.30

附　录

附录 1　开设数学实验课的几点思考

随着计算机技术的发展，数学实验软件的不断产生，多媒体教育技术手段在数学教育中起着越来越重要的作用。为了培养具有较强数学教学技术能力的未来中学数学教师，高师院校数学系开设数学实验课势在必行。因为它是知识经济时代必然的产物，是教育对文化选择的必然结果，是社会对数学教育培养创新人才的必然要求。但是数学实验课毕竟是一门新兴的课程，还有待于人们的认识、勇敢者的实践、教育家的研究。这里本人结合教育心理学和课程论的理论以及近几年对数学系学生开设数学实验课的实践效果，简要介绍关于开设数学实验课的一些想法。

一、数学课的开发步骤

数学实验课的开发要分阶段进行，制定计划，反复实验，不断完善。从选择实验工具、确定实验内容、设计实验程序多方面研究，不断总结，逐步使数学实验成为大、中学生一门数学选修课。

1. 加强教师对教育技术、教育理论的学习

我们所研究的实验更注重现代技术手段的应用，因为它更适应时代的发展需要，虽然它不能完全代替实物的直观性，但是它更有其独特的优势，能做一些实物无法做到的虚拟实验。在初中注重几何画板的学习，高中加强 Math CAD。等的学习，而在大学数学教育技术课程中应开设广泛的计算机应用软件，如 Powerpoint、Mathematic、Maple、Matlab 等。另外关于多媒体的多种功能、原理

也要掌握。

2. 加强教师对教育理论的学习，掌握课程发展的趋势

课程开发的关键在教师,教师不再是课程计划的简单的执行者,而是课程建设与课程改革的主体之一。教师只有加强理论学习,才能成为时代要求的研究型教师。

3. 利用现代教育技术整合数学课程

课程的学习内容要通过教育技术处理成为学习资源，运用教育技术让学习者进行知识的整合和重构，使学习方式由被动变为积极主动的学习方式。

4. 不断形成计算机辅助教学的课件

计算机辅助教学课件是一个单点独立的工作，要积少成多才能形成系统的课件和实验方案。尤其要注意核心课件的制作，它在整节课突出重点、突破难点中起关键的作用。

5. 选择合适的教育平台

21 世纪是信息时代，每个学生都应掌握生活和学习所需要的计算机技术手段。对于需要数学学习的学生，都要为其选择恰当的数学学习的方式。而利用计算机开展数学实验是一种独特的数学探索方式。根据不同的数学内容，我们可以为不同的学生层次开设数学实验课，如初中、高中、大学或研究生。

6. 将中学数学的某些教学内容改为实验课

在现代技术手段支持下，在零散的课件不断整合为课程和学生学习方式的实验中，我们会不断产生新的思想，从而改编现行教材的某些内容，逐步设计成实验课题目。

7. 在数学实验课开设中要处理好数学基础知识学习和数学实验课的比例关系

8. 在数学实验课开设过程中要不断对教师进行教育理论和计算机技术的培训

9. 做好考试和评估的管理工作

二、开设数学实验课的类型

细心选择实验课题、精心改编中学数学的某些内容是数学实验课课程建设的重要组成部分。为了使这项工作做得更好，我们有必要研究实验课的类型问题。遵循课程建设的科学性、层次性、可行性原则，我们认为实验课类型大致有以下四种。

1. 演示实验课

演示实验课是在讲解新的数学概念、数学方法和数学思想时，为了使学生更好地理解抽象的数学知识，而由教师在教室里给学生演示的课程，目的是展示知识的合理性，使学生确信无疑，它能更深刻地揭示数学概念、命题、思想方法的实质，使学生认识深化。

［例 1］ 在讲解高二《解析几何》椭圆的定义时，传统的教学只有用一些实物实验用具机械地展示平面到两定点的距离之和为常数 $2a$ 的点的轨迹是椭圆。那么，利用计算机和 Math CAD 软件等现代数学实验用具在计算机上实验，可更加优化教学。具体实验设计为：在实验中点在椭圆上移动，它到两定点的距离在不断变化，但是距离之和这一数据在屏幕上保持不变。这种实验，可使学生记忆深刻，牢固掌握。动画片段如附图 1 所示。

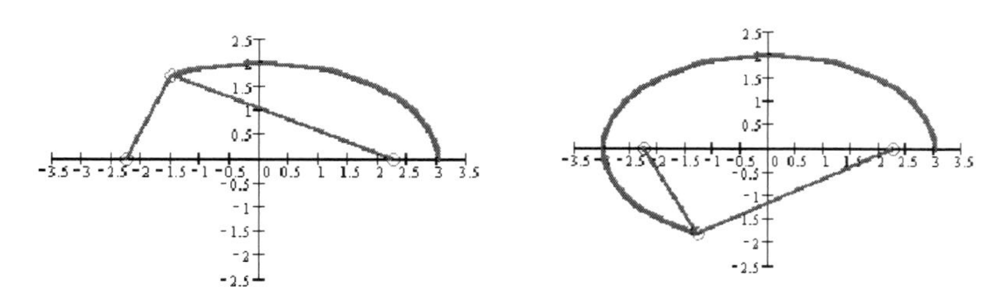

附图 1

［例 2］ 在三角函数内容中，关于余弦曲线图象形成过程的讲解，在传统教学中，教师在黑板上边讲边画，费时费力，如果用 Math CAD 作成动画，直接演示给学生，在演示过程中，动静结合，

边讲解边播放，可使学生充分理解 y=cos x 图象的形成过程，对 5 个主要点也看得清楚。下面是演示过程中的两个片段（附图 2）。

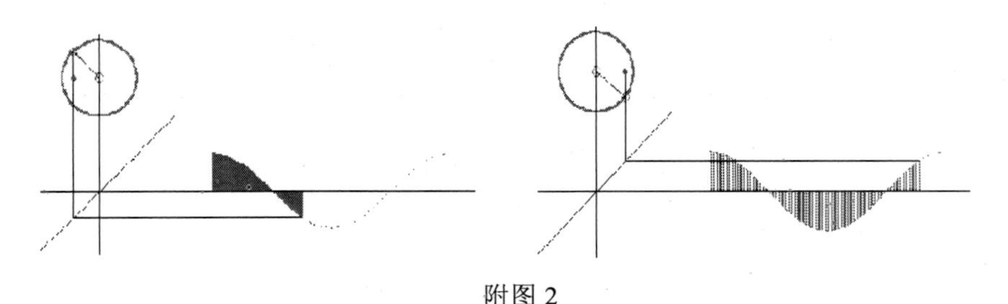

附图 2

2. 验证实验课

验证实验课是指学生在数学实验室里利用计算机和数学软件的强大功能来验证一些数学概念、公式、定理和公理以及一些数学习题的结论等，从而加深学生对数学知识的理解和对数学问题的认识，使学生真正感受到数学的真谛。

[例 3] 对于初二《几何》中勾股定理的验证，可设计一节实验课，让学生在实验中加深对定理的记忆，从而掌握其证明方法。

实验题目：勾股定理。

实验目的：通过几何画板的度量和计算功能，验证勾股定理的正确性（用实验的方法证明勾股定理）。

实验平台：几何画板。

实验过程：（1）画任意直角三角形。

（2）分别度量三个边的长度。

（3）计算两直角边的平方和以及斜边的平方。

（4）改变直角三角形的边长,观察以上数据的变化。

实验任务：（1）观察任意直角三角形的两直角边的平方和与斜边的平方的关系。

（2）认识勾股定理的实质。

（3）体验实验证明几何问题的过程。

实验结果和结论：

任意直角三角形两直角边的平方和等于斜边的平方(附图 3)。

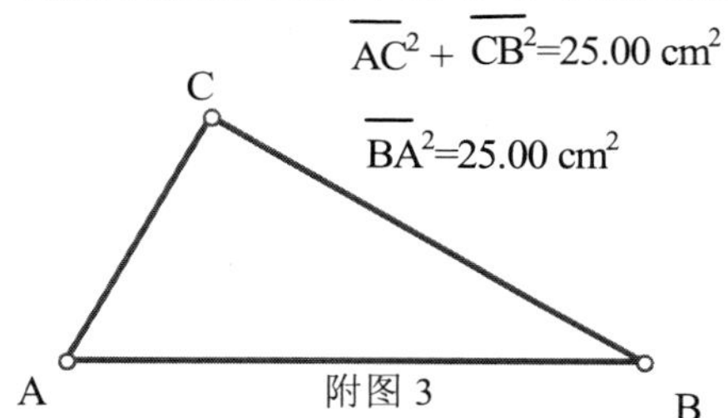

附图 3

[例 4]　已知矩形 $ABCD$，点 P 为矩形内任一点，求证：$PA^2+PC^2=PB^2+PD^2$。

我们设计实验课，一是让学生利用几何画板的度量功能来验证结论；二是在几何画板上寻找证明方法。实验如下：

实验题目：已知矩形 $ABCD$，点 P 不同于 A、B、C、D 的任一点，求证：$PA^2+PC^2=PB^2+PD^2$。

实验目的：利用几何画板的度量功能验证结论。

实验平台：几何画板。

实验过程：（1）画出矩形 ABCD。

（2）在矩形 ABCD 内部画点 P。

（3）度量 PA、PB、PC、PD。

（4）计算 $PA^2 + PB^2$　及　$PC^2 + PD^2$。

（5）改变点 P 的位置。

① 点 P 在矩形 ABCD 内部移动。

② 点 P 在矩形的一边上移动。

③ 点 P 在矩形 ABCD 外部移动。

实验任务：（1）记录好多种情况下 $PA^2 + PB^2$　及　$PC^2 + PD^2$ 的关系。

（2）观察 $PA^2 + PB^2$　和　$PC^2 + PD^2$ 的数据变化。

实验结果：$PA^2 + PB^2 = PC^2 + PD^2$，如附图 4 所示。

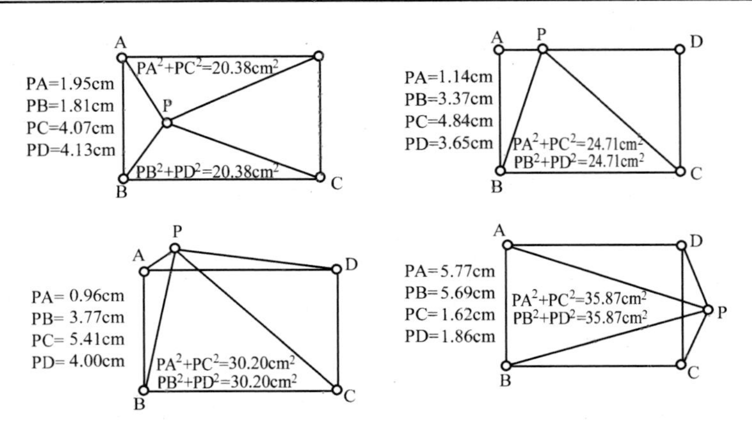

附图 4

[例 5]

实验题目：椭圆的离心率。

实验目的：了解椭圆的离心率对椭圆形状的影响。

实验平台：Math CAD。

实验过程：（1）利用椭圆第二定义作椭圆。

（2）输入不同的离心率 e，得到不同的椭圆。

（3）动画 e 在(0,1)内的变化，在屏幕上显示椭圆的图形。

实验任务：（1）对不同的 e，画好相应的椭圆。

（2）观察 e 的大小与椭圆形状的关系。

实验结果和结论：e 越大，椭圆越趋向于圆。

3. 解题型实验课

在数学中有一些平面几何问题，学生觉得很难理解，尤其是包含一些运动变化关系时，学生更是难以想象。此时，用计算机和几何画板真实地求解，可帮助学生寻找解题思路或确定此题的解。

[例 6] 已知菱形 $ABCD$，E、F 在 AB 和 BC 上，$\angle EDF=60^\circ=\angle DAB$，$\angle CDF=20^\circ$，求$\angle FEB$ 的大小。

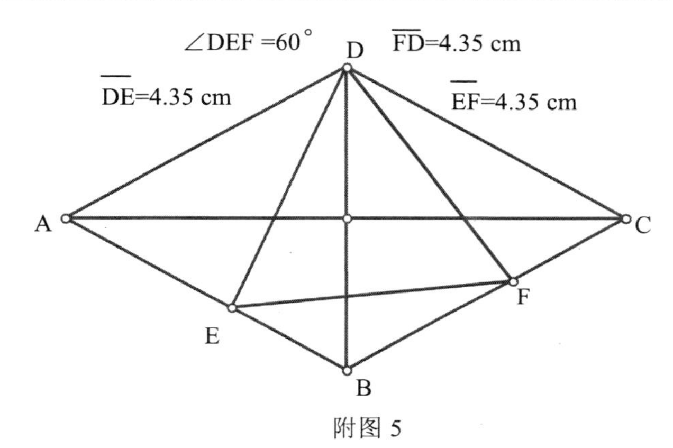

附图 5

［例 7］　初中《中考全程优化训练试卷》综合训练（一）中选择题（10）：已知圆内接四边形 $ABCD$ 中，对角线 AC 垂直于 BD，$AB>CD$，若 $AB=6$，则 CD 的弦心距为（　　）

A. $\sqrt{10}$　　B. 3　　C. $\sqrt{3}$　　D. 2

开始解题时没有思路，便在几何画板上寻找答案，于是进行了解题实验，如附图 6 所示。

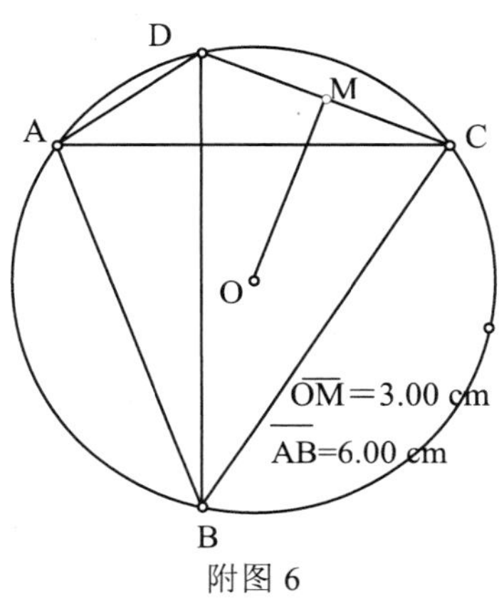

附图 6

［例 8］

实验题目：已知 $3m-4n=1$,求证直线 $mx+ny=2$ 必过定点，并求出定点坐标。

实验目的：通过不定方程 $3m-4n=1$ 确定 m、n，利用四组数据观察 $mx+ny=2$ 图象过同一个点，从而掌握解题的方法。

实验平台：Math CAD。

实验过程：（1）填附表 1。

附表 1

3m–4n=1	第一组	第二组	第三组	第四组
M	3	7	11	15
N	2	5	8	11

（2）根据 $mx + ny =2$ 输入不同的 m、n，得到不同的直线。

实验任务：（1）对不同的 m、n，画好相应的直线。

（2）观察这些直线的规律。

实验结果和结论：$mx + ny =2$ 在条件 $3m - 4n=1$ 下过同一个点，说明可通过任意两条直线的交点得到结论。

4. 应用型实验课

应用型实验课是用数学知识解决生活中具体问题的实验。学生根据实际问题，建立数学模型，求出数学解，解释其现实意义。1989 年 8 月 18 日，著名数学家钱学森在中国数学会的"数学教育与研讨"座谈会上发言指出："今天的实际，要求学生学会两条：一要会用电子计算机，二要能理解计算机给出的答案。 这就是要求学习者会在计算机上解应用题。

[例 9] 实验题目：隧道的设计。要求学生设计一隧道,使通行的车辆限高为 3 m，限宽为 1.6 m，问如何设计？此实验可给学生提供几个方案，如隧道是半圆形、抛物线形、半椭圆形、长方形、菱形、三角形等。学生可分小组确定各自方案，设计实验过程，最

后上机实验，完成实验报告。还有实际中的利润预测、盛水容器的设计、包装方案、有障碍的测量问题等等，都可设计成实验题目。通过应用型实验可培养学生的实践能力和创新精神。这类实验可根据教学内容和现实生活来确定。

三、数学实验课的教学模式

数学教学中是否需要“实验”，对此还存在着认识上的偏差。从本质上来讲，影响和制约数学教学模式变革最直接、最根本的动因是数学本身，或者说是数学的哲学基础，“事实上，无论人们的意愿如何，一切教学法根本上都出于某一数学哲学，即便是很不规范的教学法也如此”。

长期以来，人们对数学教学的认识就是概念、定理、公式和解题，认为数学学科是一种具有严谨系统的演绎科学，数学活动只是高度的抽象思维活动。但是，历史表明，数学不只是逻辑推理，还有实验。G·波利亚曾指出：“数学有两个侧面，一方面它是欧几里德式的严谨科学，从这个方面看，数学像是一门系统的演绎科学，但另一方面，创造过程中的数学，看起来却像一门试验性的归纳科学。”弗赖登塔尔也曾指出：“要实现真正的数学教育：必须从根本上以不同的方式组织教学，否则是不可能的；在传统的课堂里，再创造方法不可能得到自由的发展。它要求有个实验室，学生可以在那儿个别活动或是小组活动。”

不过，传统的数学观仍然认为，即使数学需要实验也只不过是“纸上谈兵”，或只是进行所谓的思想上的实验(欧拉、拉卡托斯称之为“准实验”)；教学过程中学生的数学活动只是“智力活动”，或更为直接地说是解题活动，数学家在纸上做数学。数学教师在黑板上讲数学，而学生则每天在课堂上听数学和在纸上做题目。这样，对多数学生而言，数学的发现探索活动没有能够真正开展起来。

计算机的出现改变了数学只用纸和笔进行研究的传统方式，给数学家的工作带来了最先进的工具，丰富和发展了数学实验的内涵，特别是利用计算机成功地解决“四色问题”，对数学领域产生了巨大的影响。一些数学家“正在创立一种新的做数学的方法，即主要通过计算机实验从事新的发现。由于这种研究方法是与传统方法很不相同的，因此，在这些数学家看来，计算机的使用正在改变数学的性质，数学正在成为一门‘实验科学’”。

20 世纪 70 年代末，我国数学家吴文俊从中国传统的数学机械化出发，创立了几何定理机器(计算机)证明的“吴方法”，实现了利用计算机进行推理证明的突破，获得了国内外学术界的高度称赞与广泛重视。他因此获我国首届重大科技成果奖。近年来，有关数学实验的书籍雨后春笋般地纷纷展现在人们面前。美国的 Mount Holyke College 大学数学系于 1989 年起在本科的教学计划中，增加了一门大学二年级水平的导引性课程——数学实验室。施普林格出版社出版了该大学编写的《数学实验室》一书，我国高等教育出版社于 1998 年出版了该书的翻译本，国内有些大学也将数学实验列为数学系的必修课。近年来，在计算机辅助教学领域里出现了多种支持数学教学实验的硬件和软件技术，具有代表性的软件有：MATHEMATIC、MAPLE、MATLAB、MATHCAD、几何画板以及专门以数学教学实验室形式开发的图形计算机器(T1–83 或 T1–92)。

1. 数学实验教学模式的内涵

在数学领域里，对数学实验有不同的理解和内涵。本文的数学实验不是指“思想实验”，而是指类似于物理实验、化学实验等的科学实验。但由于学科性质不同，数学实验又不同于一般的科学实验。根据科学实验的定义及数学学科的特点，数学实验的概念可以界定为：为获得某种数学理论，检验某个数学猜想，解决某类问题，实验者运用一定的物质手段在数学思维活动的参与及在特定的实验环境下进行的探索、研究活动。

其实，过去数学教学中的测量、手工操作、制作模型、实物或教具演示等形式就是数学实验的形式，只不过是为了帮助学生理解和掌握数学概念、定理，以演示实验、验证结论为主要目的，很少用来探究、发现、解决问题。而现代数学实验主要是以计算机数学软件的应用为平台、结合数学模型、模拟实验环境进行教学的新型教学模式。整个实验过程中强调学生的实践与活动，学生可以采用不同的实验程序，设计不同的实验步骤。现代数学实验更能充分发挥学生的主体作用，更有利于培养学生的创新精神和发现问题的能力，因而是一种新型的数学教学模式。本文侧重讨论的就是利用计算机技术进行的现代数学实验教学模式。

数学实验教学模式通常是由教师(也可以由学生自己)提出明确的问题情境，让学生在计算机提供的数学技术的支持下做教学实验，利用小组合作学习或者组织全班讨论的方式，开展研究性学习活动。实验过程中，依靠实验工具让学生主动参与发现、探究、解决问题，从中获得数学研究、解决实际问题的过程体验、情感体验，产生成就感，进而开发学生的创新潜能。

利用计算机进行数学实验教学，不仅是开展数学研究性学习的一种有效方式，而且也使计算机教学的开展提高了层次。引进数学实验以后，数学教学可以创设一种“问题—实验—交流—猜想—验证”的新模式。数学教学采取何种模式，从某种程度上取决于数学教育的目的，而这又与教学的现状、社会对数学的需求密切相关。知识经济时代对创新人才的需求与数学教育中忽视学生创造性能力培养的矛盾日益突显。在教学中倡导研究性学习、引进数学实验，以及由此引发的教学模式的变革与当前社会对数学教育的需求是一致的。

2. 数学实验教学模式的基本环节

数学实验教学模式的基本思路是：从问题情境(实际问题或数学问题)出发，学生在教师的指导下，设计研究步骤，在计算机(器)上进行探索性实验，发现规律、提出猜想、进行证明或验证。根据这一思想，教学模式一般主要包括以下五个环节。

（1）创设情境。创设情境是数学实验教学过程的前提和条件，其目的是为学生创设思维场景，激发学生的学习兴趣。英国实用主义教育家、哲学家斯宾塞在《什么是最有价值的知识》一文中明确指出："科学起源于人生的需要，无论个人或全种族，其所取的途径必由具体以达抽象。……所以，每门科学必须以纯粹经验为之先导；等到观察积累了丰富的材料后，推理才能开始。"

问题情境的创设要精心设计，要有助于唤起学生的积极思维。数学教学中，创设合适的问题情境，应注意以下几个方面：① 合理运用文字与动画组合。问题情境呈现清晰、准确，这是最基本的要求。② 具有可操作性。便于学生观察、思考，从问题情境中发现规律，提出猜想，进行探索、研究。③ 有一定的探索性。问题的难度要适中，能产生悬念，有利于激发学生去思考。④ 简明扼要。创设情境不宜过多，过于展开，用时也不要太长，以免冲淡主题，甚至画蛇添足。

（2）活动与"实验"。这是数学实验教学模式的主体部分和核心环节。教师根据具体情况组织适当的活动和实验；数学活动形式可根据具体情况而定，最好是以 2 ~ 4 人为小组形式进行，也可以是个人探索或全班进行。这里教师的主导作用仍然是必要的，教师给学生提出实验要求，学生按照教师的要求在计算机(器)上完成相应的实验，搜集、整理研究问题的相关数据，并进行分析、研究，从而对实验的结果作出清楚的描述。这一环节对创设情境和提出猜想两大环节起承上启下的作用。

例如，利用软件几何画板(或 Math CAD 等其他软件)做课本中的习题"一条长度为 2 的线段 AB，端点在坐标轴上运动。从坐标原点向 AB 引垂线，垂足为 M，求垂足 M 的轨迹"时，首先在屏幕上给出动态演示，接着一步一步地启发学生导出动点 M 轨迹的极坐标方程$\rho=\sin 2\theta$，并在屏幕上显示出它代表的四叶玫瑰线。然后启发引导学生看极坐标方程$\rho=\sin n\theta$表示的曲线是什么形状?学生利用计算机又可以自由地做实验，键入不同的 n 值，各种美丽的花瓣便出现在屏幕上。这时学生们兴奋极了，实验出现了原来未预料到的结果。但是当 n=0.1,0.5,1.5,3.7,…时，屏幕出现了并非花瓣的曲线

——产生了认知冲突，激发了学生的好奇心和求知欲，这是传统的教学方式所无法达到的效果。

著名的数学家、数学教育家 G·波利亚总结出了数学学习过程的三条原则，其中第一条是“主动学习”，认为“学习过程是积极的……自己头脑不活动起来，是很难学到什么东西的”。通过“做数学”来学习数学，在教师的指导下，通过观察、实验去获得感性认识，有利于学生以一个研究者的姿态在“实验空间”中观察现象、发现问题、解决问题，进而培养学生的想象力、解决实际问题的能力及严谨的科学态度和数学情感。

（3）讨论与交流。这是开展数学实验必不可少的环节，也是培养合作精神、进行数学交流的重要环节。让学生积极主动地参与到数学实验活动中去，对学生知识的掌握、思维能力的发展、学业成绩的提高以及学习兴趣、态度、意志品质的培养都具有积极的意义。在学生积极参与小组或全班的数学交流和讨论的过程中，通过发言、提问和总结等多种机会培养学生数学思维的条理性，鼓励学生把自己的数学思维活动进行整理，明确表达出来。这是培养学生逻辑思维能力和语言表达能力的一个重要途径。

数学交流是现代数学教学中的一个新课题，将实验与交流结合起来，更能体现数学知识的形成过程；提倡学生使用计算机(器)，可以为学生学习数学提供便捷的实验环节；而且学生使用计算机(器)做数学实验的过程也是一条很好的数学交流途径。

（4）归纳与猜想。归纳与猜想这一环节同活动与实验、讨论和交流密不可分，常常相互交融在一起，有时甚至是先提出猜想，再通过实验验证。提出猜想是实验过程中的重要环节，是实验的高潮阶段，根据实验观察到的现象进行数据分析，寻找规律，通过合情推理、直觉猜想得到结论，是数学实验的教学目标实现程度的体现，也是实验能否成功的关键环节。

G· 波利亚曾经这样高度评价过猜想的作用：仅仅把数学视为一门论证科学的看法是偏颇的，论证推理(即证明)只是数学家的创造性工作成果，而要得到这个成果必须通过猜想。猜想是一种灵感，要产生灵感除了必须具有一定的数学修养外，还应该对面临的问题有比较深刻的理解。

（5）验证与数学化。提出猜想得出结论并不代表实验结束，还需要验证，通常有实验法、演绎法和反例法。

提出猜想是科学发现的一个重要步骤，目前开展研究性学习、培养学生的创新意识、开发学生的创新潜能需要猜想，但数学不能仅靠猜想来行事，验证猜想是科学精神、思想以及方法不可或缺的关键程序，是对数学实验成功与否的“鉴定”。教师有必要引导学生证明猜想或举反例否定猜想，让学生明白，数学中只有经过理论证明而得出的结论才是可信的。

3. 开展数学实验教学亟待解决的问题

从目前来看，广泛开展数学实验教学还存在着以下几个亟待解决的问题。

（1）对于传统教学，数学实验用时较多，而中学数学课程内容多、学时少，为完成教学计划及应付中考、高考，时间宝贵，有人甚至认为没有时间进行数学实验。事实上，开展数学实验，不仅在于对数学知识本身的探求，还在于数学知识的应用。数学实验是数学体系、内容和方法改革的一项尝试，有利于培养学生的主动性、创造性和协作精神，有利于促进学生整体素质的提高。数学实验教学模式不是要取代其他教学模式，而是对传统教学模式的有益补充。在中学开展数学实验、研究性学习，符合素质教育的要求，具有长效性。

（2）在中学常规的教学中，开展数学实验，教师面临来自专业素质方面的挑战：一方面，对大多数中学教师来说，计算机知识相对生疏，而利用计算机开展数学实验需要较多计算机知识，有时甚至要用到简单的程序设计知识；另一方面，开展数学实验，需要教师具有更广泛的数学知识和更强的科研能力，这就对教师素质提出了更高的要求。

（3）开展数学实验教学需要计算机硬件的支持。由于我国的经济发展不平衡，有些经济不发达地区的学校购买实验仪器设备还有一定的困难，这给推广数学实验造成了客观上的障碍和阻力。值得高兴的是，如今计算机及其网络技术发展迅猛，价格不断下降，为创建数学实验室提供了便利条件。为适应信息技术教育的需要，应克服困难，逐步建立数学(计算机)实验室，开展数学实验，让理论与实践结合。

数学实验教学是一种新型的数学教学模式，这一教学模式的产生是现代数学发展的必然产物。数学本身的这种发展走向预示着在新的数学教学改革中，数学实验教学模式具有很强的生命力。

附录 2　数学实验课数学软件的选择

开设数学实验课，选用比较理想的数学软件是十分重要的事情。有人统计过，近 20 年中全世界大约有 30 种数学软件上市，可将它们分为单功能和多功能两种。单功能数学软件是以一种数学功能为主的软件，比如专作数值计算的软件、专门绘制图形的数学软件，如 Graphmatica，The Geometer′Sketchpad(几何画板)，Plot3D 等等；多功能软件是具有两种以上数学功能的数学软件，如 Mathematica、Maple、Math CAD、Matlab。不妨，把前者叫做专项数学软件，把后者称为综合数学软件。

现有的综合数学软件通常具有如下功能：数值计算、符号推演、数学图形绘制、数学动画制作，并附有基本的网络功能和完善程度差异较大的文本处理(录入、编辑、排版)能力。虽然几乎每个综合数学软件都具备这些基本功能，但不同的软件，各种功能的强弱是有所差异的。往往是“此长彼短”，也因此产生了各自的“最佳适用圈”。从这个意义上说，高等学校针对不同专业开设的“数学实验”课，究竟选用哪一种数学软件，的确是一个值得仔细思考的问题。由培养目标的特殊性所决定，数学系的数学教育专业开设的“数学实验”课，要使学生在实验中，学会创设数学活动的环境；学会把自己未来的学员引导到数学活动中来；学会展示数学活动的基本内在规律，进而要求学生初步获得把学术形态的数学转换为教育形态的数学的基本能力。因而，必然要对数学软件在相关方面的功能有更高的要求。因此，选用什么样的数学软件，值得作出特殊的考虑。

一、“数学实验”课所用教学软件应具有的功能

“数学实验课”选用数学软件，是把它作为一种教育技术手段，用来创设有利于教育改革的教育环境的。希望被选用的软件能在以下几个方面提供最好的支持。

（1）有利于创建 IT 化的数学活动空间——能保证师生进行课程水平数学活动的需要。

（2）有利于创建可视化的数学教学环境——能为数学教学提供一种可视化技术支持，有能力将数量关系和空间形式作出可见的直观表示(特别是动态表示)，并保持应有的度量性和准确性。

（3）有利于建造起多媒体的数学 CAI 素材的制作平台——应当有能力方便地制作数学课件关键片断。

基于上述各种功能需求，我们提出一个选择数学软件的基本标准。总体来说，这个标准可以说成是：主要功能确实能满足相应层次数学教育师资的需要。如果细致地分析起来，可以表述为以下几点：

（1）功能全面，易学易用——应该是综合性的数学软件，界面友好，操作简便。

（2）解答数学问题的能力，能有效地覆盖中等、高等数学课程的内容，并有足够的扩展空间，解决问题的方法和风格与数学课程基本一致。

（3）应该具有两种活动功能：学术形态的数学实验活动，制作数学产品和教育形态的数学实验活动，制作数学教育产品。

（4）这个数学软件的制成品有较大的独立性和可移植性。

（5）这个数学软件与其他相关软件具有较高的兼容性和合作能力。

（6）数学软件所用编程语言应该具有完善的结构化特点，而且最好与数学语言十分接近。

二、几种流行数学软件的比较资料

对于“数学实验”课来说，具有动态几何雅号的几何画板，目前是一个必选的数学软件。它有许多优点，被广为利用。虽然它的制成品的独立性和可移植性相当局限，但它以其小巧玲珑的优势得到了补偿。可以说，它是一个很好的综合几何图形制作环境。

然而，另一类的充当坐标几何图形制作环境的数学软件，却有很大的选择余地。为了更好地选择数学实验课使用的这类软件，我们曾经把当今流行的四大主流数学软件的长短优缺，作过一番比较。它们的基本情况如下：

1. Maple(Waterloo Maple Software Inc)

Maple 软件是由加拿大 Waterloo 大学的两位教授 Keith Geddes 和 Gaston Gonnot 于 1980 年 11 月开始设计，大约三周完成的。符号演算功能是此软件的特长。1981 年发布 4.0 版，1982~1983 年，已在美国和欧洲一些大学中流行起来。至 1989 年推出 4.3 版时，已经是可以在 20 种平台上运行的软件了。1990 年推出的有重大改进的 MapleV，包括了 GUI 和 3D 图形，有很强的数据可视化能力。至 1999 年 2 月初，已经上市了 VR6 版本，号称世界首份的综合分析计算系统，在符号分析类的数学软件当中，曾是独领风骚的老资格。有些很有特色的数学软件，其符号演算功能都是来自 Maple，例如 MATLAB 和 Math CAD。值得特别指出的是，它具有对硬件要求比较低的特点，能节省设备投入。

2. MATLAB(MathWorksInc)

MATLAB 是由 Cleve Moler 博士开发的数学软件，中文名字应为矩阵实验室(MAT–LAB＝MATrix+LABoratory)。因为它的开发者曾把高效处理大批矩阵型数据的数值计算功能作为最初的设计目标，它具有丰富可靠的矩阵运算函数，作高精度的数值计算是其长项。

1984 年获得版权，由 MathWorkslnc 公司作了扩展改进，推出过具有重大影响的 4.0 版(1992)、5.1 版(1997)。如今的 MATLAB 已不再是当年的矩阵实验室了。它添加了许多不同用途的工具箱，已经是一个功能全面、国际流行、前景广阔的计算机高级编程语言，赢得了演草纸式的科学计算语言的美称，也成了具有数值、符号、图形、声音、用户界面设计等多种功能的集成环境。但仍以矩阵型数据处理为长项，是数值计算类数学软件中的佼佼者。它曾被“普通数学实验”课选为工具软件。

3. Mathematica(WolframResearchInc)

Mathematica 是由美国物理学家 StephenWolfram 领导一个小组开发的，最早用于量子力学的研究，版权始于 1988 年。经过 Wolfram 公司的不断改进，发行过 1.2、2.0、3.0、4.0 等版本，是一个以数学符号运算为长项的数学软件，经完善后成了“集符号、数值和图形于一个用户界面”的环境。在符号演算功能方面是独树一帜的，曾被“普通数学实验”课选为工具软件。

4. Math CAD(MathSoftwareInc)

1986 年推出第一套软件，设计者给它作了这样的定位：一个大众化、多功能、交互性很强的数学软件，是一种把文字处理、数学计算、图形绘制三大功能集于一身的应用系统，求博不求专。适用于教师、学生、科技人员来完成教案、作业、技术分析报告或技术说明书。有人称为数学文字软件、数学工具软件，也有人称为科技类电子书的写作平台、数理图形分析、高等数学 CAI、数学实验的有力助手。

如果从科学技术工程的专业水准上要求，在完成高精度数值计算方面，它不如 MATLAB；作高难度数学符号推演，它不如 Maple 或 Mathmatica(Math CAD 的符号分析功能是从 Maple 引入的)，但是如果从科技教育的水准上要求，它在这两方面的功能都足以满足数学教育的要求。它以强大的数据可视化功能(图形绘制和动画制作)与数学语言极其靠近的 M^{++}编程语言为鲜明特色，使得它在科学教育过程中的地位显得相当优越。

经过对比试用，我们从这四大主流软件当中选择了 Math CAD。将它和几何画板一起作为我们开设数学实验课的基本工具软件，而把其余的数学软件当做扩展视野和专业计算工具来向学生介绍。

三、Math CAD 的使用效果

我们的实践证明，Math CAD 这个软件的确比较符合我们的“六条标准”，经过试用可看出它具有以下几个突出的优点。

1. 独特的编程语言

Math CAD 使用的是一种被人称为 M^{++}的独特语言。它也是一种结构化的编程语言，有两个特点：所使用的英文语句提示符极少并可不用键盘输入(对用户英语要求不高)；支持标准数学表达式直接进入程序行。程序的编写又有两种形态：工作页面程序和用户函数程序。所编出的工作页面程序是“白箱程序”，一目了然，可读性极强，并可随意截获中间返回数据检验程序的执行效果，调试或纠错都很容易。而所编的用户函数程序，返回数据的类型特别丰富，不仅可以自由地使用实数和复数，而且可以使用超矩阵，同时返回多个不同类型的矩阵数据。

这样独具特点的高级编程语言，特别符合数学专业以及多数数理、工程专业的科研教学人员的使用习惯。在解决数学问题的过程中，思维逻辑、算法描述、语言表述都十分顺当、流畅，没有一丝“双语互换过程”的感觉，有利于思维集中在数学内容上，避免分神。更具有特殊数学教育价值的是这种编程语言的使用，给我们提供了一个研究数学语言的教育意义的新视角。

2. 具有强大的动态图形功能

Math CAD 的图形功能(尤其是它的动态图形，即动画功能)异常强大，生成的程序以及设置图形格式的对话框都完全采取“白箱”交互式操作方式，并能实时得到返回效果。因此，可以做到边设计边调整，直至满意为止。

使用帧变量 FRAME 来控制动画的动态进程，可以得到相当复杂的主题课件素材动画。画面当中，可以容纳多个静止或运动的图元，可以通过它们的协同动作来表现动画的主题。在中期版本的 Math CAD 7.0 中，2D 图形动画功能就已经相当完善，到了 Math CAD

2K 版本以后，3D 图形动画功能也得到了大力加强，不仅能收容多个图元，而且增加了可由用户随意调节的彩色填充、遮隐、光照、透明度等计算机图形学高档技术。

3. 产品的独立性、可移植性强

Math CAD 所生成的程序、图形、动画都有相当高的可移植性。用户函数程序可以带着路径调用；图形可以使用 OLE 技术与其他软件共享；动画则更可以保存成一个完全脱离母体的独立格式文件，还可以在多种类型的播放器上单独演播(也可插入或链接到其他演示文稿以及网页文档中去)。

4. 功能全面，协作性良好

Math CAD 属于综合性数学软件，具有多种功能：数值计算、符号推演、数学图形绘制、数学动画制作；高版本中还附有相当完善的文本处理能力和网络功能，能顺利地完成录入、编辑、排版等操作。

此外，Math CAD 具有良好的 OLE2 功能，可以和许多应用程序系统软件顺利协作，实现信息共享。它既能作为客户应用程序接受其他系统产生的数据信息对象、链接或嵌入，又可以作为持者应用程序向其他应用程序软件提供 OLE 信息源。

参 考 文 献

1 张晓丹等编著. 数学实验. 北京：北京航空航天大学出版社，2002

2 郑桂水等编著. Math CAD 2000 实用教程. 北京：国防工业出版社，2000

3（美）G 玻利亚著. 数学的发现. 欧阳绛译. 北京：科学出版社，1982

4.（美）G 玻利亚著. 数学与猜想. 李心灿等译. 北京：科学出版社，2001

5 刘胜利. 几何画板与微型课件制作. 北京：科学出版社，2001

6 陶维林. 几何画板实用范例教程. 北京：清华大学出版社，2001

7 郑毓信. 数学教育的现代发展. 南京：江苏教育出版社。1999

8 黄希庭. 心理学. 上海：上海教育出版社，1997

9 邵瑞珍. 教育心理学. 上海：上海教育出版社，1996

10 吴宪芳编著. 数学教育学. 武汉：华中师范大学出版社，1999

11 曹一鸣. 数学实验课的教学模式. 课程 · 教材· 教法，2003(3)

高等师范院校数学系列教材

数学实验（下册）

——学用几何画板制作课件

栾丛海 何凤兰 孙文英 编著

哈尔滨工业大学出版社

·哈尔滨·

内 容 简 介

本书全面介绍了有21世纪动态几何美誉的几何画板软件的功能，并结合数学课件的特点详细介绍了课件开发的方法和技巧，书中的各章和附录中配有大量的例题和习题，供读者参考。

本书可以作为师范院校及中专学校理科学生的教材或参考书，也可以作为中小学教师继续教育的培训教材，还可作为从事数学和物理教育工作教学、科研人员的参考书。

图书在版编目（CIP）数据

数学实验.下册，学用几何画板制作课件/栾丛海，何风兰，孙文英编著. —哈尔滨：哈尔滨工业大学出版社，2003.10（2024.2 重印）

ISBN 7-5603-1778-2

Ⅰ.数… Ⅱ.①栾… ②何… ③孙… Ⅲ.数学课-计算机辅助教学-应用软件-中学 Ⅳ.G633.603

中国版本图书馆 CIP 数据核字（2003）第 088668 号

出版发行	哈尔滨工业大学出版社
社　　址	哈尔滨市南岗区教化街 21 号　邮编 150006
传　　真	0451-86414749
印　　刷	哈尔滨圣铂印刷有限公司
开　　本	850×1168　1/32　印张 8.875　字数 231 千字
版　　次	2003 年 10 月第 1 版　2024 年 2 月第 3 次印刷
书　　号	ISBN 7-5603-1778-2/O·137
总 定 价	78.00 元

序

随着科学技术的发展，数学的应用范围日益广泛，不但在自然科学的各个分支中应用，而且在社会科学的很多分支中也有应用。毋庸置疑，数学自身的发展水平深刻地影响着人们的思维方式。

众所周知，数学创新、数学应用、数学传播是数学教学工作者的三大基本任务，为了适应现代教育发展的需要，我国高等师范院校的数学教育专业改为数学与应用数学专业（师范类），由此导致课程设置必将发生根本的变化。如何开设应用数学课，如何应用计算机进行数学教学，如何改革数学教育的传统课程，都是有待进一步探讨的问题；相应的数学教材，更有待改革和完善。为此，黑龙江省高等师范院校数学教育研究会，组织哈尔滨师范大学、齐齐哈尔大学理学院、牡丹江师范学院、佳木斯大学理学院四所本科师范院校的数学教育工作者，在多年教学实践基础上，集中对应用数学、计算机数学及数学教育等课程进行研讨，编写了“高等师范院校数学系列教材”，以适应高等师范教育发展的需要。

这套教材主要包括:形成体系的教材,如《数学建模(上、下册)》、《数学实验(上、下册)》、《离散数学》;具有师范特色的教材,如《中学数学教学论》、《中学数学方法论》、《中学数学解题方法》;融入教师教学体会和教学成果的专著性的教材,如《教学过程动力学》。这套教材,力求在保持师范特色的同时,突出应用数学和计算机数学,以期成为高等师范院校本科数学教育专业一套实用的教材,这是我们的主要目的。

我们清楚地知道,我们追求的目标不易达到,不过,通过我们的努力,引起共鸣,经过同仁的一起努力,目标总会到得早些。

黑龙江省高等师范院校
数学教育研究会理事长

王玉文

2002 年 3 月

前　言

数学是所有学科中最抽象的学科之一，数学有严密的公理体系，但却很少看到有数学实验。其实数学原本就有“实验”，且是推动所有数学发展的一种方法。如几何作图就是视觉上的数学实验，在几何学中视觉思维占主导地位。“几何画板”既是一种非常好的数学实验工具，也是一个非常优秀的学科课件开发平台。可以说，几何画板提供了一个“探索式”的学习环境，是一个培养创新意识的实践园地。另外，几何画板是一个适用于数学教学和部分物理学、天文学教学的软件平台，为教师和学生提供了一个探索几何图形内在关系的环境。它以点、线、圆为基本元素，通过这些基本元素的变换、构造、测算、动画、跟踪轨迹等就能显示或构造出其他较为复杂的图形。几何画板操作简单，无须编程序就可以开发课件，所以非常适合于数学或物理教师使用。

全书共分九章，第一章和附录 3 由孙文英编写，第二~六章由栾丛海编写，第七 ~ 九章、附录 1 和附录 2 由何凤兰编写。全书由栾丛海主编。本书作为校内教材自 1998 年以来在哈尔滨师范大学数学系试用多次，取得了宝贵经验，并得到本教研室老教师的悉心指导，在此一并表示感谢！

本书建议按 36 学时组织教学。宜在实验室授课，边讲边练。

由于作者水平有限，书中难免有错误之处，恳请读者批评指正。

联系 E-Mail:shida@VIP.163.com

作 者

2003 年 5 月

目　　录

第一章　几何画板简介

- **几何画板的含义**
- **几何画板的安装与启动**

1.1　几何画板的含义

The Geometer's Sketchpad 是美国优秀的教育软件，由美国 Nicholas Jackiw 设计，Nicholas Jackiw 和 Scott Steketee 编程实现，Steven Rasmussen 领导的 Key Curriculum 出版社出版，其中文名为《几何画板》。

几何画板是一个优秀的专业学科平台软件，它是以数学为基础，能够在运动过程中保持几何关系，从而能够将抽象的数学动态直观地表现出来。几何画板成了探索几何奥秘的强有力的工具。该软件短小精悍，功能强大，能够动态表现相关对象的关系，适合于数学和物理教师根据教学需要自编教学课件。

一、画几何图的工具

大家熟悉的 WORD 画几何图、标注字母和修改图形都很麻烦，Windows 自带的 PAINT 画几何图的功能也很一般，几何画板可以称得上是一个专业的画几何图的工具。它能让几何要素要平行就平行，要垂直就垂直，要保持多大角度就保持多大角度，要保持多大距离就保持多大距离；它是提供专用的标注几何对象字母的工具，修改几何图形也十分方便，作好的图可方便地复制、粘贴到 WORD 等字处理文档中。

二、动画演示的工具

几何画板不仅能准确画几何图（辅助以几何画板的测量和计算功能，利用作图、变换和图表功能构造出复杂的几何图形），并且还能动态地保持它们的几何关系。可以用鼠标拖动或制作动画或移动来动态地演示这些几何关系。例如，三角形内角和等于 180°，可以在画板上任画一个三角形 ABC，度量角 A、B、C，利用计算功能计算这三个度量值的和。用鼠标拖动点 A，发现角 A、B、C 的度量值都在变化，而它们的和不变，总是 180°。另外也可以让点 A 在一个圆上作动画，双击动画，就可以将这一几何关系自动地、动态地演示出来。

三、探求轨迹的工具

轨迹问题是数学中的一个重要知识点，且又是一个难点。以往的解法是借助于静态的图形，根据约束条件推导出轨迹的解析式，由解析式想象出或画出静态的轨迹图。如果学生的想象能力差一些，理解这部分内容就相当难了。利用几何画板、根据约束条件，就能在不知道解析式的情况下构造出轨迹图，并可进行动态演示，从而对这一问题有了一个清晰、直观和动态的认识，而且还可以由此发现许多新的规律。在本书附录中有大量的此类例题。

四、制作数学和有几何关系的物理学课件工具

几何画板是十分方便的制作数学和物理课件的工具，它的优点是不需要编程，不需要懂过多的计算机知识，操作简单方便，极其容易入门，入门之后又发现它变化多端，极富想象和创造空

间；十分注重数学的本质，没有华丽的外表，不分散学生的注意力；容易与其他制作课件工具（例如 POWERPOINT）链接。

五、良好的数学实验工具

几何画板是一个十分理想的数学实验工具。它能做到数与形的高度统一，是为学生提供验证已知几何规律、探索和发现未知几何规律的一个电子实验工具。在互联网上有许多这样的例子。

1.2　几何画板的安装与启动

一、系统配置

本书所用的几何画板是中文版《几何画板——21 世纪的动态几何》Windows 3.05 版，由人民教育出版社汉化并独家发行。几何画板工作环境为中文或带有中文平台的 Window3.x、Wiindows95、Wiindows98，主机内存 4 M以上，硬盘驱动器和 3.5 英寸软盘驱动器。

本书是以中文 Windows98 作为几何画板的工作环境进行讲解的。

二、安装几何画板

几何画板中文版的安装盘为两张 1.44MB 软盘，包括安装程序、主程序、画板范例以及记录范例。安装完成后，要把安装盘放在安全的地方，以备出错或意外情况下使用。安装步骤如下：

（1）启动 Windows98。

（2）将 1 号安装盘插入软盘驱动器，运行资源管理器，双击 A 盘，出现如图 1.1 所示的画面。

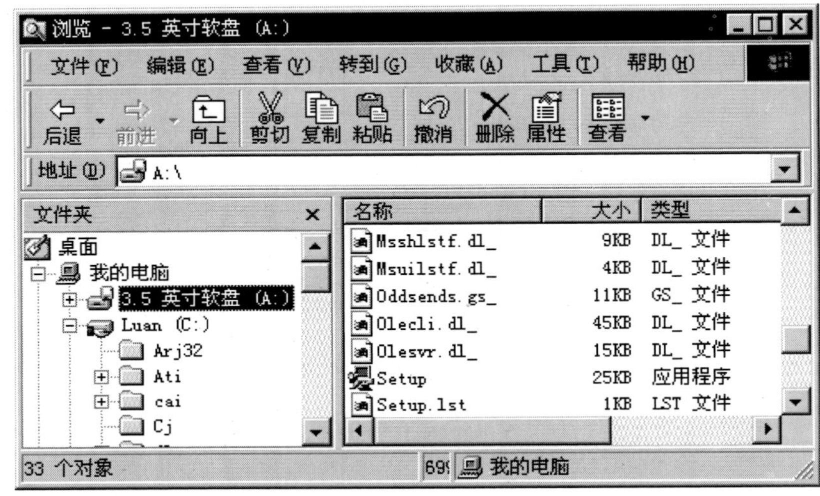

图 1.1

（3）开始安装。用鼠标双击 Setup 就开始安装。计算机要用一点时间来装载安装程序，安装程序将提示“安装程序正在初始化，请稍候”。

（4）安装程序在扫描硬盘的信息后，会提问几何画板的安装路径。缺省安装路径为 c:\SKETCH。一般用户可以直接按回车即可，当然你也可以改成其他路径。

（5）安装程序提问（图 1.2）是“安装几何画板和范例”，“仅

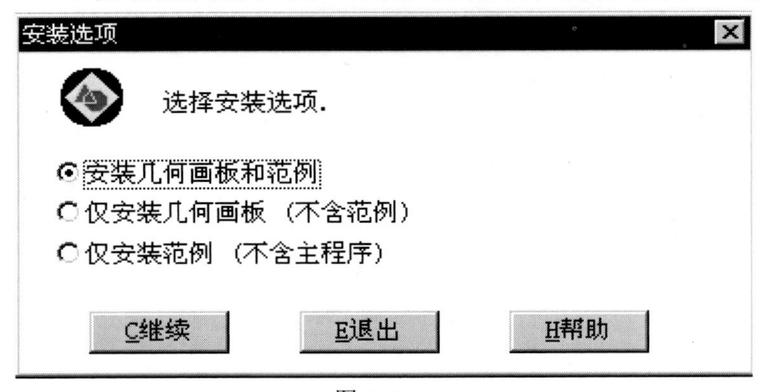

图 1.2

安装几何画板（不含范例）”，还是“仅安装范例（不含主程序）”。一般要选第一项“安装几何画板和范例”。

（6）当出现如图 1.3 所示的画面时，取出 1 号盘，并插入 2 号盘，确认后，继续安装。

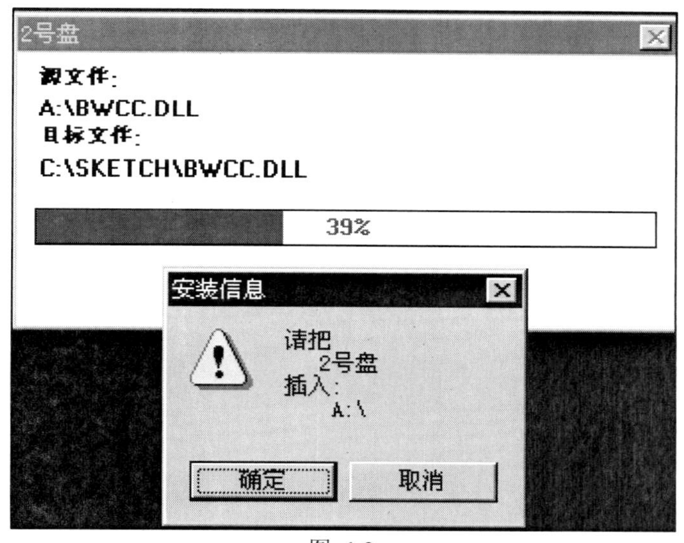

图 1.3

（7）安装程序会提问是否“建立程序组”时（图 1.4），一般选择“是”。

图 1.4

（8）安装程序的其他提问都直接按回车确认，就完成了几何画板软件的安装。

三、启动几何画板

在 Windows98 的开始菜单中选择《程序》，在出现的级联菜单中选择《几何画板》，再在出现的级联菜单中选择《几何画板》（图 1.5），就启动了几何画板，出现如图 1.6 所示的画面。

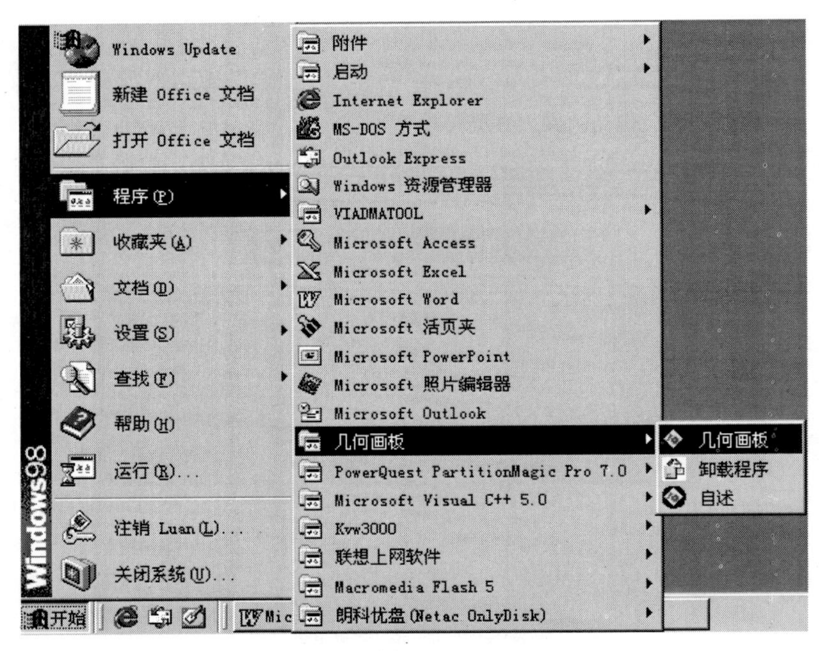

图 1.5

四、退出几何画板

退出几何画板的方法与一般的 Windows 应用程序的退出方法相同。打开“文件”菜单，选定“ 退出”选项，就可以退出几何画板。其他的退出方法与 Windows 相同。

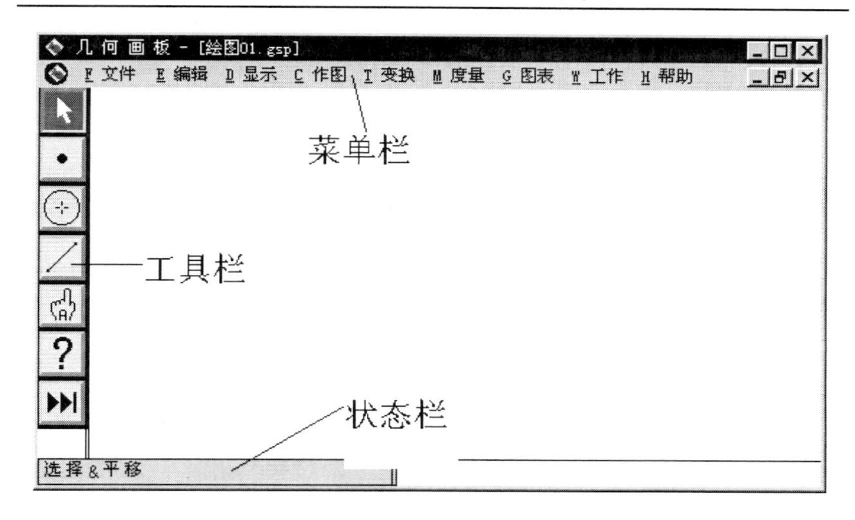
几 何 画 板 - [绘图01. gsp]
F 文件
E 编辑
D 显示
C 作图
T 变换
M 度量
G 图表
W 工作
H 帮助
菜单栏
工具栏
状态栏
选择 & 平移

图 1.6

第二章　用几何画板绘制基本几何图形

- 用画图工具绘图
- 利用作图菜单构造几何关系

2.1 用画图工具绘图

几何画板的作图是尺规作图，由于软件计算的需要，增加了点对象。因此，几何画板的三种基本图形构件是点、线和圆，其中线包括线段、射线和直线。

一、建立新绘图

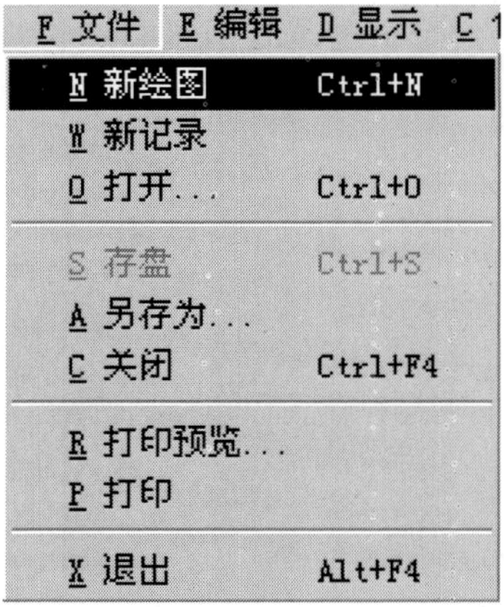

要制作一个几何画板课件，首先须建立一个新绘图。具体操作步骤为（如果是刚进入《几何画板》，系统会自动打开一个新绘图窗口，下面步骤可以省略）：

单击“文件”菜单，屏幕出现一个下拉式子菜单（图 2.1），把鼠标移到子菜单的第一行“N 新绘图 Ctrl+N”上，单击鼠标左键（这个操作以后简称为单击）；计算机屏幕上《几何画板》窗口内部出现新窗口，这就是新绘图。这项功能的快捷键是

图 2.1

<Ctrl+N>。如果大小不合适，可以用窗口操作，进行放大或缩小，这些都是 Windows 的基本操作，不再赘述。

二、基本几何图形的绘制

绘制基本图形的基本步骤相同，都是先选定画图工具，然后在画板上绘制。在几何画板上的各种绘图工具如图 2.2 所示。

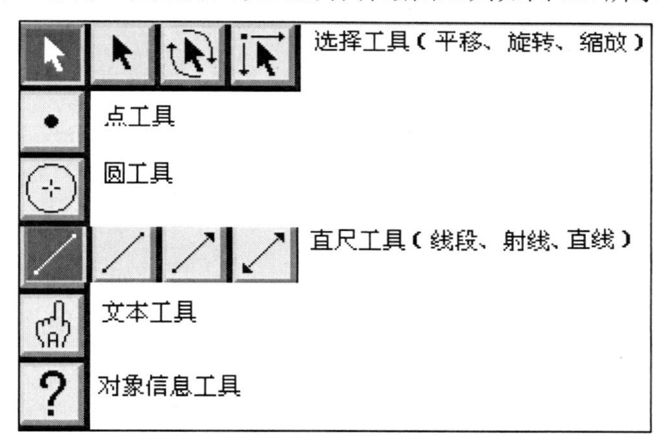

图 2.2

1. 画点

（1）选择点工具。工具箱第二个图标，即中间画有一个小圆点的图标，称为“画点工具”。单击工具箱第二个图标，使它呈红底显示，就选择了画点功能。

（2）画点。将鼠标指针移到画板上要画点处单击，指针处就出现一个小的空心圆点，就表示在该处画了一个点。只要选定的画点功能不变（画点工具为红底显示），用同样方法就可以在画板上画更多的点。

（3）修改点的位置。如果点的位置不合适，可以移动它。移动的方法是：先按下 Ctrl 键不放，将鼠标指针移到要修改的点处，鼠标的指针变成←小箭头，按住鼠标左键不放，拖动该点到想要到的地方，放开鼠标左键，放开 Ctrl 键，就完成了修改点操作。

（4）删除点。如果要删除某个点，只要先按下 Ctrl 键不放，用鼠标单击这个点，这时该点周围出现一小圆，表示它被选定为当前目标，再按 Delete 键，这个点就被删除。

（5）几何画板的撤消/重复功能。

A：撤消命令。执行《编辑/撤消》命令，如图 2.3 所示。

这个命令可以撤消任何影响几何画板对象的操作，包括对象的创建、对象的定位等。几何画板以列表的方式存储了每一步操作。用撤消命令可以回溯到上一次保存状态，倘若你没有保存过文件，那么可以回到作图的起始步骤上。（这不像其他软件，只可以回到最近的一步。）另外，当你拉下几何画板中的编辑菜单，发现撤消命令会有所变化，这取决于你刚刚完成的操作，如可能变为撤消删除线段或撤消画点命令。命令的快捷键是<Ctrl + Z>。

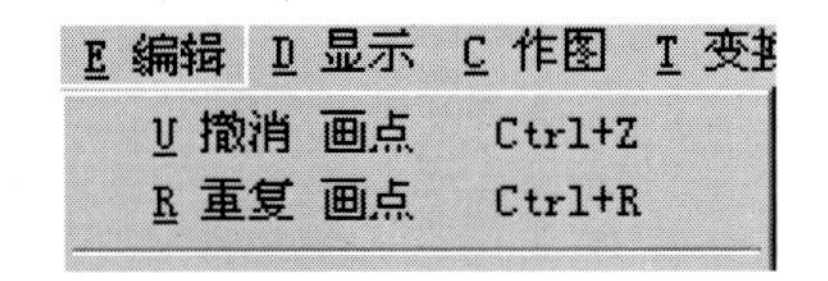

图 2.3

B：重复命令。执行《编辑/重复》命令，如图 2.3 所示。

这个命令允许我们做刚刚撤消的操作。几何画板保留了撤消操作的记录。你可以返回到开始处，然后按以前所做的再演示一遍。重复命令的快捷键是<Ctrl +R>。

2. 画圆

（1）选择圆工具。工具箱第三个图标，即画有一个圆的图标，称为“圆工具”。单击这个图标，使它呈红底显示，就选择了画圆功能。

（2）画圆。在平面几何中，已知圆心位置和半径可以决定一个圆，《几何画板》中也遵循这个原则。把鼠标指针移到要画圆的圆心位置，按下鼠标左键不放，画板上原指针就会出现一个点，表示圆心，然后拖动鼠标，圆心周围出现一个圆，该圆会随着指针离圆心的距离不同而不同。将鼠标拖到合适位置后放开鼠标左键，一个圆就出现在画板上。圆的中间有一个小圆点表示圆心，圆上也有一个小圆点，称为圆上的点，它与圆心的距离表示圆的半径。只要选定的画圆功能不变，用同样方法就可以在画板上画更多的圆。

（3）修改圆的位置。如果圆的位置不合适，可以移动它。移动的方法是：先按下 Ctrl 键不放，将鼠标指针移到要修改的圆上，鼠标的指针变成←小箭头，按住鼠标左键不放，拖动该圆到想要到的地方，放开鼠标左键，放开 Ctrl 键，就完成了修改圆操作。同样，按照修改点的方法，修改决定圆心和决定半径的点，不仅可以改变圆的位置，还可以改变圆的大小。

（4）删除圆。如果要删除某个圆，只要先按下 Ctrl 键不放，用鼠标在这个圆上单击，这时该圆上下左右出现四个小黑方块，表示它被选定为当前目标，再按 Delete 键，这个圆就被删除。剩下决定圆心和决定半径的点，可按删除点的方法删除。

3. 画线

（1）选择线工具(也称直尺工具)。工具箱第四个图标，即画有一个斜线的图标，称为“线工具”。单击该图标，使它变为红底显示，表示当前选定了画线的功能。几何画板中

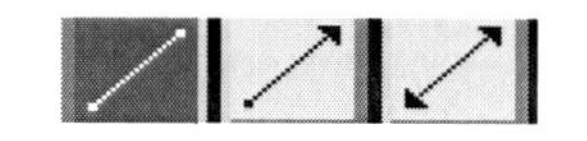

线段　射线　直线

的“线”有三种类型：线段、射线、直线。将指针移到画线工具上，按下鼠标左键不放，约 1 s 后右边就会出现 。将指针拖动到其中一个图标上，放开

左键，原工具箱中的画线图标变成了你选定的图标，就选择了画该种线型的功能。

（2）画线。在平面几何中，线段、射线和直线都是由两点决定的，《几何画板》中也遵循这个原则。

（3）画线段。按上述方法选定画线段工具，将鼠标指针移到要画线段的一个端点处，按下鼠标左键不放，并拖动鼠标到线段的另一个端点处，放开鼠标左键，一条线段就画成了。

（4）画射线。按上述方法选定画射线工具，将鼠标指针移到要画射线的起始端点处，按下鼠标左键不放，并拖动鼠标到射线的另一个决定点处，放开鼠标左键，一条射线就画成了。

（5）画直线。按上述方法选定画直线工具，将鼠标指针移到要画直线的一个决定点处，按下鼠标左键不放，并拖动鼠标到直线的另一个决定点处，放开鼠标左键，一条直线就画成了。

（6）修改线的位置。如果线的位置不合适，可以移动它。移动的方法是：先按下 Ctrl 键不放，将鼠标指针移到要修改的线上，鼠标的指针变成←小箭头，按住鼠标左键不放，拖动该线到想要到的地方，放开鼠标左键，放开 Ctrl 键，就完成了修改线的操作。同样，按照修改点的方法，修改决定线的两个点，不仅可以改变线的位置，还可以改变线的方向。

（7）修改对象的线型和颜色。

（8）修改对象的线型。

A：选取要改变线型的对象。

B：执行《显示/L 线型》命令，在出现的级联菜单中选取需要的线型（图 2.4）。

图 2.4

【注】 这个命令用来设置所选或所创建的线段、射线、直线和圆的线型。若只想改变所选对象的线型，而不影响未来其他对象，就应该在执行此命令的同时按下 Shift 键。在其级联菜单中有粗线、细线和虚线三种选择，该命令不影响点或多边形和圆的内部。

（9）修改对象的颜色。

A：选取要改变颜色的对象。

B：执行《显示/C 颜色》命令，在级联菜单中选取需要的颜色（图 2.5）。

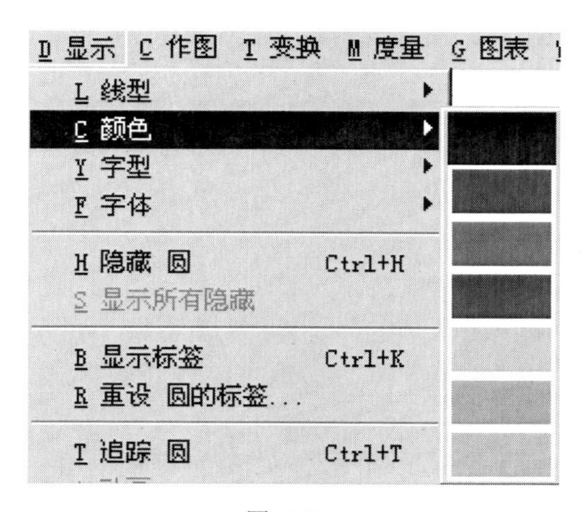

图 2.5

【注】 这一命令是设置所选和所创建的点、线段、射线、直线、圆及其内部的颜色。如果只是改变已选对象的颜色，而不改变对未来对象的设置，在选择此命令的同时按下 Shift 键。供选取的颜色有黑色、红色、品红、蓝色、青色、绿色和黄色。如果要为圆的内部或多边形的内部设置颜色，可以选择三种颜色较亮的阴影。

（10）删除线。如果要删除某条线，只要先按下 Ctrl 键不放，用鼠标在这个线上单击，这时该线上出现两个小黑方块，表示它被选定为当前目标，再按 Delete 键，这个线对象就被删除。剩下决定线对象的两个点，可按删除点的方法删除。

【例 2.1】 画一个圆，再画它的内接三角形（图 2.6），并存盘，文件名为绘图 01.gsp。

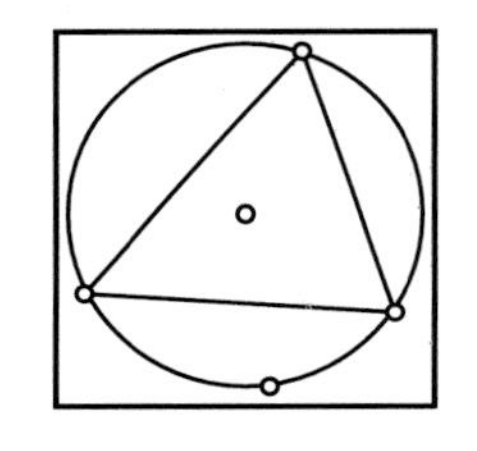

图 2.6

三、用选择工具修改图形的位置和大小

1. 选中选择工具

工具箱第一个图标，即画有一个箭头的图标，称为“选择工具”。单击这个图标，使它呈红底显示，就选中了选择功能。

2. 修改图形

（1）修改。用鼠标拖动几何画板对象（点、线、圆等）到想去的任何位置。当然，拖动决定线对象和圆对象的点，也可以达到修改图形的目的。

（2）删除。这时，单击任何几何画板对象，就选中了该对象。选中时有特殊标志，在作图过程中已经描述过，不再重复。选中几何画板对象后，就可以按 Delete 键将其删除，如后悔了，可以用 Ctrl+Z 键撤消该操作。

（3）同时选中多个几何画板对象。在选择工具有效时，按下键盘的 Shift 键不放，顺次用鼠标单击所要选中的对象，然后放开键盘的 Shift 键，这些对象就被同时选中了。

同时选中多个几何画板对象的另一种方法是，在选择工具有效时，在画板上按下鼠标左键不放，拖动出一个矩形框，放开鼠标左键，该矩形框中的所有对象就被选中了。但是这种方法的缺点是，没办法控制各个选中的几何画板对象的选中次序，这在后续课中是非常重要的。

同时选中多个几何画板对象的情形，如图 2.7 所示。

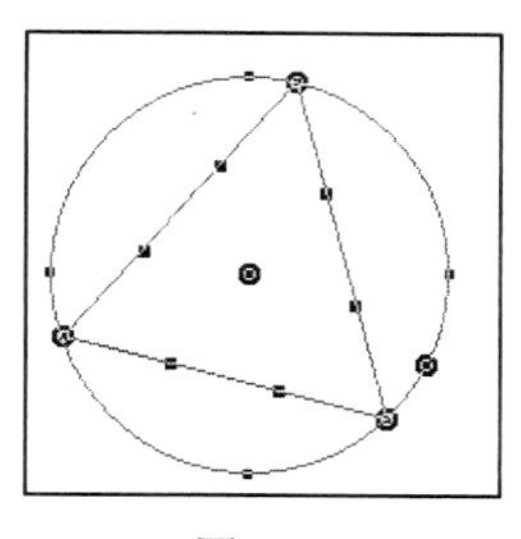

图 2.7

【注】　至此，大家可以看出，用选择工具修改图形的位置和大小，与按下 Ctrl 键，然后用鼠标修改图形的位置和大小是一样的，只不过，这时不用按键盘的 Ctrl 键，因而方便了。

【例 2.2】　修改上边的图，发现“内接”的性质始终保持不变。

四、几何画板对象的标签

1. 选择标签工具（也称文本工具）

单击工具箱第五个画有伸出一个食指的手的图标，就选定了文本工具。

2. 设置标签

只要这只手的手指尖移到要标注的点、线对象和圆上单击，该点旁就显示出标注的字母。点对象的标签是几何画板自动按 A、B、C 等给的，线对象的标签是几何画板自动按 j、k、l 等给的，圆对象的标签是几何画板自动按 C_1、C_2、C_3 等给的。

3. 修改标签的位置

若标签的位置不合适（如遮挡其他对象等），可用鼠标拖动到其他位置。

4. 修改标签的字母、字型和颜色

可双击要修改的字母标签，出现如图 2.8 所示画面。要

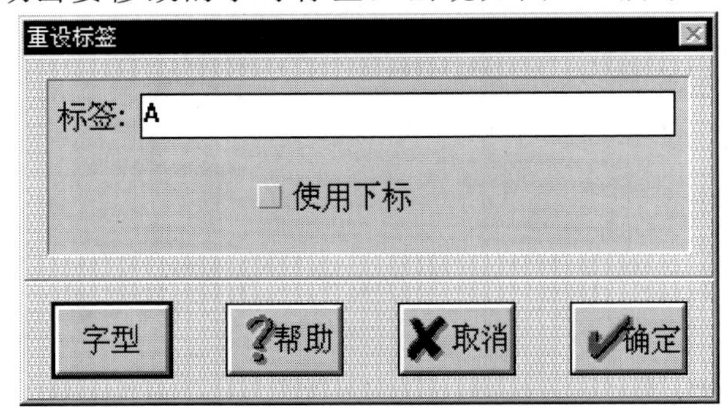

图 2.8

改标签的字母，将 A 换成你想要的文字或字母即可。此外，如图 2.9 所示可以使用下标。用鼠标单击字型按钮，出现图 2.9 所示的画面。

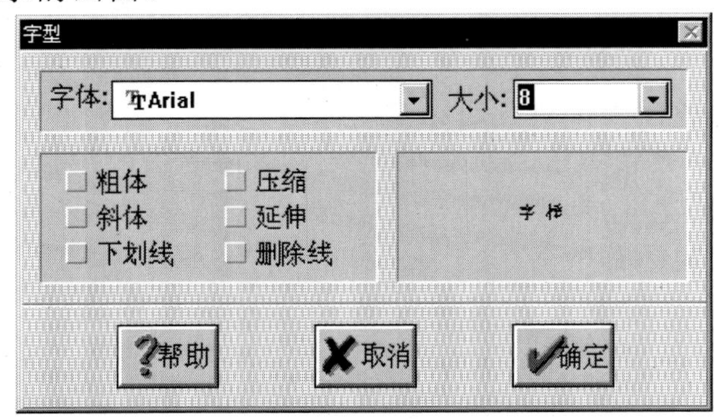

图 2.9

在该图上可以设置字体，字的大小，选择粗体、斜体、下划线，压缩、延伸、删除线。

另外，还可以先选中要修改标签的对象，然后单击鼠标右键，在出现的快捷菜单中选择想要的字体与字型。也可以先选中要修改标签的对象，然后执行《显示/字型》，在出现的级联菜单中选择想要的字的大小，执行《显示/字体》，在出现的级联菜单中选择想要的字的字体。

【注】　字型（字的大小）用磅值来确定，磅是长度单位。带有"@"的字体是横的，不是正常时的样子。

【例 2.3】　将上例的点进行标注，如图 2.10 所示。

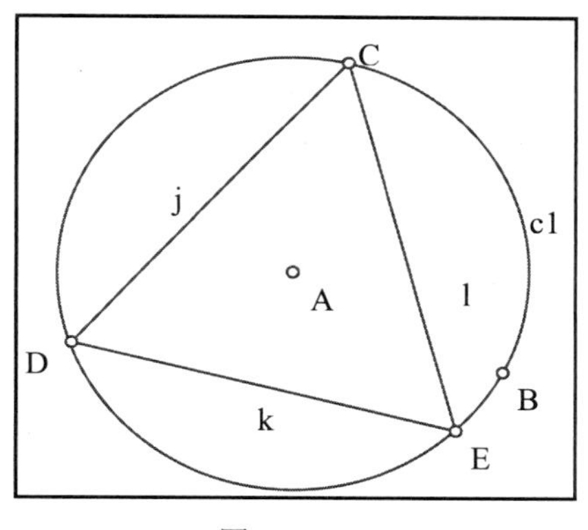

图 2.10

5. 显示/隐藏几何画板对象的标签

（1）用工具方式。先选择标签工具，然后用鼠标单击要隐藏标签的几何画板对象，该对象的标签就隐藏了。当然，再单击该对象，该对象的标签又出现了。再一次单击该对象，该对象的标签又隐藏了。这是一个循环。

（2）用菜单方式。先选取要显示标签的对象（此时该对象无标签），然后执行《显示/显示标签》命令，就显示该对象的标签。

先选取要隐藏标签的对象（此时该对象有标签），然后执行《显示/隐藏标签》命令，就隐藏该对象的标签。

显示菜单中的《显示/隐藏标签》命令与显示或隐藏被选中对象的标签有关。如果你选取了那些带标签显示的对象，那么该菜单命令为隐藏标签；如果被选对象部分地而不是全部地显示标签，那么菜单命令为显示标签。此命令的快捷键是<Ctrl +K>。

6. 设置标签选项

（1）不选取任何对象。在选择工具有效时，在画板的空白处单击，就不选取任何几何画板对象。

（2）在显示菜单中选择标签选项命令，出现如图 2.11 所示的对话框。

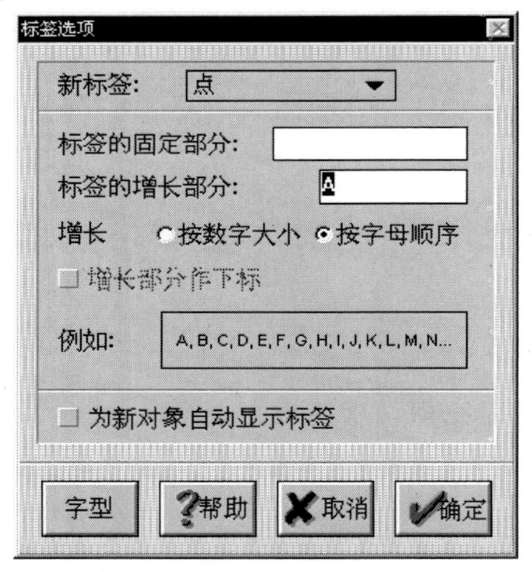

图 2.11

① 靠近顶部的弹出菜单为你提供了不同种类对象的选择：点、线、圆、圆弧和内部。对每一种选择，你都可以为以后产生的新对象自动设置标签。当然你若选择了为新对象自动显示标签的话，在以后产生新对象的同时，将自动设置的标签显示在画板上。

【注】 在显示菜单中执行参数选择命令，出现的对话框中，也可以设置为新对象自动显示标签选项。

② 几何画板可用标签的固定部分和增长部分来标识对象。例如，对于圆可用“c”表示圆标签的固定部分，用自然数作为圆标签的增长部分，“c1，c2，c3，…”来标识一系列的新圆。另一方面，点在缺省时不使用标签的固定部分作标识，而是用字母序列作为标签的增长部分，如“A，B，C，…”。若点标签的固定部分输入“Point”，在增长部分输入“1”，则新产生的点的标签将为Point1,Point2,Point3，等等。当然标签的增长部分还可按字母顺序增长，请自己练习。

③ 选择“增长部分作下标”选项，使得标签的固定部分正常显示，而增长部分以下标的形式显示。若点标签的固定部分输入“Point”，在增长部分输入“1”，且选择“增长部分作下标”选项，则新产生的点的标签将为$Point_1$，$Point_2$，$Point_3$，等等。

④ 选中为新对象自动显示标签选项，将令新对象刚一创建新对象就显示标签，如果不选中该选项，那么新对象的标签将保持为隐藏状态。

⑤ 字型按钮允许改变所有新标签的字型。这与用文本工具改标签时是类似的，这里不再重复。

7. 修改单一对象标签

选取一个几何画板对象后，执行《显示/重设标签》命令，就出现修改标签对话框，根据对话框中的各种提示信息，就能完成对该对象的标签的修改。此命令的功能与在文本工具有效时双击该对象的标签的效果是一致的。

8. 重设一组对象的标签

若嫌对每一个对象分别设置标签麻烦，几何画板还提供了对一组对象同时顺序地设置标签。

【例 2.4】 对于例 2.3，将三角形 CDE 改为三角形

ABC，将圆心 A 改为圆心 D，将决定半径的点 B 改为 E。

具体方法如下：

（1）顺序地选取需要重设标签的对象，并使这些标签依顺序显示出来。

对于本例，同时顺序选中点 C、D、E、A、B。在选择时，先使选择工具有效，然后单击点 C（这样将画板上的其他选中对象取消，又使点 C 选中，否则选的对象多于你要选的对象，是会产生麻烦的），按住键盘的 Shift 键不放，顺次单击点 D、E、A、B，然后放开键盘的 Shift 键，才完成选中工作。

（2）执行重设标签对象命令（如果所有的对象都是同一类型，则此命令会体现同一类型的名称。比如，重设点的标签）。

对于本例：执行《显示/重设点的标签》出现如图 2.12 的对话框。

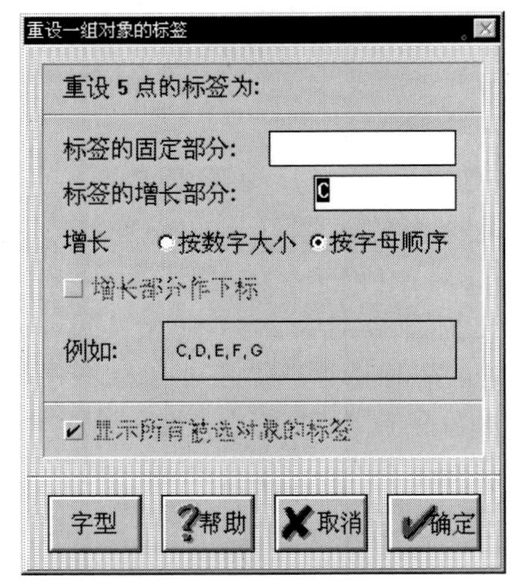

图 2.12

（3）与设置标签选项类似，你可以设置固定的标签和增加标签项，并选择增加部分是否作为下标。

对于本例，将标签增长部分的 C 改成 A 即可。

（4）所选对象若有隐藏标签的，请单击“显示标签”选择框，可以显示标签，否则标签不被显示。

对于本例，由于所选对象的标签都显示，所以“显示标签”选择框不可用。因此，单击确定按钮，就完成重设标签的任务，结果如图 2.13 所示。

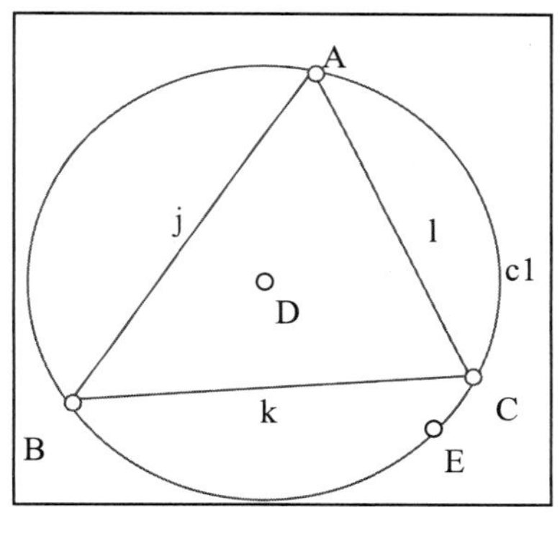

图 2.13

【注】　对于本例，若想一次将三角形标注为 ABC，将圆心标注为 O，则必须两次完成。几何画板重设一组对象标签时，同类对象的标签必须是顺序的。

2.2　利用作图菜单构造几何关系

平面几何中的图形之间有一些简单而又常用的几何关系，其中包括平行、垂直、角的平分线等等。这些几何关系可用几何画板的作图功能，方便、快速地作出来。这就是本节的主要内容。

绘制图形的基础叫做**前提条件**。例如，要作平行线，则必须要有一条线和线外一个点；要作垂线，则必须要有一条线和一个点。那么，这一条线和线外一点就是作平行线的前提条件，一条线和一点就是作垂线的前提条件。在画板中一般存在这些条件，几何画板软件不知道该作过哪个点，平行于哪条线的平行线，要是都作的话，画板上也就乱套了。因此，在执行菜单中的命令之前，必须在画板中选定前提条件。例如，作平行线的前提条件是一条线和线外一点，先同时选中这一条线和线外一点，才能从作图菜单中选择平行线命令。如果没作任何选中，除作图帮助命令外，所有作图菜单中的命令均不能使用。

一、平行线

平行线命令的前提条件是：一个点和一个或多个直线型对象（包括线段、射线和直线），或一直线型对象和一个或多个点。

根据这个前提条件，通过一点可作多个直线型对象的平行线，或通过不同点作同一个直线型对象的平行线。也就是说，如果选取了一个点和多个直线型对象，那么几何画板会作出通过此点并平行于多个直线型对象的平行线；如果选取了一个直线型对象和许多点，那么几何画板会通过不同的点作同一直线型对象的不同平行线（图 2.14）。

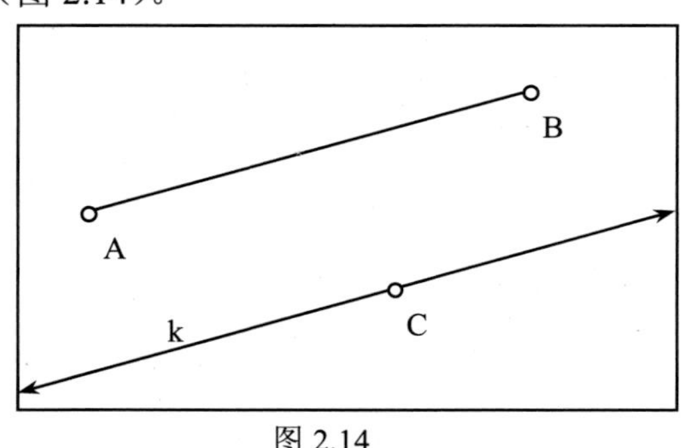

图 2.14

【例 2.5】 过线段外一点，作平行该线段的直线，拖动决定线段的点，观察发生的变化。

【制作步骤】

（1）打开一个新绘图：执行《文件/新绘图》命令或按<Ctrl+N>快捷键。

（2）画线段AB：选择线段工具，在画板上任画一条线段；选择文本工具，将它的一个端点标注为A，另一个端点标注为B。

（3）在线段AB外任画一点C：选择点工具，在画板上线段AB外，用鼠标单击，即画一个点；选择文本工具，标注该点为C。

（4）同时选中线段AB和点C：单击选择工具后，用鼠标单击线段AB，按下Shift键不放，用鼠标单击点C，放开键盘的Shift键。这时，点C的外围有一个小圆，而线段AB上增加两个小黑方点，表示它们同时被选中了。

（5）过点C作线段AB的平行线：执行《作图/P 平行线》命令，在画板上就画好了过点C平行线段AB的直线。该平行线是几何画板软件通过计算自动绘出的，因而十分准确。

（6）标注该平行线为k：选择文本工具，在该平行线上单击，则该平行线的标注的字母就出现了，若不是k,可双击该标注，将它改为k（图2.15）。

（7）拖动点A，发现平行关系没有改变；拖动点B，仍然保持平行关系。这就是几何画板的特色：保持几何关系不变。

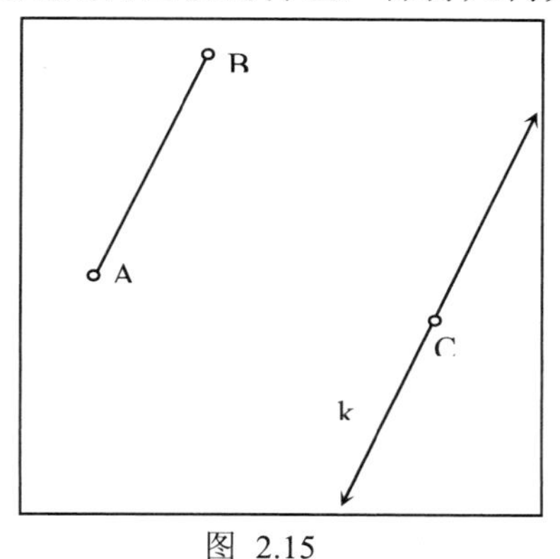

图 2.15

【注】 几何画板软件根据几何关系绘出的图形，不仅准确，而且随时保持几何关系。

二、线段/射线/直线

线段/射线/直线命令的前提条件：两个或更多的点。

【例 2.6】 根据两个点作线段。

【制作步骤】

（1）打开一个新绘图：执行《文件/新绘图》命令或按<Ctrl+N>快捷键。

（2）画点 A 和点 B：选择点工具，在画板上任画两点，然后选择文本工具，将其中的一个点标注为 A，另一个点标注为 B。

（3）选择线段工具：在直尺工具中有线段、射线和直线，其中第一个就是线段工具。具体方法参见 2.1 节画线部分。

（4）同时选中点 A 和点 B：单击选择工具后，用鼠标单击点 A，按下 Shift 键不放，用鼠标单击点 B，放开键盘的 Shift 键。这时点 A 和点 B 的外围有一个小圆，表示它们同时被选中了。

（5）作线段 AB：执行《作图/线段》命令，就在点 A 和点 B 间连成一条线段。

【例 2.7】 根据两个点作射线。

【制作步骤】

（1）打开一个新绘图：执行《文件/新绘图》命令或按<Ctrl+N>快捷键。

（2）画点 A 和点 B：选择点工具，在画板上任画两点，然后选择文本工具，将其中的一个点标注为 A，另一个点标注为 B。

（3）选择射线工具：在直尺工具中有线段、射线和直线，其中第二个就是射线工具。具体方法参见 2.1 节画线部分。

（4）同时选中点 A 和点 B：单击选择工具后，用鼠标单击点 A，按下 Shift 键不放，用鼠标单击点 B，放开键盘的 Shift 键。这时点 A 和点 B 的外围有一个小圆，表示它们同时被选中了。

（5）作线段 AB：执行《作图/射线》命令，画板上就出现了以点 A 为端点经过点 B 的射线。

【例 2.8】　根据两个点作直线。

【制作步骤】

（1）打开一个新绘图：执行《文件/新绘图》命令或按<Ctrl+N>快捷键。

（2）画点 A 和点 B：选择点工具，在画板上任画两点，然后选择文本工具，将其中的一个点标注为 A，另一个点标注为 B。

（3）选择直线工具：在直尺工具中有线段、射线和直线，其中第三个就是线段工具。具体方法参见 2.1 节画线部分。

（4）同时选中点 A 和点 B：单击选择工具后，用鼠标单击点 A，按下 Shift 键不放，用鼠标单击点 B，放开键盘的 Shift 键。这时点 A 和点 B 的外围有一个小圆，表示它们同时被选中了。

（5）作线段 AB：执行《作图/直线》命令，画板上就出现了经过点 A 和点 B 的直线。

【注】　工具框中的当前直尺工具决定了作图菜单中哪个命令是可用的。假如当前工具是射线工具，那么首先选择的点是射线的端点。

用线段工具还可以作出一个多边形，注意所选点的顺序是很重要的。

按 A、B、C、D、E 的顺序选点，再选线段命令，作出图 2.16。

按 A、C、E、B、D 的顺序选点，再选线段命令，作出图 2.17。

线段 / 射线 / 直线命令的快捷键是 Ctrl +L。

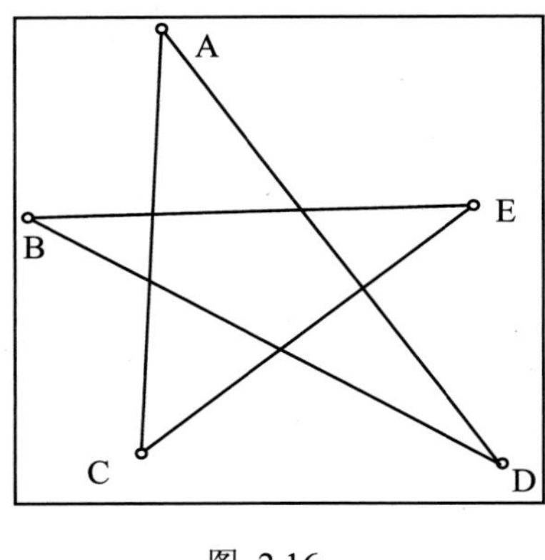

图 2.16

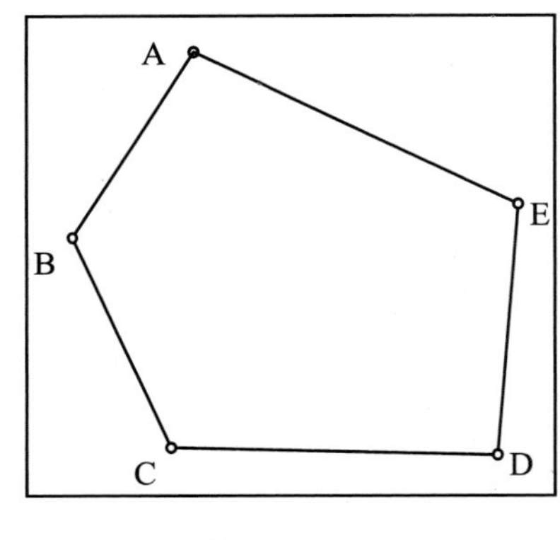

图 2.17

三、中点

中点命令的前提条件：一条或多条线段。

中点命令的快捷键是 Ctrl+M。

四、垂线

垂线命令的前提条件：一直线型对象和一个或多个点，或一个点和一个或多个直线型对象。

根据作垂线的前提条件，通过一点可作多个直线型对象的垂线，或通过不同点作同一个直线型对象的垂线。也就是说，如果选取了一个点和多个直线型对象，那么几何画板会作出通过此点并垂直于多个直线型对象的垂线；如果选取了一个直线型对象和许多点，那么几何画板会通过不同的点作同一直线型对象的不同垂线；如果选取了一条线段和它的两个端点，那么几何画板会作出通过两个端点的两条垂线。

【例 2.9】 作线段的垂直平分线。

【制作步骤】

（1）打开一个新绘图：执行《文件/新绘图》命令或按<Ctrl+N>

快捷键。

（2）画线段 AB：选择线段工具，在画板上画一条线段，然后选择文本工具，将其中的一个端点标注为 A，另一个端点标注为 B。

（3）作线段 AB 的中点 C：单击选择工具后，单击线段 AB，则线段 AB 被选中。执行《作图/中点》命令，则线段 AB 的中点产生。拖动线段的端点，发现中点的几何性质保持不变。选择文本工具，将该中点标注为 C。

（4）同时选中线段 AB 和中点 C：单击选择工具后，用鼠标单击线段 AB，按下 Shift 键不放，用鼠标单击中点 C，放开键盘的 Shift 键。这时线段 AB 和中点 C 都被选中。

（5）作垂直平分线：执行《作图/垂线》命令，垂直平分线就做好了。

拖动线段的端点 A 或端点 B，发现垂直平分的性质始终没有改变（图 2.18）。

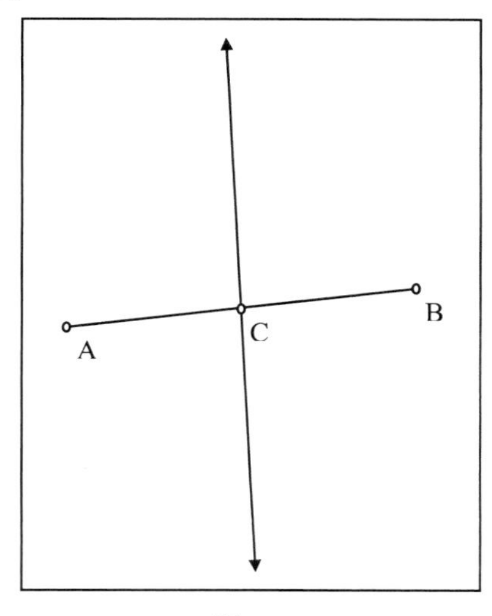

图 2.18

五、以圆心和圆周上的点画圆

以圆心和圆周上的点画图命令的前提条件是两个点：第一个点是圆心，第二个点作为圆周上的点(即决定半径的点)。

六、以圆心和半径画圆

以圆心和半径画圆命令的前提条件：一个点和一条线段。将这个点作为圆心，将这条线段的长度作为半径。

七、圆上的弧

圆上的弧命令的前提条件：一个圆及圆上两点。圆弧是从第一个点逆时针方向到第二个点之间的一段弧。

【例 2. 10】　在圆上作粗线红色弧 CD（图 2.19）。

【制作步骤】

（1）打开一个新绘图：执行《文件/新绘图》命令或按<Ctrl+N>快捷键。

（2）画圆：选择圆工具，在画板上画一个圆，然后选择文本工具，将圆心标注为 A，决定半径的点标注为 B。

（3）在圆上任作点 C 和点 D：选择点工具，在圆上画两点。选择文本工具，将其中一个点标注为 C，另一个点标注为 D。

（4）同时选中圆、点 C 和点 D：单击选择工具后，用鼠标单击圆，按下 Shift 键不放，用鼠标单击点 C 和点 D，放开键盘的 Shift 键。这时圆、点 C 和点 D 都被选中。

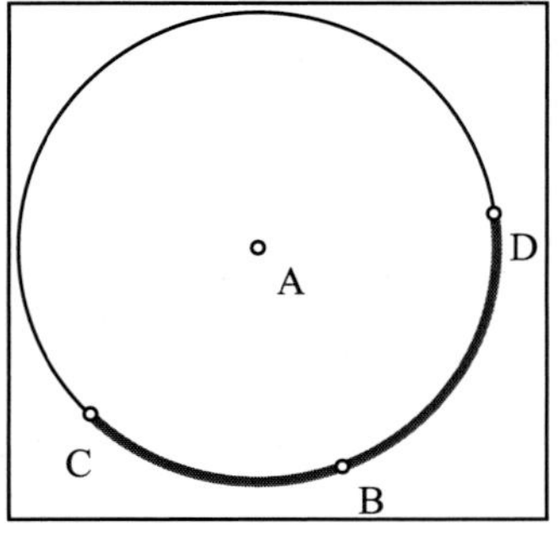

图 2.19

（5）作从点 C 到点 D 的逆时针的弧：执行《作图/圆上的弧》

命令，就会发现从点 C 逆时针到点 D 出现了两个黑色的小方块，表示圆弧已经做好，并被选中。

（6）将该弧变成粗线红色：执行《显示/线型》，从级联菜单中选择粗线。执行《显示/颜色》命令，从级联菜单中选择红色。一条红色粗线弧就画好了。

八、过三点的弧

过三点的弧命令的前提条件是三个点。按所选三点的顺序作弧。

九、交点

交点命令的前提条件是两条路径，且这两条路径每个都是直线型对象、圆或弧当中的一个。

在两条路径的相交处构造点。可能会有两个交点，如圆与直线相交，就显示出两个交点。拖动路径对象时，交点的位置总是在路径对象的相交处。如果作交点时，两条路径对象不相交，那么几何画板就会给你一个如图 2.20 的提示，你如果选择是，则当两条路径对象相交时，交点就会自动出现；你如果选择否，就什么也不作。

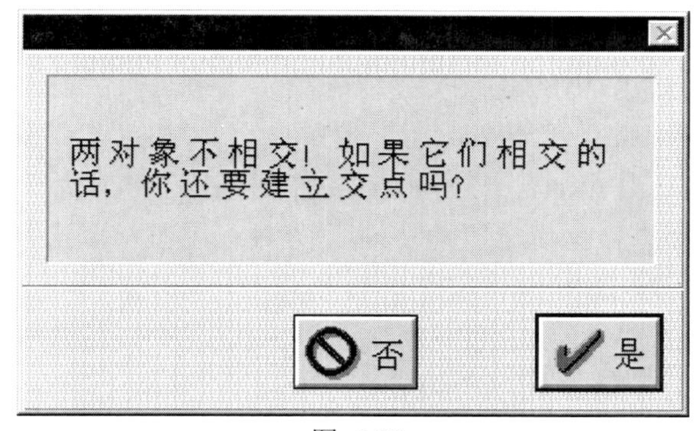

图 2.20

交点命令的快捷键是 Ctrl +I。

其他作交点的方法：① 也可以用工具框中的工具创建交点，用选择工具或点工具在交点处单击鼠标即可。② 还可以用圆规工具和直尺工具以交点为起点或终点作出圆、线段、射线或直线。

十、角平分线

角平分线命令的前提条件是三个点，第二个点为角的顶点。

【例 2.11】 作三角形内切圆。

【制作步骤】

（1）打开一个新绘图：执行《文件/新绘图》命令或按<Ctrl+N>快捷键。

（2）在画板上任作点 A、点 B 和点 C：选择点工具，在圆上画三点。选择文本工具，将其中一个点标注为 A，一个点标注为 B，最后一个点标注为 C。

（3）作三角形：单击选择工具后，用鼠标单击点 A，按下 Shift 键不放，用鼠标单击点 B 和点 C，放开键盘的 Shift 键。这时点 A、点 B 和点 C 都被选中。若此时的直尺工具不是线段工具（即是射线工具或直线工具），则先选择线段工具，执行《作图/线段》命令，就画好了三角形。

（4）作角 A 和角 B 的平分线：单击选择工具后，用鼠标单击点 B，按下 Shift 键不放，用鼠标单击点 A 和点 C，放开键盘的 Shift 键。这时点 B、点 A 和点 C 都被顺次选中。执行《作图/角平分线》命令，就作出了角 A 的平分线。用鼠标单击点 A，按下 Shift 键不放，用鼠标单击中点 B 和点 C，放开键盘的 Shift 键。这时点 A、点 B 和点 C 都被顺次选中。执行《作图/角平分线》命令，就作出了角 B 的平分线。

（5）作角 A 的平分线与角 B 的平分线的交点 O：单击选择工具后，用鼠标单击角 A 的平分线，按下 Shift 键不放，用鼠标单击角 B 的平分线，放开键盘的 Shift 键。这时角 A 的平分线与角 B 的平分线都被选中。执行《作图/交点》命令，就出现了二平分线的交点。选择文本工具，将该交点标注为 O，点 O 就是三角形 ABC 的内心。

（6）作内切点 F：单击选择工具后，用鼠标单击点 O，按下 Shift 键不放，用鼠标单击线段 AC，放开键盘的 Shift 键。这时点 O 和线段 AC 都被选中。执行《作图/垂线》命令，过点 O 垂直于线段 AC 的直线就作出来了。这时，按下 Shift 键不放，用鼠标单击线段 AC，放开键盘的 Shift 键，执行《作图/交点》命令，就出现了内切点，选择文本工具，将该内切点标注为 F。

（7）作内切圆：单击选择工具后，用鼠标单击点 O，按下 Shift 键不放，用鼠标单击点 F，放开键盘的 Shift 键。这时点 O 和点 F 都被顺次选中，执行《作图/以圆心和圆周上的点画圆》命令，内切圆就画好了。如图 2.21 所示。

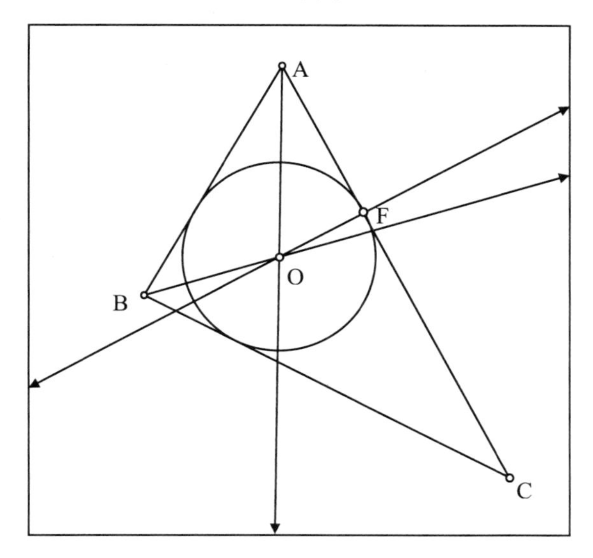

图 2.21

（8）拖动三角形 ABC 的任一个顶点，发现内切的性质保持不变（图 2.22）。

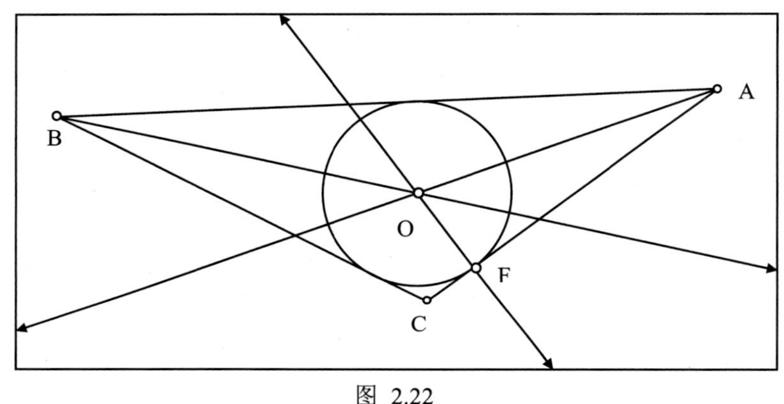

图 2.22

【例 2.12】 作正方形。

【制作步骤】

（1）打开一个新绘图：执行《文件/新绘图》命令或按<Ctrl+N>快捷键。

（2）画线段 AB：选择线段工具，在画板上画一条线段，然后选择文本工具，将其中的一个端点标注为 A，另一个端点标注为 B。

（3）过点 A 作线段 AB 的垂线：单击选择工具后，用鼠标单击线段 AB，按下 Shift 键不放，用鼠标单击点 A，放开键盘的 Shift 键。这时线段 AB 和点 A 都被选中。执行《作图/垂线》命令，过点 A 垂直于线段 AB 的垂线就作好了。

（4）以点 A 和线段 AB 作圆：单击选择工具后，用鼠标单击线段 AB，按下 Shift 键不放，用鼠标单击点 A，放开键盘的 Shift 键。这时线段 AB 和点 A 都被选中。执行《作图/以圆心和半径画圆》命令，以点 A 为圆心，以线段 AB 为半径的圆就作好了。

（5）作圆和垂线的交点 D：单击选择工具后，用鼠标单击圆和垂线的相交处，然后选择文本工具，将该点标注为 D。

（6）作正方形的另一个点 C：过点 D 作线段 AB 的平行线与过点 B 作线段 AB 的垂线相交于点 C。具体过程如下：单击选择工具后，用鼠标单击线段 AB，按下 Shift 键不放，用鼠标单击点 D，放开键盘的 Shift 键。这时线段 AB 和点 D 都被选中。执行《作图/平行线》，过点 D 平行于线段 AB 的平行线就作好了。单击选择工具后，用鼠标单击线段 AB，按下 Shift 键不放，用鼠标单击点 B，放开键盘的 Shift 键。这时线段 AB 和点 B 都被选中。执行《作图/垂线》命令，过点 B 垂直于线段 AB 的垂线就作好了。用鼠标单击过点 D 平行于线段 AB 的平行线和过点 B 垂直于线段 AB 的垂线的相交处，就得到交点，选择文本工具，将该点标注为 C。如图 2.23 所示。

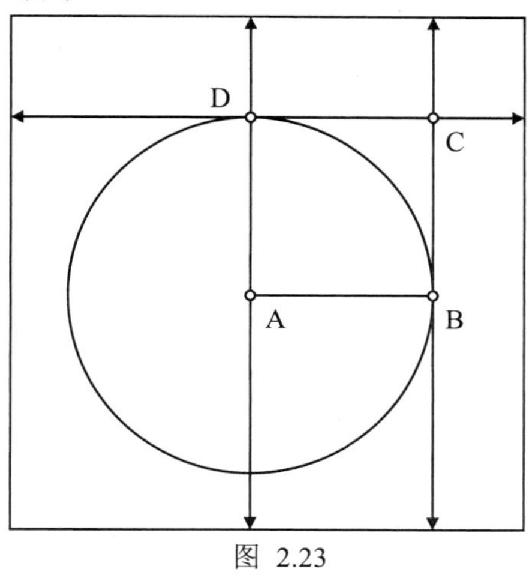

图 2.23

（7）隐藏所有直线和圆：同时选中所有直线和圆，执行《显示/隐藏对象》命令，就隐藏了所有的直线和圆。

【注】　隐藏和删除不是一回事，此命令能把已选对象隐藏起来。这个命令虽然隐藏了对象，但它不改变对象在图形中的几何关系，被隐藏的对象只是不在屏幕上显示，但它仍影响画板中的图形，隐藏的对象对于结果仍起作用。另外，还可用显示菜单

中的显示所有隐藏命令将隐藏对象显示出来。隐藏命令的快捷键是 Ctrl +H。

（8）连线段 BC、CD 和 DA：选择线段工具，在点 B 处按下鼠标左键，拖到点 C 处放开鼠标左键，就作好了线段 BC；在点 C 处按下鼠标左键，拖到点 D 处放开鼠标左键，就作好了线段 CD，在点 D 处按下鼠标左键，拖到点 A 处放开鼠标左键，就作好了线段 DA，得到如图 2.24 所示的图形。

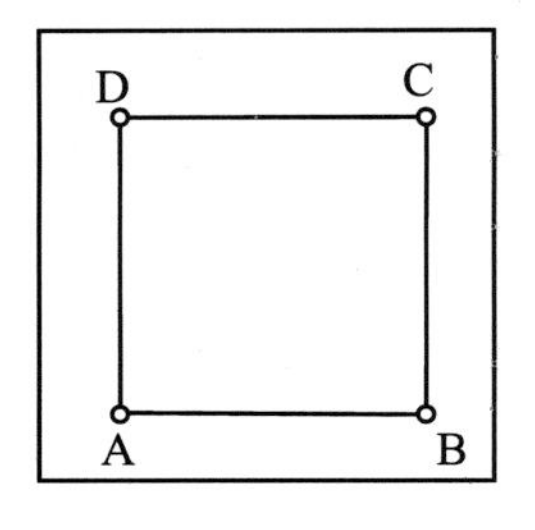

图 2.24

（9）拖动点 A 和点 B，发现了图形始终保持正方形关系。

十一、多边形内部

多边形内部命令的前提条件：3 个以上、30 个以下的点。

多边形内部命令的快捷键为 Ctrl +P。

【例 2.13】 在画板上通过不同的点的选取顺序，作多边形内部。

【制作步骤】

（1）打开一个新绘图：执行《文件/新绘图》命令或按<Ctrl+N>快捷键。

（2）作点 A、B、C 和 D：选择点工具，在画板上任画四个点，然后用文本工具将 4 个点标注为 A、B、C 和 D。

（3）作第一个内部：单击选择工具后，用鼠标单击点 A，按下 Shift 键不放，用鼠标单击点 B、C 和 D，放开键盘的 Shift 键。这时点 A、B、C 和 D 被顺次选中。执行《作图/多边形内部》命令，得到如图 2.25 所示的图形。

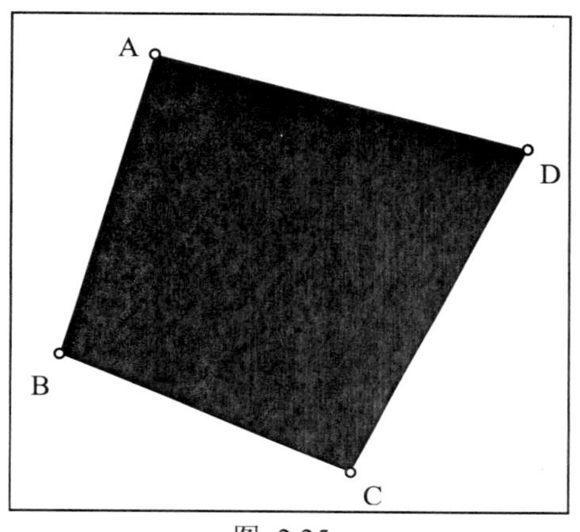

图 2.25

（4）作第二个内部：单击选择工具后，用鼠标单击点 A，按下 Shift 键不放，用鼠标单击点 C、D 和 B，放开键盘的 Shift 键。这时点 A、C、D 和 B 被顺次选中。执行《作图/多边形内部》命令，得到如图 2.26 所示的图形。

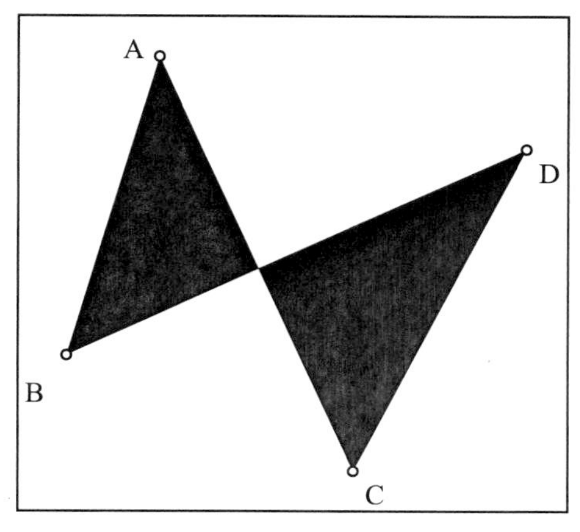

图 2.26

【注】 从上述可以看出，不同的选取顺序，产生了不同的作图效果，即选取点的顺序决定了顶点的连接顺序，顺时

针或逆时针选取点可创建边不相交的多边形。此外，通过显示菜单中的颜色命令还可以为多边形内部设置不同的颜色。

十二、圆内部

圆内部命令的前提条件：一个或多个圆。

圆内部命令的快捷键 Ctrl +P。

十三、扇形内部

扇形内部命令的前提条件：一条或多条弧。

扇形内部命令的快捷键 Ctrl+P。

【注】 这里大家发现一个有趣的问题，多边内部、圆内部和扇形内部的命令的快捷键都是 Ctrl+P，那会不会乱套呢？不会，因为这与你所选的前提条件有关，若你选的是一些点，则该命令自动作多边形内部；若你选的对象是圆，则该命令自动作圆内部；若你选的对象是弧，则该命令自动作扇形内部。

【例 2.14】 任作一个绿色扇形。

【制作步骤】

（1）打开一个新绘图：执行《文件/新绘图》命令或按<Ctrl+N>快捷键。

（2）作点 A、B 和 C：选择点工具，在画板上任画三个点，然后用文本工具将三个点标注为 A、B、C。

（3）作过点 A、B 和 C 的弧：单击选择工具后，用鼠标单击点 A，按下 Shift 键不放，用鼠标单击点 B、C，放开键盘的 Shift 键。这时点 A、B、C 被顺次选中。执行《作图/过三点的弧》命令，就作出沿点 A、B 和 C 的弧。

（4）作上边弧的扇形内部：单击选择工具后，用鼠标单击弧，则弧被选中。执行《作图/扇形内部》命令或按 Ctrl+P 快捷键，就得到一个扇形内部，且此时只有该扇形被选中（选中的标志是该内部有平行的斜纹线），执行《显示/颜色》命令，从级联菜单中选绿色，则得到如图 2.27 所示绿色的扇形。

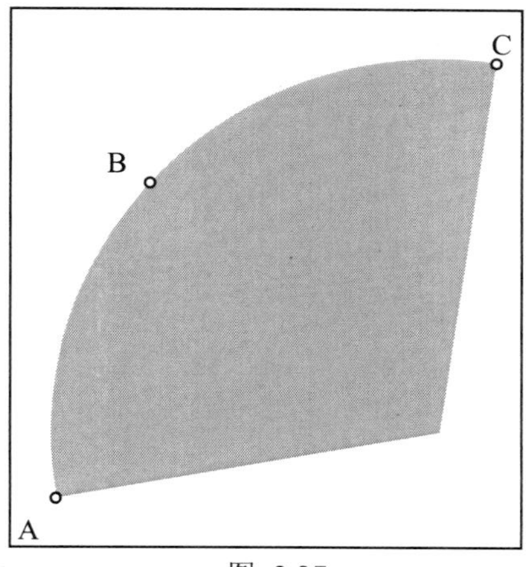

图 2.27

（5）拖动点 A、B 和 C，观察图形的变化。

十四、弓形内部

弓形内部命令的前提条件：一个或多条弧。

【例 2.15】 任作一个绿色弓形。

【制作步骤】

（1）打开一个新绘图：执行《文件/新绘图》命令或按<Ctrl+N>快捷键。

（2）作点 A、B 和 C：选择点工具，在画板上任画三个点，然后用文本工具将三个点标注为 A、B、C。

（3）作过点 A、B 和 C 的弧：单击选择工具后，用鼠标单击点 A，按下 Shift 键不放，用鼠标单击点 B、C，放开键盘的 Shift 键。这时点 A、B、C 被顺次选中。执行《作图/过三点的弧》命令，就作出沿点 A、B 和 C 的弧。

（4）作上步所作弧的弓形内部：单击选择工具后，用鼠标单击弧，则弧被选中。执行《作图/弓形内部》命令，就得到一个弓形内部，且此时只有该弓形被选中（选中的标志是该内部有平行的斜纹线），执行《显示/颜色》命令，从级联菜单中选绿色，则得到如图 2.28 所示绿色的弓形。

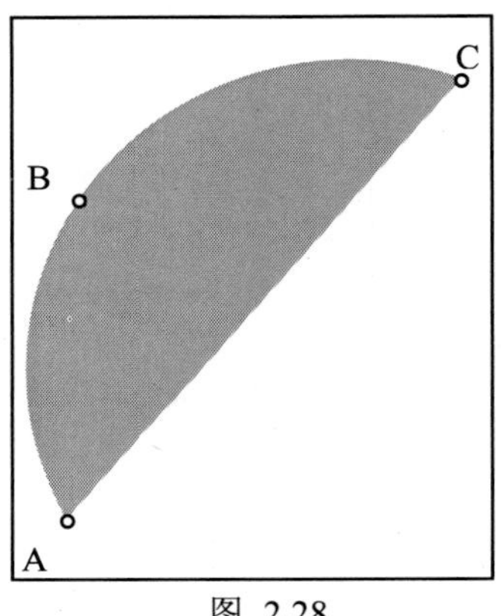

图 2.28

（5）拖动点 A、B 和 C，观察图形的变化。

十五、对象上的点

对象上的点命令的前提条件：一个或一个以上直线型对象、圆、弧、多边形内部、弓形或扇形。

【例 2.16】 在圆上创建一点，且和圆外任一点连成线段，用鼠标拖动该创建的点，观察它的特点。

【制作步骤】

（1）打开一个新绘图：执行《文件/新绘图》命令或按<Ctrl+N>快捷键。

（2）画圆：选择圆工具，在画板上画一个圆，然后选择文本工具，将圆心标注为 A，决定半径的点标注为 B。

（3）在圆上创建点 C：单击选择工具后，用鼠标单击圆，执行《作图/对象上的点》命令，这时在圆上产生一个点，选择文本工具，将新创建的点标注为 C。

（4）在圆外画点D：选择点工具，在圆外单击，就画成一个点。选择文本工具，将新创建的点标注为D。

（5）连接点C、D成线段CD：单击选择工具后，用鼠标单击点C，按下Shift键不放，用鼠标单击点D，放开键盘的Shift键。这时点C、D被选中。此时，若线工具不是线段工具，就先选择线段工具。执行《作图/线段》命令，就作成了线段CD。

（6）拖动点C，发现点C不能离开圆。

从上例可以看出，在已选对象上随意创建点。你可以拖动该点，但它始终在原来的对象上。另外，也可使用工具框中的工具在对象上创建一个点；用点工具在对象上单击来创建点，或者用圆规工具或直尺工具创建圆、线段、射线或直线，其起点或终点在对象上；但这种方式创建的点有时不能与对象相连。此外，不在对象上的点，几何画板软件是无法使它成为对象上的点。

习 题 二

1. 在新画板上，画一个圆内接五边形的图形。
2. 在画板上制作三角形三条高交于一点的图形。
3. 在画板上制作三角形三条垂直平分线交于一点的图形。
4. 四边形各边中点连成的新四边形。

演 示

1. 选取两条线段，然后来回拖动它们。对两个点、三个点、三条线段采取同样方法。

2. 画出一个与已构造好的三角形有一条边或一个公共顶点的三角形，观察移动各点和各条线段时发生的现象。

3. 选取合适的对象，执行作图菜单中的每条命令。

4. 用两条线段生成一个角，然后生成角的平分线。

5. 选取一个圆并用作图菜单生成圆的内部，使用显示菜单来改变圆内部的颜色。如果你选择了不同的颜色，会出现什么情况？

问 题

1．如何在屏幕上选取所有的点？

2. 假如屏幕上所有的点都被选取了，你怎样释放一个点而其余的点仍被选中？

3．怎样改变三角形的形状？

4. 怎样从当前绘图版中清除所有对象？

5. 如果已选择了一个点，将如何在选择该点的同时生成另一个点？

6. 保持点工具为活动工具的同时，怎样选择一条线段？

7. 在不使用线段工具的情况下，怎样生成一条线段？

8. 用什么方法能在一条线段上画出它的中点

第三章　几何画板的度量与计算

- **度量**
- **计算**
- **制表、加注释和恢复隐藏对象的方法**

3.1 度　量

几何画板的度量菜单（图 3.1）中显示了一些能够被度量的量，其中包括距离、长度、斜率、半径、圆周长、面积、周长、角度、弧度角、弧长、比、坐标和方程。度量菜单与作图菜单的工作方式是类似的。选取想要度量的对象，然后从菜单中选取适当的命令，就可以进行度量。不同的度量命令要求所选对象的类型和数目是不同的，这和作图菜单类似，度量命令也有自己的前提条件。

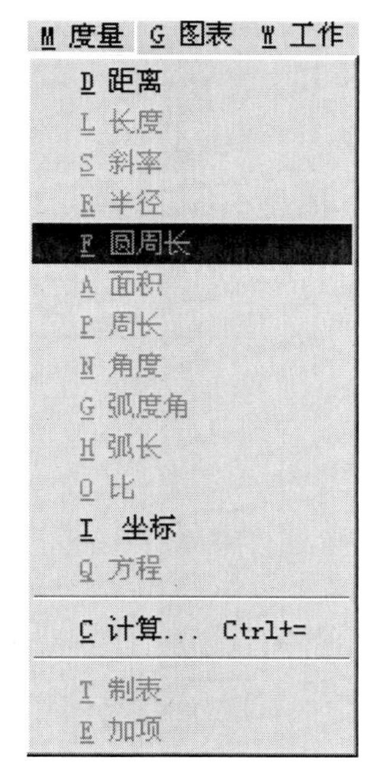

图 3.1

几何画板软件对于不同的度量对象，要选不同的度量单位，使用显示菜单中的参数选择命令可选择合适的度量单位，长度单位可以用英寸、厘米或像素等来表示，角可以用度、弧度来表示。

1. 度量线段的长度

度量线段的长度命令的前提条件：一条或多条线段。

长度的单位：in（英寸）、cm（厘米）或像素。缺省时，长度的单位是厘米。可用显示菜单中的参数选择命令改长度单位。

【例 3.1】 在画板上画两条线段 AB 和 CD，并度量它们的长度，然后将度量值的字型改为 24 磅。拖动线段的端点，观察其变化。

【制作步骤】

（1）打开一个新绘图：执行《文件/新绘图》命令或按<Ctrl+N>快捷键。

（2）画线段 AB 和线段 CD：选择线段工具，在画板上画两条线段，然后选择文本工具，将一条线段的两个端点标注为 A 和 B，将另一条线段的两个端点标注为 C 和 D。

（3）度量线段 AB 和线段 CD：单击选择工具后，用鼠标单击线段 AB，按下 Shift 键不放，用鼠标单击线段 CD，放开键盘的 Shift 键。这时线段 AB 和线段 CD 被同时选中了。执行《度量/长度》命令，这两条线段的度量值就显示在画板上，如图 3.2 所示。

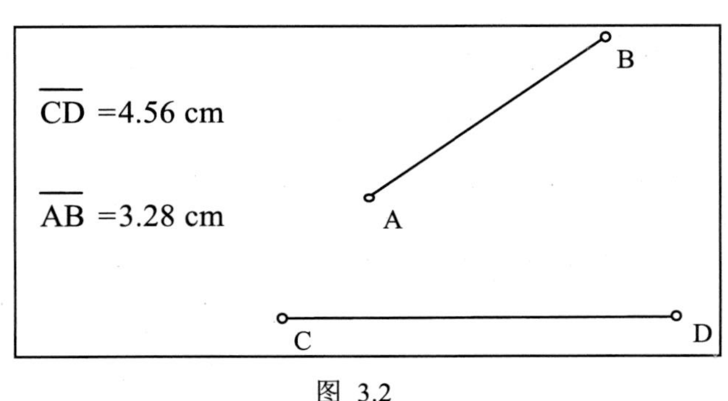

图 3.2

【注】 当你生成了一个度量值时，此值出现在系统设定的

位置上，度量值的位置不合适，你可以在选择工具有效时，用鼠标拖动度量值到你想要去的任何地方。另外，还可以用显示菜单中的字型和字体级联菜单改变文字特征。

（4）将度量值的字型改成 24 磅：单击选择工具后，用鼠标单击线段 AB 的度量值，按下 Shift 键不放，用鼠标单击线段 CD 的度量值，放开键盘的 Shift 键。这时线段 AB 和线段 CD 的度量值被同时选中了。执行《显示/字型》命令，在级联菜单中，选择 24，就将度量值的字型改成了 24 磅。

（5）拖动点 A，发现线段 AB 的度量值跟随线段 AB 的变化而变化（图 3.3）。

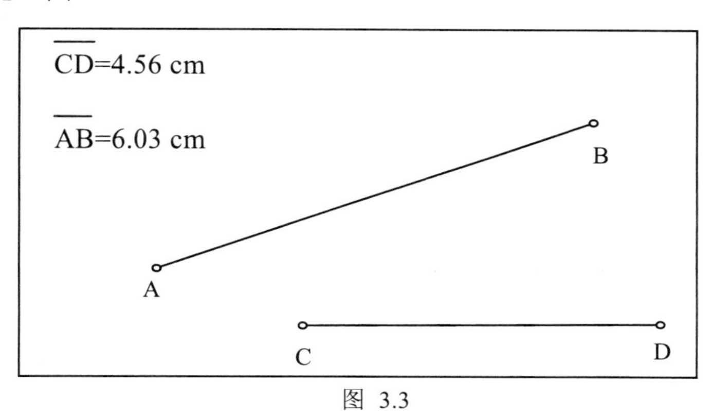

图 3.3

2. 距离

距离命令的前提条件：两个点或一个点和一个直线型对象。

距离的单位：in、cm 或像素。缺省时，长度的单位是 cm。可用显示菜单中的参数选择命令改长度单位。

【例 3.2】 在画板上画点 A、B 和线段 CD，度量点 A 和点 B 的距离及点 A 到线段 CD 的距离，然后将度量值的格式改成文本格式。拖动点 A，观察其变化。

【制作步骤】

（1）打开一个新绘图：执行《文件/新绘图》命令或按<Ctrl+N>

快捷键。

（2）画点 A 和点 B：选择点工具，在画板上画两个点，然后选择文本工具，将一个点标注为 A，另一个点标注为 B。

（3）画线段 CD：选择线段工具，在画板上画一条线段，然后选择文本工具，将其一个端点标注为 C，另一个端点标注为 D。

（4）度量点 A 和点 B 的距离：单击选择工具后，用鼠标单击点 A，按下 Shift 键不放，用鼠标单击点 B，放开键盘的 Shift 键。这时点 A 和点 B 被同时选中了。执行《度量/距离》命令， A 和 B 两点距离的度量值就显示在画板上。

（5）度量点 A 到线段 CD 的距离：单击选择工具后，用鼠标单击点 A，按下 Shift 键不放，用鼠标单击线段 CD，放开键盘的 Shift 键。这时点 A 和线段 CD 被同时选中了。执行《度量/距离》命令，点 A 到线段 CD 的度量值就显示在画板上，如图 3.4 所示。

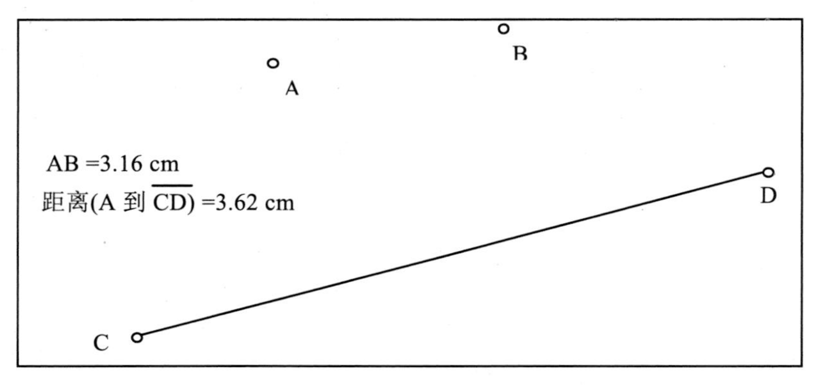

图 3.4

【注】 度量值的位置不合适，你可以在选择工具有效时，用鼠标拖动度量值到你需要的任何地方。

（6）将度量值的的格式改成文本格式：单击文本工具后，用鼠标双击点 A 到点 B 距离的度量值，出现如图 3.5 的对话框。

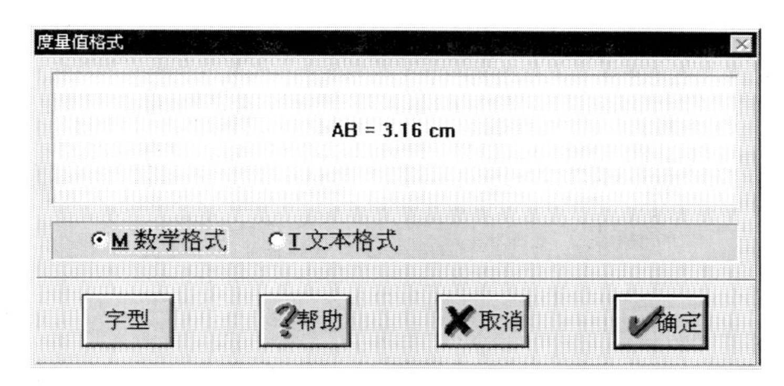

图 3.5

在这个对话框中选择 T 文本格式，就完成了对度量值文本格式的设置（在这里还可以改变度量值的文字）。用同样的方法，可以改点 A 到线段 CD 距离的度量值的格式成文本格式，如图 3.6 所示。

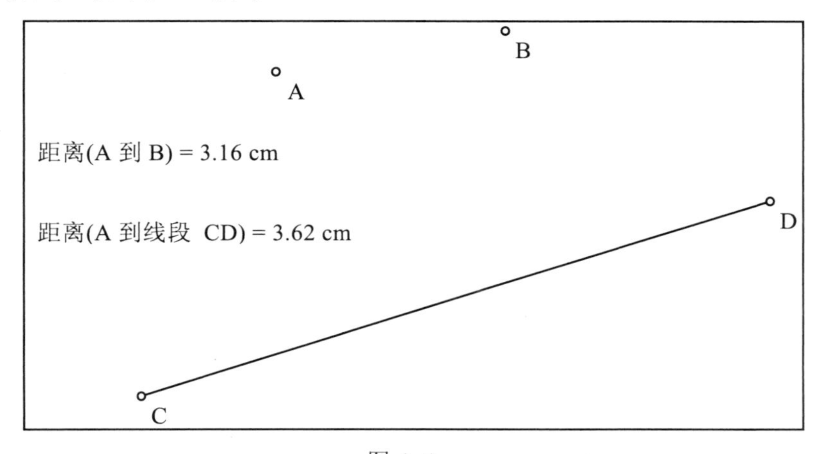

图 3.6

（7）拖动点 A，发现两个度量值跟随点 A 的变化而变化。

【注】 度量值可以数学格式出现，也可以文本格式出现。（系统设定的是数学格式，但可以通过显示菜单的参数选择命令

来进行系统的缺省设置）用文本工具双击度量值，可以在出现的对话框中改变度量值的格式，进行字体、字型等方面的改动，还可以改变度量值的名称（即不用在系统缺省情况下，几何画板软件自动给的名称）。

3. 斜率

斜率命令的前提条件：一个或多个直线型对象(线段、射线、直线）。

斜率的单位：无。

4. 坐标

坐标命令的前提条件：一个或多个点。

坐标的单位：无。

在执行该命令时，如果没有显示坐标轴，则几何画板软件自动显示坐标轴。

【注】 几何画板软件在每个画板上都有一个坐标系（可以是直角坐标系，也可以是极坐标系），只不过，在打开新绘图时，坐标系是隐藏的，这时可用图表菜单的第一项，显示坐标轴命令来显示坐标轴，当然，你还可用图表菜单的第一项，隐藏坐标轴命令来隐藏坐标轴。在显示坐标轴时，可以移动坐标原点，且在坐标原点移动时，点的坐标度量值也随着变动，这对理解坐标系的平移十分直观，但几何画板软件没有提供坐标系的旋转，这是个遗憾。另外，坐标也分成直角坐标和极坐标。

【例 3.3】 在画板上任画一点 A，度量它的直角坐标和极坐标，将坐标原点改成 O，单位点改成 1，拖动点 A、O、1，观察其变化。

【制作步骤】

（1）打开一个新绘图：执行《文件/新绘图》命令或按<Ctrl+N>快捷键。

（2）画点 A：选择点工具，在画板上画一个点，然后选择文本工具，将该点标注为 A。

（3）度量点 A 的直角坐标：执行《图表 / 坐标系的形式》命令，在出现的级联菜单中选择“直角坐标”，就改当前坐标系为直角坐标系。单击选择工具后，用鼠标单击点 A，执行《度量 / 坐标》命令，点 A 的直角坐标度量值就显示在画板上。

（4）改坐标原点为 O，单位点为 1：用文本工具将坐标原点标注为 O，将单位点标注为 1。

（5）度量点 A 的极坐标：执行《图表 / 坐标系的形式》命令，在级联菜单中选择“极坐标”，就改当前坐标系为极坐标系。单击选择工具后，用鼠标单击点 A，执行《度量/作标》命令，这时在画板上出现的度量值就是点 A 的极坐标（前一个是极径，后一个是极角），如图 3.7 所示。

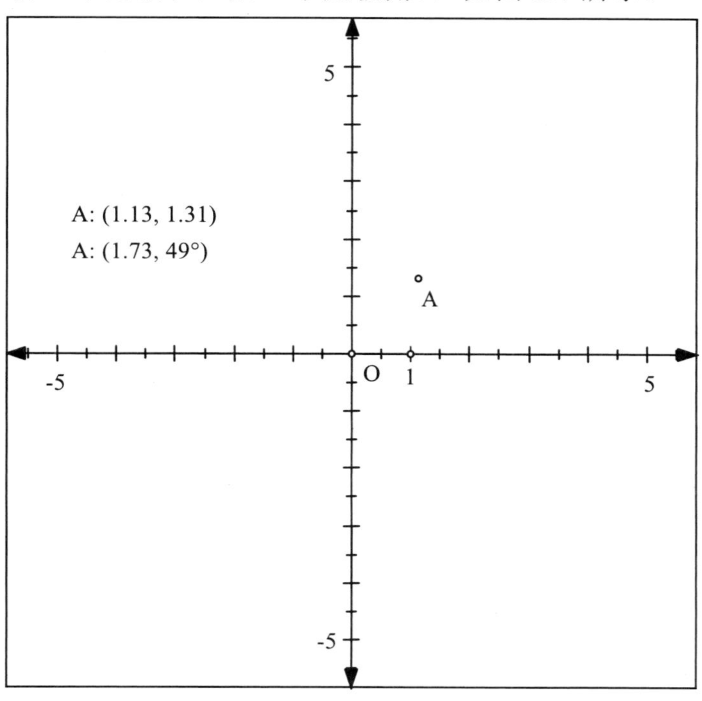

图 3.7

（6）拖动点 A、O、1，发现其度量值跟随发生相应的变化。

5. 方程

方程命令的前提条件：一个或多个直线或圆。

【例 3.4】 在画板上任画一直线 AB，任画一个圆，圆心为 C，度量直线 AB 和圆 C 的方程，度量直线 AB 的斜率，度量点 A、B、C 的坐标。将坐标原点改成 O，单位点改成 1，拖动点 A、B、C，观察其变化。

【制作步骤】

（1）打开一个新绘图：执行《文件/新绘图》命令或按<Ctrl+N>快捷键。如果此时的坐标系是极坐标系，执行《图表 / 坐标系的形式》命令，在级联菜单中选择“直角坐标”，就改当前坐标系为直角坐标系。

（2）画直线 AB：选择直线工具，在画板上任画一直线，然后选择文本工具，将该直线的一个控制点标注为 A，另一个控制点标注为 B。

（3）画圆 C：选择圆工具，在画板上任画一个圆，然后选择文本工具，将该圆的圆心标注为 C，决定半径的点标注为 D。

（4）度量圆 C 和直线 AB 的方程：单击选择工具后，用鼠标单击直线 AB，按下 Shift 键不放，用鼠标单击圆，放开键盘的 Shift 键。这时圆 C 和直线 AB 被选同时中了。执行《度量 / 方程》命令，圆 C 和直线 AB 的方程的度量式就显示在画板上。

（5）改坐标原点为 O，单位点为 1：然后选择文本工具，将坐标原点标注为 O，将单位点标注为 1。

（6）度量直线 AB 的斜率：单击选择工具后，用鼠标单击直线 AB，这时直线 AB 被选中了。执行《度量 / 斜率》命令，直线 AB 的斜率的度量值就显示在画板上。

（7）度量点 A、B、C 的坐标：单击选择工具后，用鼠标单击点 C，按下 Shift 键不放，用鼠标单击点 B 和点 A，放开键盘的 Shift 键。这时点 C、B、A 被同时选中了。执行《度量 / 坐标》命令，点 A、B、C 的坐标度量值就显示在画板上，如图 3.8 所示。

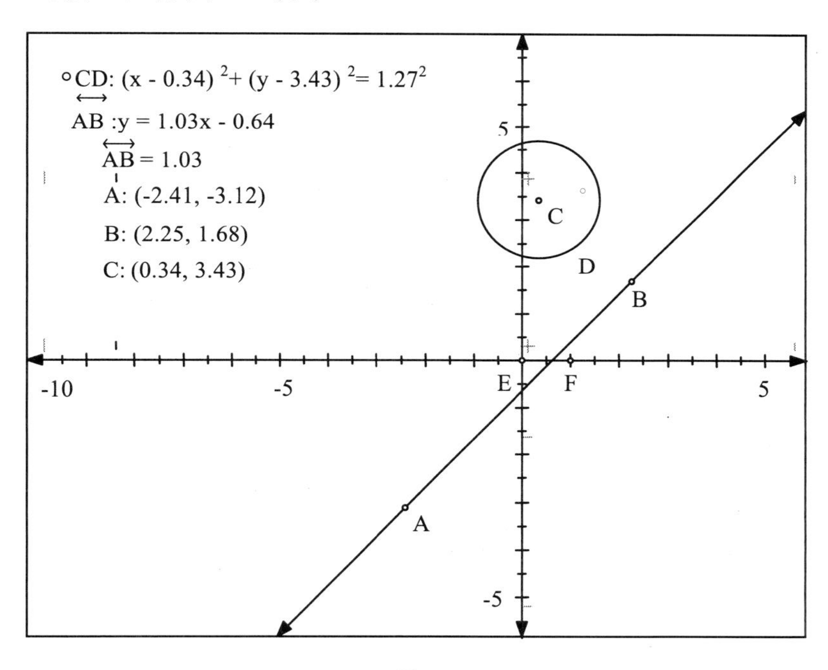

图 3.8

拖动点 A、B、C，发现各个度量值跟随发生相应的变化。

【注】 有兴趣的同学，可用后面学的几何画板的计算功能计算斜率，其实很简单，结合学过的计算机语言和《计算方法》，很容易理解几何画板软件。

6. 弧长

弧长命令的前提条件：一个或多个弧、扇形或弓形。

弧长的单位：in、cm 或像素。系统缺省单位是 cm。可用显示菜单中的参数选择命令改长度单位。

7. 弧度角

弧度角命令的前提条件：一个或多个弧、扇形或弓形。或一个圆和圆上的两个点，或一个圆和圆上的三个点。

【注】 如果度量结果的前提条件是一个圆和两个点，则度量结果总是劣弧的度数。但如果给出一个圆和三个点，度量结果是从第一点经过第二个点到第三点所形成的弧，这可能是一段优弧。

弧度角的单位：度、弧度或方向度。系统缺省单位是度。可用显示菜单中的参数选择命令改度量单位。度是标量的角度没有方向，其范围是 0°~180°。∠XYZ 和∠ZYX 表示同一个角。方向度是矢量的角度，它既有大小又有方向，其范围是–180°~+180°。字母逆时针排列表示的角是正角，顺时针排列表示的角是负角。弧度既有方向又有大小，其范围是–π~+π(–3.14159~+3.14159)。在弧度表示法中，∠XYZ 等于负的∠ZYX。

8. 半径

半径命令的前提条件：一个或多个圆、圆内部、弧、弓形或扇形。

半径的单位：in、cm 或像素。系统缺省单位是 cm。可用显示菜单中的参数选择命令改长度单位。

【例 3. 5】 在画板上任画三点 A、B、C，根据点 A、B、C 作弧，根据弧作扇形，度量该弧和扇形的弧长，度量该弧和扇形的弧度角，度量所作弧和扇形的半径。拖动点 A、B、C，观察其变化。

【制作步骤】

（1）打开一个新绘图：执行《文件/新绘图》命令或按<Ctrl+N>快捷键。

（2）画点 A、B、C：选择点工具，在画板上画三个点，然后选择文本工具，将第一个点标注为 A，将第二个点标注为 B，将第三个点标注为 C。

（3）作过点 A、B、C 的弧：单击选择工具后，用鼠标单击点 A，按下 Shift 键不放，用鼠标单击点 B 和点 C，放开键盘的 Shift 键。这时点 A、B、C 被同时选中了。执行《作图 / 过三点的弧》命令，过三点 A、B、C 的弧就作好了。

（4）作扇形：单击选择工具后，用鼠标单击过三点 A、B、C 的弧，执行《作图 / 扇形》命令，扇形就作好了。

（5）度量所作弧和扇形的半径、弧长和弧度角：单击选择工具后，用鼠标单击过点 A、B、C 的弧，按下 Shift 键不放，用鼠标单击所作的扇形，放开键盘的 Shift 键。这时所作的弧和扇形被同时选中了。执行《度量 / 半径》命令，所作弧和扇形的半径的度量值就显示在画板上。执行《度量 / 弧长》命令，所作弧和扇形的弧长的度量值就显示在画板上。执行《度量 / 弧度角》命令，所作弧和扇形的弧度角的度量值就显示在画板上，如图 3.9 所示。

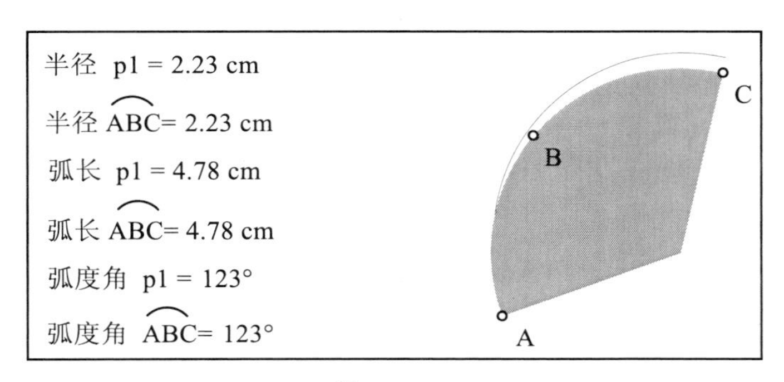

图 3.9

（6）拖动点 A、B、C，发现上述度量值随着发生相应变化。

9. 圆周长

圆周长命令的前提条件：一个或多个圆或圆内部。

圆周长的单位：in、cm 或像素。系统缺省单位是 cm。可用显示菜单中的参数选择命令改长度单位。

10. 面积

面积命令的前提条件：一个或多个圆、圆内部、多边形内部、扇形或弓形。

面积的单位：in^2、cm^2 或平方像素。系统缺省单位是 cm^2。可用显示菜单中的参数选择命令改面积单位。

11. 周长

周长命令的前提条件：一个或多个多边形内部、弓形或扇形。

周长的单位：in、cm 或像素。系统缺省单位是 cm。可用显示菜单中的参数选择命令改长度单位。

【例 3.6】 在画板上任画三点 A、B、C，根据点 A、B、C 作弧，根据弧作弓形，度量该弓形的周长、面积。任画一个圆，圆心为 D，决定半径的点为 E，度量该圆的圆周长和面积。任画四点 F、G、H、I，以这四个点为顶点，作多边形内部。度量该多边形的周长和面积。拖动点 A、B、C、D、E、F、G、H、I，观察其变化。

【制作步骤】

（1）打开一个新绘图：执行《文件/新绘图》命令或按<Ctrl+N>快捷键。

（2）画点 A、B、C：选择点工具，在画板上画三个点，然后选择文本工具，将第一个点标注为 A，将第二个点标注为 B，将第三个点标注为 C。

（3）作过点 A、B、C 的弧：单击选择工具后，用鼠标单击点 A，按下 Shift 键不放，用鼠标单击点 B 和点 C，放开键盘的 Shift 键。这时点 A、B、C 被同时选中了。执行《作图／过三点的弧》命令，过三点 A、B、C 的弧就作好了。

（4）作弓形：单击选择工具后，用鼠标单击过三点 A、

B、C 的弧，执行《作图 / 弓形》命令，弓形就作好了。

（5）度量所作弓形的周长和面积：单击选择工具后，用鼠标单击所作弓形，这时所作的弓形被选中了。执行《度量 / 周长》命令，所作弓形的周长的度量值就显示在画板上。执行《度量 / 面积》命令，所作弓形的面积的度量值就显示在画板上。

（6）画圆：圆心为 D，决定半径的点为 E：选择圆工具，在画板上任画一个圆，然后选择文本工具，将圆心标注为 D，决定半径的点标注为 E。

（7）度量所作圆的圆周长和面积：单击选择工具后，用鼠标单击所作圆,这时所作的圆被选中了。执行《度量 / 圆周长》命令，所作圆的周长的度量值就显示在画板上。执行《度量 / 面积》命令，所作圆的面积的度量值就显示在画板上。

（8）画点 F、G、H、I：选择点工具，在画板上画四个点，然后选择文本工具，将第一个点标注为 F，将第二个点标注为 G，将第三个点标注为 H，将第四个点标注为 I。

（9）作以点 F、G、H、I 为顶点的多边形内部：单击选择工具后，用鼠标单击点 F，按下 Shift 键不放，用鼠标单击点 G、H、I，放开键盘的 Shift 键。这时点 F、G、H、I 同时被选中了。执行《作图 / 多边形内部》命令，以点 F、G、H、I 为顶点的多边形内部就作好了。

（10）度量所作多边形内部的周长和面积：单击选择工具后，用鼠标单击所作多边形内部,这时所作的多边形内部被选中了。执行《度量 / 周长》命令，所作多边形内部的周长的度量值就显示在画板上。执行《度量 / 面积》命令，所作多边形内部的面积的度量值就显示在画板上，如图 3.10 所示。

拖动点 A、B、C、D、E、F、G、H、I，发现上述度量值随着发生相应的变化。

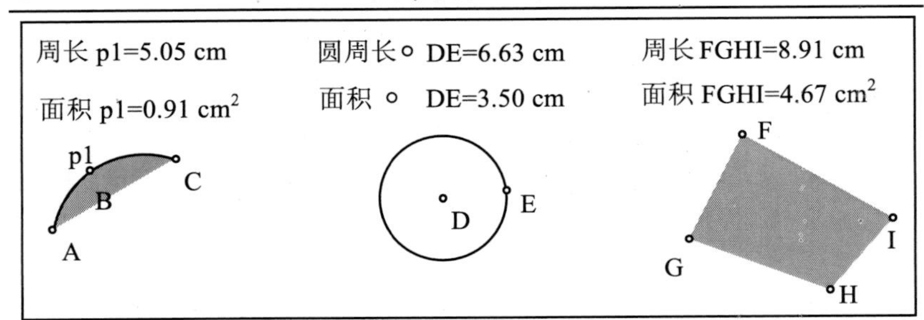

图 3.10

12. 角度

角度命令的前提条件：三个点，第二个点为顶点。

角度的单位：度、弧度或方向度。系统缺省单位是度。可用显示菜单中的参数选择命令改度量单位。度是标量的角度，它没有方向，其范围是 0°~180°。∠XYZ 和∠ZYX 表示同一个角。方向度是矢量的角度，它既有大小又有方向，其范围是–180°~+180°。字母逆时针排列表示的角是正角，顺时针排列表示的角是负角。弧度既有方向又有大小，其范围是－π～＋π(–3.14159~+3.14159)。在弧度表示法中，∠XYZ 等于负的∠ZYX。

13. 比

比命令的前提条件：两条线段。第一条线段的长度是这个比的分子，第二条线段的长度是比的分母。

比的单位：无。

【例 3.7】 在画板上任画三点 A、B、C，做线段 AB 和线段 BC，度量角 ABC，度量线段 AB 和线段 CD 的比。拖动点 A、B、C，观察其变化。

【制作步骤】

（1）打开一个新绘图：执行《文件/新绘图》命令或按<Ctrl+N>快捷键。

（2）画点 A、B、C：选择点工具，在画板上画三个点，然后选择文本工具，将第一个点标注为 A，将第二个点标注为 B，将第三个点标注为 C。

（3）作线段 AB 和线段 BC：选择线段工具，用鼠标单击点 A，按下鼠标左键不放，将鼠标指针移到点 B，放开鼠标左键。线段 AB 就作好了。用鼠标单击点 B，按下鼠标左键不放，将鼠标指针移到点 C，放开鼠标左键。线段 BC 就作好了。

（4）度量角 ABC：单击选择工具后，用鼠标单击点 A，按下 Shift 键不放，用鼠标单击点 B 和点 C，放开键盘的 Shift 键。这时点 A、B、C 按顺序同时选中了。执行《度量 / 角度》命令，角 ABC 的度量值就显示在画板上。

（5）度量线段 AB 和线段 BC 的比：单击选择工具后，用鼠标单击线段 AB，按下 Shift 键不放，用鼠标单击线段 BC，放开键盘的 Shift 键。这时线段 AB 和线段 BC 按顺序被同时选中了。执行《度量 / 比》命令，线段 AB 和线段 BC 度量值就显示在画板上，如图 3.11 所示。

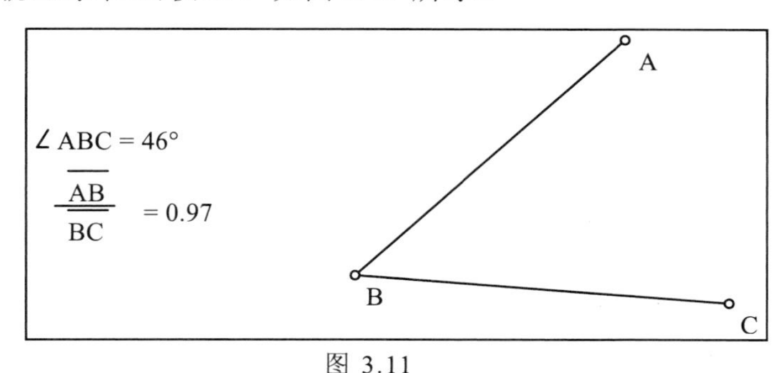

图 3.11

（6）拖动点 A、B、C，发现其度量值跟随发生相应的变化。

3.2 计 算

几何画板的度量菜单中有一个计算器，它不仅具有一般的计算与函数功能，还能利用测量值进行计算，并能在计算结果中保持单位。当被测对象变化时，用被测对象度量值进行计算的结果也相应地变化。

【例 3.8】 绘制验证三角形内角和为 180°的画板。

【制作步骤】

（1）打开一个新绘图：执行《文件/新绘图》命令或按<Ctrl+N>快捷键。

（2）画点 A、B、C：选择点工具，在画板上画三个点，然后选择文本工具，将第一个点标注为 A，将第二个点标注为 B，将第三个点标注为 C。

（3）作线段 AB、BC、CA：选择线段工具，用鼠标单击点 A，按下鼠标左键不放，将鼠标指针移到点 B，放开鼠标左键。线段 AB 就作好了。用鼠标单击点 B，按下鼠标左键不放，将鼠标指针移到点 C，放开鼠标左键。线段 BC 就作好了。用鼠标单击点 C，按下鼠标左键不放，将鼠标指针移到点 A，放开鼠标左键。线段 CA 就作好了。

（4）度量角 A、B、C：单击选择工具后，用鼠标单击点 C，按下 Shift 键不放，用鼠标单击点 A 和点 B，放开键盘的 Shift 键。这时点 C、A、B 按顺序被同时选中了。执行《度量 / 角度》命令，角 A 的度量值就显示在画板上。用鼠标单击点 A，按下 Shift 键不放，用鼠标单击点 B 和点 C，放开键盘的 Shift 键。这时点 A、B、C 按顺序被同时选中了。执行《度量 / 角度》命令，角 B 的度量值就显示在画板上。用鼠标单击点 B，按下 Shift 键不放，用鼠标单击点 C 和点 A，放开键盘的 Shift 键。这时点 B、C、A 按顺序被同时选中了。执行《度量 / 角度》命令，角 C 的度量值就显示在画板上。

（5）选取角 A、B、C 的度量值：单击选择工具后，用鼠标单击角 A 的度量值，按下 Shift 键不放，用鼠标单击角 B、C 的度量值，放开键盘的 Shift 键。这时角 A、B、C 的度量值被同时选中了。

（6）打开计算器：执行《度量/计算》命令，出现计算器对话框（图 3.12）。

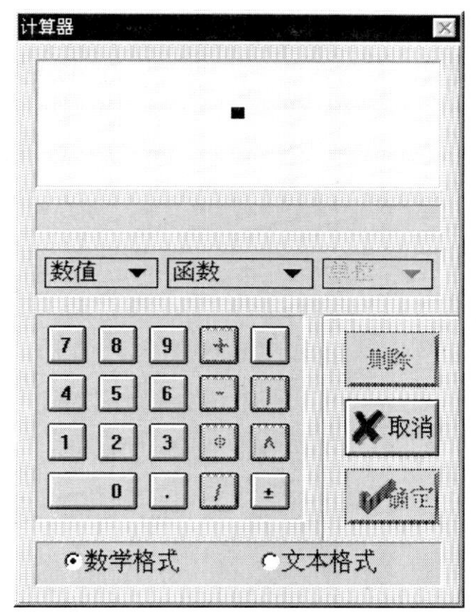

图 3.12

（7）计算角 A、B、C 的和：用鼠标单击数值按钮，在出现的列表框中选取角 A 的度量值，用键盘或鼠标点取"+"号，用鼠标单击数值按钮，在出现的列表框中选取角 B 的度量值，用键盘或鼠标点取"+"号，用鼠标单击数值按钮，在出现的列表框中选取角 C 的度量值。单击确定按钮或按回车键，角 A、B、C 的和就出现在画板上了，如图 3.13 所示。

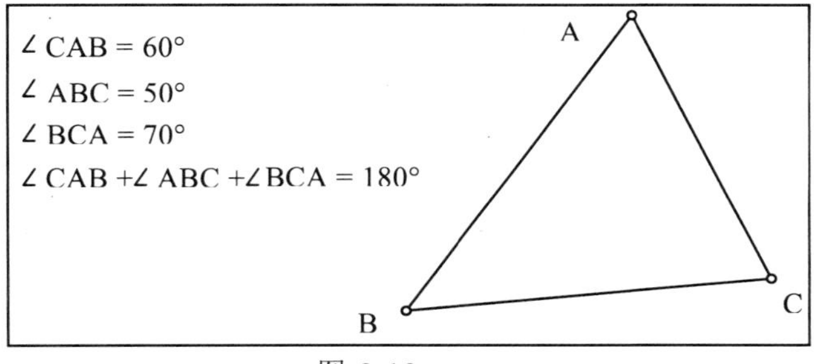

图 3.13

（8）拖动点 A、B、C，发现其度量值跟随发生相应的变化，计算结果（角 A、B、C 的和）180° 不变，从而验证三角形内角和为 180° 。

【注】

1. 建立求值的表达式

（1）取度量值：用鼠标单击数值按钮，在出现的列表框中选取任何你所选的度量结果（其中，点的坐标值、直线及圆方程的系数在弹出式菜单中作为子菜单出现。从子菜单中可以得到点的横坐标和纵坐标以及如直线斜率这样的方程系数。）

（2）取数字和运算符：可以用鼠标在计算器中选取，也可以用键盘输入。π 和 e 的值可以从数值按钮弹出菜单中得到。计算器中的运算符包括：＋加号、*乘号、－减号、/除号、∧取幂、±求反(正号变为负号，反之亦然)。

（3）在计算器中使用的函数：用鼠标从函数按钮弹出菜单中选取内部函数。内部函数包括：

sin[x]	正弦函数
cos[x]	余弦函数
tan[x]	正切函数
arcsin[x]	反正弦函数
arccos[x]	反余弦函数
arctan[x]	反正切函数
abs[x]	绝对值函数
sqrt[x]	平方根函数
ln[x]	自然对数函数
lg[x]	以 10 为底的对数函数
round[x]	取整函数
trunc[x]	截尾函数
signun[x]	符号函数

如果自变量 X 没有单位，则使用三角函数运算时，几何画板

软件会把当前角的单位作为X的单位。用显示菜单中的参数选择命令，可重新设置角的单位。

选一个函数后，输入自变量X的值，X也可以是一个表达式，单击")"(右括号)按钮或在键盘上输入右括号，表示结束自变量的输入。

（4）单位的选取：用鼠标单击单位按钮，在出现的列表框中选取单位。选取的单位仅是所输入数值的单位，即只有输入数值后，单位按钮才可用。正确运用单位按钮，才能使计算结果保持你需要的单位，这在后续课中能够见到。

（5）表达式的计算顺序：这与数学中的约定是基本一致的。取幂(∧)和求反(±)优先级最高；乘法(*)和除法(/)优先级其次；加法(+)和减法(-)优先级最低。同一级别的运算是从左向右计算的。你还可以使用括号改变计算顺序。

2. 计算结果的格式

与度量值类似，计算结果也有数学格式与文本格式之分。在计算器中可以用计算器底部的按钮转换数学格式和文本格式，还可以用文本工具双击计算结果，也可以改变计算结果的格式，且还可以改变计算结果的名称。

3. 计算结果的单位

几何画板计算器的计算结果中将保持表达式中所用的被测量所含有的单位。例如，一个距离、一个长度的和用长度单位(in、cm、像素)来表示；两个长度的乘积用平方长度单位(如 cm^2)来表示；两个距离的比用一个无量纲的量来表示。因而，几何画板的计算器仅能保持具有相同量纲的那些量的计算单位，如果你试图把长度与角相加，几何画板不会显示计算结果的单位。

4. 计算结果与度量值的相似性

在画板中，计算结果与度量值的地位是相同的。可用同样方法修改格式（数学格式和文本格式）、修改名称，以便参与下一次计算等。

5. 不显示计算结果的单位

用文本工具双击计算结果，出现度量值格式的对话框，如图 3.14 所示。用鼠标单击显示单位选择框来清除这个设置。显示单位的选择框的钩去掉，就将计算结果的单位隐藏了，单击确定按钮。当然，你可以用相同的办法将计算结果的单位显示出来。这也就是说，你仅能取消计算结果的单位的显示，而不能取消计算结果的单位，也不影响计算结果的使用。如果你把隐藏单位计算结果应用到其他计算中，该计算结果的单位仍然起作用。

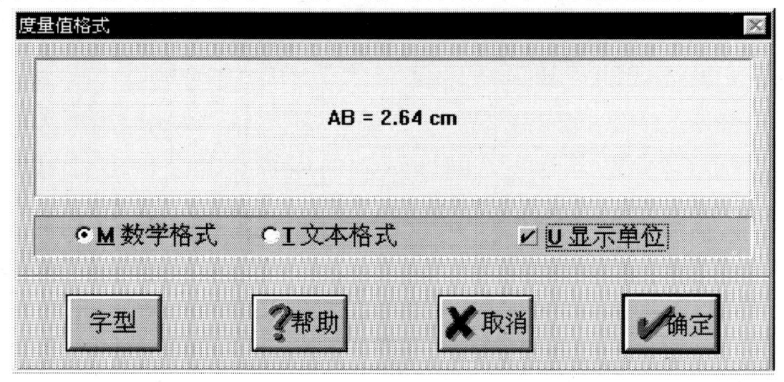

图 3.14

【例 3.9】 绘制验证正弦定理的画板。

【制作步骤】

（1）打开一个新绘图：执行《文件/新绘图》命令或按<Ctrl+N>快捷键。

（2）画点 A、B、C：选择点工具，在画板上画三个点，然后选择文本工具，将第一个点标注为 A，将第二个点标注为 B，将第三个点标注为 C。

（3）作线段 AB、BC、CA：选择线段工具，用鼠标单击点 A，按下鼠标左键不放，将鼠标指针移到点 B，放开鼠标左键。线段 AB 就作好了。用鼠标单击点 B，按下鼠标左键不放，将鼠标指针移到点 C，放开鼠标左键。线段 BC 就作好了。用鼠标单击点 C，按下鼠标左键不放，将鼠标指针移到点 A，放开鼠标左键。线段 CA 就作好了。

（4）度量角 A、B、C：单击选择工具后，用鼠标单击点 C，按下 Shift 键不放，用鼠标单击点 A 和点 B，放开键盘的 Shift 键。这时点 C、A、B 被顺序同时选中了。执行《度量 / 角度》命令，角 A 的度量值就显示在画板上。用鼠标单击点 A，按下 Shift 键不放，用鼠标单击点 B 和点 C，放开键盘的 Shift 键。这时点 A、B、C 按顺序被同时选中了。执行《度量 / 角度》命令，角 B 的度量值就显示在画板上。用鼠标单击点 B，按下 Shift 键不放，用鼠标单击点 C 和点 A，放开键盘的 Shift 键。这时点 B、C、A 被顺序同时选中了。执行《度量 / 角度》命令，角 C 的度量值就显示在画板上。

（5）度量线段 AB、BC、CA：单击选择工具后，用鼠标单击线段 AB，这时线段 AB 被选中了。执行《度量 / 长度》命令，线段 AB 的度量值就显示在画板上。用鼠标单击线段 BC，这时线段 BC 被选中了。执行《度量 / 长度》命令，线段 BC 的度量值就显示在画板上。用鼠标单击线段 CA，这时线段 CA 被选中了。执行《度量 / 长度》命令，线段 CA 的度量值就显示在画板上。

（6）计算线段 AC 的度量值除以 SIN(角 B 度量值)：单击选择工具后，用鼠标单击角 B 的度量值，按下 Shift 键不放，用鼠标单击线段 AC 的度量值，放开键盘的 Shift 键。这时角 B 的度量值和线段 AC 的度量值被同时选中了。执行《度量/计算》命令，出现计算器对话框。用鼠标单击数值按钮，在出现的列表框中选取线段 AC 的度量值，用键盘或鼠标点取"/"号，用鼠标单击函数按钮，从出现的列表框中选取正弦函数，用鼠标单击数值按钮，在出现的列表框中选取角 B 的度量值，用键盘或鼠标点取")"号，单击确定按钮或按回车键，计算结果就出现在画板上了。用文本工具双击该计算结果，隐藏它的单位。

（7）计算线段 BC 的度量值除以 SIN(角 A 度量值)：单击选

择工具后，用鼠标单击角 A 的度量值，按下 Shift 键不放，用鼠标单击线段 BC 的度量值，放开键盘的 Shift 键。这时角 A 的度量值和线段 BC 的度量值被同时选中了。执行《度量/计算》命令，出现计算器对话框。用鼠标单击数值按钮，在出现的列表框中选取线段 BC 的度量值，用键盘或鼠标点取"/"号，用鼠标单击函数按钮，从出现的列表框中选取正弦函数，用鼠标单击数值按钮，在出现的列表框中选取角 A 的度量值，用键盘或鼠标点取")"号，单击确定按钮或按回车键，计算结果就出现在画板上了。用文本工具双击该计算结果，隐藏它的单位。

（8）计算线段 AB 的度量值除以 SIN(角 C 度量值)：单击选择工具后，用鼠标单击角 C 的度量值，按下 Shift 键不放，用鼠标单击线段 AB 的度量值，放开键盘的 Shift 键。这时角 C 的度量值和线段 AB 的度量值被同时选中了。执行《度量/计算》命令，出现计算器对话框。用鼠标单击数值按钮，在出现的列表框中选取线段 AB 的度量值，用键盘或鼠标点取"/"号，用鼠标单击函数按钮，从出现的列表框中选取正弦函数，用鼠标单击数值按钮，在出现的列表框中选取角 C 的度量值，用键盘或鼠标点取")"号，单击确定按钮或按回车键，计算结果就出现在画板上了。用文本工具双击该计算结果，隐藏它的单位。以上三个计算结果如图 3.15 所示。

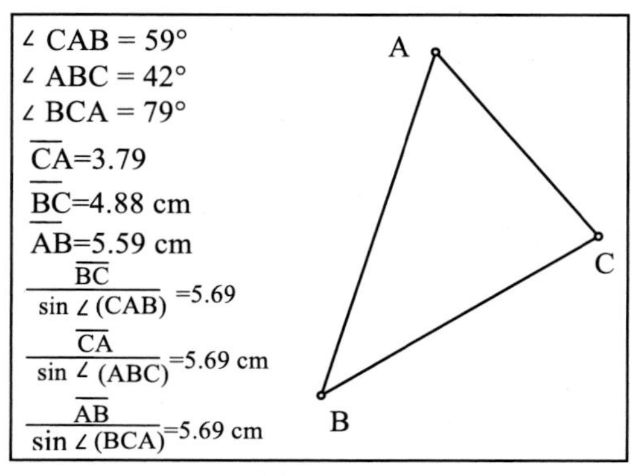

图 3.15

（9）拖动点 A、B、C，发现其度量值和计算结果跟随发生相应的变化，而三个计算结果的值是一样的，这与正弦定理相吻合。

【例 3.10】 绘制验证三角形三条高交于一点的画板。

【制作步骤】

（1）打开一个新绘图：执行《文件/新绘图》命令或按<Ctrl+N>快捷键。

（2）画点 A、B、C：选择点工具，在画板上画三个点，然后选择文本工具，将第一个点标注为 A，将第二个点标注为 B，将第三个点标注为 C。

（3）作线段 AB、BC、CA：选择线段工具，用鼠标单击点 A，按下鼠标左键不放，将鼠标指针移到点 B，放开鼠标左键。线段 AB 就作好了。用鼠标单击点 B，按下鼠标左键不放，将鼠标指针移到点 C，放开鼠标左键。线段 BC 就作好了。用鼠标单击点 C，按下鼠标左键不放，将鼠标指针移到点 A，放开鼠标左键。线段 CA 就作好了。

（4）过点 A 作线段 BC 的垂线：单击选择工具后，用鼠标单击点 A，按下 Shift 键不放，用鼠标单击线段 BC，放开键盘的 Shift 键。这时点 A 和线段 BC 被同时选中了。执行《作图 / 垂线》命令，所作的垂线就出现在画板上。

（5）过点 B 作线段 AC 的垂线：单击选择工具后，用鼠标单击点 B，按下 Shift 键不放，用鼠标单击线段 AC，放开键盘的 Shift 键。这时点 B 和线段 AC 被同时选中了。执行《作图 / 垂线》命令，所作的垂线就出现在画板上。

（6）作上述两垂线的交点：单击选择工具后，用鼠标在两垂线相交处单击，即得交点，用文本工具将它标注为 D。

（7）作过点 C 和点 D 的射线：先选择射线工具，再单击选择工具，用鼠标单击点 C，按下 Shift 键不放，用鼠标单击点 D，放开键盘的 Shift 键。这时点 C 和点 D 按顺序被同时选中了。执行《作图/射线》命令，所作的射线就出现在画板上。

（8）作射线 CD 与线段 AB 的交点：单击选择工具后，用鼠标单击射线 CD，按下 Shift 键不放，用鼠标单击线段 AB，放开键盘的 Shift 键。这时射线 CD 和线段 AB 被同时选中了。执行《作图/交点》命令，所作的交点就出现在画板上。用文本工具，将该交点标注为 E。

（9）度量角 AEC：单击选择工具后，用鼠标单击点 A，按下 Shift 键不放，用鼠标单击点 E 和点 C，放开键盘的 Shift 键。这时点 A、E、C 同时被顺序选中了。执行《度量 / 角度》命令，角 AEC 的度量值就显示在画板上。如图 3.16 所示。

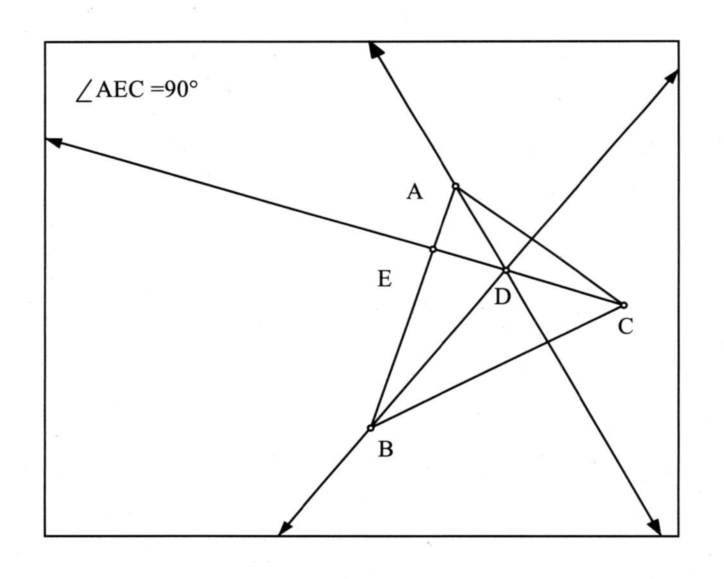

图 3.16

（10）拖动点 A、B、C，发现角 AEC 的度量值始终是 90°，这与三角形三条高交于一点吻合。

3.3 制表、加注释和恢复隐藏对象的方法

一、制表

在制作课件时，有时需要一些度量值的表格，几何画板软件的制表功能能完成这一任务。几何画板的制表功能是把选取的度量值收集到一个表格中。

【例 3.11】 建立两条线段的长度的度量值和这两个度量值比值的计算结果的表格，要求至少三项。

【制作步骤】

（1）打开一个新绘图：执行《文件/新绘图》命令或按<Ctrl+N>快捷键。

（2）画线段 AB 和线段 CD：选择线段工具，在画板上画一条线段，用文本工具将线段的一个端点标注为 A，另一个端点标注为 B。选择线段工具，在画板上再画一条线段，用文本工具将线段的一个端点标注为 C，另一个端点标注为 D。两条线段就画好了。

（3）度量线段 AB 和线段 CD 的长度：单击选择工具后，用鼠标单击线段 AB，按下 Shift 键不放，用鼠标单击线段 CD，放开键盘的 Shift 键。这时线段 AB 和线段 CD 被同时选中了。执行《度量 / 长度》命令，这两条线段的度量值就显示在画板上了。

（4）计算线段 AB 和线段 CD 的比：单击选择工具后，用鼠标单击线段 AB 的度量值，按下 Shift 键不放，用鼠标单击线段 CD 的度量值，放开键盘的 Shift 键。这时线段 AB 的度量值和线段 CD 的度量值被同时顺序选中了。执行《度量/计算》命令，出现计算器对话框。用鼠标单击数值按钮，在出现的列表框中选取线段 AB 的度量值，用键盘或鼠标点取"/"号，用鼠标单击数值按钮，从出现的列表框中选取线段 CD 的度量值，单击确定按钮或

按回车键，计算结果就出现在画板上了。

（5）制表：单击选择工具后，用鼠标单击线段 AB 的度量值，按下 Shift 键不放，用鼠标单击线段 CD 的度量值和上一步的计算结果，放开键盘的 Shift 键。这时线段 AB、CD 的度量值和上一步的计算结果被同时顺序选中了。执行《度量/制表》命令，得到如图 3.17 所示的表格。

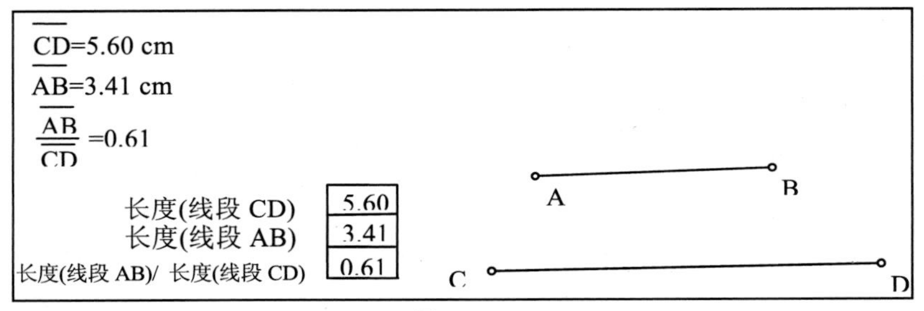

图 3.17

（6）加项：用选择工具移动点 A 到适当位置，选中表格，执行《度量/加项》命令，用选择工具移动点 D 到适当位置，选中表格，执行《度量/加项》命令，就得到如图 3.18 所示的图形。

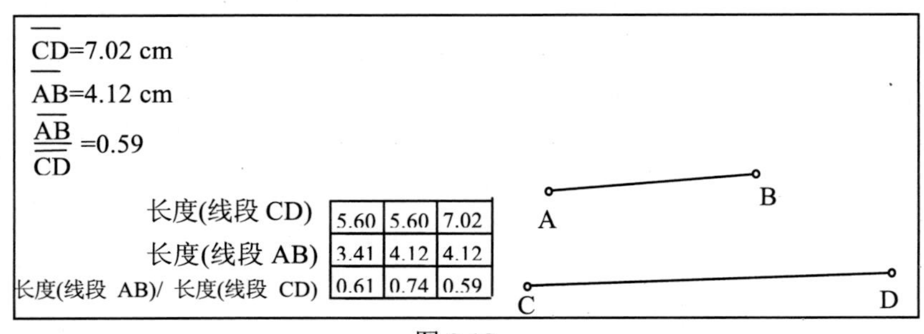

图 3.18

（7）翻转：用选择工具选中表格，执行《度量/翻转》命令，就得到如图 3.19 所示的图形。

$\overline{CD}$=7.02 cm

$\overline{AB}$=4.12 cm

$\frac{\overline{AB}}{\overline{CD}}$ =0.59

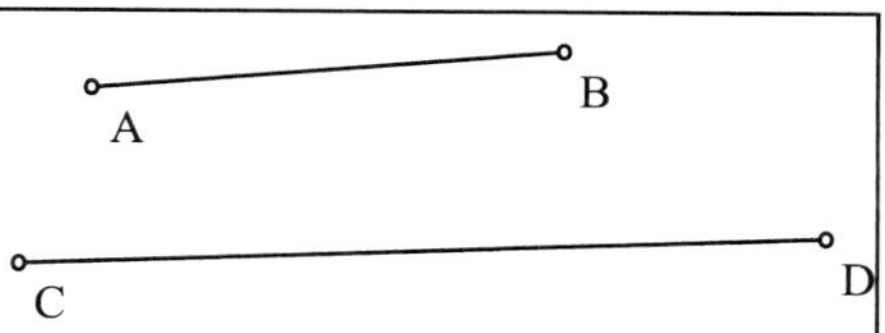

A B C D

长度(线段 CD)	长度(线段 AB)	长度(线段 AB)/ 长度(线段 CD)
5.60	3.41	0.61
5.60	4.12	0.74
7.02	4.12	0.59

图 3.19

（8）编辑表头标签，使它变成较短的形式：用文本工具双击长度(线段 AB)/(线段 CD)标签，出现如图 3.20 所示的对话框。将

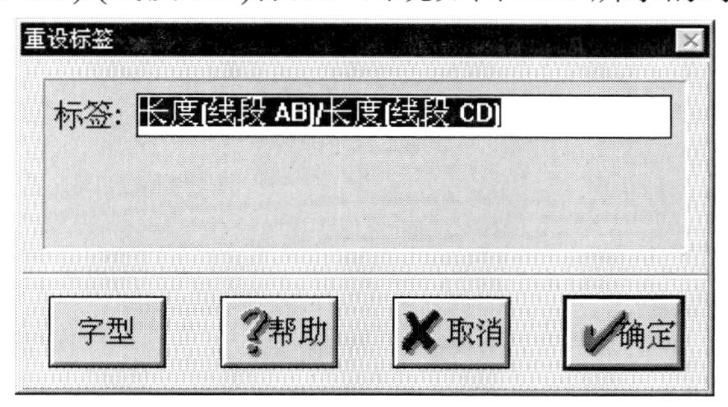

图 3.20

标签改成“线段 AB/线段 CD”，单击确定按钮。用同样办法改前两个标签。成为如图 3.21 所示的图形。

$\overline{CD}$= 7.02 cm

$\overline{AB}$=4.12 cm

$\frac{\overline{AB}}{\overline{CD}}$ =0.59

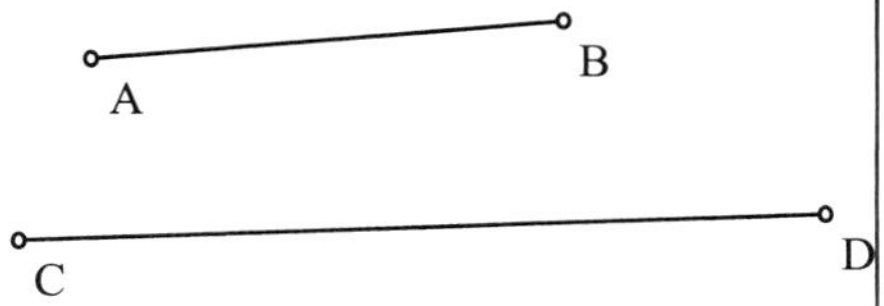

A B C D

长度(线段 CD)	长度(线段 AB)	长度(线段 AB)/ 长度(线段 CD)
5.60	3.41	0.61
5.60	4.12	0.74
7.02	4.12	0.59

图 3.21

【注】 你还可以再使用翻转命令，看看发生的变化。

二、加注释

制作课件时，说明性质的文字、定理、例题、解题过程、提示信息等都需要文字框，这就需要几何画板的注释方面的内容。添加注释的过程如下：

（1）文本工具有效时，在画板中按下鼠标左键并拖动形成一个虚线框的空白区域。这个区域的大小符合你的需要时，松开鼠标左键。

（2）此时输入的标识符将在区域的左上角闪烁，你可以像在文字处理软件中一样输入任何中西文文字。输入完成时，在画板中其他位置单击一下即可。边框的尺寸变得使文本正好充满。

（3）移动注释和改变注释的尺寸。选择工具有效时，用鼠标在画板中拖动注释，到任何你想到的地方。此外，还可以通过拖动黑色注释框的一个白角来调整注释框的大小。

（4）注释文字的格式化。用选择工具选中你要格式化的注释，用显示菜单中的字体、字型命令在级联菜单中选择你需要的字体和字型；这时，还可以单击鼠标右键，在它的快捷菜单中选择你需要的字体与字型。

（5）修改注释文本。用文本工具将鼠标移到要修改的文本处，单击左键，即可按文本进行编辑。退出方法同（2）项。

三、对象的父母和对象的子女

对象的父母是指那些创建它的对象。对象的子女是指由它创建的对象。圆心和圆周上的一点是圆的父母，而圆是圆心和圆周上一点的子女。线段的长度度量值是线段的子女，线段是线段的度量值的父母。

1. 选择父母

选中操作对象，执行《编辑/选择父母》命令，就选中了所操作对象的父母。

【例 3.12】 作线段 AB，度量它的长度，然后选择该度量值的父母。

【制作步骤】

（1）打开一个新绘图：执行《文件/新绘图》命令或按<Ctrl+N>快捷键。

（2）画线段 AB：选择线段工具，在画板上画一条线段，用文本工具将线段的一个端点标注为 A，另一个端点标注为 B。

（3）度量线段 AB：单击选择工具后，用鼠标单击线段 AB，这时线段 AB 被选中了。执行《度量 / 长度》命令，线段 AB 的度量值就显示在画板上了。

（4）选择线段 AB 的度量值的父母：用选择工具选中线段 AB 的度量值，执行《编辑/选择父母》命令，线段 AB 的度量值的父母线段 AB 被选中，得到如图 3.22 所示。

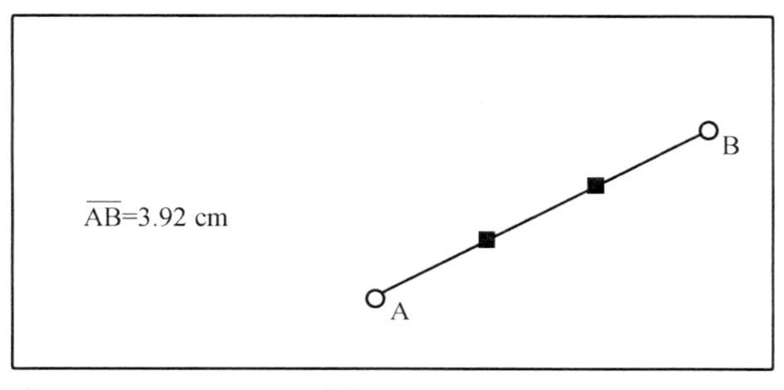

图 3.22

【注】 如果所选对象没有父母，那么它仍被选中。如果所选对象的所有父母都被隐藏，则所选对象不被选中。选择父母命令的快捷键是 Ctrl +U。

2. 选择子女

选中操作对象，执行《编辑/选择子女》命令，就选中了所操作对象的子女。

【例 3.13】 作线段 AB，度量它的长度，然后选择线段 AB 的子女。

【制作步骤】

（1）打开一个新绘图：执行《文件/新绘图》命令或按<Ctrl+N>快捷键。

（2）画线段 AB：选择线段工具，在画板上画一条线段，用文本工具将线段的一个端点标注为 A，另一个端点标注为 B。

（3）度量线段 AB：单击选择工具后，用鼠标单击线段 AB，这时线段 AB 被中了。执行《度量 / 长度》命令，线段 AB 的度量值就显示在画板上了。

（4）选择线段 AB 的子女：用选择工具选中线段 AB，执行《显示/选择子女》命令，线段 AB 的子女线段 AB 的度量值被选中，如图 3.23 所示。

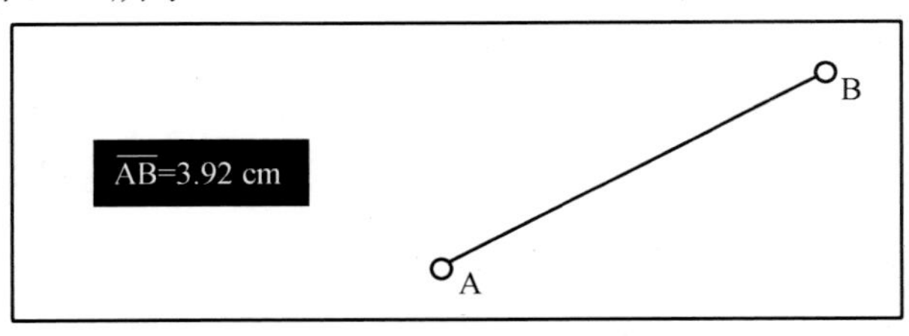

图 3.23

【注】 如果所有的有关子女都被隐藏，那么对象将不被选中。用对象信息工具可方便研究父母和子女之间的关系。选择子女命令的快捷键是 Ctrl+D。

四、对象信息工具

对象信息工具的第六个带问号的 ? 工具。用对象信息工具双击任一对象，可看到一个有关该对象对话框（图 3.24）。

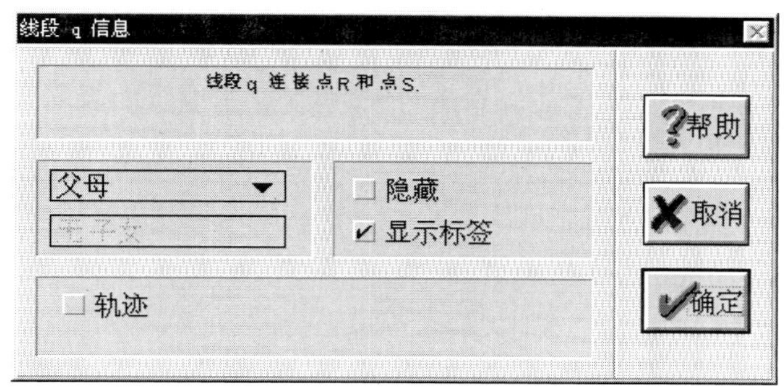

图 3.24

该对话框的内容包括：

（1）对象的名字和对象的构成：本例对象的名字是线段 q，对象是连接点 R 和点 S 的线段。

（2）隐藏：它可以将对象本身隐藏。这也是隐藏对象的另一种方法。

（3）显示标签：它可以决定对象标签的显示和隐藏，系统默认显示标签。

（4）父母：按下父母弹出菜单，可看到当前对象所有的父母的列表。从此父母列表中选取一个父母，就可以看到一个有关该父母的对象信息对话框。

（5）子女：按下子女弹出菜单，可看到当前对象所有的子女的列表。从此子女列表中选取一个子女，就可以看到一个有关该子女的对象信息对话框。

（6）获得对象信息对话框的方法有三种。首先，选择对象信息工具。

① 双击一个对象。

② 按住工具框中的对象信息工具，然后从出现的弹出菜单表中选取一个对象的名字。

③ 按住 Shift 键，单击一个对象。

（7）关于操作类按钮、追踪轨迹和轨迹的对象信息将在后续课中介绍。

另外，用对象信息工具单击对象，会显示该对象的简单信息，如图 3.25 所示。

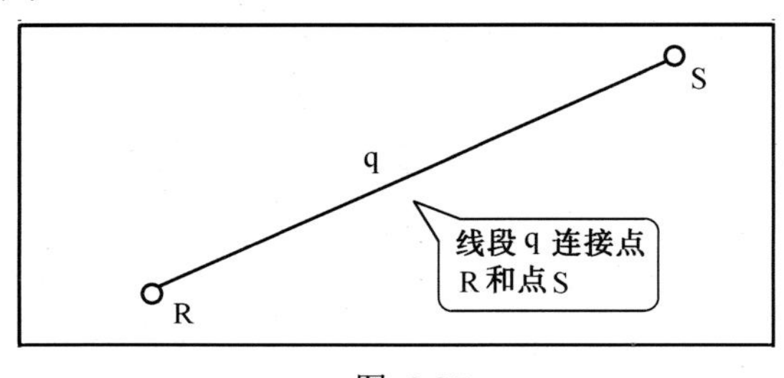

图 3.25

五、显示隐藏的对象

如何从他人的课件中获得启示呢？就要破解他人的制作思路，但作好的课件往往是隐藏了中间过程。这就是说，要将所有的隐藏的对象显示出来，或显示出部分隐藏对象。

（1）显示所有隐藏：执行“显示”菜单的“显示所有隐藏”命令。

（2）如果只想显示所有隐藏对象中的部分对象，请用下边的过程：

① 执行《显示/显示所有隐藏》命令，将所有隐藏对象显示出来。

② 单击选择工具。

③ 按下 Shift 键，单击你所要显示的对象。

④ 执行《显示/隐藏》命令。就完成部分显示隐藏对象的工作。

【注】 用对象信息工具双击对象时，会出现对象信息对话框，按照这个对话框中父母和子女的关系，就可以有选择地隐藏或显示对象。

习 题 三

演　示

1. 画圆并度量它。

2. 改变标签，加上注释，改变度量文字，改变字体字号。注意当你改变了文字的型号时，以后输入的文字将以这种型号出现，即使你更换了新画板也是如此，除非你重新作了设置，或从几何画板中退出。

3. 选取文字改变字型，从显示菜单中选择字型或字体命令，用不同的字体和字号作实验。

4. 看看你是否能找到改变字体和字号的不同方法。

5. 用两种方法计算三角形的面积。

6. 用两种方法计算三角形的周长。

7. 度量三角形的三个内角并把它们相加，然后改变它们的形状。

8. 绘制演示勾股定理的画板。

9. 制作验证三角形三条中线交于一点的画板。

10. 制作验证余弦定理的画板。

11. 度量圆周长和半径，并计算它们的比。

12. 在圆上构造一段弧并度量它的弧度角和弧长。

13. 说明圆弧的度数等于它所对应的圆心角的度数且等于与之对应的圆周角的度数的2倍。

14. 比较两个值：弧度角的度数与整个圆的度数的比和弧长与整个圆周长的比。

15. 在圆上画一个扇形，并比较它的面积和圆的面积。

16. 用计算器和一些已知的量计算π的值，注意不要用计算器中的π。

17. 给出一种求扇形面积的方法，注意不要直接用度量命令。

18. 在画板上设置三个点，用过三点的弧的命令作出弧。研究这条弧的性质。

19. 在半圆上作一个内接三角形，用圆的直径作为一条边，该边所对的角是多少度。

20. 选取一段弧并用弓形内部命令构造弓形，研究弓形面积与弧度角的度数之间的关系。

21. 用圆、弧、扇形和弓形作出如题图 3.1 所示的图形。

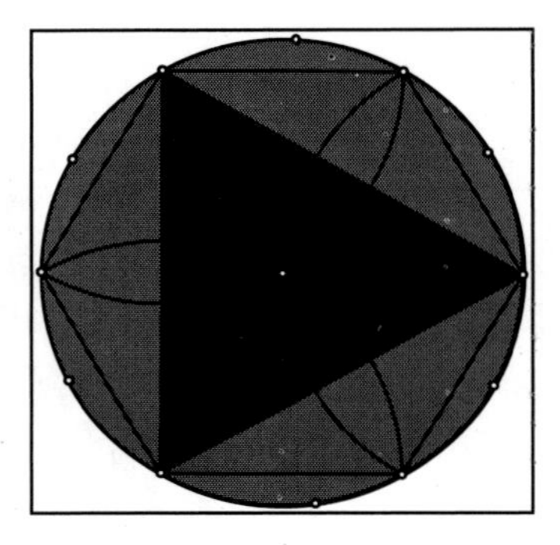

题图 3.1

问 题

1. 当你显示、移动和改变对象标签时，用了哪些工具和命令？

2. 注释和标签有何区别？

3. 用何种工具能生成一个注释？

4. 不用文本工具怎样修改标签？

5. 怎样得到线段的长度？

6. 当改变一条线段时，怎样显示其长度的变化结果？

7. 怎样度量点到直线的距离？

8. 怎样得到两个距离度量值的比？

9. 采用哪些步骤来生成一个多边形的内部？

10. 怎样求得一个多边形的面积？

11. 怎样度量一个三角形的三个角的度数？

12. 怎样度量圆周上两点间的弧长？

第四章　动画与对象的隐藏/显示按钮

- **动画**
- **显示与隐藏按钮的制作**

4.1　动　画

一、制作动画

几何画板提供自动的动态演示功能。该功能是制作课件的强有力的工具。动画是指可使选定的点沿特定的路径运动。八个点可以同时在八条路径上运动。其中路径可以是直线，也可以是曲线，包括数轴、圆、弧、点的轨迹、多边形内部、扇形和弓形。（在多边形、扇形或弓形内部上动画是指点在它边缘上的运动）

【例 4.1】 在画板上画一个圆，在圆的下方画一条线段 CD，然后再任画一条线段 EF，使点 E 在圆上，点 F 在线段 CD 上作动画。

【制作步骤】

（1）打开一个新绘图：执行《文件/新绘图》命令或按<Ctrl+N>快捷键。

（2）画圆，圆心为 A，决定半径的点为 B：选择圆工具，在画板上画一个圆，用文本工具将圆心标注为 A，决定半径的点标注为 B。

（3）画线段 CD 和线段 EF：选择线段工具，在圆的下方画一条线段，用文本工具将线段的一个端点标注为 C，另一个端点标注为 D。在画板上再画一条线段，用文本工具将线段的一个端点标注为 E，另一个端点标注为 F。两条线段就画好了。

（4）作点 E 在圆上、点 F 在线段 CD 上的动画：单击选择工具后，用鼠标单击圆 A，按下 Shift 键不放，用鼠标单击线段 CD、点 E 和点 F，放开键盘的 Shift 键。这时圆 A、线段 CD、点 E 和点 F 被同时选中了。执行《编辑 / 操作类按钮/动画》命令，出现了如图 4.1 所示的对话框.。单击“点 E 沿着线段 j 双向快速

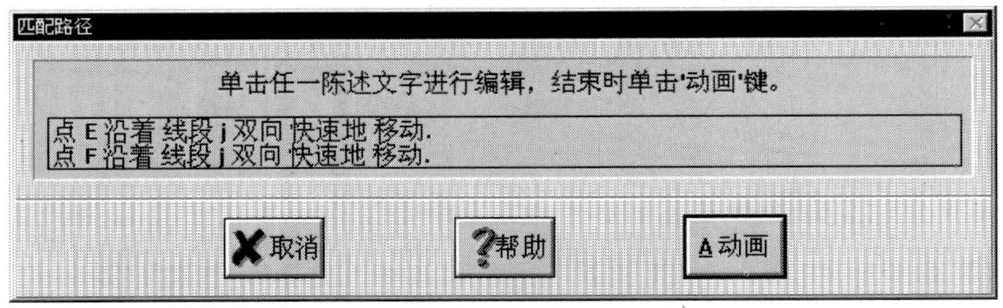

图 4.1

地移动”的陈述文字。在出现的运动方向下拉菜单中选择“单向”，轨迹下拉菜单中选择“圆 c1”，动画速度下拉菜单中选择“慢慢地”。如图 4.2 所示。

图 4.2

单击“点 F 沿着线段 j 双向快速地移动”的陈述文字。在出现动画速度下拉菜单中选择“正常地”。单击 A 动画按钮，在画板上就出现了动画按钮。如图 4.3 所示。

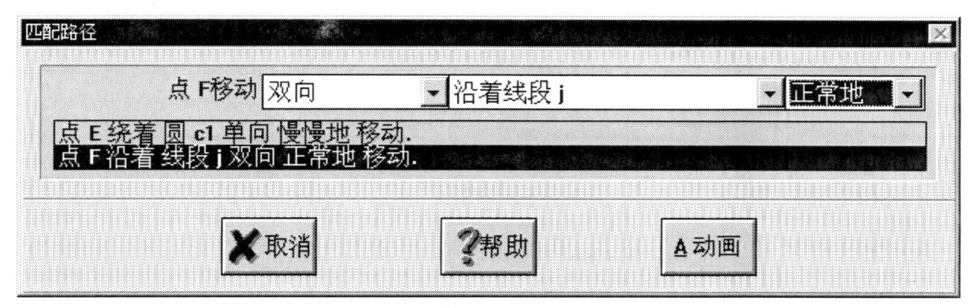

图 4.3

（5）执行动画：用选择工具双击动画按钮。另一种方法是选中动画按钮，执行《编辑/操作类按钮/演示按钮》命令，它的快捷键是 Ctrl+B。就执行了动画。

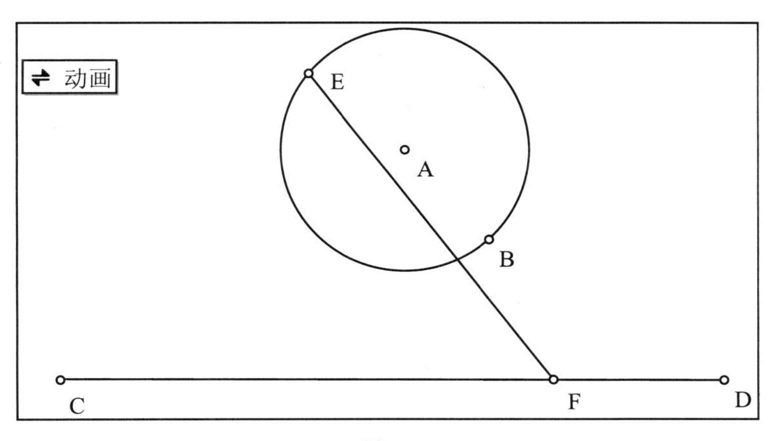

图 4.4

（6）停止动画：在任意位置单击鼠标左键，就停止了动画。

二、关于动画的几点解释

1. 动画按钮改名

用文本工具双击动画按钮，就出现了如图 4.5 所示的对话框，输入任何你想要的动画名称，单击确定即可。

图 4.5

2. 操作类按钮的对象信息

用对象信息工具双击动画按钮，出现如图 4.6 所示的对话框。其中在序列中延时的秒数是指，该操作类按钮于某序列按钮控制下，在序列中的延时。当几何画板执行作为该系列按钮组成部分的该操作类按钮时，几何画板将会暂停延时的秒数。

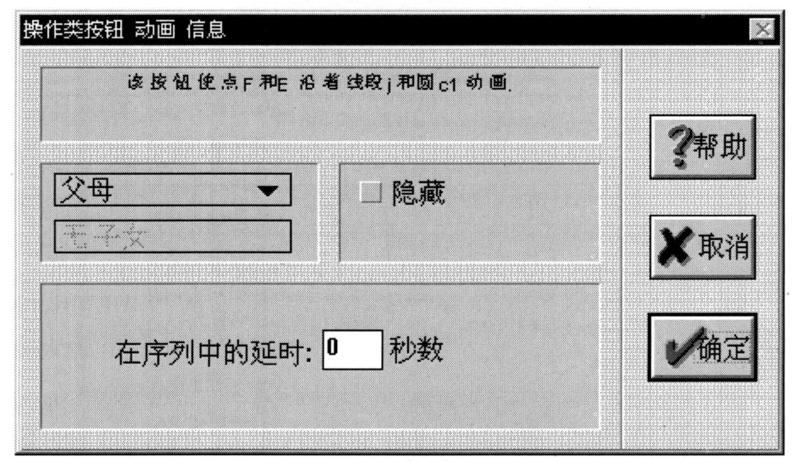

图 4.6

3. 动画的运动的类型有三种选择

单向：点在路径上只沿一个方向运动。如果路径是线段，那么当动点到达末端时，会从另一个端点重新开始运动。

双向：动点在路径上往复运动。

一次：动点只在路径上沿一个方向运动，当完成一次路径长度的运动，运动就停止。

4. 动画的速度有三种选择

动画速度的三种选择是“慢慢地”、“正常地”和“快速地”。另外在显示菜单的参数选择命令的“R 其他”按钮所出现的对话框中也有关于动画速度的设置。同一个课件，同样设置的动画，在不同档次的计算机上动画的速度是不一样的。也就是说，在低档计算机中运行正常的动画，在高档计算机上可能运行速度很快。

5. 快速缺省匹配路径

如果你按适当的顺序选择了点和路径，使各个点以最快的速度按缺省方向运动（圆是单向，线段是双向）匹配路径。

(1) 选取在第一路径上运动的所有点。

(2) 选取上述点的动画运动的路径。

(3) 选取在第二路径上运动的所有点。

(4) 选取上述点的动画运动的路径。

一次次重复上述步骤，顺序选取其他点和它们的路径。这样执行《编辑/操作类按钮/动画》命令后，在出现的匹配路径对话框中，点和路径就能自动匹配上了，不用再去重新选取点的路径。

【注】　在执行《编辑/操作类按钮/动画》命令的同时按住键盘 Shift 键不放，则几何画板软件自动跳过匹配路径对话框，按快速缺省匹配路径方式，作出动画。

【例 4.2】　绘制“同弧所对的圆周角相等”的动态演示图形。

【制作步骤】

（1）打开一个新绘图：执行《文件/新绘图》命令或按<Ctrl+N>快捷键。

（2）画圆，圆心为 A，决定半径的点为 B：选择圆工具，在画板上画一个圆，用文本工具将圆心标注为 A，决定半径的点标注为 B。

（3）在圆上任画三个点 C、D、E：选择点工具，在圆上画三个点，用文本工具将第一个点标注为 C，第二个点标注为 D，第三个点标注为 E。

（4）连线段 CE 和线段 DE：选择线段工具，连线段 CE 和线段 DE。

（5）度量线段 CE 和线段 DE：单击选择工具后，用鼠标单击线段 CE，按下 Shift 键不放，用鼠标单击线段 DE，放开键盘的 Shift 键。这时线段 CE 和线段 DE 被同时选中了。执行《度量/长度》命令，二线段的长度度量值显示在画板上。

（6）度量角 CED：单击选择工具后，用鼠标单击点 C，按下 Shift 键不放，用鼠标单击点 E 和点 D，放开键盘的 Shift 键。这时点 C、E、D 被同时选中了。执行《度量/角度》命令，角 CED 的度量值显示在画板上。

（7）作圆上的弧 DC：单击选择工具后，用鼠标单击点 D，按下 Shift 键不放，用鼠标单击点 C 和圆 A，放开键盘的 Shift 键。这时点 D、C 和圆 A 被同时选中了。执行《作图/圆上的弧》命令，弧 DC 作好了，但这时圆与弧重合。

（8）改弧 DC 为红色粗线弧：单击选择工具后，用鼠标单击弧 CD（注意：弧与圆重合，圆选中是四个黑点，弧选中是两个黑点）。如果出现的是四个黑点，表明选中的是圆，再一次原位置单击就能选中弧；如果出现的是两个黑点，表明已选中了弧。在弧上单击鼠标右键，在颜色级联菜单中选红色；在弧上单击鼠标右键，在线型级联菜单中选粗线，红色粗线弧 DC 显示在画板上。

（9）点 E 在弧 DC 上作动画：单击选择工具后，用鼠标单击点 E，按下 Shift 键不放，用鼠标单击弧 DC（注意：弧与圆重合，圆选中是四个黑点，弧选中是两个黑点，如果出现的是四个黑点，表明选中的是圆，再一次原位置单击就能选中弧，再一次原位置单击，就能取削圆的选中，这要细心体会；如果是两个黑点，表明已选中了弧），放开键盘的 Shift 键。这时点 E 和弧 DC 被同时选中了。执行《编辑/操作类按钮/动画》命令，在出现的匹配路径对话框中，动画速度下拉菜单中选择“正常地”，单击动画按钮，完成了动画设置。画板上的内容如图 4.7 所示。

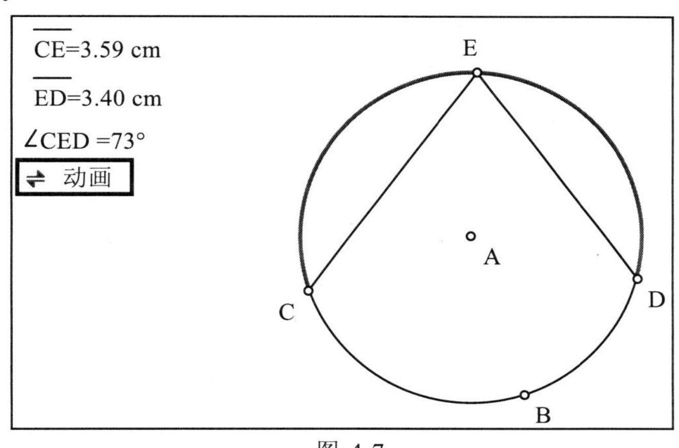

图 4.7

（10）执行动画：用选择工具双击动画按钮，发现长度度量值发生变化，而角度度量值没有变化，这与同弧所对的圆周角的定理相符。

停止动画：在任意位置单击鼠标左键，就停止了动画。

三、不能实现的动画

（1）如果一个点在几何关系上决定了路径的位置，那么该点和路径是不能作动画的，因为动画首先要使点跳到所选路径上。如果这样作了，几何画板软件会给一个提示。

【例 4.3】　在画板上画一个圆，圆心为点 A，决定圆心的点为点 B，用点 B 和该圆作动画。

① 打开一个新绘图：执行《文件/新绘图》命令或按<Ctrl+N>快捷键。

② 画圆，圆心为A，决定半径的点为B：选择圆工具，在画板上画一个圆，用文本工具将圆心标注为A，决定半径的点标注为B。

③ 作动画：单击选择工具后，用鼠标单击点B，按下Shift键不放，用鼠标单击圆A，放开键盘的Shift键。这时点B和圆A被同时选中了。执行《编辑/操作类按钮/动画》命令，在出现的匹配路径对话框中单击动画按钮，出现了如图4.8所示的对话框。

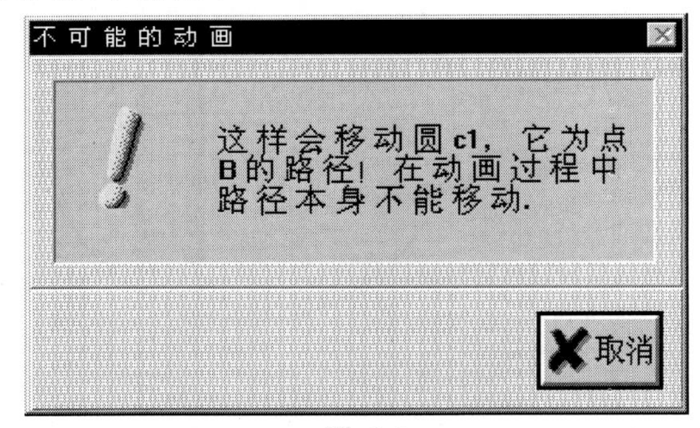

图 4.8

④ 这说明了动画没有做成功。也就是说，决定路径的点与路径本身是不能制作动画的。

（2）同样，如果两个或两个以上的点分别沿不同的路径运动，而这些点之间存在几何关系，那么这些点也是不能动画的。如果你这样作了，几何画板会提出警告，这种运行不符合画板中创建的几何关系。

4.2 显示与隐藏按钮的制作

前面讲过，用加注释的方法添加说明性质的文字、定理、例题、解题过程提示信息等都需要文字框，还有几何画板的其他对象，都需要在讲课的适当时候显示出来，适当的时候隐藏，这就需要制作几何画板的对象的显示与隐藏按钮。

【例 4.4】 绘制“同弧所对的圆周角相等”的动态演示图形。在画板上加注释“定理：同弧所对的圆周角相等”，且制作该注释的显示与隐藏按钮。

【制作步骤】

前（10）步与例 4.2 一样。

（1）打开一个新绘图：执行《文件/新绘图》命令或按 <Ctrl+N>快捷键。

（2）画圆，圆心为 A，决定半径的点为 B：选择圆工具，在画板上画一个圆，用文本工具将圆心标注为 A，决定半径的点标注为 B。

（3）在圆上任画三个点 C、D、E：选择点工具，在圆上画三个点，用文本工具将第一个点标注为 C，第二个点标注为 D，第三个点标注为 E。

（4）连线段 CE 和线段 DE：选择线段工具，连线段 CE 和线段 DE。

（5）度量线段 CE 和线段 DE：单击选择工具后，用鼠标单击线段 CE，按下 Shift 键不放，用鼠标单击线段 DE，放开键盘的 Shift 键。这时线段 CE 和线段 DE 被同时选中了。执行《度量/长度》命令，二线段的长度度量值显示在画板上。

（6）度量值角 CED：单击选择工具后，用鼠标单击点 C，按下 Shift 键不放，用鼠标单击点 E 和点 D，放开键盘的 Shift 键。这时点 C、E、D 被同时中了。执行《度量/角度》命令，角 CED 的度量值显示在画板上。

（7）作圆上的弧 DC：单击选择工具后，用鼠标单击点 D，按下 Shift 键不放，用鼠标单击点 C 和圆 A，放开键盘的 Shift 键。这时点 D、C 和圆 A 被同时中了。执行《作图/圆上的弧》命令，弧 DC 作好了，但这时圆与弧重合。

（8）改弧 DC 为红色粗线弧：单击选择工具后，用鼠标单击弧 CD（注意：弧与圆重合，圆选中是四个黑点，弧选中是两个黑点），如果出现的是四个黑点，表明选中的是圆，再一次原位置单击就能选中弧；如果出现的是两个黑点，表明已选中了弧。在弧上单击鼠标右键，在颜色级联菜单中选红色；在弧上单击鼠标右键，在线型级联菜单中选粗线，红色粗线弧 DC 显示在画板上。

（9）点 E 在弧 DC 上作动画：单击选择工具后，用鼠标单击点 E，按下 Shift 键不放，用鼠标单击弧 DC（注意：弧与圆重合，圆选中是四个黑点，弧选中是两个黑点，如果出现的是四个黑点，表明选中的是圆，再一次原位置单击就能选中弧，再一次原位置单击就能取削圆的选中，这要细心体会；如果是两个黑点，表明已选中了弧），放开键盘的 Shift 键。这时点 E 和弧 DC 被同时选中了。执行《编辑/操作类按钮/动画》命令，在出现的匹配路径对话框中，动画速度下拉菜单中选择“正常地”，单击动画按钮，完成了动画设置。画板上的内容如图 4.9 所示。

（10）执行动画：用选择工具双击动画按钮。发现长度度量值发生变化，而角度度量值没有变化，这与同弧所对的圆周角的定理相符。

停止动画：在任意位置单击鼠标左键，就停止了动画。

加注释：选择文本工具，在圆的下面拖出注释框，然后，在注释框中输入“定理：同弧所对的圆周角相等”，调整字体和边框，如图 4.9 所示。

作注释的显示/隐藏按钮：用选择工具单击注释，该注释的底色变黑（即注释被选中），执行《编辑/操作类按钮/隐藏与显示》（隐藏与显示，在菜单中是“隐藏/显示”）

命令，在画板上出现了两个按钮，一个是显示按钮，另一个是隐藏按钮，如图 4.9 所示。

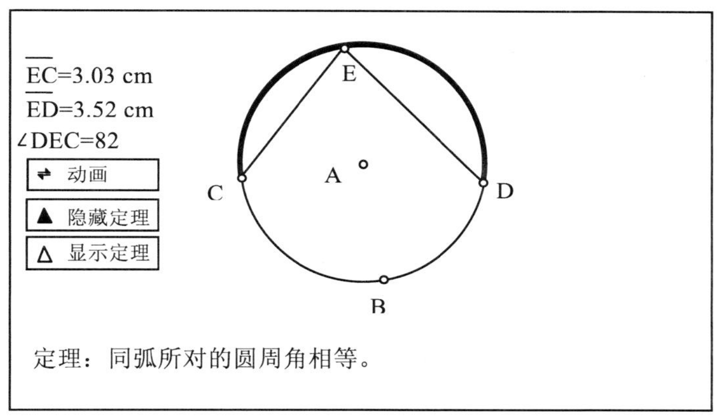

图 4.9

改上述按钮名称：用文本工具双击显示按钮，出现如下对话框。在标签项中输入显示定理。用文本工具双击隐藏按钮，在标签项中输入隐藏定理。

用选择工具双击隐藏定理按钮，双击显示定理按钮。观察注释的变化。

【注】 几何画板总是成对创建这两个按钮。假设你只需要一个按钮，把另一个按钮删除就行了。

习题四

演　示

1. 画一个大圆和一个小圆，让小圆的圆心在大圆上运动。

2. 画一个圆 O 和圆外一点 A，设 B 是圆上一点，作线段 AB 的中点 C。建立当 B 在圆上运动时点 C 的轨迹。

3. 制作“地球”围绕“太阳”转的课件。注意：用圆心和半径作圆。

4. 仿照例 4.2，绘制一个图形，能演示圆内接四边形两对角和为 180°。

问 题

1. 点沿一定路径运动前，需要选取什么？
2. 什么样的图形可以作为路径？
3. 如何设置一个动画按钮？

第五章　动态追踪与轨迹

- **动态追踪**
- **用作图菜单构造轨迹**

5.1　动态追踪

利用“显示”菜单中“跟踪”命令可以设置几何画板对象的追踪，作出适当的动画，就可以将追踪对象的轨迹动态地显示在画板上。不需要追踪时，用同样的命令可以取消追踪。

【例 5.1】　矩形周长不变时，边长与面积的关系。

【制作步骤】

（1）打开一个新绘图：执行《文件/新绘图》命令或按<Ctrl+N>快捷键。

（2）作一条水平线段 AB，其长度为矩形周长的一半：选择线段工具，按下 Shift 键不放，在画板上画一条水平线段。用文本工具将线段的一个端点标注为 A，另一个端点标注为 B。

（3）在线段 AB 上任画一点 C：用点工具在线段 AB 上任画一点，用文本工具将该点标注为 C。

（4）以 AC、CB 为边长作矩形，并度量出它的面积：过点 C 作线段 AB 的垂线，交以点 C 为圆心、点 B 为圆周上的点的圆于点 D。过点 D 平行于线段 AB 的直线与过点 A 垂直于线段 AB 的直线于点 E。同时顺次选中点 A、C、D、E，执行《作图/

多边形内部》命令，执行《度量/面积》命令。矩形 ACDE 的面积的度量值就显示在画板上了。

（5）度量点 A 和点 C 间的距离：同时选中点 A 和点 C，执行《度量/距离》命令，点 A 和点 C 间的距离的度量值就显示在画板上了。

（6）绘出距离 AC 与矩形 ACDE 面积函数的关系点：单击选择工具后，用鼠标单击点 A 和点 C 距离的度量值，按下 Shift 键不放，用鼠标单击矩形 ACDE 的面积的度量值，放开键盘的 Shift 键。这时这两个度量值被同时顺序选中了。执行《图表/P 绘出（x,y）》命令，绘出的点显示在画板上了，用文本工具将它标注为 H。

【注】 有时在画板上看不到该点，这时，可移动点 C 接近点 A 或点 B 时就能看到，另一种办法是缩短线段 AB 的距离，也能达到此效果。

（7）追踪点 H：选中点 H，执行《显示/追踪点》命令。

（8）动点 C 在线段 AB 上作动画：同时顺次选中点 C 和线段 AB，执行《编辑/操作类按钮/动画》命令，在出现的匹配路径对话框中作出相应的选择，单击对话框中“动画”按钮，则动画按钮出现在画板上，如图 5.1 所示。

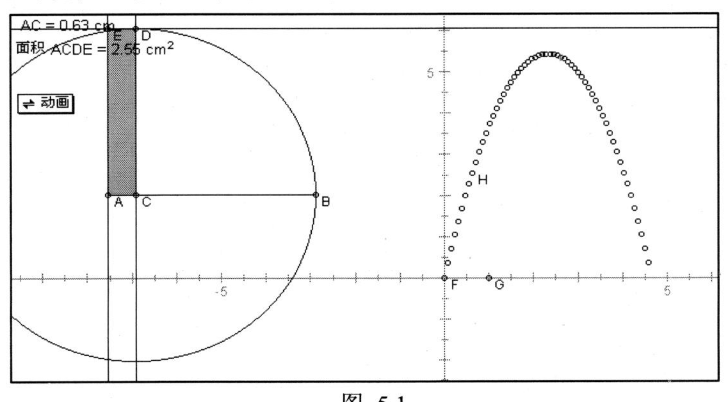

图 5.1

（9）执行动画：用选择工具双击动画按钮，发现其追踪出来的轨迹。

（10）结束动画：单击鼠标，则动画停止。

关于追踪命令的几点解释：

（1）除了用动画拖动追踪对象外，还可以用鼠标直接拖动决定该追踪点的点，拖出轨迹（在上例中用鼠标拖动点 C，也可以达到拖出点 F 的轨迹的效果）。

（2）对象的追踪标记：若某个几何画板对象设置了追踪，选中该对象，打开显示菜单，追踪命令前有 √ 标记。此时，若想取消追踪设置，则在一次执行追踪命令即可。

（3）完成拖动或动画时，被追踪的任意点的轨迹由重叠的轮廓变为单一连续的轨迹。在画板中任意地方单击鼠标，轨迹都会消失。若想打印轨迹，要在单击鼠标之前进行。

（4）用对象信息工具双击设置追踪的对象，会出现如图 5.2 所示的对话框。对于例 5.1，选择“不连续的轨迹（不连续点）”，再运行动画，当结束动画时，发现了什么不同？

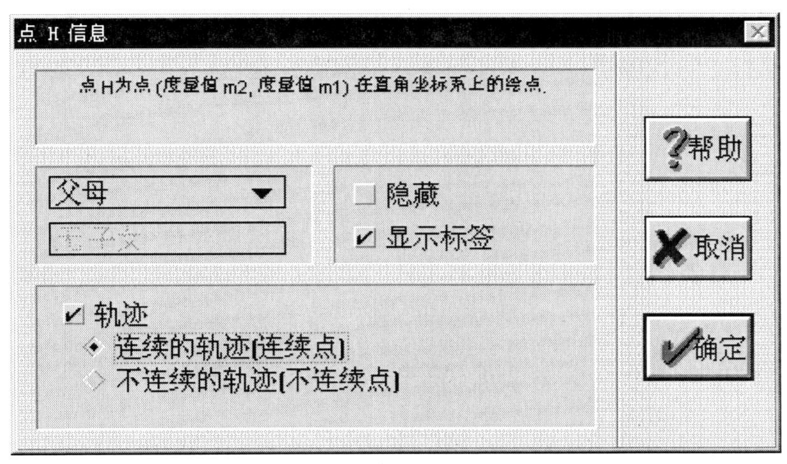

图 5.2

【例 5.2】　画出抛物线 $Y=ax^2$ 的轨迹跟踪图象。

【制作步骤】

（1）打开一个新绘图：执行《文件/新绘图》命令或按<Ctrl+N>快捷键。

（2）显示直角坐标系：执行《图表/建立坐标轴》命令，坐标系显示在画板上

（3）标注坐标原点和单位点：用文本工具将坐标原点标注为O，将单位点标注为1。

（4）画点C和点D：选择画点工具，在纵坐标轴上画一点，在横坐标轴上画一点。用文本工具将纵坐标轴上的点标注为C，将横坐标轴上的点标注为D。

【注】 这里用点C的纵坐标代替a，这样a的取值是可变的，且可正可负。用点D的横坐标作自变量。

（5）度量点C和点D的坐标：同时选中点C和点D，执行《度量/坐标》命令，在画板上出现了点C和点D的坐标的度量值。具体样式如图5.3所示。

（6）计算点D的横坐标X_D：选中点D坐标的度量式，执行《度量/计算》命令，在出现的计算器中，在数值列表中将鼠标停在点D上，在级联菜单中选择X，单击确定按钮，画板显示点D的横坐标X_D的度量式。

（7）计算函数值$Y_C*X_D^2$：同时选中点C坐标的度量式和点D的横坐标X_D度量式，执行《度量/计算》命令，在出现的计算器中，在数值列表中将鼠标停在点C上，在级联菜单中选择Y，单击计算器中的"*"或键盘中的"*"，再在数值列表中选择X_D，然后在计算器中顺序单击"^"和"2"键，这时计算器屏幕上显示"$Y_C*X_D^2$"，最后单击“确认”按钮，画板显示$Y_C*X_D^2$的度量式。

（8）绘出函数点E：选中度量式X_D和$Y_C*X_D^2$，执行《图表/P 绘出（X，Y）》命令，画板上出现一个点，用文本工具将它标注为E。

（9）追踪点E：选中点E，执行《显示/追踪点》命令。

（10）动点 D 在 X 轴上作动画：同时顺次选中点 D 和 X 轴，执行《编辑/操作类按钮/动画》命令，在出现的匹配路径对话框中作出相应的选择，单击对话框中“动画”按钮，则动画按钮出现在画板上。

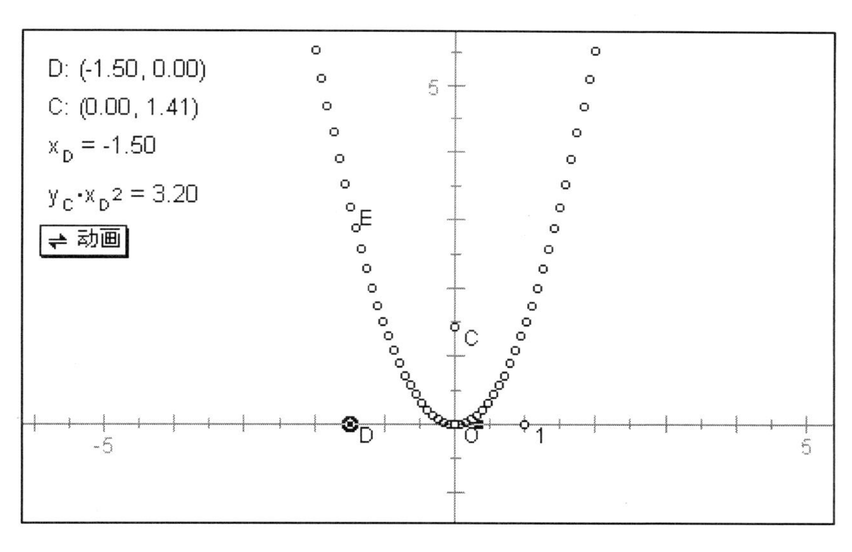

图 5.3

执行动画：用选择工具双击动画按钮，发现其追踪出来的轨迹。

结束动画：单击鼠标，则动画停止。

拖动点 C 到 X 轴下方，再运行动画，观察其变化。

【例 5.3】 追踪椭圆轨迹（椭圆定义：到两定点距离之和等于定长点的集合）。

【制作步骤】

（1）打开一个新绘图：执行《文件/新绘图》命令或按<Ctrl+N>快捷键。

（2）作圆，圆心为 A，决定半径的点为 B：用圆工具在画板上画一个圆，用文本工具将圆心标注为 A，将决定半径的点标注为 B。

（3）在圆上画点 C，在圆内画点 A'：选择画点工具，在圆上画一点，在圆内画一点。用文本工具将圆上的点标注为 C，将圆内的点标注为 A'。

（4）作出椭圆轨迹点 F：用线段工具连接点 A 和点 C，连接点 C 和点 A'，作线段 CA'的垂直平分线，交线段 AC 于点 F。

（5）追踪点 F：选中点 F，执行《显示/追踪点》命令。

（6）动点 C 在圆 A 上作动画：同时顺次选中点 C 和圆 A，执行《编辑/操作类按钮/动画》命令，在出现的匹配路径对话框中作出相应的选择，单击对话框中“动画”按钮，则动画按钮出现在画板上，如图 5.4 所示。

（7）度量点 F 和点 A 及点 F 和点 A'的距离：同时选中点 F 和点 A，执行点《度量/距离》命令。同时选中点 F 和点 A'，执行点《度量/距离》命令，这两个度量值就显示在画板上了。

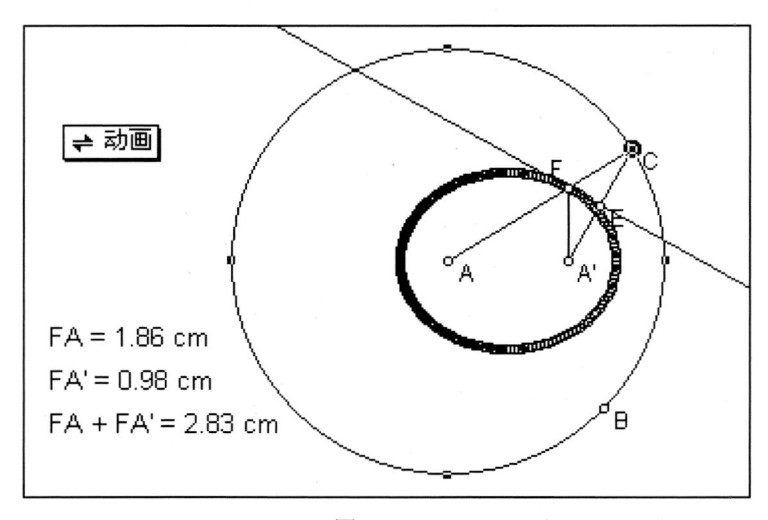

图 5.4

（8）计算上述两个度量值的和：同时选中上述两个度量值，执行《度量/计算》命令，在数值列表中选择一个度量值，单击“+”，在数值列表中选择另一个度量值，单击确定按钮。计算结果显示在画板上。

（9）执行动画：用选择工具双击动画按钮，发现其追踪出来的轨迹，且计算结果不变。

（10）结束动画：单击鼠标，则动画停止。

【注】　上述制作过程的几何原理虽然很简单，但完全从头想起也不是件太容易的事情。特别是在用几何画板制作数学课件时，需要很多数学知识的灵活运用。

5.2　用作图菜单构造轨迹

【例 5.4】　矩形周长不变时，边长与面积的关系。

【制作步骤】

前（6）步与例 5.1 一样。

（1）打开一个新绘图：执行《文件/新绘图》命令或按<Ctrl+N>快捷键。

（2）作一条水平线段 AB，其长度为矩形周长的一半：选择线段工具，按下 Shift 键不放，在画板上画一条水平线段。用文本工具将线段的一个端点标注为 A，另一个端点标注为 B。

（3）在线段 AB 上任画一点 C：用点工具在线段 AB 上任画一点，用文本工具将该点标注为 C。

（4）以 AC、CB 为边长作矩形，并度量出它的面积：过点 C 作线段 AB 的垂线，交以点 C 为圆心，以点 B 为圆周上的点的圆于点 D。过点 D 平行于线段 AB 的直线与过点 A 垂直于线段 AB 的直线于点 E。同时顺次选中点 A、C、D、E，执行《作图/多边形内部》命令，执行《度量/面积》命令。矩形 ACDE 的面积的度量值就显示在画板上了。

（5）度量点 A 和点 C 间的距离：同时选中点 A 和点 C，执行《度量/距离》命令，点 A 和点 C 间的距离的度量值就显示在画板上了。

（6）绘出距离 AC 与矩形 ACDE 面积函数关系点（轨迹对象）：单击选择工具后，用鼠标单击点 A 和点 C 距离的度量值，按下 Shift 键不放，用鼠标单击矩形 ACDE 的面积的度量值，放开键盘的 Shift 键。这时这两个度量值被同时同时顺序选中了。执行《图表/P 绘出（X,Y）》命令，绘出的点显示在画板上了，用文本工具将它标注为 F（图 5.5）。

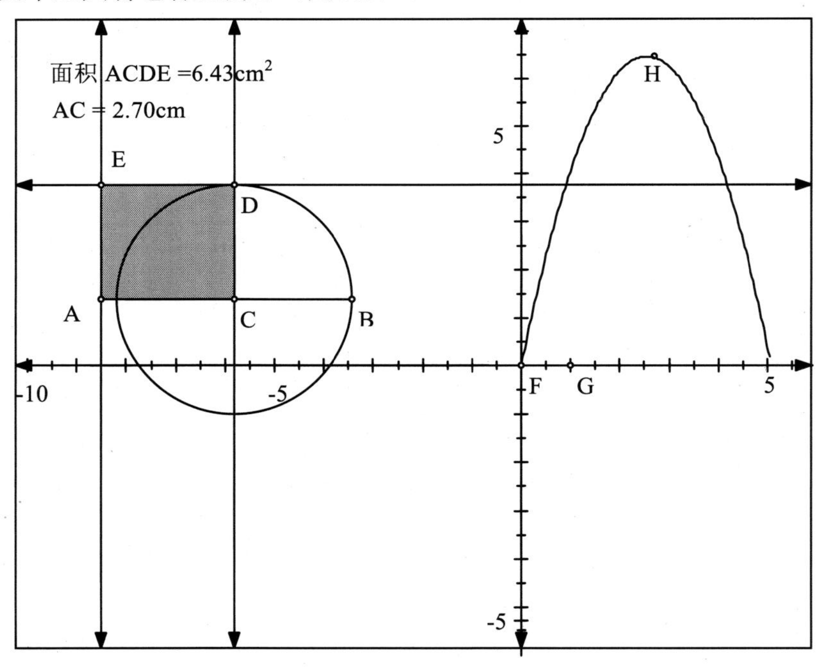

图 5.5

【注】　有时在画板上看不到该点，这时，可移动点 C 接近点 A 或点 B 时就能看到，另一种办法是缩短线段 AB 的距离，也能达到此效果。

（7）构造轨迹：同时选中轨迹对象点 H、驱动点 C 和驱动点的路径线段 AB，执行《作图/轨迹》命令，轨迹就显示在画板上了。

关于构造轨迹的几点解释：

（1）构造轨迹的前提条件：一个要作出轨迹的轨迹对象，与轨迹对象相关的驱动点、驱动点的路径。在上例中轨迹对象是点 H，驱动点是点 C，驱动点的路径是线段 AB。

（2）轨迹的形状：如果造轨迹对象是一个点，那么轨迹是一条连续曲线，否则轨迹将是该对象的像的集合。

（3）驱动点的路径：路径是线段、射线、直线、坐标轴、圆、弧、多边形内部、弓形或扇形。

（4）轨迹和追踪的区别：轨迹作好后不消失，而追踪，单击鼠标就消失。

（5）轨迹的显示与隐藏：可用显示菜单的命令，显示/隐藏轨迹。还可以用编辑菜单中操作类按钮，制作轨迹的显示与隐藏的按钮。

（6）在轨迹上作点：用作图菜单中对象上的点命令，可在轨迹上作点。轨迹不能作交点。

（7）用对象信息工具在轨迹上双击，出现如图 5.6 所示的对

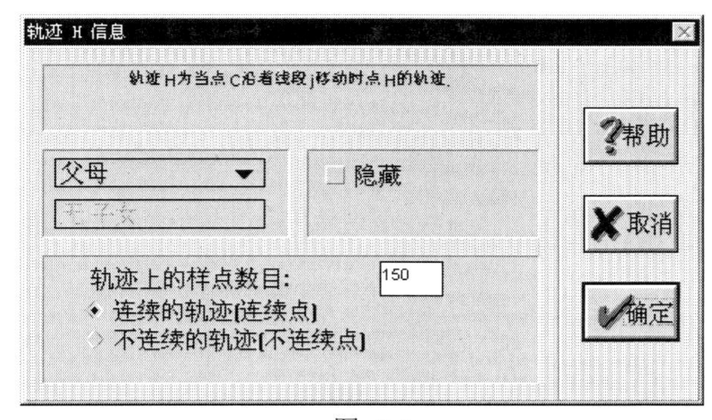

图 5.6

话框，轨迹上的样点数目越多，轨迹越光滑。你可以选择连续的轨迹，不连续的轨迹，看看轨迹发生什么变化。

（8）用显示菜单参数选择命令也可以修改轨迹上的样点数目。但要注意，它在高级参数中。

【例 5.5】 由抛物线定义作出它的轨迹（到一定点与定直线距离相等的点的集合）。

【制作步骤】

（1）打开一个新绘图：执行《文件/新绘图》命令或按<Ctrl+N>快捷键。

（2）作竖直直线 AB：用直线工具，在画板上画一个竖直直线（图 5.7），用文本工具将其一个决定点标注为 A，将另一个决定点标注为 B。

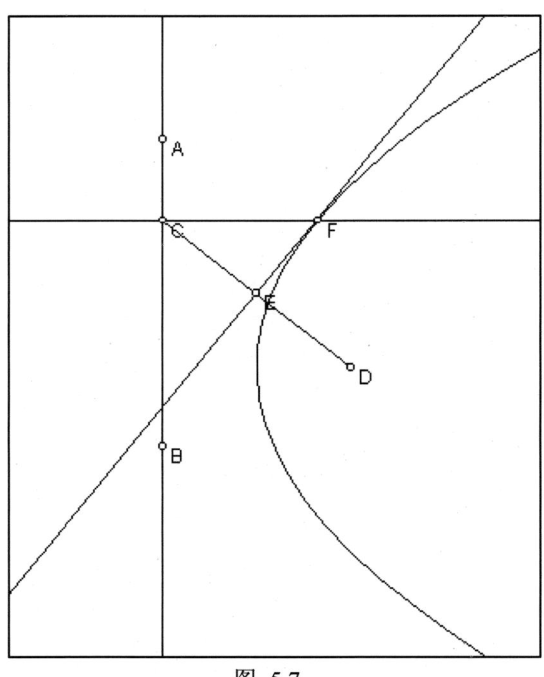

图 5.7

（3）在直线 AB 上做点 C，在直线外作点 D：用点工具在直线 AB 上作点，在直线外作点。用文本工具将直线 AB 上的点标注为 C，直线 AB 外的点标注为 D。

（4）作出抛物线轨迹对象点 F：用线段工具连接点 D 和点 C，线段 CD 的垂直平分线交过点 C 垂直直线 AB 的直线于点 F。

（5）构造抛物线的轨迹：同时选中轨迹对象点 F、驱动点 C 和驱动点的路径直线 AB，执行《作图/轨迹》命令，轨迹就显示在画板上了。

【例 5.6】 作出 $Y=X^3+b$ 图象。

【制作步骤】

（1）打开一个新绘图：执行《文件/新绘图》命令或按<Ctrl+N>快捷键。

（2）显示直角坐标系：执行《图表/建立坐标轴》命令，坐标系显示在画板上

（3）标注坐标原点和单位点：用文本工具将坐标原点标注为 O，将单位点标注为 1。

（4）画点 C 和点 D：选择画点工具，在纵坐标轴上画一点，在横坐标轴上画一点。用文本工具将纵坐标轴上的点标注为 C，将横坐标轴上的点标注为 D。

【注】 这里用点 C 的纵坐标代替 b。

（5）度量点 C 和点 D 的坐标：同时选中点 C 和点 D，执行《度量/坐标》命令，在画板上出现了点 C 和点 D 坐标的度量值。

（6）计算点 D 的横坐标 X_D：选中点 D 坐标的度量式，执行《度量/计算》命令，在出现的计算器中，在数值列表中将鼠标停在点 D 上，在级联菜单中选择 X,单击确定按钮，画板显示点 D 的横坐标 X_D 的度量式。

（7）计算函数值 $X_D^3+Y_C$：同时选中点 C 坐标的度量式和点 D 的横坐标 X_D 度量式，执行《度量/计算》命令，在出现的计算器中，在数值列表中，选择 X_D，然后在计算器中顺序单击“^”

和“3”键, 单击计算器中的“+”或键盘中+,在数值列表中鼠标停在点 C 上，在级联菜单中选择 y，最后单击“确认”按钮，画板显示 $X_D{}^3+Y_C$ 的度量式。

（8）绘出函数点 E：选中度量式 X_D 和 $X_D{}^3+Y_C$ ，执行《图表/P 绘出（X，Y）》命令，画板上出现一个点，用文本工具将它标注为 E。

（9）构造函数轨迹（图象）：同时选中驱动点 D 和轨迹对象点 E，执行《作图/轨迹》命令，函数图象显示在画板上。

【注】 这时驱动点的路径可以省略。

习 题 五

演 示

1. 找出一个端点在圆上的线段中点的轨迹。
2. 绘制 $Y=aX^3+b$ 的函数图象,并保存为 ax3b.gsp 文件。

问 题

1. 如何用度量值绘制一个点？
2. 当用度量值绘制一个点时，与度量值的单位有关系吗？
3. 为构造轨迹，你必须做些什么？

第六章　变　换

- **利用变换菜单进行变换**
- **其他方式变换**

几何画板为几何变换提供了强有力的工具。它可以对几何画板对象进行平移、旋转、缩放和反射变换。旋转变换和缩放变换需要一个中心点,所以在实施这两种变换前要先标记一个中心点。同样，反射需要一个镜面，在反射变换前要先确定一个镜面。几何画板既允许用固定参数，又允许用动态参数对几何画板对象进行几何变换。你可以通过组合平移、旋转、缩放、反射等变换来定义自己的新变换。

6.1　利用变换菜单进行变换

一、旋转变换

【例 6.1】　利用旋转变换画正方形。

【制作步骤】

（1）打开一个新绘图：执行《文件/新绘图》命令或按<Ctrl+N>快捷键。

（2）画点 A 和点 B：用点工具在画板上任画两个点，用文本工具将其一个点标注为 A，将另一个点标注为 B。

（3）标记旋转中心为点 A：用选择工具选中点 A，执行《变换/标记中心"A"》命令，点 A 外面黑圈闪动，表示它是变换中心。

（4）将点 B 旋转 90° 得到点 B'：用选择工具选中点 B，执行《变换/旋转》命令，出现如图 6.1 所示的对话框，将 45 换成 90 后，单击确定按钮。新点就生成了，用文本工具将该点标注为 B'。

图 6.1

【注】 逆时针旋转为正，顺时针旋转为负。

（5）标记旋转中心为点 B：用选择工具选中点 B，执行《变换/标记中心"B"》命令，点 B 外面黑圈闪动，表示它是变换中心。

（6）将点 A 旋转–90° 得到点 A'：用选择工具选中点 A，执行《变换/旋转》命令，在出现的对话框中，将度数换成–90 后，单击确定按钮。新点就生成了，用文本工具将该点标注为 A'。

（7）画出正方形：顺次选中点 A、B、A'、B'，执行《作图/线段》命令，就画好了正方形，如图 6.2 所示。

（8）拖动点 A、B、A'、B'，发现正方形的性质没有发生改变，这比前面作的正方形要简单多了。

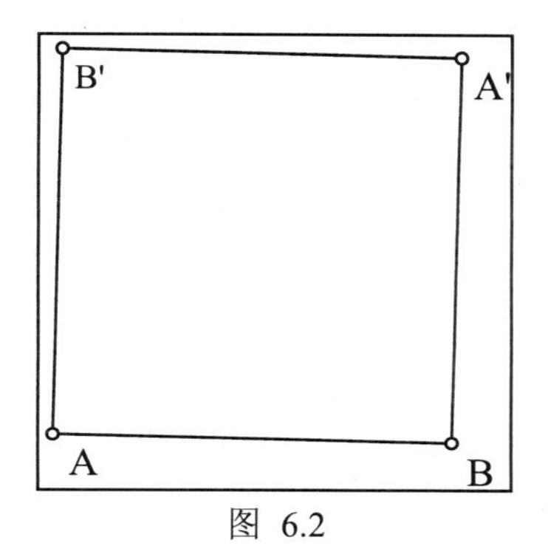

图 6.2

【例 6.2】 绘制立体图。

【制作步骤】

(1)打开一个新绘图：执行《文件/新绘图》命令或按<Ctrl+N>快捷键。

(2) 画点 A 和点 B：用点工具在画板上画任画两个点，用文本工具将其一个点标注为 A，将另一个点标注为 B。

(3) 标记旋转中心为点 A：用选择工具选中点 A，执行《变换/标记中心"A"》命令，点 A 外面黑圈闪动，表示它是变换中心。

(4) 将点 B 旋转 60° 得到点 B'：用选择工具选中点 B，执行《变换/旋转》命令，在出现的对话框中，输入 60，单击确定按钮。新点就生成了，用文本工具将该点标注为 B'。

(5) 标记旋转中心为点 B'：用选择工具选中点 B'，执行《变换/标记中心"B"》命令，点 B'外面黑圈闪动，表示它是变换中心。

(6)将点 A 旋转 120° 得到点 A'：用选择工具选中点 A，执行《变换/旋转》命令，在出现的对话框中，输入 120，单击确定按钮，新点就生成了，用文本工具将该点标注为 A'。

(7) 作以点 A、B、A'、B'为顶点的多边形内部：同时顺次选中点 A、B、A'、B'，执行《作图/多边形内部》命令，就作出了以点 A、B、A'、B'为顶点的多边形内部。

（8）旋转上步的内部 120° 两次：用选择工具选中上步的内部，执行《变换/旋转》命令，在出现的对话框中，输入 120°，单击确定按钮。执行《变换/旋转》命令，在出现的对话框中，输入 120°，单击确定按钮。

（9）涂色：将第一个内部涂成红色，第二个内部涂成绿色，第三个内部涂成蓝色。就得到如图 6.3 所示的图形。

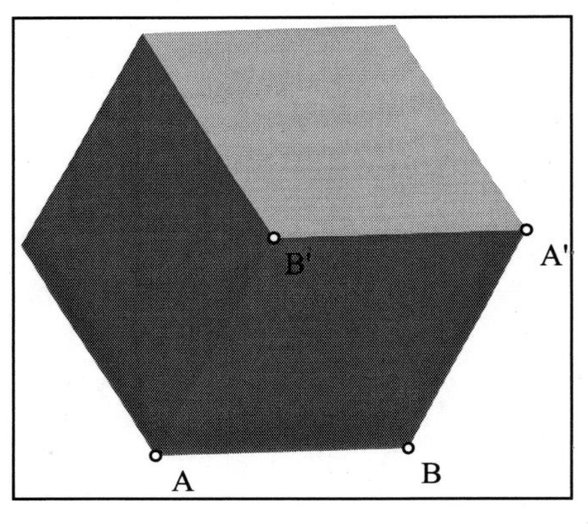

图 6.3

【例 6.3】 制作按标记的角旋转的例子（具体参见制作步骤和图）。

【制作步骤】

（1）打开一个新绘图：执行《文件/新绘图》命令或按<Ctrl+N>快捷键。

（2）画线段 AB 和线段 BC：用线段工具在画板上顺接画两条线段（这两条线段有一个共同的端点），用文本工具将两线段的共同端点标注为 B，将另外两个点标注为 A 和 C。

（3）标记角 ABC：同时顺次选中点 A、B、C，执行《变换/标记角"A-B-C"》命令。

（4）画旋转中心点 D：用点工具在画板上任画一个点，用文本工具将它标注为 D。

（5）标记旋转中心为点 D：用选择工具选中点 D，执行《变换/标记中心"D"》命令，点 D 外面黑圈闪动，表示它是变换中心。

（6）在画板上画出如图 6.5 所示的要旋转的图形。

（7）按标记的角旋转第（6）步所画图形：选中第（6）步所画图形，执行《变换/旋转》命令，出现如图 6.4 所示的对话框，单击确定按钮。旋转后的新图形（图 6.5）就生成了。

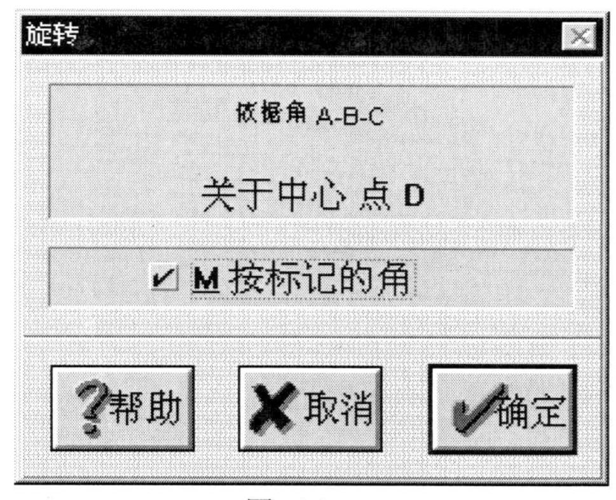

图 6.4

（8）拖动点 A 和点 C，观察发生的变化。

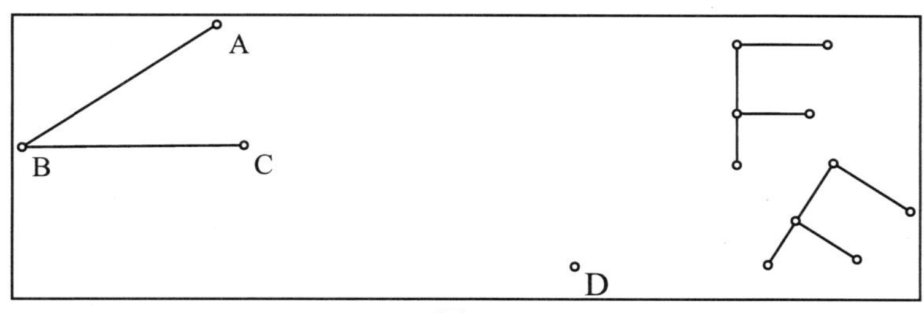

图 6.5

关于旋转变换的几点解释：

（1）旋转方向：顺时针为负，逆时针为正。

（2）旋转角度：可以是固定角度，也可以是可变角度。但可变角度时，事先需要标记角。

（3）标记角的前提条件：用三个点，其中第二个点是角的顶点。另外，也可以是一个度量值或计算值确定的角。

（4）旋转前必须标记旋转中心。

二、反射变换

【例 6. 4】 制作反射变换的例子(具体参见制作步骤和图)。

【制作步骤】

(1)打开一个新绘图：执行《文件/新绘图》命令或按<Ctrl+N>快捷键。

(2)画线段 AB：用线段工具，在画板上顺接画一条线段，用文本工具将其中一个端点标注为 A，将另一个端点标注为 B。

(3)用线段 AB 标记镜面：选中线段 AB，执行《变换/标记镜面》命令，线段 AB 闪动。

(4)在画板上画出如图 6.6 所示的要反射的图形。

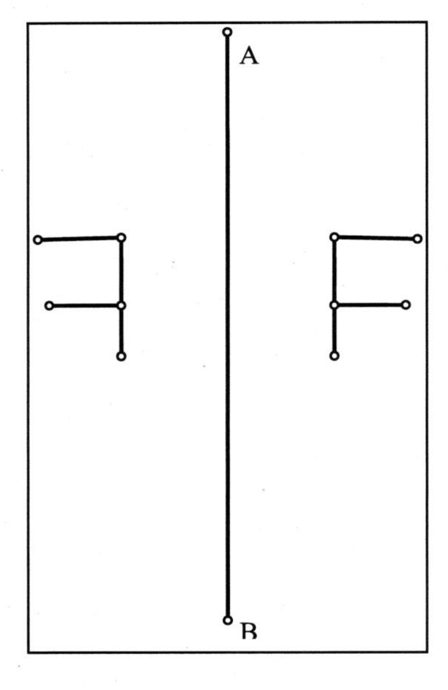

图 6.6

（5）按标记的镜面反射第（4）步所画图形：选中第（4）步所画图形，执行《变换/反射》命令，出现如图 6.6 的图形。

(6)拖动原始图形，观察发生的变化。

【注】 拖动原始图形的办法，用选择工具画框的办法将原始图形选中，然后将鼠标移到图形上进行拖动。

关于反射变换的几点解释：

（1）反射变换前必须标记镜面。

（2）标记镜面的前提条件是：直线型对象（线段、射线和直线）。

三、平移变换

【例 6.5】 利用平移变换画定长、定方向线段。

【制作步骤】

（1）打开一个新绘图：执行《文件/新绘图》命令或按<Ctrl+N>快捷键。

（2）画点：用点工具在画板上顺接画一个点，用文本工具将该点标注为 A。

（3）将点 A 平移 2 cm 方向 30° 得到点 A'：选中点 A，执行《变换/平移》命令，在出现的对话框中输入如图 6.7 的信息，单击确定按钮，就生成了新点，用文本工具将它标注为 A'。

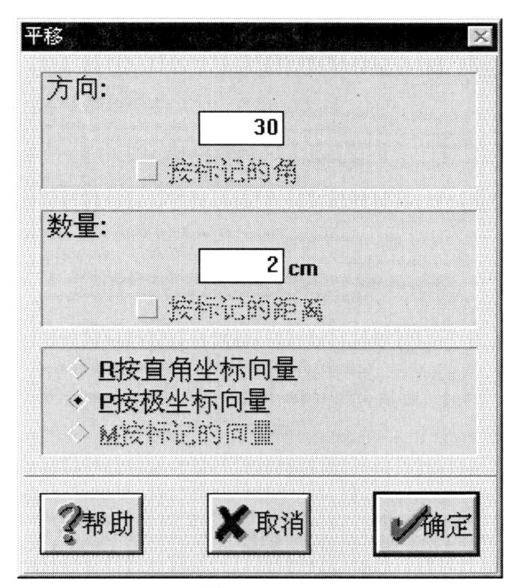

图 6.7

（4）连结点 A 和点 A'，并度量线段 AA'的长度：用线段工具连接点 A 和点 A'成线段 AA"，执行《度量/长度》命令，线段 AA'的度量值显示在画板上（图 6.8）。

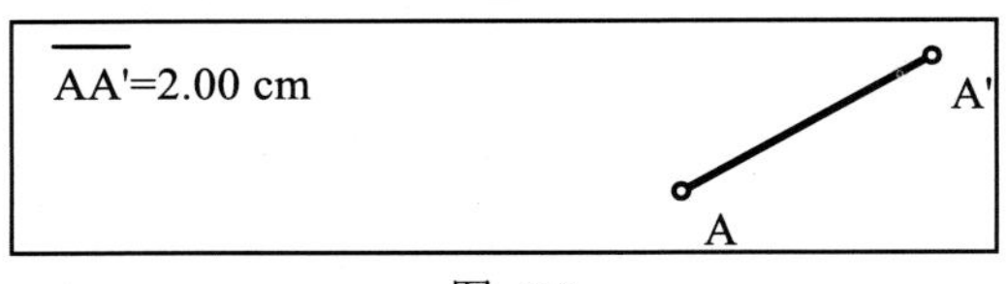

图 6.8

（5）拖动点 A，观察发生的变化。

【例 6.6】 利用标记的向量画变长、变方向的线段。

【制作步骤】

（1）打开一个新绘图：执行《文件/新绘图》命令或按<Ctrl+N>快捷键。

（2）画线段 AB 和点 C：用线段工具在画板上画一条线段，用文本工具将其一个端点标注为 A，另一个端点标注为 B。用点工具在画板上顺接画一个点，用文本工具将该点标注为 C。

（3）标记向量 AB：同时顺序选中点 A 和点 B，执行《变换/标记向量"A->B"》命令。

（4）将点 C 按标记的向量平移到点 C'：选中点 C，执行《变换/平移》命令，在出现的对话框中，单击确定按钮（图 6.9），就生成了新点，用文本工具将它标注为 C'。

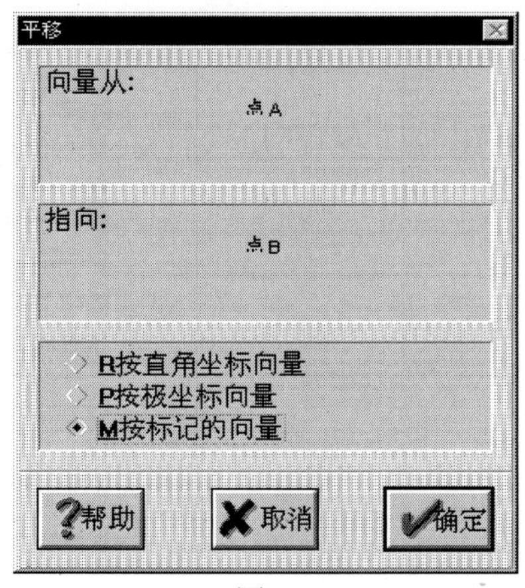

图 6.9

（5）连接点 C 和点 C'，并度量线段 CC'的长度：用线段工具连接点 C 和点 C'成线段 CC'，执行《度量/长度》命令，线段 CC'的度量值显示在画板上。

（6）度量线段 AB：选中线段 AB，执行《度量/长度》命令，线段 AB 的度量值就显示在画板（图 6.10）上了。

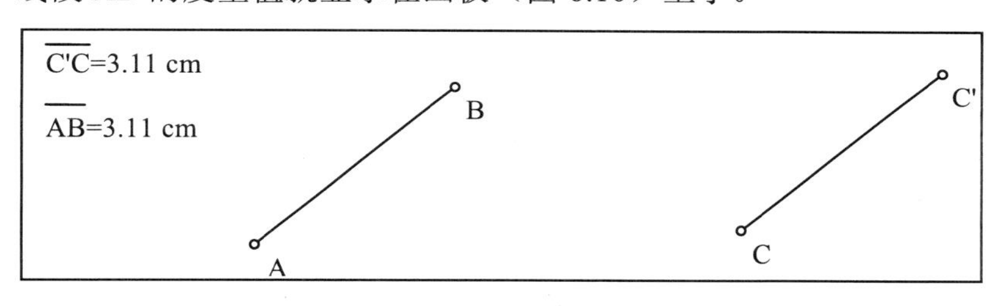

图 6.10

（7）拖动点 B，观察发生的变化。

关于平移变换的几点解释：

（1）平移变换不需要前提条件。

（2）平移的形式：直角坐标、极坐标和按标记的向量。

（3）平移可以按定长定方向进行平移，也可以变长变方向进行平移。但变长变方向时，需要标记向量或标记距离。

（4）标记向量的前提条件有三种：① 用两个点，第一个点是起点，第二个点是终点。② 用两个长度度量值或计算值标记一个直角向量。③ 用一个长度度量值或计算值和一个角度度量值或计算值标记一个极坐标向量。

（5）标记距离的前提条件：用度量值或计算值。

四、缩放变换

【例 6.7】 用变比例缩放制作相似三角形。

【制作步骤】

（1）打开一个新绘图：执行《文件/新绘图》命令或按<Ctrl+N>

快捷键。

（2）画线段 AB 和线段 CD：用线段工具在画板上画两条线段，用文本工具一条线段的两个端点标注为 A 和 B，将另一条线段的两个端点标注为 C 和 D。

（3）标记比：同时顺次选中线段 AB 和线段 CD，执行《变换/标记比》命令。

（4）画三角形 EFG：用线段工具顺次连接画出三角形，用文本工具将三个顶点标注为 E、F 和 G。

（5）画缩放中心点 H：用点工具在画板上任画一个点，用文本工具将它标注为 H。

（6）标记缩放中心为点 H：用选择工具选中点 H，执行《变换/标记中心"H"》命令，点 H 外面黑圈闪动，表示它是缩放中心。

（7）按标记的比缩放三角形 EFG，得到三角形 E'F'G'：选中三角形 EFG 的全部（包括点和线段），执行《变换/缩放》命令，在出现的对话框（图 6.11）中，单击确定按钮。缩放后的新图形（图 6.12）就生成了。

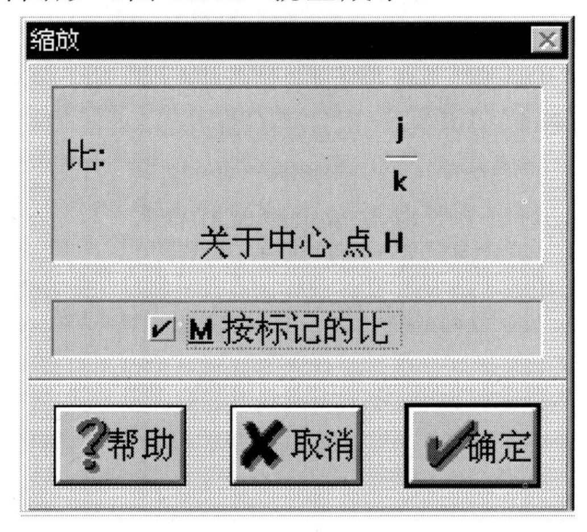

图 6.11

（8）拖动点 A 和点 C，观察发生的变化。

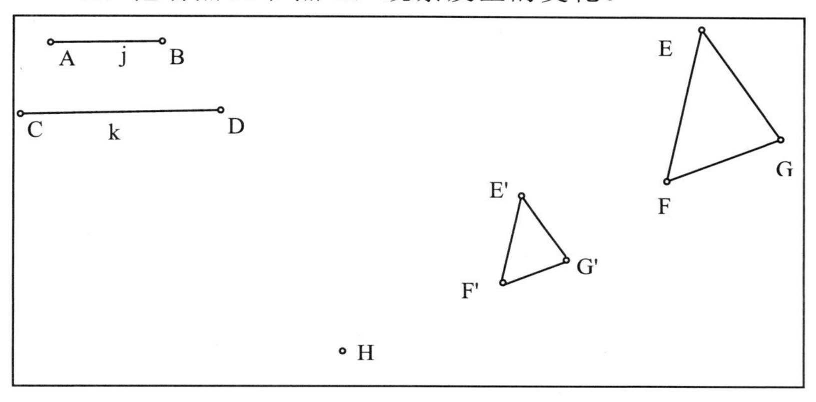

图 6.12

关于缩放变换的几点解释：

（1）缩放比例：可以是固定比例，也可以是可变比例。但用可变比例时，事先需要标记比。

（2）标记比的前提条件：

① 用两条线段进行选择，先选的是分子，后选的是分母。

② 用一个无单位的度量值或计算值标记一个比例因子。

（3）缩放前必须标记缩放中心。

（4）缩放中心与旋转中心是一样的。即标记缩放中心也就标记了旋转中心，反之亦然。

五、定义新变换

几何画板可以定义新变换，这个新变换是通过若干步的变换（平移、旋转、缩放、反射）等来定义自己的新变换。

【例 6.8】 定义一个新变换，具体内容参见制作步骤和图形。

【制作步骤】

(1)打开一个新绘图：执行《文件/新绘图》命令或按<Ctrl+N>快捷键。

（2）标记角：用线段工具在画板上顺次画两条线段，用文本工具将线段的端点标注为 A、B、C。顺次选中点 A、B、C，执行《变换/标记角》命令。

（3）线段 EF 和线段 GH：用线段工具在画板上画两条线段，用文本工具将两线段的端点标注为 E、F、G、H。

（4）标记比：顺次选中线段 EF 和 GH，执行《变换/标记比》命令。

（5）画旋转缩放中心点 H：用点工具在画板上任画一个点，用文本工具将它标注为 H。

（6）标记旋转缩放中心为点 H：用选择工具选中点 H，执行《变换/标记中心"H"》命令，点 H 外面黑圈闪动，表示它是旋转缩放中心。

（7）在画板上画出如图 6.13 所示的图形。

（8）按标记的角旋转第（7）步所画图形的内部部分：选中第（7）步所画图形的内部部分，执行《变换/旋转》命令，在出现的对话框中选中按标记的角（一般这时自动是选中按标记的角，不用去选定）。这时，旋转后的图形被选中。

(9)按标记的比缩放旋转后的图形：选中旋转后的图形，执行《变换/缩放》命令，在出现的对话框中选中按标记的比（一般这时自动选中按标记的比，不用去选定）。这时，缩放后的图形被选中。

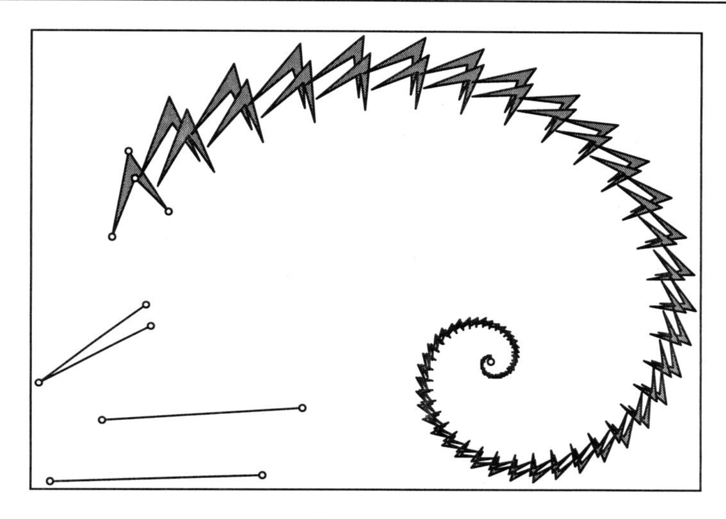

图 6.13

（10）定义新变换：同时顺序选中第（7）步所画图形的内部部分（原图形）和缩放后的图形（经过若干步变换后得到的图形），执行《变换/定义变换》命令，出现图 6.14 所示的对话框，在名称栏中你可以重新为新定义的变换命名，不换名也可以。单击确定按钮，就完成了新变换的定义。

图 6.14

（11）执行新定义的变换：选中缩放后的图形，打开变换菜单会看到如图 6.15 的图形，看到新定义的变换"2 步变换"的快捷键是 Ctrl+1，因此这时重复多少次 Ctrl+1 键，就得到多少次继续旋转缩放的图形。调整标记的角（拖动点 A 和点 C）和标记的比（拖动点 E 或点 G），若图形的数量少，选中最后的图形，再继续按 Ctrl+1，就能出现图 6.13 所示的图形。

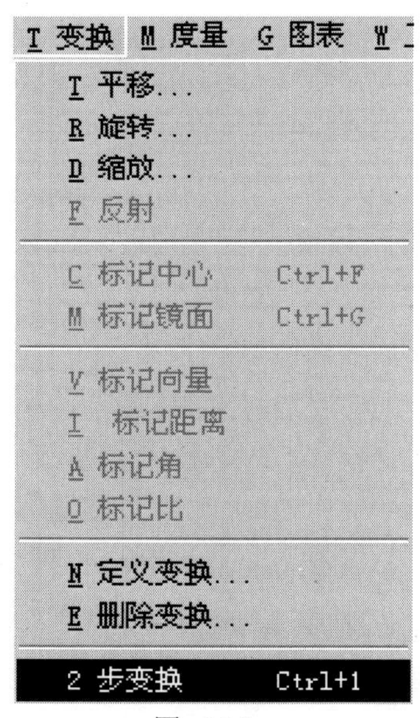

图 6.15

关于定义新变换的解释：

（1）制作要点：同时选中原象和经过若干次变换得到的象，执行《变换/定义变换》即可。

（2）执行新定义的变换：要先选中一个象，然后可用变换菜单的命令或快捷键。

（3）快捷键：快捷键是由几何画板软件自动生成，第一个是 Ctrl+1，第二个是 Ctrl+2，依次类推。

6.2　其他方式变换

一、用“选定”工具进行变换

按下“选定”工具约 0.5 s 后，右边显示出三个不同图标，如图 6.16 所示，它们分别用于平移、旋转和缩放操作。

图 6.16

【例 6.19】 用选定的工具进行三角形的旋转和缩放。

制作步骤：

① 打开一个新绘图：执行《文件/新绘图》命令或按<Ctrl+N>快捷键。

② 画三角形 ABC：用线段工具顺次连接画出三角形，用文本工具将三个顶点标注为 A、B 和 C。

③ 标记中心为点 A：用选择工具选中点 A，执行《变换/标记中心"A"》命令。

④ 用工具进行旋转：选择旋转工具，拖动点 B、C 和线段 BC，观察发生的变化。

⑤ 用工具进行缩放：选择缩放工具，拖动点 B、C 和线段 BC，观察发生的变化。

二、自平移/自旋转/自缩放/自反射

只要在选择变换菜单的同时按下 Shift 键，就可以用自平移、自旋转、自缩放、自反射等命令实现图形的变换。它与用箭号工具来拖动这个对象效果是一样的(都是将自己通过几何变换成为变换后的图形，而变换菜单命令是原图形不

动，而又同时生成了几何变换后的图形），但它是为了克服鼠标不精确的不足。要提醒的是：只有提前标记了变换中心，才可以使用自旋转和自缩放命令，只有提前标记了反射镜面，才可以使用自反射命令。

习 题 六

演 示

1. 用任意一种方法作一个三角形。

2. 在三角形外的任意位置选一点，标记它为旋转和缩放的中心。

3. 使用旋转和缩放工具，旋转和缩放三角形。

4. 使用缩放命令缩放三角形。

5. 在画板中作一条线段，以它为轴反射较大的三角形。

6. 使用选择工具（就是平移工具）拖动原三角形的边和点，观察所有三角形有什么变化。

7. 试着拖动一条作为反射镜面的线段或一个作为中心的点。

8. 试着画出不对称的字，比如字母 F，并反射它。观察当你移动组成字母的线段时，发生了什么变化。然后用另一反射镜面反射已被反射的图形。

9. 在画板上画如图 6.17 的六角形和四花瓣形。

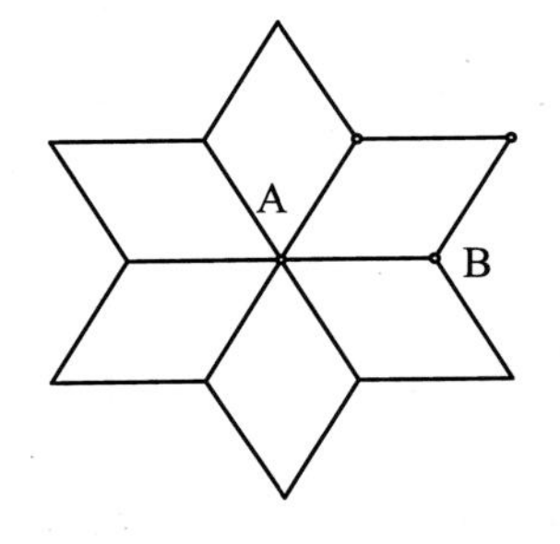

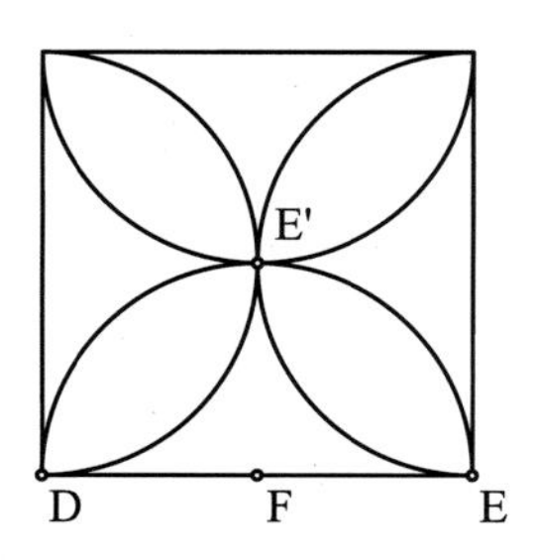

图 6.17

问 题

1. 怎样标记一个作为旋转中心的点？怎样标记一条作为反射镜面的线段？

2. 使用缩放工具缩放一个对象以前，需要做什么？

3. 除了使用缩放工具外，还有什么办法可以改变对象的大小？

第七章　记　　录

- **记录的制作、生成和应用**
- **记录中的循环功能**

《几何画板》中的记录，实际上是一个画图过程的记忆，且可以将该记忆存在记录文件中，使得再画类似的图时，可以用所记录的文件快速地画出类似的图形。如果你有了很多常规图形的记录，那么用几何画板画图会很方便。记录中还有循环功能，该功能虽然难理解，但对于作图中有规律的，并需要重复多次绘制的复杂过程，是非常必要的，且能做到既快捷又方便。

7.1　记录的制作、生成和应用

一、记录的制作和应用

【例 7.1】 记录制作立体图的过程，并存盘为“立体图1.gss”。然后应用该记录自动画立体图。

【制作步骤】

（1）打开一个新绘图：执行《文件/新绘图》命令或按<Ctrl+N>快捷键。

（2）打开新记录，开始录制：执行《文件/新记录》命令，在出现的画面上单击录制按钮，开始录制。

（3）画点 A 和点 B：用点工具在画板上任画两个点，用文本工具将其一个点标注为 A，将另一个点标注为 B。

（4）标记旋转中心为点 A：用选择工具选中点 A，执行《变换/标记中心"A"》命令，点 A 外面黑圈闪动，表示它是变换中心。

（5）将点 B 旋转 60° 得到点 B'：用选择工具选中点 B，执行《变换/旋转》命令，在出现的对话框中，输入 60，单击确定按钮。新点就生成了，用文本工具将该点标注为 B'。

（6）标记旋转中心为点 B'：用选择工具选中点 B'，执行《变换/标记中心“B'”》命令，点 B'外面黑圈闪动，表示它是变换中心。

（7）将点 A 旋转 120° 得到点 A'：用选择工具选中点 A，执行《变换/旋转》命令，在出现的对话框中，输入 120，单击确定按钮。新点就生成了，用文本工具将该点标注为 A'。

（8）作以点 A、B、A'、B'为顶点的多边形内部：同时顺次选中点 A、B、A'、B'，执行《作图/多边形内部》命令，就作出了以点 A、B、A'、B'为顶点的多边形内部。

（9）旋转（8）步的内部 120° 两次：用选择工具选中（8）步的内部，执行《变换/旋转》命令，在出现的对话框中，输入 120°，单击确定按钮。执行《变换/旋转》命令，在出现的对话框中，输入 120°，单击确定按钮。

（10）涂色：将第一个内部涂成红色，第二个内部涂成绿色，第三个内部涂成蓝色。就得到如图 7.1 所示的图形。

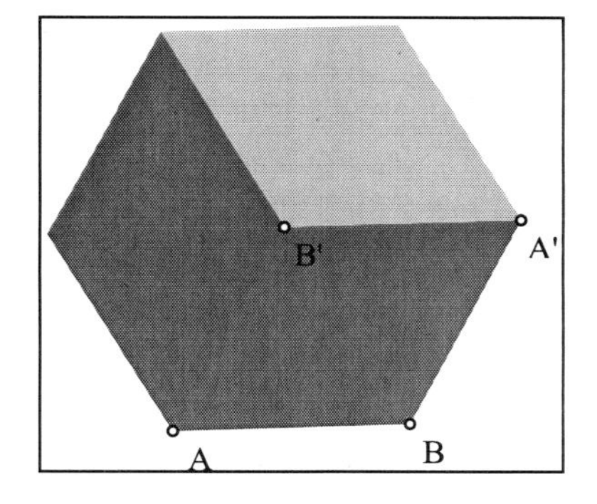

图 7.1

停止记录：单击记录面板的停止按钮，停止记录。

保存记录为文件“立体图 1.gss”：关闭记录面板时出现如图 7.2 所示的对话框，在文件名栏输入“立体图 1.gss”，单击确定，就完成了存盘工作。

【注】 从该对话框中你还可以将该记录存为文本形式的文件，供你使用。还可以改变保存记录文件的目录。

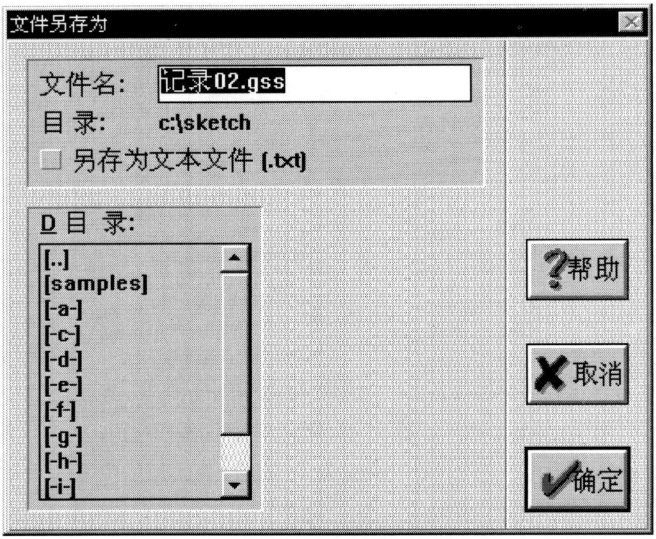

图 7.2

应用记录文件画立体图：将画板上的内容清空，执行《文件/打开》命令，出现如图 7.3 所示的对话框，在文件列表中选择立体图 1.gss，单击确定按钮。在出现的记录面板上的前提：点 B 和点 A。应用记录时，必须满足它的前提条件。在画板上任画点 A 和点 B，同时顺次选中点 A 和点 B，单击记录面板的播放按钮；同时顺次选中点 B 和点 A，单击记录面板的播放按钮，清除画板上的内容。在画板上任画点 A 和点 B，同时顺次选中点 A 和点 B，单击记录面板的快进按钮；同时顺次选中点 B 和点 A，单击记录面板的快进按钮，从中得出什么结论。

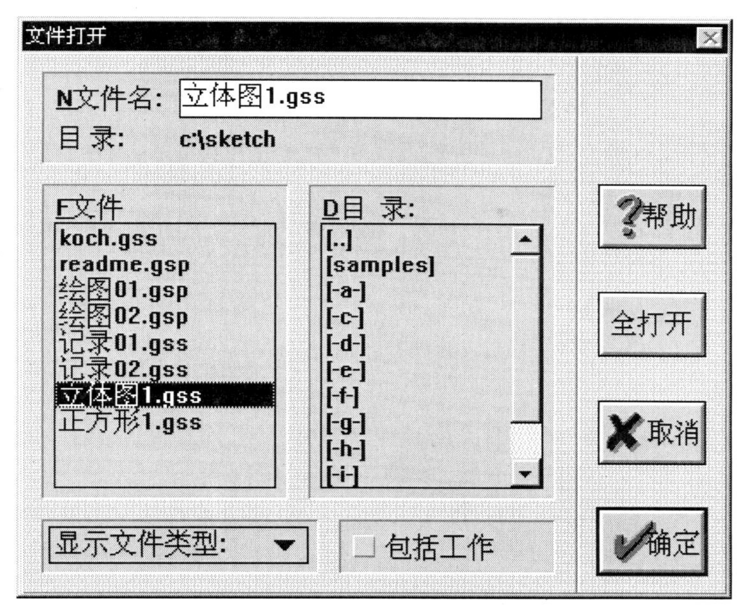

图 7.3

关于记录的制作过程：

（1）在没开始画图时，打开一个新记录，在出现的记录面板上用鼠标单击录制按钮。

（2）在画图结束时，在记录面板上用鼠标单击停止按钮。

（3）将记录存盘。

（4)在制作记录时，不必要的动作有时会产生不必要的前提，或产生不必要几何画板的对象。所以在制作记录时一定要细心。

关于记录的应用：

（1）打开保存的记录。

（2）在画板上制作与记录的前提是：相同数量、相同类型的几何画板对象，并按记录的前提顺次同时选中这些几何画板对象。如果不能满足记录的前提，几何画板软件将提出警告。（注意个数、类型与顺序）

（3）在记录面板上单击播放按钮或快进按钮。

二、记录的生成

如果画图时没有及时记录作图过程，还可以用工作菜单的生成记录功能生成记录。

【例 7.2】 先制作正方形，然后用生成记录功能生成记录，并将它存为“正方形 1.gss”文件。

【制作步骤】

（1）打开一个新绘图：执行《文件/新绘图》命令或按<Ctrl+N>快捷键。

（2）画点 A 和点 B：用点工具在画板上任画两个点，用文本工具将其一个点标注为 A，将另一个点标注为 B。

（3）标记旋转中心为点 A：用选择工具选中点 A，执行《变换/标记中心"A"》命令，点 A 外面黑圈闪动，表示它是变换中心。

（4）将点 B 旋转 90° 得到点 B'：用选择工具选中点 B，执行《变换/旋转》命令，出现如图 7.4 所示的对话框，将 45 换成 90 后，单击确定按钮。新点就生成了，用文本工具将该点标注为 B'。

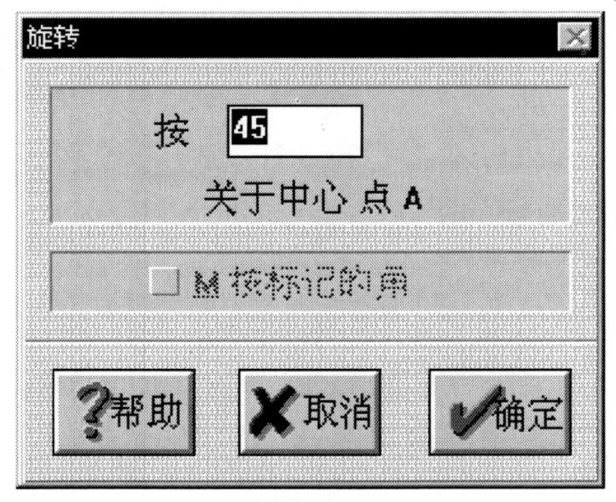

图 7.4

【注】 逆时针旋转为正，顺时针旋转为负。

（5）标记旋转中心为点B：用选择工具选中点B，执行《变换/标记中心"B"》命令，点B外面黑圈闪动，表示它是变换中心。

（6）将点A旋转–90°得到点A'：用选择工具选中点A，执行《变换/旋转》命令，在出现的对话框中，将度数换成–90后，单击确定按钮。新点就生成了，用文本工具将该点标注为A'。

（7）画出正方形：顺次选中点A、B、A'、B'，执行《作图/线段》命令，就画好了正方形（图7.5）。

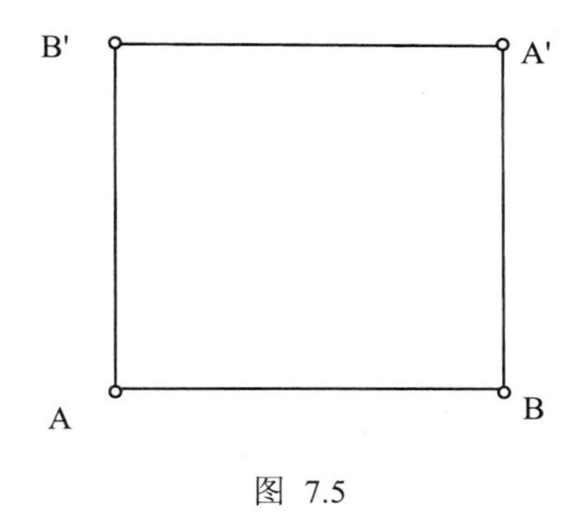

图 7.5

（8）生成记录：选中全部图形，执行《工作/生成记录》命令，就出现了记录面板。

（9）存盘：将记录保存为“正方形1.gss”文件。

三、使用记录工具

在显示菜单的参数选择命令出现的对话框中，可进入高级参数选择对话框。如果在高级参数选择对话框中设置了记录工具目录，那么在工具栏中就会出现记录工具，如图 ⏭ 所示。

【例 7.3】 用记录工具作图。

【制作步骤】

（1）打开一个新绘图：执行《文件/新绘图》命令或按<Ctrl+N>快捷键。

（2）设置记录工具目录：执行《显示/参数选择》命令，出现如图 7.6 所示的对话框，在该对话框中单击其他按钮，出现如图 7.7 所示的对话框，在该对话框的记录工具目录栏中，单击设置按钮。出现如图 7.8 所示的对话框，单击确定按钮，回到上一对话框，单击继续按钮，回到上一对话框，单击确定按钮，就完成记录工具目录设置。

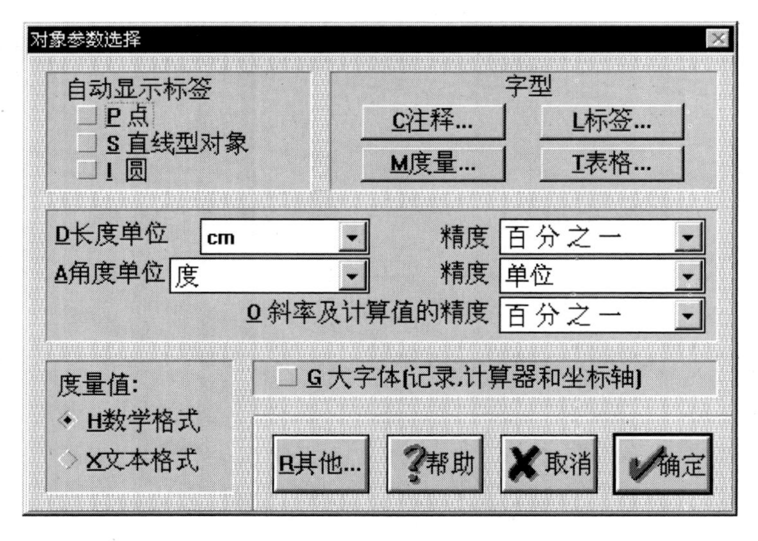

图 7.6

【注】 你可以在上面几个对话框中更改记录工具目录，或停止记录工具。

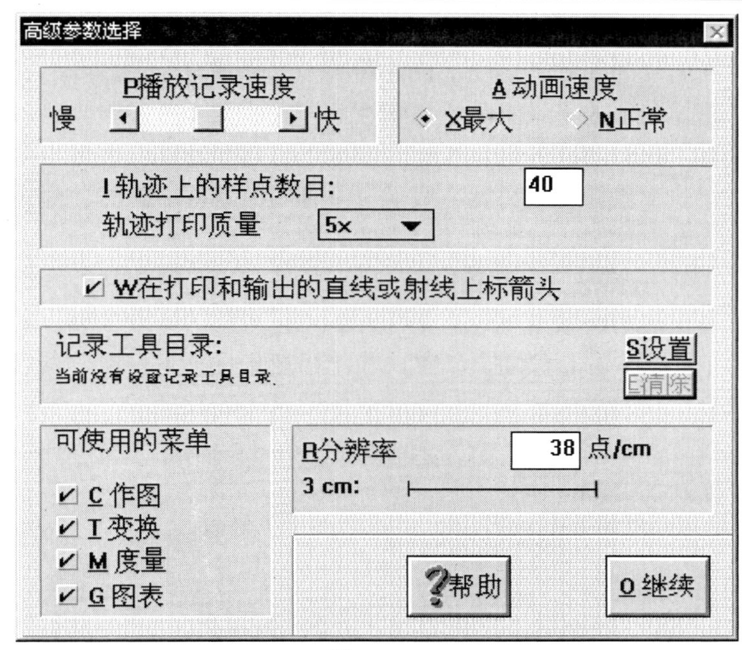
高级参数选择
P播放记录速度
慢
快
A动画速度
X最大
N正常
I轨迹上的样点数目:
40
轨迹打印质量
5x
W在打印和输出的直线或射线上标箭头
记录工具目录:
当前没有设置记录工具目录
S设置
E清除
可使用的菜单
C 作图
T 变换
M 度量
G 图表
R分辨率
38
点/cm
3 cm:
?帮助
O 继续

图 7.7

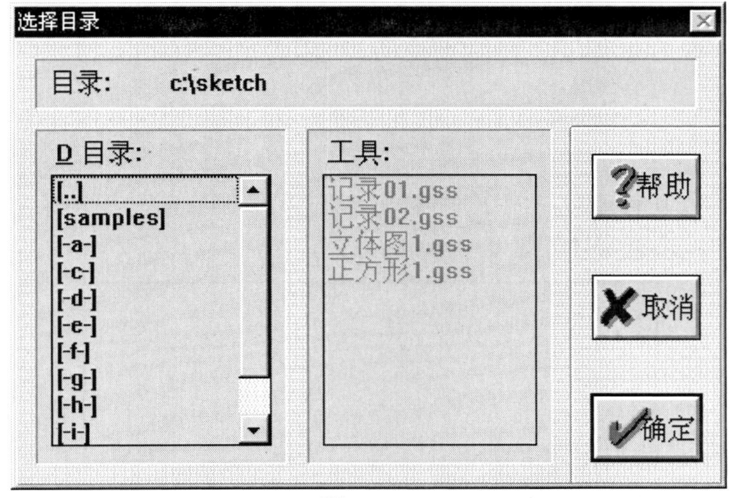
选择目录
目录: c:\sketch
D 目录:
[..]
[samples]
[-a-]
[-c-]
[-d-]
[-e-]
[-f-]
[-g-]
[-h-]
[-i-]
工具:
记录01.gss
记录02.gss
立体图1.gss
正方形1.gss
?帮助
取消
确定

图 7.8

（3）用记录工具画立体图：用鼠标在记录工具上按住左键不放，在出现的级联菜单中，鼠标移到“立体图 1”上放开，就选中了立体图 1 的记录工具，在画板上用鼠标按一下左键，然后拖动鼠标，这时出现的立体图随着鼠标的移动而移动，在适当的位置再按一下鼠标左键，就完成了一立体图的绘画。当然，你还可以继续画立体图，以体会该记录的前提。

（4）用记录工具画正方形：用鼠标在记录工具上按住左键不放，在出现的级联菜单中，鼠标移到“正方形 1”上放开，就选中了正方形 1 的记录工具，在画板上用鼠标按一下左键，然后拖动鼠标，这时出现的正方形随着鼠标的移动而移动，在适当的位置再按一下鼠标左键，就完成了一正方形的绘画。当然，你还可以继续画正方形，体会该记录的前提。

（5）你还可以用几何画板自带的工具作图。

7.2 记录中的循环功能

【例 7.4】 制作 Koch 曲线。

作一条线段，将此条线段三等分。

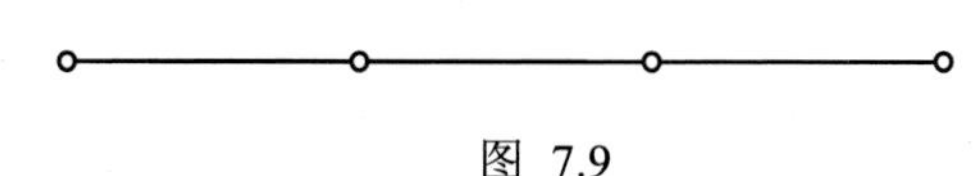

图 7.9

在中间段上，作出一等边凸起，得到如图 7.10 所示的图形，这就是 Koch 曲线的第一层。

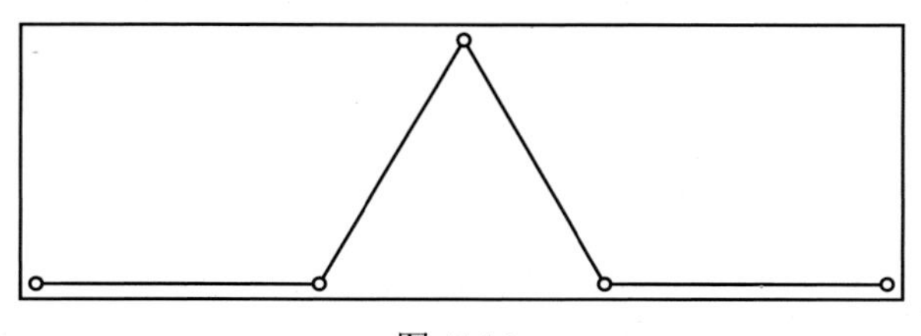

图 7.10

再在图 7.10 中的每一条线段上重复这一过程。也就是说，将每一条线段三等分，在中间作出一等边凸起。这就是 Koch 曲线的第二层，如图 7.11 所示。

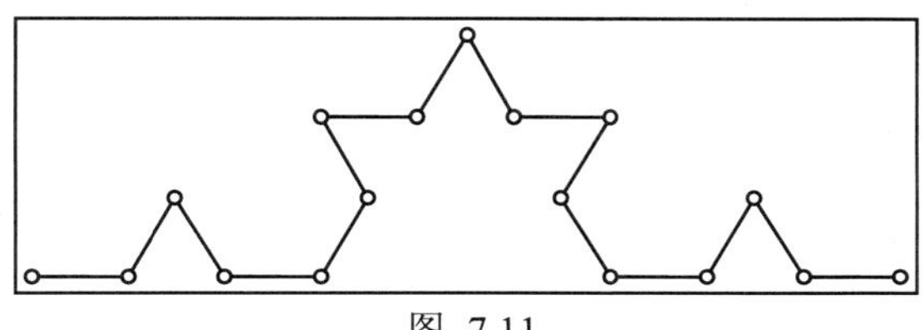

图 7.11

依次类推，Koch 曲线的第三层如图 7.12 所示。

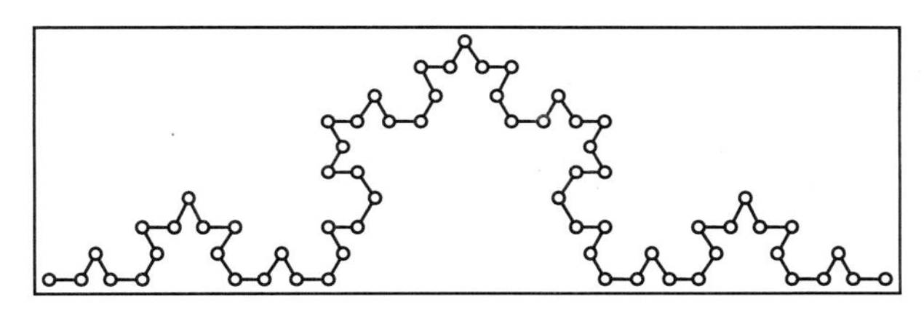

图 7.12

当然，依次类推，你还可以继续往下作 Koch 曲线的第四层、第五层等等。

【制作步骤】

（1）打开一个新绘图：执行《文件/新绘图》命令或按<Ctrl+N>快捷键。

（2）打开新记录，开始录制：执行《文件/新记录》命令，在出现的画面上单击录制按钮，开始录制。

（3）画水平的线段 AB：用线段工具，按住 Shift 键不放，在画板上画一条水平线段，放开 Shift 键，用文本工具将线段的一个端点标注为 A，将另一个端点标注为 B。

（4）标记旋转中心为点 A：用选择工具选中点 A，执行《变换/标记中心"A"》命令，点 A 外面黑圈闪动，表示它是变换中心。

（5）将点 B 缩放为 1/3 处得到点 B'：用选择工具选中点 B，执行《变换/缩放》命令，在出现如图 7.13 所示的对话框中输入，如图 7.13 所示，单击确定按钮。新点就生成了，用文本工具将该点标注为 B'。

图 7.13

（6）将点 B' 缩放为 2 倍处得到点 B"：用选择工具选中点 B'，执行《变换/缩放》命令，在出现如图 7.14 的对话框中输入，如图 7.14 所示，单击确定按钮。新点就生成了，

图 7.14

用文本工具将该点标注为 B"。

（7）标记旋转中心为点 B'：用选择工具选中点 B'，执行《变换/标记中心“B'”》命令，点 B'外面黑圈闪动，表示它是变换中心。

（8）将点 B"旋转 60°得到点 B'"：用选择工具选中点 B"，执行《变换/旋转》命令，在出现如图 7.15 所示的对话框中，输入 60，单击确定按钮。新点就生成了，用文本工具将该点标注为 B'"。

（9）隐藏线段 AB：选中线段 AB，执行《显示/隐藏线段》命令，就将线段 AB 隐藏了。

（10）作线段 AB'、B'B'"、B'"B"和 B"B：用线段工具直接连接即可。

用点 A 和点 B'作循环：同时顺次选中点 A 和点 B'，在记录面板上单击循环按钮。(作循环的要点是要满足记录的前提，注意前提的个数和顺序，要细心体会，这是几何画板的难点)

用点 B'和点 B'"作循环：同时顺次选中点 B'和点 B'"，在记录面板上单击循环按钮。

用点 B'"和点 B"作循环：同时顺次选中点 B'"和点 B"，在记录面板上单击循环按钮。

用点 B"和点 B 作循

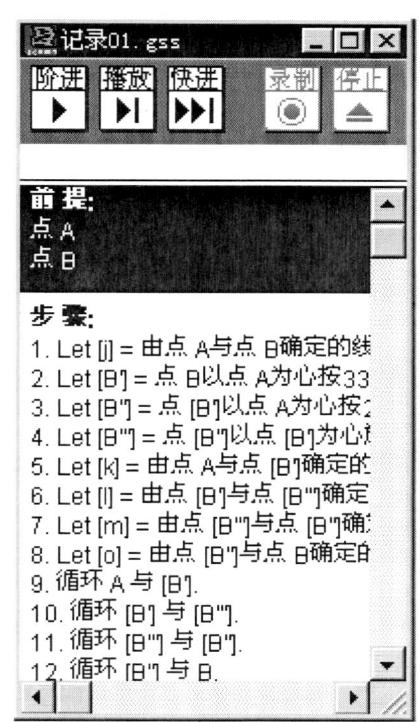

图 7.15

环：同时顺次选中点 B"和点 B，在记录面板上单击循环按钮。

隐藏所有点标签：选择点工具，执行《编辑/选择所有点》命令，将所有点同时选中，执行《显示/隐藏标签》命令，就将所有点的标签隐藏了。

停止记录：单击记录面板的停止按钮，停止记录。

保存记录为文件“Koch.gss”。

应用该记录文件画 Koch 曲线：将画板上的内容清空，执行《文件/打开》命令，在出现的对话框中，在文件列表中选择“Koch.gss”，单击确定按钮。在出现记录面板上的前提是：点 A 和点 B。应用记录时必须满足它的前提条件。在画板上任画点 A 和点 B，同时顺次选中点 A 和点 B，单击记录面板的播放按钮，出现如 7.16 所示的对话框；（循环深度为 0，就生成 Koch 曲线的第一层；循环深度为 1，就生成 Koch 曲线的第二层；循环深度为 2，就生成 Koch 曲线的第三层；等等）试着用在循环的深度中输入 0，1，2，3，等作实验。

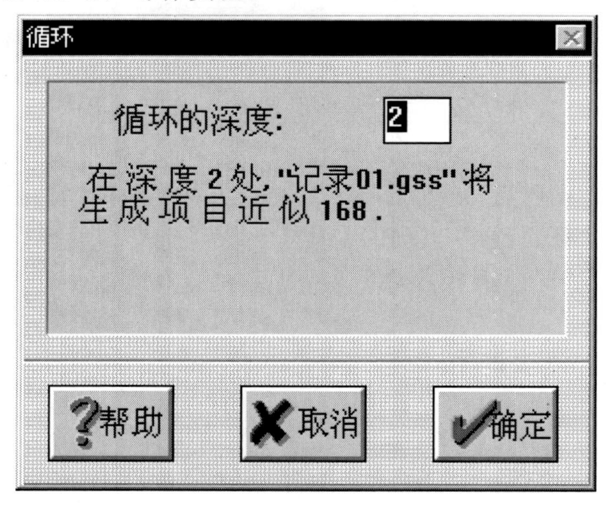

图 7.16

关于循环的解释：

（1）在循环前，要选取与记录的前提相匹配的几何画板对象。（注意个数、顺序和对象的类型）

（2）当记录中包含一个循环步骤时，记录中前提的数目也就固定下来了。这时，你还可以录制不改变前提的作图步骤，但不可以继续录制创造新前提的作图步骤，如果你这样作了，几何画板会提出警告。

（3）循环深度：深度为 0，表示几何画板在不执行循环步骤情况下播放记录。深度为 1，表示几何画板执行循环步骤 1 次的情况下播放记录。深度为 2，表示几何画板执行循环步骤 2 次的情况下播放记录。如此继续，但受计算机的存储空间的限制，你的计算机肯定有个深度限制。

【例 7.5】　等比级数前 N 项的图像表示

【制作步骤】

（1）打开一个新绘图：执行《文件/新绘图》命令或按<Ctrl+N>快捷键。

（2）建立直角坐标系：执行《图表/建立坐标轴》命令。用文本工具标注坐标原点为 A。

（3）作线段 CD 和线段 EF，并度量它们的长度，改线段 CD 度量值的标签为 q，改线段 EF 度量值的标签为 a1：用线段工具作两条线段，用文本工具将一条线段的两个端点标注为 C 和 D，将另一条线段的两个端点标注为 E 和 F。同时选中线段 CD 和线段 EF，执行《度量/长度》命令，两条线段长度的度量值显示在画板上。用文本工具双击线段 CD 的度量值，在出现的对话框中（图 7.17）选择文本格式，将"长度（线段 CD）"改成"q"，单击确定按钮，就将线段 CD 的度量值改为 q。同样道理，将线段 EF 的度量值改为 a1。

（4）打开新记录，开始录制：执行《文件/新记录》命令，在出现的画面上单击录制按钮，开始录制。

图 7.17

（5）右平移坐标原点 A 0.5cm 得点 A'。

（6）标记距离 a1：选中 a1，执行《变换/标记距离》命令。

（7）点 A'上移距离 a1 至点 A"。

（8）做线段 A'A"：用线段工具连接点 A' 和点 A"。

（9）计算等比级数的第二项 a2：同时选中度量值 a1 和 q，

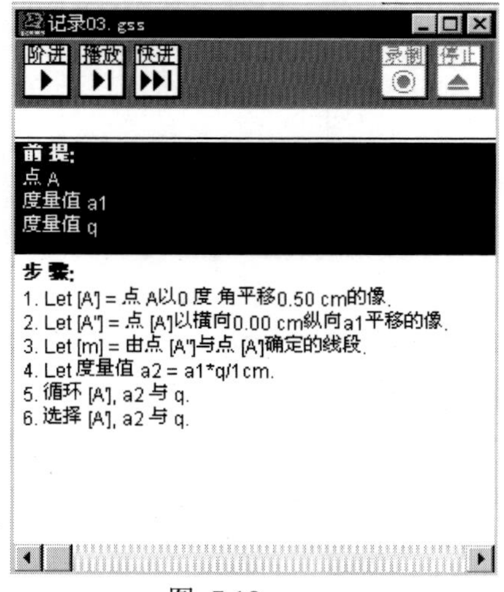

图 7.18

执行《度量/计算》命令，输入公式 a1*q/1cm，得公式的计算结果，用文本工具双击该计算结果，类似第三步的方法，就将计算结果的标签改为 a2。

（10）用点 A'、计算结果 a2 和度量值 q 作循环：同时顺次选中点 A'、a2 和 q，单击记录面板的循环按钮。

停止记录：单击记录面板的停止按钮。

用点 A'、计算结果 a2 和度量值 q 进行快放：同时顺次选中点 A'、计算结果 a2 和度量值 q，单击记录面板中《快放》按钮，在“递归循环”对话框的深度框中输入 20。就得到如图 7.19 所示的图形。

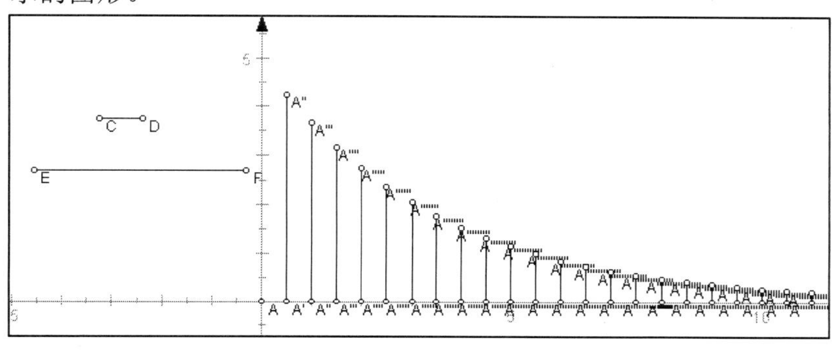

图 7.19

拖动线段 CD 和线段 EF 的端点，观察图象的变化。

习 题 七

演　示

1. 制作三角形外接圆的记录。

2. 用生成记录工具绘出有用或有趣的图形，例如规则的五边形、三角形的内切圆、角的三等分线等。

3. 对作一个三角形和每边中点且将各边中点连成线段进行记录，并将这一过程进行循环。练习用不同级的循环深度播放该记录。

问　题

1. 若你已完成了一个图形，生成记录的最简单的方法是什么？

2. 如何设置记录的存放目录？

3. 在记录中单击循环前，你需要选取什么？

4. 单击循环按钮有何作用？

5. 当你用循环播放记录时，几何画板要求你确定什么？

第八章　移　　动

- 移动的内容
- 不能实现的移动

8.1　移动的内容

移动是几何画板的一项特殊功能，它能移动一个或多个点到指定的目的地。灵活应用这一功能，就可以作出非常实用的课件。

【例 8.1】　正五边形变成五角星。

【制作步骤】

（1）打开一个新绘图：执行《文件/新绘图》命令或按<Ctrl+N>快捷键。

（2）任画一个五边形，顶点为 A、B、C、D 和 E：用线段工具画一个五边形，用文本工具将顶点顺次标注为 A、B、C、D 和 E。

（3）任画一个圆，圆心是点 F：用圆工具任画一个圆，用文本工具将圆心标注为 F。

（4）在圆上作正五边形的顶点：用点工具在圆上任画一个点，用文本工具将它标注为 H。将圆心点 F 标记为旋转中心。将点 H 旋转 72°，得到点 H', 将点 H' 旋转 72°，得到点 H", 将点 H" 旋转 72°，得到点 H"', 将点 H"'旋转 72°，得到点 H""。得到如图 8.1 所示的图形。

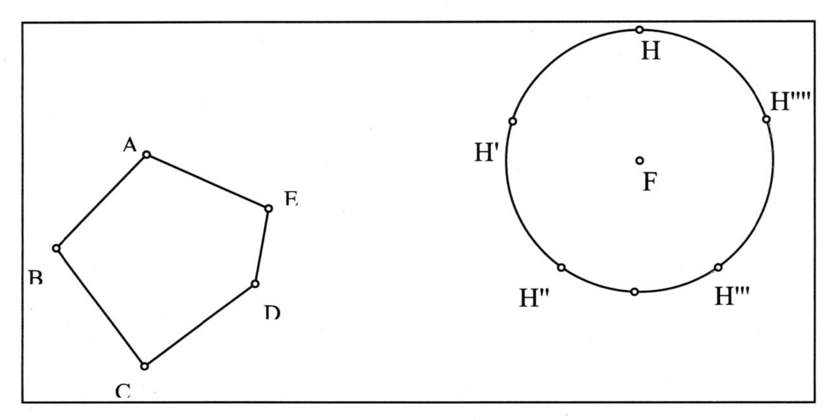

图 8.1

（5）制作正五边形的移动（点 A 移到点 H，点 B 移到点 H'， 点 C 移到点 H''， 点 D 移到点 H'''， 点 E 移到点 H''''）：同时顺序选中点 A、H、B、H'、C、H''、D、H'''、 E、H''''，执行《编辑/操作类按钮/移动》命令，出现如图 8.2 所示的对话框，选择适当的速度，单击确定按钮。在画板上出现了移动按钮。用文本工具双击该移动按钮，将该移动的标签改为“正五边形”。

图 8.2

（6）制作正五角星的移动（点 A 移到点 H，点 B 移到点

H"，点 C 移到点 H""，点 D 移到点 H'，点 E 移到点 H"')：同时顺次选中点 A、H、B、H"、C、H""、D、H'、E、H"'，执行《编辑/操作类按钮/移动》命令，出现如图 8.2 所示的对话框，选择适当的速度，单击确定按钮。在画板上出现了移动按钮。用文本工具双击该移动按钮，将该移动的标签改为“五角星”。

（7）执行正五边形的移动：用选择工具双击“正五边形”按钮，得到如图 8.3 所示的图形。

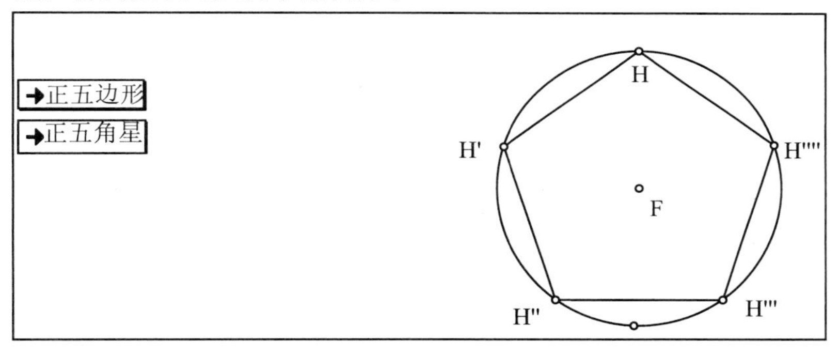

图 8.3

（8）执行五角星的移动：用选择工具双击“五角形”按钮，得到如图 8.4 所示的图形。

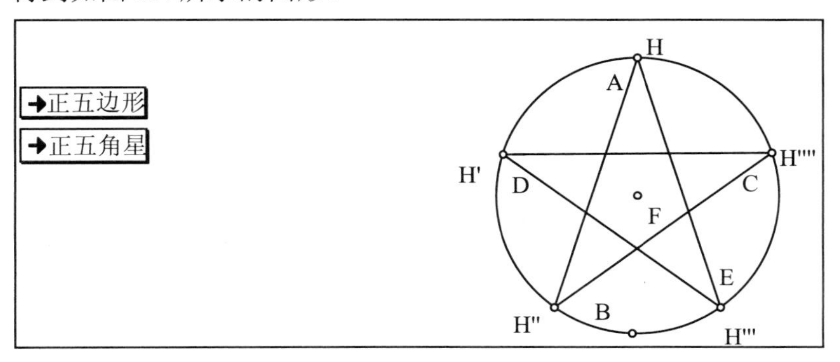

图 8.4

（9）你可以反复执行这两个按钮，观察发生的现象。

关于移动的几点解释：

（1）选取移动前提：先选取要移动的点，然后选取该点要移动到的目的点，这是成对出现的。要同时移动多个点，就必须重复这一过程。

（2）两个点要移动到一个目的点，就必须利用过渡点：例如，点 A 和点 B 都要移动到点 C 的制作过程为：任作一点 D，制作点 A 到点 C、点 B 到点 D 的移动，将该移动的标签重命名为“移到同一个点”，制作点 D 到点 C 的移动并执行它，最后执行“移到同一个点”的移动，就好像移动到同一个点的移动。

（3）影响移动速度的因素：在制作移动时，如图 8.2 中所示有“慢速”、“中速”、“快速”和“急速”四种选择。另外，在显示菜单中，参数选择中的高级选项的“动画速度”项还有“最大”和“正常”两项选择，它和调整动画速度是一致的。

（4）如何计算移动速度：如果你要同时移动多个点，那么几何画板软件会使所有点在同一时刻到达各自的目的地。在这种情况下，你选择的速度将被应用到移动距离最大的点上。利用这一特点，可以制作追击问题和相遇问题的课件。

（5）如何迅速完成移动：在移动的同时单击鼠标，可使移动迅速完成。

（6）修改移动按钮的标签：用文本工具双击移动按钮，在出现的对话框中改标签名。

【例 8.2】 将一个点变成一个正三角形，正三角形变成正六边形，正六边形变成一个点。

【制作步骤】

（1）打开一个新绘图：执行《文件/新绘图》命令或按<Ctrl+N>快捷键。

（2）任画一个六边形，顶点为 A、B、C、D、E 和 F：用线段工具画一个六边形，用文本工具将顶点顺次标注为 A、B、C、D、E 和 F。

（3）任画一个圆，圆心是点 G：用圆工具任画一个圆，用文本工具将圆心标注为 G。

（4）在圆上作正六边形的顶点：用点工具在圆上任画一个点，用文本工具将它标注为 I_1。将圆心点 G 标记为旋转中心，将点 I_1 旋转 60° 得到点用文本工具标注 I_2，将点 I_2 旋转 60° 得到点用文本工具标注 I_3，将点 I_3 旋转 60° 得到点用文本工具标注 I_4，将点 I_4 旋转 60° 得到点用文本工具标注 I_5，将点 I_5 旋转 60° 得到点用文本工具标注 I_6。当然，你还可以先作出正六边形的各个顶点，用重设一组点对象的标签来设置，更简洁。

（5）制作五个过渡点 L_1、L_2、L_3、L_4、和 L_5：用点工具任作五个点，同时顺次选中这五个点，执行《显示/重设 点标签》命令。在出现的对话框中，标签的固定部分输入大写的“L”，标签的增长部分输入“1”，选择增长部分作下标，单击确定按钮。就出现如图 8.5 所示的图形。

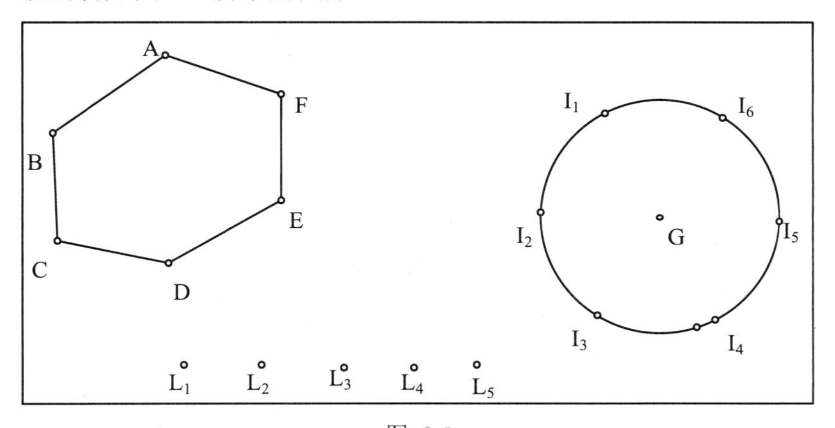

图 8.5

（6）制作正六边形的移动（点 A 移到点 I_1，点 B 移到点 I_2，点 C 移到点 I_3，点 D 移到点 I_4，点 E 移到点 I_5，点 F 移到点 I_6）：同时顺次选中点 A、I_1、B、I_2、C、I_3、D、I_4、E、I_5、F、I_6，执

行《编辑/操作类按钮/移动》命令，在出现的对话框中，选择适当的速度，单击确定按钮。在画板上出现了移动按钮。用文本工具双击该移动按钮，将该移动的标签改为“正六边形”。

（7）制作正三角形的移动（点A移到点I_1，点B移到点I_3，点C移到点I_5，点D移到点L_3，点E移到点L_4，点F移到点L_5）：同时顺次选中点A、I_1、B、I_3、C、I_5、D、L_3、E、L_4、F、L_5，执行《编辑/操作类按钮/移动》命令，在出现对话框中，选择适当的速度，单击确定按钮。在画板上出现了移动按钮。用文本工具双击该移动按钮，将该移动的标签改为“正三角形”。

（8）制作到一个点的移动（点A移到点I_1，点B移到点L_1，点C移到点L_2，点D移到点L_3，点E移到点L_4，点F移到点L_5）：同时顺次选中点A、I_1、B、L_1、C、L_2、D、L_3、E、L_4、F、L_5，执行《编辑/操作类按钮/移动》命令，在出现的对话框中，选择适当的速度，单击确定按钮。在画板上出现了移动按钮。用文本工具双击该移动按钮，将该移动的标签改为“一个点”。

（9）制作点L_1到点I_1的移动：同时顺序选中点L_1和点I_1，执行《编辑/操作类按钮/移动》命令，在出现的对话框中，选择适当的速度，单击确定按钮。

（10）制作点L_2到点I_1的移动：同时顺序选中点L_2和点I_1，执行《编辑/操作类按钮/移动》命令，在出现的对话框中，选择适当的速度，单击确定按钮。

制作点L_3到点I_1的移动：同时顺次选中点L_3和点I_1，执行《编辑/操作类按钮/移动》命令，在出现的对话框中，选择适当的速度，单击确定按钮。

制作点L_4到点I_1的移动：同时顺次选中点L_4和点I_1，执行《编辑/操作类按钮/移动》命令，在出现的对话框中，选择适当的速度，单击确定按钮。

制作点 L_5 到点 I_1 的移动：同时顺次选中点 L_5 和点 I_1，执行《编辑/操作类按钮/移动》命令，在出现的对话框中，选择适当的速度，单击确定按钮。

制作以上五步的系列：同时选中上五步制作的移动，执行《编辑/操作类按钮/系列》命令，有一个系列按钮出现在画板上。

执行系列按钮：用选择工具双击系列按钮，五个过渡点（点 L_1、L_2、L_3、L_4、L_5）移动到点 I_1。

隐藏所有点的标签：选择点工具，执行《编辑/选择所有点》命令，执行《显示/隐藏标签》命令（这时在显示菜单中如果没有隐藏标签命令，有显示标签命令，那么先执行显示标签命令，然后再执行隐藏标签命令）。

执行正六边形的移动：用选择工具双击“正六边形”按钮，得到如图 8.6 所示的图形。

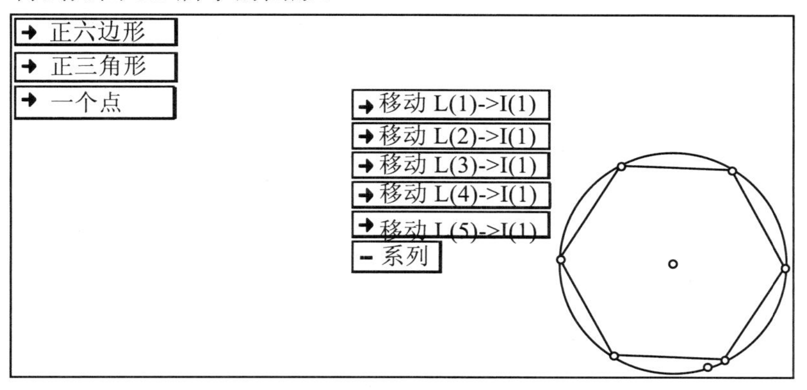

图 8.6

执行正三角形的移动：用选择工具双击“正三角形”按钮，得到如图 8.7 所示的图形。

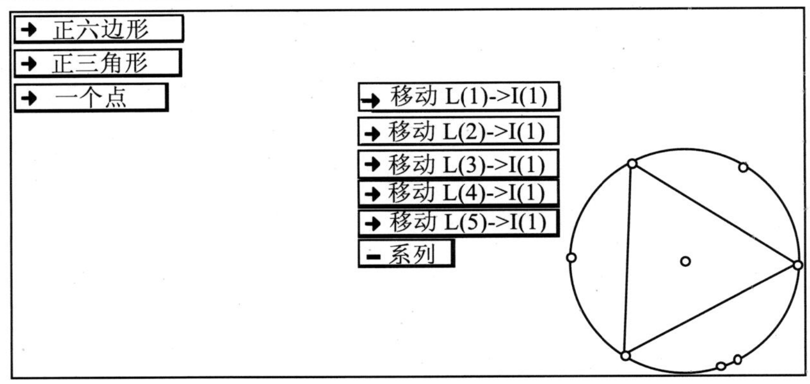

图 8.7

执行一个点的移动：用选择工具双击“一个点”按钮。

你可以反复执行这三个移动按钮，观察发生的现象。

【例 8.3】 制作三棱锥的侧面展开图。

【制作步骤】

(1)打开一个新绘图：执行《文件/新绘图》命令或按<Ctrl+N>快捷键。

(2)在画板上画出如图 8.8 所示的三棱锥 ABCD 和两个侧面

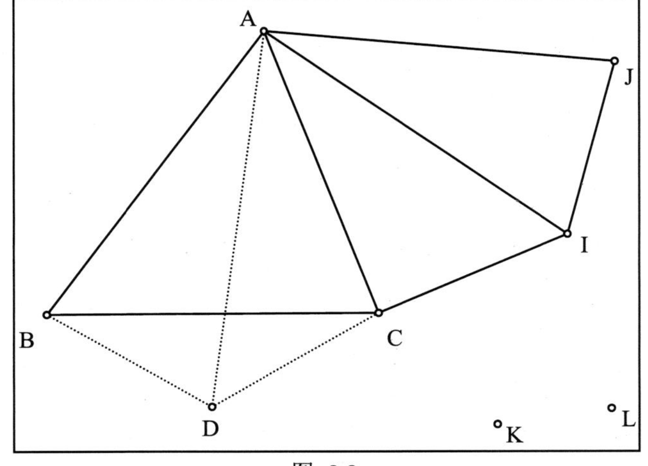

图 8.8

的全等三角形：作图要求，三棱锥的侧面 ACD 与三角形 ACI 全等，三棱锥的侧面 ADB 与三角形 AIJ 全等。标注字母如图 8.8 所示。具体过程略。

（3）制作侧面：同时顺次选中点 A、C、K，执行《作图/多边形内部》命令，将作出的内部改成红色。同时顺次选中点 A、K、L，执行《作图/多边形内部》命令，将作出的内部改成绿色。

（4）制作展开三棱锥的移动：同时顺序选中点 K、I、L、J，执行《编辑/操作类按钮/移动》命令，在出现的对话框中，选择适当的速度，单击确定按钮，在画板上出现了移动按钮。用文本工具双击该移动按钮，将该移动的标签改为“展开三棱锥”。

（5）制作复原三棱锥的移动：同时顺序选中点 K、D、L、B，执行《编辑/操作类按钮/移动》命令，在出现的对话框中，选择适当的速度，单击确定按钮，在画板上出现了移动按钮。用文本工具双击该移动按钮，将该移动的标签改为“复原三棱锥”。

（6）执行展开三棱锥的移动：用选择工具双击展开三棱锥按钮，出现如图 8.9 所示的画面。

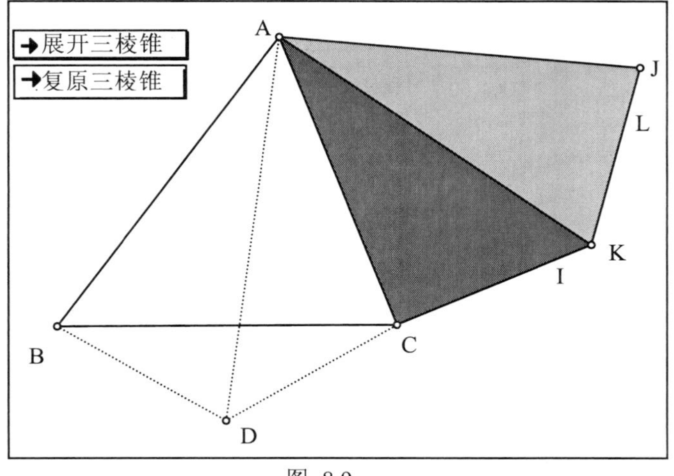

图 8.9

（7）执行复原三棱锥的移动：用选择工具双击复原三棱锥按钮，出现如图 8.10 所示的画面。

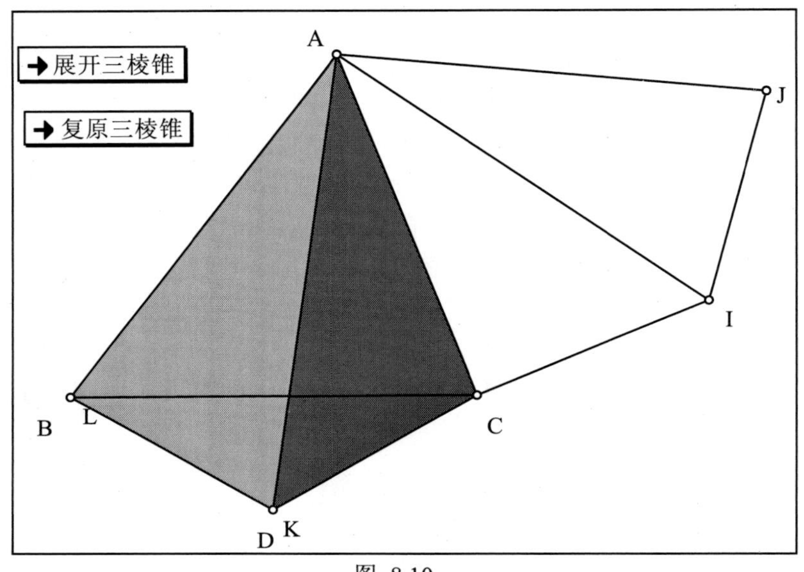

图 8.10

8.2 不能实现的移动

两个有几何关系的点，你不能将它们移到两个不同的目的地。如果你这样作了，几何画板会提出警告，这种移动不符合画板中创建的几何关系。

【例 8. 4】 在画板上任画三点 A、B 和 C。右平移点 A 2 cm 至点 A'，制作一个一个移动，将点 A 移到点 B，点 A' 移到点 C。观察这时发生什么现象。

【制作步骤】

（1）打开一个新绘图：执行《文件/新绘图》命令或按<Ctrl+N>快捷键。

（2）任画三个点（点 A、B、C）：用点工具在画板上任画三个点，用文本工具，将它们标注为 A、B、C。

（3）右平移点 A 2 cm 至点 A'：用选择工具选中点 A，执行《变换/平移》命令，在出现的对话框中，按极坐标向量，方向为 0，数量为 2，单击确定按钮，平移得到的点出现在画板上，用文本工具，将它标注为 A'。

（4）制作点 A 到点 B、点 A' 到点 C 的移动：同时顺序选中点 A、B、A' 、C，执行《编辑/操作类按钮/移动》命令，出现如下的对话框，说明这种移动是做不成的。

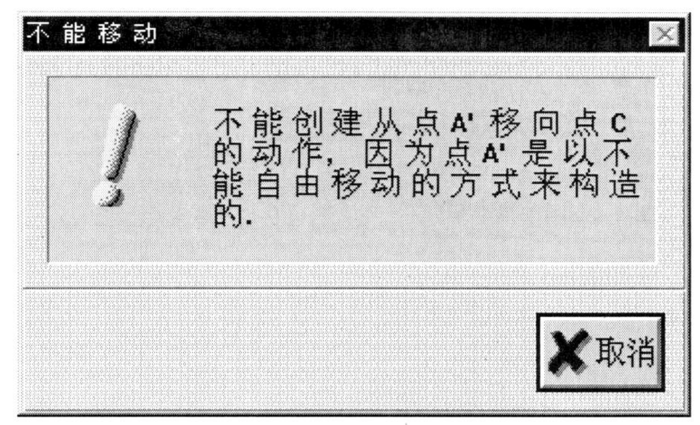

图 8.11

习 题 八

演　示

1. 制作两个圆相外切、相内切的动态演示图形。
2. 制作四棱锥的侧面展开图。

第九章　综 合 应 用

- 典型范例与技巧之一
- 典型范例与技巧之二
- 典型范例与技巧之三
- 典型范例与技巧之四——立体几何
- 典型范例与技巧之五

9.1　典型范例与技巧之一

【例 9.1】 制作椭圆轨迹，并生成椭圆记录，记录的文件名为“椭圆 1.gss”。

【制作步骤】

（1）打开一个新绘图：执行《文件/新绘图》命令或按<Ctrl+N>快捷键。

（2）打开新记录，开始录制：执行《文件/新记录》命令，在出现的画面上单击录制按钮，开始录制。

（3）作水平线段 AB，在线段 AB 上画点 C：用线段工具在画板上画一条水平的线段，用文本工具将其一个端点标注为 A，将另一个端点标注为 B。用点工具在线段 AB 上画一个点，用文本工具将该点标注为 C。

（4）以点 A 为圆心、点 B 为圆周上的点画大圆：同时顺次选中点 A 和点 B，执行《作图/以圆心和圆周上的点画圆》命令，就在画板上画出了大圆。

（5）以点 A 为圆心，以点 C 为圆周上的点画小圆：同时顺次选中点 A 和点 C，执行《作图/以圆心和圆周上的点画圆》命令，就在画板上画出了小圆。

（6）在大圆上任画一个点 D，连接线段 AD，交小圆于 E：用点工具在大圆上任作一个点，用文本工具将它标注为 D。用线段工具连接点 A 和点 D，用选择工具在线段 AD 和小圆的交汇处单击，就作出了线段 AD 和小圆的交点，用文本工具将交点标注为 E。

（7）作出椭圆轨迹对象点 G：过点 D 垂直于线段 AB 的直线交过点 E 平行于线段 AB 的直线于点 G。该点就是椭圆轨迹的对象点（图 9.1）。

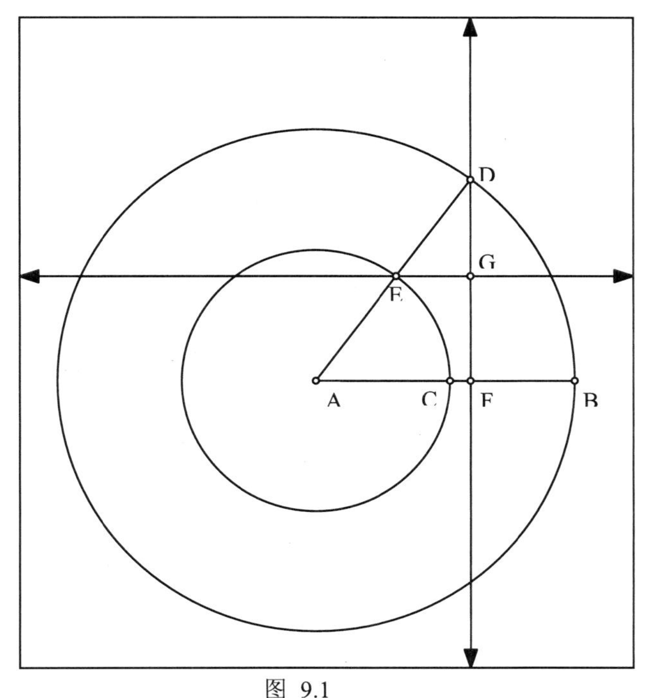

图 9.1

（8）构造椭圆的轨迹：同时选中轨迹对象点 G、驱动点 D

和驱动点的路径大圆，执行《作图/轨迹》命令，轨迹就显示在画板上了。

（9）以点 A 为旋转中心，点 C 旋转 90° 得点 C'：选中点 A，执行《变换/标记中心"A"》命令，使点 A 成为旋转中心。选中点 C，执行《变换/旋转》命令，在出现对话框中，输入 90，单击确定按钮，用文本工具将旋转的点标注为 C'。

（10）隐藏除点 C'、A、B 和椭圆轨迹外的任何对象，得到如图 9.2 所示的图形。

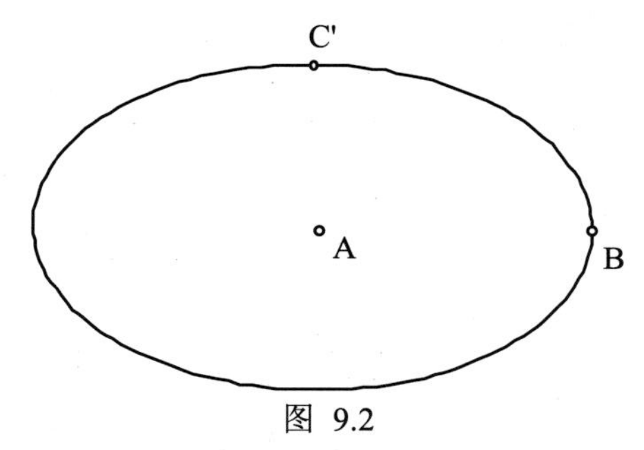

图 9.2

停止记录：单击记录面板的停止按钮。

将记录存盘为“椭圆 1.gss”。

【例 9.2】 制作双曲线轨迹。

由双曲线的定义知，到两定点距离之差等于定长点的轨迹。

【制作步骤】

（1）打开一个新绘图：执行《文件/新绘图》命令或按<Ctrl+N>快捷键。

（2）画三点 A、B 和 C：用点工具在画板上任画三个点，用文本工具将一个点标注为 A，将一个点标注为 B，一个点标注为 C。

（3）以点 A 为圆心、点 C 为圆周上的点画圆：同时顺次选中点 A 和点 C，执行《作图/以圆心和圆周上的点画圆》命令，就在画板上画出了圆。

（4）在圆 A 上任作一个点 D，作过点 A 和点 D 的直线：用点工具在圆上任作一个点，用文本工具将该点标注为 D。用直线工具作过点 A 和点 D 的直线。

（5）连接线段 BD，作线段 BD 的垂直平分线：用线段工具连接点 B 和点 D。用选择工具选中线段 BD，执行《作图 / 中点》命令，将得到的中点用文本工具标注为点 E。用选择工具同时选中点 E 和线段 BD，执行《作图 / 垂线》命令，线段 BD 的垂直平分线就作好了。

（6）作出双曲线轨迹对象点 F：用选择工具同时选中直线 AD 和线段 BD 的垂直平分线，执行《作图/交点》命令，将得到的交点用文本工具标注为点 F。该点就是双曲线轨迹对象点。

（7）构造双曲线的轨迹：同时选中轨迹对象点 F、驱动点 D 和驱动点的路径圆 A，执行《作图/轨迹》命令，轨迹就显示在画板上了，如图 9.3 所示。

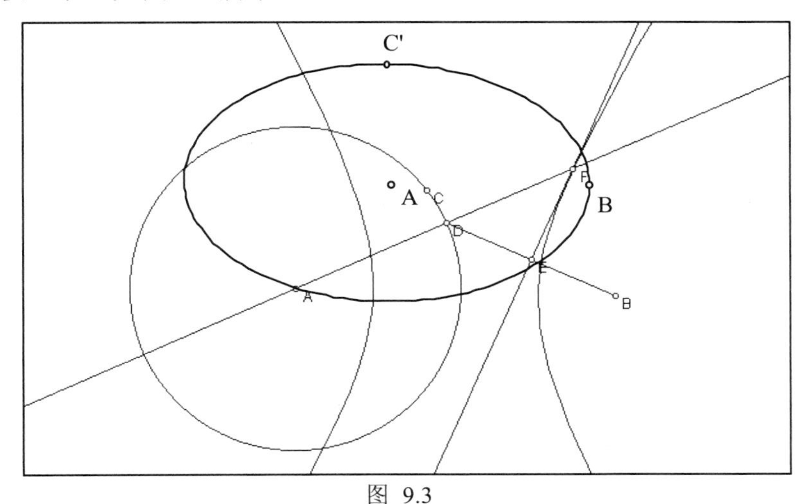

图 9.3

【例 9.3】　制作正弦曲线 y=a*sin(x+b)。

【制作步骤】

（1）打开一个新绘图：执行《文件/新绘图》命令或按<Ctrl+N>

快捷键。如果此时的坐标系是极坐标系，执行《图表 / 坐标系的形式》命令，在级联菜单中选择“直角坐标”，就改当前坐标系为直角坐标系。

（2）显示直角坐标系：执行《图表/显示坐标轴》命令，直角坐标系显示在画板上。用文本工具将坐标原点标注为 A。

（3）角度单位用弧度制：执行《显示/参数选择》命令，在出现对话框的角度单位中选择弧度。

（4）在 X 轴上画点 C 和点 D，并度量这两点的坐标：用点工具在 X 轴上任画两个点，用文本工具将一个点标注为 C，将另一个点标注为 D。同时选中点 C 和点 D，执行《度量/坐标》命令。注释：将点 C 的横坐标当做 y=a*sin(x+b)中的自变量 x，将点 D 的横坐标当做 y=a*sin(x+b)中的 b。

（5）在 Y 轴上画点 E，并度量这点的坐标：用点工具在 Y 轴上任画一个点，用文本工具将这个点标注为 E。选中点 E，执行《度量/坐标》命令。注释：将点 E 的纵坐标当做 y=a*sin(x+b)中的 a。

（6）计算取出点 C 的横坐标：选中点 C 坐标的度量值，执行《度量/计算》命令，在数值列表中选择点 C，在出现的级联菜单中选择"x"。单击确定按钮，就取出点 C 的横坐标。

（7）计算函数值 a*sin(x+b)：同时选中点 D、E 的坐标度量值和点 C 横坐标的计算结果，执行《度量/计算》命令。在数值列表中，选择点 E；在出现的级联菜单中选择"y"，用键盘或鼠标点取"*"；在函数列表中，选取正弦函数；在数值列表中，选择点 C 的横坐标，用键盘或鼠标点取"+"；在数值列表中，选择点 D，在出现的级联菜单中选择"x"，用键盘或鼠标点取"）"。单击确定按钮，就计算好了函数值。

（8）作出正弦轨迹对象点 F：用选择工具同时顺次选中点 C 横坐标的计算结果和函数值的计算结果，执行《图表/P 绘出（x，y)》命令，将得到的点用文本工具标注为点 F。该点就是正弦曲线轨迹的对象点。

（9）构造正弦曲线的轨迹：同时选中轨迹对象点 F、驱动点 C 和驱动点的路径 X 轴，执行《作图/轨迹》命令，轨迹就显示在画板上了。

（10）调整正弦曲线的平滑度：用对象信息工具双击正弦曲线的轨迹，调整轨迹上的样点数目，样点数越多，轨迹越光滑。

（11）竖直平移坐标原点 A 0.5 cm、1 cm 和 2 cm 得到点 Z1、Z2 和 Z3：选中点 A，执行《变换/平移》命令，在出现的对话框中，按直角坐标向量，水平部分为零，竖直部分为 0.5 cm，单击确定按钮，用文本工具将得到的点标注为 Z1。同样道理，选中点 A，执行《变换/平移》命令，在出现的对话框中，按直角坐标向量，水平部分为零，竖直部分为 1 cm，单击确定按钮，用文本工具将得到的点标注为 Z2。选中点 A，执行《变换/平移》命令，在出现的对话框中，按直角坐标向量，水平部分为零，竖直部分为 2 cm，单击确定按钮，用文本工具将得到的点标注为 Z3。

（12）作移动振幅的移动：同时顺次选中点 E 和点 Z1，执行《编辑/操作类按钮/移动》命令，产生移动按钮在画板上，用文本工具双击该按钮，在出现的对话框中，将标签改为“振幅为 0.5 cm”，单击确定按钮。同时顺次选中点 E 和点 Z2，执行《编辑/操作类按钮/移动》命令，产生移动按钮在画板上，用文本工具双击该按钮，在出现的对话框中，将标签改为“振幅为 1 cm”，单击确定按钮。同时顺次选中点 E 和点 Z3，执行《编辑/操作类按钮/移动》命令，产生移动按钮在画板上，用文本工具双击该按钮，在出现的对话框中，将标签改为“振幅为 2 cm”，单击确定按钮。

（13）水平平移坐标原点 A –0.785 cm(即–π/4)、0.785 cm(即π/4)和 1.57 cm(即π/2)得到点 X1、X2 和 X3：选中点 A，执行《变换/平移》命令，在出现的对话框中，按直角坐标向量，水平部分为–0.875，竖直部分为 0，单击确定按钮，用文本工具将得到的点标注为 X1。同样道理，选中点 A，执行《变换/平移》命令，在出现的对话框中，按直角坐标向量，水平部分为 0.875，竖直部分为 0，单击确定按钮，用文本工具将得到的点标注为 X2。选中点 A，执行《变换/平移》命令，在出现的对话框中，按直角坐标向量，水平部分为 1.57，竖直部分为 0，单击确定按钮，用文本工具将得到的点标注为 X3。

（14）作移动相位的移动：同时顺次选中点 D 和点 X1，执行《编辑/操作类按钮/移动》命令，产生的移动按钮在画板上，用文本工具双击该按钮，在出现的对话框中，将标签改为"相位为–π /4"，单击确定按钮。同时顺次选中点 D 和点 X2，执行《编辑/操作类按钮/移动》命令，产生的移动按钮在画板上，用文本工具双击该按钮，在出现的对话框中，将标签改为"相位为π /4"，单击确定按钮。同时顺次选中点 D 和点 X3，执行《编辑/操作类按钮/移动》命令，产生的移动按钮在画板上，用文本工具双击该按钮，在出现的对话框中，将标签改为"相位为π /2"，单击确定按钮。

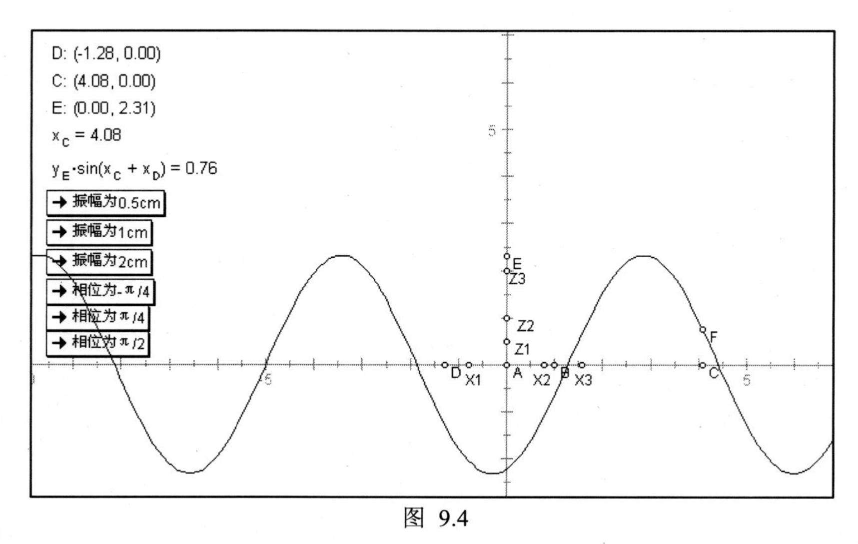

图 9.4

（15）拖动点 D 和点 E，观察发生的变化。

（16）执行这六个移动按钮，观察发生的变化。

【例 9.4】 制作地球绕着太阳转、月亮绕着地球转的课件。

【制作步骤】

（1）打开一个新绘图：执行《文件/新绘图》命令或按<Ctrl+N>快捷键。

（2）角度单位用弧度制：执行《显示/参数选择》命令，在出现对话框的角度单位中选择弧度。

（3）画地球轨道：用记录工具执行"椭圆 1"记录，这时椭圆心为点 A，在椭圆上有两点：一个决定椭圆的大小；一个决定椭圆的椭度。调整椭圆的大小和位置到合适为止。隐藏椭圆上的两个决定点。

（4）制作地球：用选择工具选中地球轨道，执行《作图/对象上的点》命令，用文本工具将出现的点标注为 H。用线段工具画一条线段，用文本工具将其一个端点标注为 I，另一个端点标注为 J。同时选中点 H 和线段 IJ，执行《作图/以圆心和半径画圆》命令，这时所画出的圆被选中，执行《作图/圆内部》命令，将作出的内部换成蓝色。调整线段 IJ 的长度，使地球的大小合适为止。

（5）制作太阳：用圆工具，圆心在椭圆心点 A 处，拖动鼠标到合适的位置，这时所画的圆被选中，执行《作图/圆内部》命令，将作出的内部换成红色。

（6）制作月球轨道：用线段工具画一条线段，用文本工具将其一个端点标注为 L，另一个端点标注为 M。同时选中点 H 和线段 LM，执行《作图/以圆心和半径画圆》命令，所作出的圆就是月球轨道。调整线段 LM 的长度，使月球轨道达到合适程度。

（7）记录地球的旋转角度：用点工具在椭圆外任画一个点，用文本工具将它标注为 N。同时顺次选中点 N、A、H，执行《度量/角度》命令，所得的度量值就出现在画板上。

（8）标记月球的旋转角度：用度量菜单的计算命令将地球的旋转角度乘以 12(地球转一圈，月球转 12 圈)，选中所得的计算结果，执行《变换/标记角的度量值》命令标记角。

（9）制作月球中心：用选择工具选择月球轨道，执行《作图/对象上的点》命令，用文本工具将作出的点标注为 O。用选择工具选中点 H，执行《变换/标记中心"H"》命令，使点 H 成为旋转中心。用选择工具选中点 O，执行《变换/旋转》命令，在出现的对话框中选择按标记的角旋转，单击确定按钮，用文本工具将所得的点标注为 O'，O' 就是月球的中心。

（10）制作月球：用线段工具画一条线段，用文本工具将其一个端点标注为 P，另一个端点标注为 Q。同时选中点 O' 和线段 PQ，执行《作图/以圆心和半径画圆》命令，所作出的圆被选中，执行《作图/圆内部》命令，将作出的内部换成黄色。调整线段 PQ 的长度，使月球的大小达到合适程度。

（11）制作地球绕着太阳转的动画：同时选中点 H 和地球轨道，执行《编辑/操作类按钮/动画》命令，在出现的对话框中，动画速度选择慢慢地，单击动画按钮，完成动画的制作，出现如图 9.5 所示的图形。

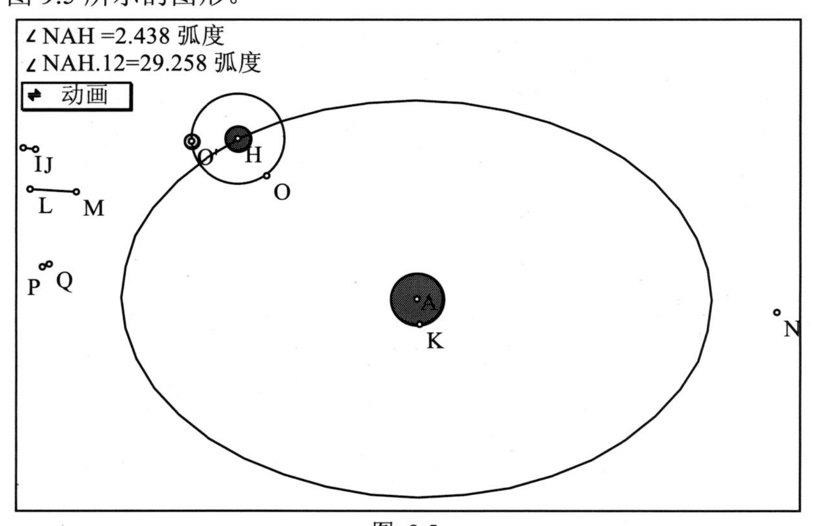

图 9.5

（12）执行动画：用选择工具双击动画按钮，观察发生的现象。

9.2　典型范例与技巧之二

【例 9.5】　制作一倍焦距以外的凸透镜成像的课件。

【制作步骤】

（1）打开一个新绘图：执行《文件/新绘图》命令或按<Ctrl+N>快捷键。

（2）画水平线段 AB：用线段工具，按住键盘的 Shift 键，画一条水平线段，放开 Shift 键，用文本工具将一个端点标注为 A，另一个端点标注为 B。

（3）作凸透镜：用点工具在线段 AB 的中间画一点，用文本工具将它标注为 C。上平移点 C 3 cm 得到点 C',下平移点 C' –6 cm 得到点 C"。用点工具在点 C 旁边画一个点，用文本工具将所画的点标注为 D。用线段工具连接点 C'和点 C"。选中线段 C'C"，执行《变换/标记镜面》命令，选中点 D，执行《变换/反射》命令，得到点 D'。同时顺次选中点 C'、点 D 和点 C"，执行《作图/过三点的弧》命令，这时所作的弧选中，执行《作图/弓形内部》命令。将所作的内部改成淡蓝色，作出一半透镜。同时顺次选中点 C'、D'、C"，执行《作图/过三点的弧》命令，这时所作的弧选中，执行《作图/弓形内部》命令。将所作的内部改成淡蓝色，作出另一半透镜。拖动点 D，调整凸透镜的大小到合适的程度。

（4）作焦点 E 和 E'：用点工具在线段 AB 上作一个点，用文本工具将所作的点标注为 E。选中点 E，执行《变换/反射》命令，用文本工具将得到的点标注为 E'。拖动点 E，到达合适的位置。

（5）作一倍焦距以外的原像移动的射线：使线工具成为射线工具，同时顺次选中点 E 和点 A，执行《作图/射线》命令。

（6）制作粘贴蜡烛的两点：用点工具在射线 EA 上任画一个点，用文本工具将它标注为 F。点 F 上移 2 cm 得到点 F',点 F'右平移 0.3 cm 得到点 F"。 点 F 下移 2 cm ，用文本工具将得到的点标注为 F'''。点 F'''和点 F"就是粘贴蜡烛的两个点。

（7）画蜡烛：用 Windows 的画图软件画一个红蜡烛，且将所画的蜡烛放到剪贴板上，准备粘贴到几何画板上。这时不要关闭 Windows 的画图软件。

（8）粘贴蜡烛：切换回几何画板，同时选中点 F"和点 F'''，执行《编辑/粘贴》命令，所画的蜡烛就粘贴到画板上了。

（9）制作点 F"的像点：使线工具成为射线工具，同时顺次选中点 F"和点 C，执行《作图/射线》命令。过点 F"作线段 AB 的平行线，交线段 C'C"于点 G，同时顺次选中点 G 和点 E'，执行《作图/射线》命令，所作的射线交射线 F"C 于点 I。点 I 就是点 F"的像。

（10）制作点 F'''的像点：使线工具为射线工具，同时顺次选中点 F'''和点 C，执行《作图/射线》命令。过点 F'''作线段 AB 的平行线，交线段 C'C"于点 J，同时顺次选中点 J 和点 E'，执行《作图/射线》命令，所作的射线交射线 F'''C 于点 K。点 K 就是点 F'''的像。

（11）制作倒蜡烛：切换到 Windows 的画图软件，垂直翻转蜡烛，并将它放到剪帖板中。

（12）粘贴倒蜡烛到像的位置：切换回几何画板，同时选中点 K 和点 I，执行《编辑/粘贴》命令，所画的蜡烛就粘贴到画板的像的位置上了。

（13）作动画：同时选中点 F 和射线 EA，执行《编辑/操作类按钮/动画》命令，在出现的对话框中作适当的设置，就完成了动画片的设置。

（14）作像距：过像点 K 作线段 AB 的垂线，交线段 AB 于点 M。因此点 C 和点 M 间的距离就是像距离。

（15）度量像距并将度量值改为 v：同时选中点 C 和点 M，执行《度量/距离》命令，用文本工具双击所得的度量值，在出现的对话框中进行如图 9.6 所示的设置，单击确定，就完成了任务。

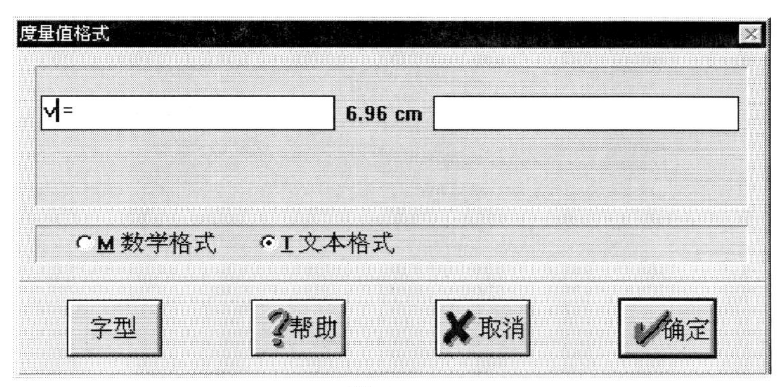

图 9.6

（16）度量物距并将度量值改为 u：同时选中点 C 和点 F，执行《度量/距离》命令，类似第（15）步将所得度量值的标签改为 u。

（17）度量焦距并将度量值改为 f：同时选中点 C 和点 E，执行《度量/距离》命令，类似第（15）步将所得度量值的标签改为 f。

（18）计算焦距的倒数：选中焦距的度量值 f，执行《度量/计算》命令，用键盘或鼠标点取“1”，在单位列表中选取“cm”，用键盘或鼠标点取“1”，　在数值列表中选择 f，单击确定按钮。就计算好了焦距的倒数。

（19）计算物距与像距的倒数和：同时选中物距的度量值 u 和像距的度量值 v，执行《度量/计算》命令，用键盘或鼠标点取“1”，在单位列表中选取“cm”，用键盘或鼠标点取“1”，　在数值列表中选择 u，用键盘或鼠标点取”+”，用键盘或鼠标点取“1”，在单位列表中选取“cm”，用键盘或鼠标点取“1”，　在数值列表中选择 v，单击确定按钮，就计算好了物距和像距的倒数和。

（20）执行动画：用选择工具双击动画按钮，观察发现，物距、像距和像的大小都在变化，而焦距的倒数始终等于物距与像距的倒数和。

（21）用 WORD 输入凸透镜成像原理和成像规律：执行《编辑/插入对象》命令，出现如图 9.7 所示的对话框，选择“Microsoft Word 文档”，单击确定按钮，就进入 WORD 编辑器。具体输入内容见图 9.8。

图 9.7

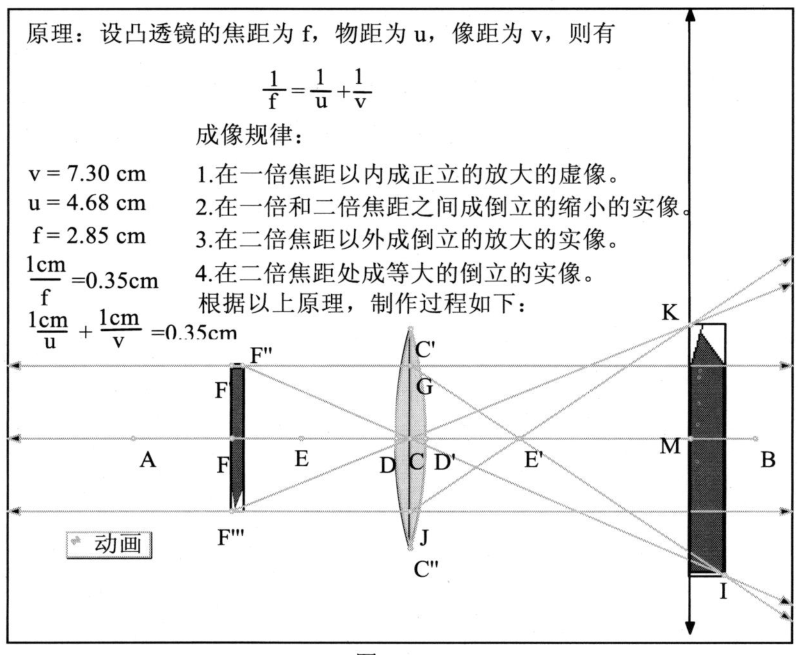

图 9.8

编辑完内容，关闭并返回几何画板。若要再次修改 WORD 对象的内容，用选择工具双击该 WORD 对象，就又进入 WORD 编辑器，非常方便。

【注】 （1）粘贴图画：将图画粘贴到几何画板，可用一个点粘贴，也可用两个点粘贴。用一个点粘贴时不能改变图画的大小，用两个点粘贴可以改变图画的大小。

（2）插入对象：编辑菜单的插入对象命令，允许插入很多 Windows 对象。这样可充分利用各种 Windows 对象（如 WORD 的字处理，公式编辑器等）的优点，为几何画板服务。对象插入完成后，若想再次修改，则用选择工具双击即可。

【注意】 在插入对象前，若不想将对象粘贴到某个点上，请不要选取任何对象。

（3）其他 Windows 对象调用几何画板：例如，在 PowerPoint 中可以用按钮动作运行几何画板课件。

【例 9.6】 制作弹簧振动的课件。

【制作步骤】

（1）打开一个新绘图：执行《文件/新绘图》命令或按<Ctrl+N>快捷键。

（2）画水平线段 AB：用线段工具按住键盘的 Shift 键，画一条水平线段，放开 Shift 键，用文本工具将一个端点标注为 A，另一个端点标注为 B。

（3）制作弹簧和振子的粘贴点：用点工具在线段 AB 上任画两个点，用文本工具将一个标注为 C，另一个标注为 D，过点 C 和点 D 作线段 AB 的垂线。用圆工具在线段 AB 的左下方画一个圆，用文本工具将圆心标注为 E，决定半径的点标注为 F。用点工具在圆 E 上任画一个点，用文本工具将该点标注为 G。过点 G 作线段 AB 的平行线，交过点 D 垂直于线段 AB 的直线于点 H，交过点 C 垂直于线段 AB 的直线于点 I。点 D 和点 I 就是粘贴弹簧的粘贴点，点 H 就是粘贴振子的粘贴点。

（4）画弹簧：用 Windows 的画图软件画一个弹簧(弹簧的形状参见 9.9 图)，且将所画的弹簧放到剪贴板上，准备粘贴到几何画板上。

（5）粘贴弹簧：切换回几何画板，同时选中点 D 和点 I，执行《编辑/粘贴》命令，所画的弹簧就粘贴到画板上了。

（6）画振子：用 Windows 的画图软件画一个振子(振子的形状参见 9.9 图)，且将所画的振子放到剪贴板上，准备粘贴到几何画板上。

（7）粘贴振子：切换回几何画板，选中点 H，执行《编辑/粘贴》命令，所画的振子就粘贴到画板上了。拖动点 C，使振子和弹簧都比较合适。

（8）作振动动画：同时选中点 G 和圆 E，执行《编辑/操作类按钮/动画》命令，在出现的对话框中作适当的设置，就完成了动画片的设置。

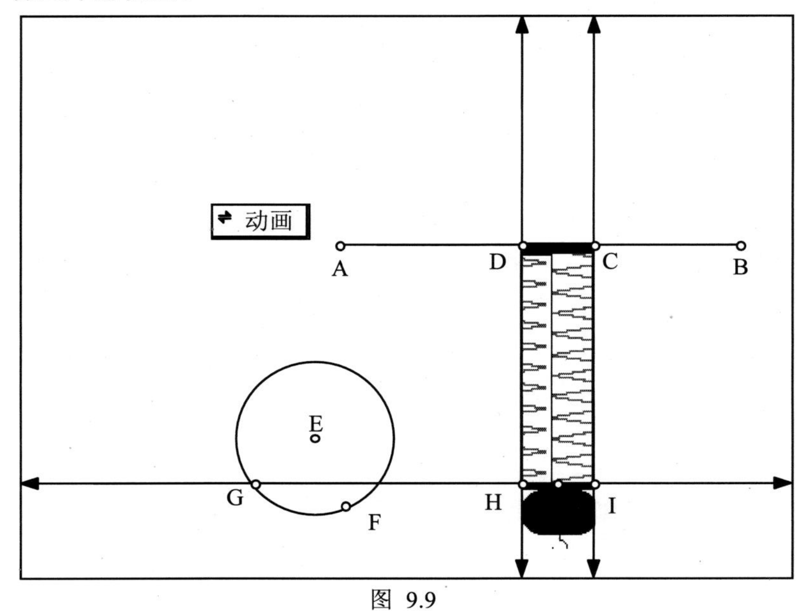

图 9.9

（9）执行动画：用选择工具双击动画按钮，观察发生的现象。

9.3　典型范例与技巧之三

一、参数方程

【例 9.7】　双曲线的参数方程为

$$x=a*\sec\phi=a/\cos\phi \qquad y=b*\tan\phi$$

【制作步骤】

（1）打开一个新绘图：执行《文件/新绘图》命令或按<Ctrl+N>快捷键。如果此时的坐标系是极坐标系，执行《图表/坐标系的形式》命令，在级联菜单中选择“直角坐标“，就改当前坐标系为直角坐标系。

（2）显示直角坐标系：执行《图表/显示坐标轴》命令，直角坐标系显示在画板上。用文本工具将坐标原点标注为 A。

（3）角度单位用弧度制：执行《显示/参数选择》命令，在出现的对话框中，在角度单位中选择弧度。

（4）在 X 轴上画点 C，以点 A 为圆心，以点 C 为圆周上的点画圆：用点工具，在 X 轴上任画一个点，用文本工具将该点标注为 C。同时顺次选中点 A 和点 C，执行《作图/以圆心和圆周上的点画圆》命令。

（5）制作参数 φ：用点工具在圆 A 上任作一个点，用文本工具将该点标注为 D。同时顺次选中点 C、A、D，执行《度量/角度》命令。该度量值就是参数 φ。

（6）制作 a：用线段工具在画板上任画一条线段，用文本工具将一个端点标注为 E，另一个端点标注为 F。选中线段 EF，执行《度量/长度》命令，用文本工具双击所得的度量值，将该度量值的标签改为“a”。

（7）制作 b：用线段工具在画板上任画一条线段，用文本工具将一个端点标注为 G，另一个端点标注为 H。选中线段 GH，执行《度量/长度》命令，用文本工具双击所得的度量值，将该度量值的标签改为“b”。

（8）计算轨迹对象点的横坐标：选中度量值 a 和角 CAD 的度量值，执行《度量/计算》命令，在数值列表中选择 a，用键盘或鼠标点取“/”， 在函数列表中选取余弦函数，在数值列表中选择角 CAD 的度量值，用键盘或鼠标点取“)”，单击确定按钮。就计算好了轨迹对象的横坐标。

（9）计算轨迹对象点的纵坐标：选中度量值 b 和角 CAD 的度量值，执行《度量/计算》命令，在数值列表中选择 b，用键盘或鼠标点取“*”， 在函数列表中选取正切函数，在数值列表中选择角 CAD 的度量值，用键盘或鼠标点取“)”，单击确定按钮，就计算好了轨迹对象的纵坐标。

（10）作出轨迹对象点 J：用选择工具同时顺次选中轨迹对象的横坐标和纵坐标,执行《图表/P 绘出（x，y)》命令，将得到的点用文本工具标注为点 J。该点就是曲线轨迹对象点。

（11）构造曲线的轨迹：同时选中轨迹对象点 J、驱动点 D 和驱动点的路径圆 A，执行《作图/轨迹》命令，轨迹就显示在画板上了，如图 9.10 所示。

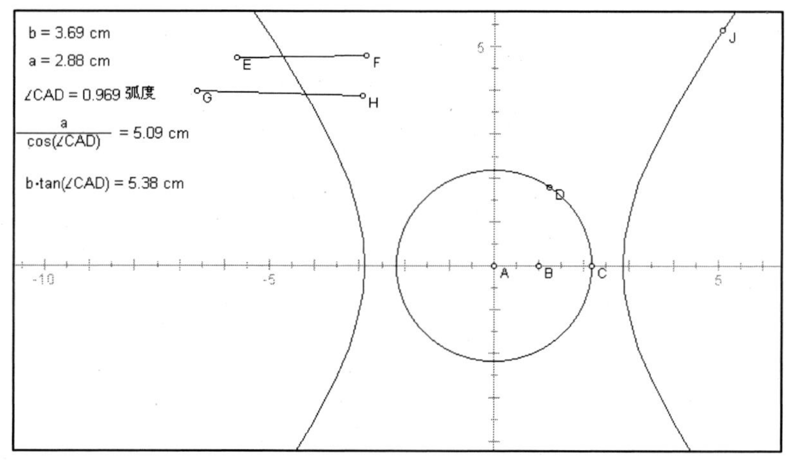

图 9.10

（12）拖动点 E 和点 G，观察曲线的变化。

二、极坐标方程

【例 9.8】 圆锥曲线的极坐标方程为

$$\rho = ep/(1-e\cos\theta)$$

其中 e 是离心率，$e<1$ 时为椭圆，$e=1$ 时为抛物线，$e>1$ 时为双曲线。

【制作步骤】

（1）打开一个新绘图：执行《文件/新绘图》命令或按<Ctrl+N>快捷键。如果此时的坐标系是直角坐标系，执行《图表 / 坐标系的形式》命令，在级联菜单中选择“极坐标”，就改当前坐标系为极坐标系。如果此时的网格形式是直角坐标，执行《图表 / 网格形式》命令，在级联菜单中选择“极坐标”就改当前网格形式为极坐标。

（2）显示坐标系：执行《图表/显示坐标轴》命令，坐标系显示在画板上。用文本工具将坐标原点标注为 A。

（3）角度单位用弧度制：执行《显示/参数选择》命令，在出现的对话框中，在角度单位中选择弧度。

（4） 在 X 轴上画点 C，以点 A 为原心，以点 C 为圆周上的点画圆：用点工具在 X 轴上任画一个点，用文本工具将该点标注为 C。同时顺次选中点 A 和点 C，执行《作图/以圆心和圆周上的点画圆》命令。

（5）在圆 A 上任画点 D，并度量点 D 的坐标：用点工具在圆 A 上任作一个点，用文本工具将该点标注为 D。选中点 D，执行《度量/坐标》命令。点 D 的坐标度量值就显示在画板上了，发现此时的坐标是极坐标形式。

（6）计算取出点 D 坐标度量值中的角度值：选中点 D 的坐标度量值，执行《度量/计算》命令，在数值列表中选中点 D，在出现的级联菜单中选择“theta”，单击确定按钮。在画板中出现

度量值 θ_D，即 $ep/(1-e\cos\theta)$中的 θ 。

（7）制作 e ：用线段工具在画板上任画一条线段，用文本工具将一个端点标注为 E，另一个端点标注为 F。选中线段 EF，执行《度量/长度》命令，用文本工具双击所得的度量值，将该度量值的标签改为“e”。

（8）制作 p ：用线段工具在画板上任画一条线段，用文本工具将一个端点标注为 G，另一个端点标注为 H。选中线段 GH，执行《度量/长度》命令，用文本工具双击所得的度量值，将该度量值的标签改为“p”。

（9）计算 $ep/(1-e\cos\theta)$：选中度量值 e、度量值 p 和度量值 θ_D，执行《度量/计算》命令，在数值列表中选择 e，用键盘或鼠标点取“*”， 在数值列表中选择 p，用键盘或鼠标点取“/”，用键盘或鼠标点取“(”， 用键盘或鼠标点取“1”， 用键盘或鼠标点取“–”， 在数值列表中选择 e，用键盘或鼠标点取“*”， 在函数列表中选取余弦函数，在数值列表中选择度量值 θ_D，用键盘或鼠标点取“)”， 用键盘或鼠标点取“)”，单击确定按钮。

（10）作出轨迹对象点 I：用选择工具，同时顺次选中上一步的计算结果和度量值 θ_D,执行《图表/P 按（R，theta）绘制》命令，将得到的点用文本工具标注为点 I。该点就是曲线轨迹对象点。在画板上若看不到该点，用鼠标拖动点 D 就会发现它。

（11）构造曲线的轨迹：同时选中轨迹对象点 I、驱动点 D 和驱动点的路径圆 A，执行《作图/轨迹》命令，轨迹就显示在画板上了。

（12）水平平移点 E 0.5 cm、1 cm 和 2 cm，得到点 E'、E'' 和 E'''：选中点 E，执行《变换/平移》命令，在出现的对话框中，按直角坐标向量，水平部分为 0.5，竖直部分为 0，单击确定按钮，用文本工具将得到的点标注为 E'。同样道理，选中点 E，执行《变换/平移》命令，在出现的对话框中，按直角坐标向量，水平部分为 1，竖直部分为 0，单击确定按钮，用文本工具将得到的点标注为 E''。选中点 E，执行《变换/平移》命令，在出现的对话框中，按直角坐标向量，水平部分为 2，竖直部分为 0，单击确定按钮，用文本工具将得到的点标注为 E'''。

（13）作动离心率 e 的移动：同时顺次选中点 F 和点 E'，执行《编辑/操作类按钮/移动》命令，产生移动按钮在画板上，用文本工具双击该按钮，在出现的对话框中，将标签改为“椭圆”，单击确定按钮。同时顺次选中点 F 和点 E''，执行《编辑/操作类按钮/移动》命令，产生移动按钮在画板上，用文本工具双击该按钮，在出现的对话框中，将标签改为“抛物线”，单击确定按钮。同时顺次选中点 F 和点 E'''，执行《编辑/操作类按钮/移动》命令，产生移动按钮在画板上，用文本工具双击该按钮，在出现的对话框中，将标签改为“双曲线”，单击确定按钮。

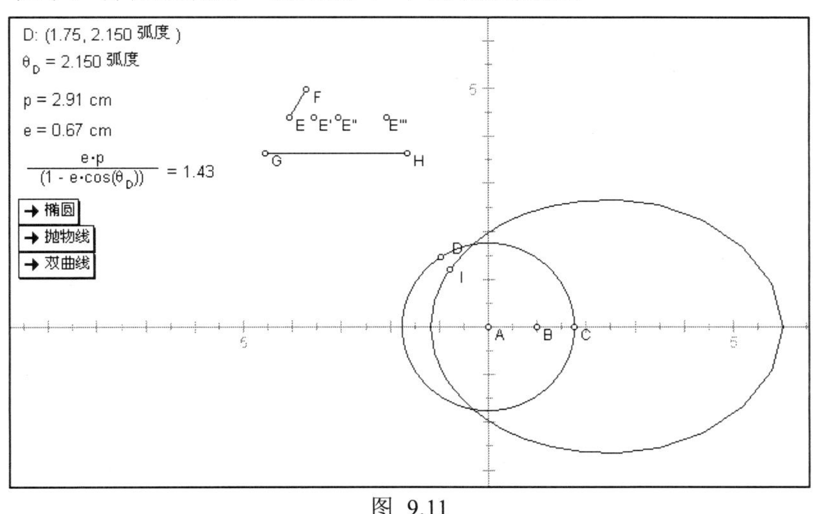

图 9.11

（14）执行上述三个移动，观察发生的变化。

（15）拖动点 E 和点 G，观察曲线的变化。

三、轨迹实验

【例 9.9】 拉杆实验：固定长度的长杆，中间某处固定，一端绕圆周运动，求另一端的轨迹。

【制作步骤】

（1）打开一个新绘图：执行《文件/新绘图》命令或按<Ctrl+N>快捷键。

（2）任画一个圆 A，在该圆上任作一个点 C（作为杆的端点）：用圆工具在画板上任画一个圆，用文本工具将圆心标注为 A，将决定半径的点标注为 B。用点工具在圆上任画一个点，用文本工具将它标注为 C。

（3）制作杆长：用线段工具在画板上画一条线段，用文本工具将其一个端点标注为 D，另一个端点标注为 E。线段 DE 的长度就是拉杆实验中的杆长。

（4）制作定点和要截杆长的射线：用点工具在圆旁任画一个点，用文本工具将该点标注为 F，它就是拉杆实验中的杆必须经过的点。选择射线工具，同时顺序选中点 C 和点 F，执行《作图/射线》命令。

（5）制作杆的另一个端点，且追踪该端点：同时顺次选中点 C 和线段 DE，执行《作图/用圆心和半径画圆》命令，所画的圆和射线 CF 交于点 G。点 G 就是杆的另一个端点。选中点 G，执行《显示/追踪点》命令，就完成对该端点的追踪设置。隐藏射线 CF，连接点 C 和点 G 成线段。

（6）作动画：同时选中点 C 和圆 A，执行《编辑/操作类按钮/命令》命令，在出现的对话框中作适当的设置，单击确定按钮，就完成动画的制作。

（7）执行动画：用选择工具双击动画按钮，观察端点 G 所绘出的轨迹。

（8）调整杆长、定点 F 和圆的半径，重复执行动画，观察轨迹有什么不同。

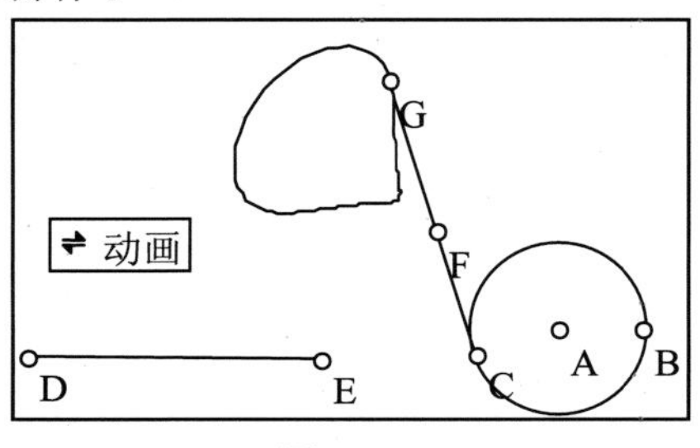

图 9.12

9.4　典型范例与技巧之四——立体几何

【例 9. 10】　异面直线的画法（图 9.13）。

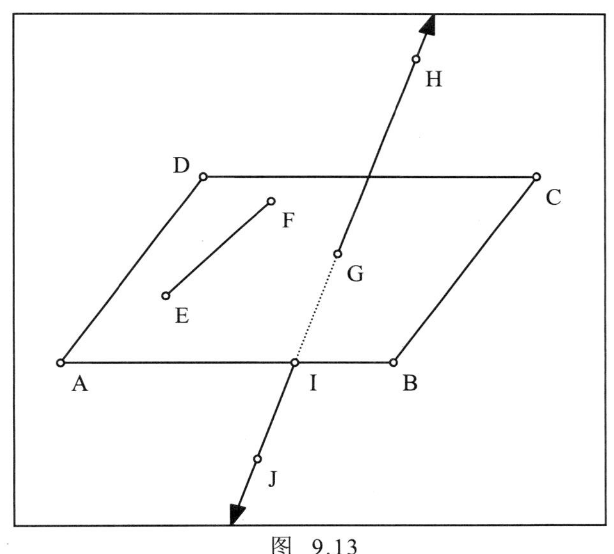

图　9.13

【制作步骤】

（1）打开一个新绘图：执行《文件/新绘图》命令或按<Ctrl+N>快捷键。

平面的画法：

（2）画线段 AB 和 BC：用线段工具顺次画两条线段，用文本工具将线段的端点标注为 A、B 和 C，其中点 B 是两条线段的公共端点。

（3）过点 A 作线段 BC 的平行线，交过点 C 作线段 AB 的平行线于点 D。

（4）隐藏直线 AD 和直线 CD：同时选中直线 AD 和直线 CD，执行《显示/隐藏直线》命令。

（5）作线段 AD 和线段 CD：用线段工具在点 A 处按住鼠标左键不放，拖动到点 D 处，放开鼠标左键，就画好了线段 AD。在点 C 处按住鼠标左键不放，拖动到点 D 处，放开鼠标左键，就画好了线段 CD。

异面直线：

（6）在平面内画一条线段 EF，在平面内线段 EF 外画一点 G：用线段工具在平面内画一条线段，用文本工具将其一个端点标注为 E，另一个端点标注为 F。用点工具在平面内线段 EF 外画一个点，用文本工具将它标注为 G。

（7）在平面外画一点 H，作直线 HG，交 AB 于 I：用点工具在平面外画一个点，用文本工具将它标注为 H。选择直线工具，同时选中点 H 和点 G，执行《作图/直线》命令，作出的直线交线段 AB 于点 I。

（8）在 GI 的延长线上取一点 J：用点工具在 GI 的延长线上画一个点，用文本工具将它标注为 J。

（9）隐藏直线 HG：选中直线 HG，执行《显示/隐藏直线》命令。

（10）画射线 GH：用射线工具在点 G 处按住鼠标左键不放，拖动到点 H 处，放开鼠标左键。

（11）画射线 IJ：用射线工具在点 I 处按住鼠标左键不放，拖动到点 J 处，放开鼠标左键。

（12）画虚线段 GI：执行《显示/线型/虚线》命令。用线段工具在点 G 处按住鼠标左键不放，拖动到点 I 处，放开鼠标左键。

（13）拖动点 H，观察所画的异面直线。

【例 9.11】 立方体及其截面。

【制作步骤】

（1）打开一个新绘图：执行《文件/新绘图》命令或按<Ctrl+N>快捷键。

（2）画正方形：鼠标移到记录工具上，按住鼠标左键不放，在出现的级联菜单中选择“正方形 1”，在画板上画出一个正方形，如图 9.14 所示。（如果此时找不到“正方形 1”记录，可手工绘制图 9.14）

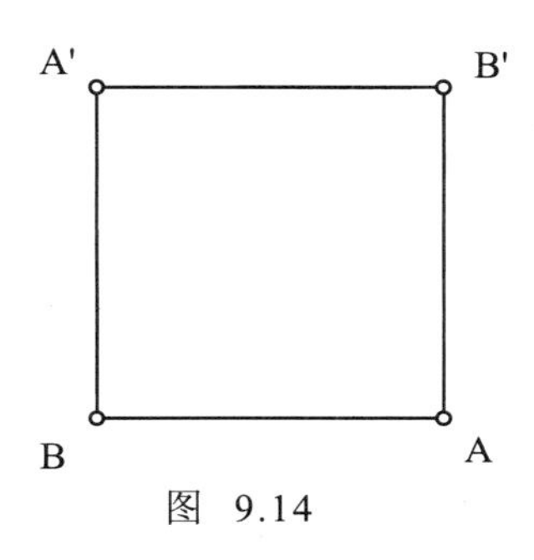

图　9.14

画立方体：

（3）作线段 AB 的中点 C：选中线段 AB，执行《作图/中点》命令，用文本工具将出现的中点标注为 C。

（4）以点 B 为旋转中心，将点 C 旋转 45° 得到点 C'：选中点 B，执行《变换/标记中心"B"》命令，选中点 C，执行《变换/旋转》命令，在出现的对话框中输入 45，单击确定按钮。用文本工具将旋转出的点标注为 C'。

（5）标记向量 B->A'，将点 C'按标记的向量平移到点 D：同时顺次选中点 B 和点 A'，执行《变换/标记向量》命令。选中点 C',执行《变换/平移》命令，在出现的对话框中选择按标记的向量平移，单击确定按钮，完成平移动作。用文本工具将平移出的点标注为 D。

（6）标记向量 B->A，将点 D 按标记的向量平移到点 E，将点 C'按标记的向量平移到点 W：同时顺次选中点 B 和点 A，执行《变换/标记向量》命令。选中点 D，执行《变换/平移》命令，在出现的对话框中选择按标记的向量平移，单击确定按钮，完成平移动作。用文本工具将平移出的点标注为 E。选中点 C'，执行

《变换/平移》命令，在出现的对话框中选择按标记的向量平移，单击确定按钮，完成平移动作。用文本工具将平移出的点标注为 W。

（7）连结线段 BC'、A'D、B'E、AW、DC'、C'W、WE、ED：用线段工具在点 B 处按住鼠标左键不放，拖动到点 C'处，放开鼠标左键，就画好了线段 BC'。其他的画法类似。

（8）改线段 BC'、C'W 和 C'D 改为虚线：同时选中线段 BC'、线段 C'W 和 C'D，将鼠标指针移到选中的对象上，单击鼠标右键，在出现的菜单中，移动鼠标到线型项，在出现的级联菜单中选择虚线。

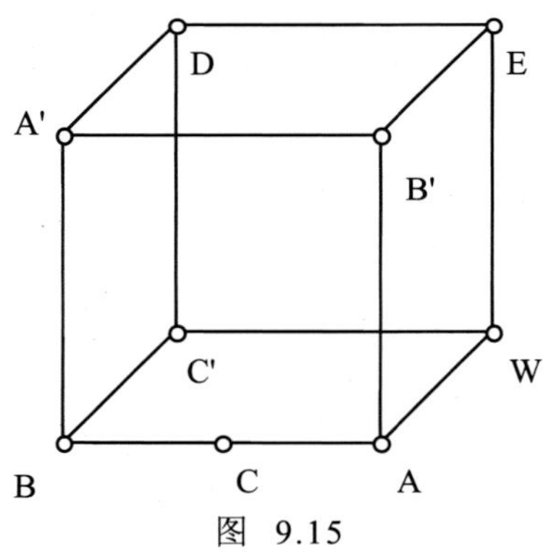

图 9.15

（9）拖动图形上的点，观察发生的变化。

制作立方体的截面：

（10）标记向量 B->A，将点 A 按标记的向量平移到点 A"：同时顺次选中点 B 和点 A，执行《变换/标记向量》命令。选中点 A 执行《变换/平移》命令，在出现的对话框中选择按标记的向量平移，单击确定按钮，完成平移动作。用文本工具将平移出的点标注为 A"。

（11）构造截面控制点 F 和 G（在线段 A'B 上作一个点 F，在线段 EW 上作一个点 G，点 D、F、G 所构成的面截立方体）：

用点工具在线段 A'B 上任作一个点，用文本工具将它标注为 F。用点工具在线段 EW 上任作一个点，用文本工具将它标注为 G。

（12）改线型为虚线：执行《显示/线型/虚线》命令。

【注】 由于这时所作的线都是辅助线，所以都用虚线。

（13）作射线 DF 和射线 C'B，它们交于点 H：用射线工具将鼠标指针移到点 D 处，按下鼠标左键不放，拖动到点 F 处，放开鼠标左键。将鼠标指针移到点 C'处，按下鼠标左键不放，拖动到点 B 处，放开鼠标左键。用选择工具在这两条射线相交处单击，用文本工具将所得的交点标注为 H。

（14）作射线 DG 和射线 C'W，它们交于点 I：用射线工具将鼠标指针移到点 D 处，按下鼠标左键不放，拖动到点 G 处，放开鼠标左键。将鼠标指针移到点 C'处，按下鼠标左键不放，拖动到点 W 处，放开鼠标左键。用选择工具在这两条射线相交处单击，用文本工具将所得的交点标注为 I（图 9.16）。

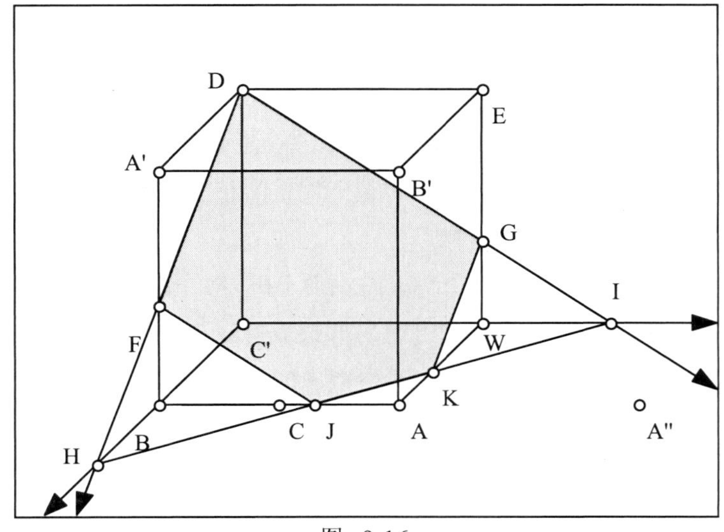

图 9.16

（15）作线段 HI，线段 HI 和线段 BA 的交点 J，线段 HI 和线段 AW 的交点 K：用线段工具将鼠标指针移到点 H 处，按下鼠标左键不放，拖动到点 I 处，放开鼠标左键。用选择工具在线段 HI 和线段 BA 的相交处单击，用文本工具将所得的交点标注为 J。用选择工具在线段 HI 和线段 AW 的相交处单击，用文本工具将所得的交点标注为 K。

【注】 若这时它们不相交，可调整点 F 和点 G 的位置，使它们相交。

（16）作截面：同时顺次选中点 D、F、J、K、G，执行《作图/多边形内部》命令，将所作出的内部换成好看的颜色（图 9.16）。

（17）作射线 AA"，拖动点 F 和点 G，使线段 HI 与射线 AA"相交，交点为 L。用射线工具将鼠标指针移到点 A 处，按下鼠标左键不放，拖动到点 A"处，放开鼠标左键。拖动点 F 和点 G 使线段 HI 与射线 AA"相交，用选择工具在线段 HI 和射线 AA"相交处单击，用文本工具将所得的交点标注为 L。

（18）作线段 FL、FL、B'A 的交点 M：用线段工具将鼠标指针移到点 F 处，按下鼠标左键不放，拖动到点 L 处，放开鼠标左键。用选择工具在线段 FL 和线段 B'A 的相交处单击，用文本工具将所得的交点标注为 M。

（19）作截面：同时顺次选中点 D、F、M、G，执行《作图/多边形内部》命令，将所作出的内部换成好看的颜色（图 9.17）。

（20）拖动点 F 和点 G，观察截面的变化。

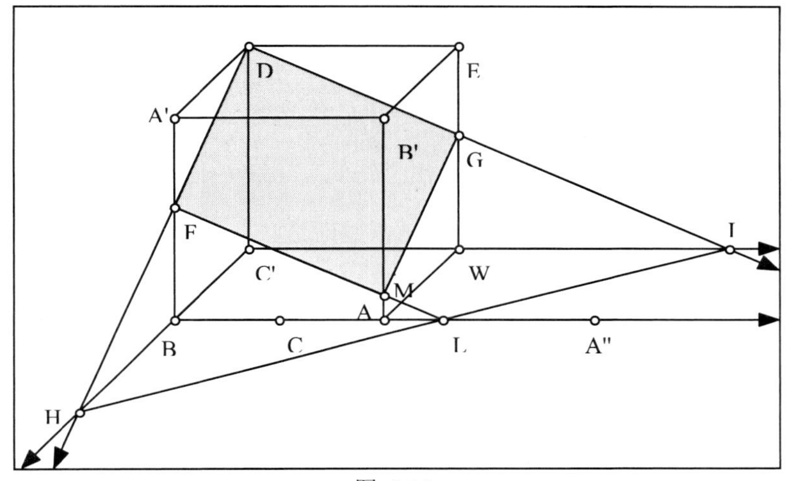

图 9.17

【例 9.12】 圆锥的侧面展开图。

【制作步骤】

（1）打开一个新绘图：执行《文件/新绘图》命令或按<Ctrl+N>快捷键。

（2）角度单位用弧度制：执行《显示/参数选择》命令，在出现的对话框中，在角度单位中选择弧度。

（3）画圆锥底（椭圆）：鼠标移到记录工具上，按住鼠标左键不放，在出现的级联菜单中选择“椭圆 1”，在画板上画出一个椭圆，调整椭圆上的控制点，使椭圆的椭度达到理想程度，如图 9.18 所示。（如果此时找不到“椭圆 1”记录，可手工绘制图 9.18）

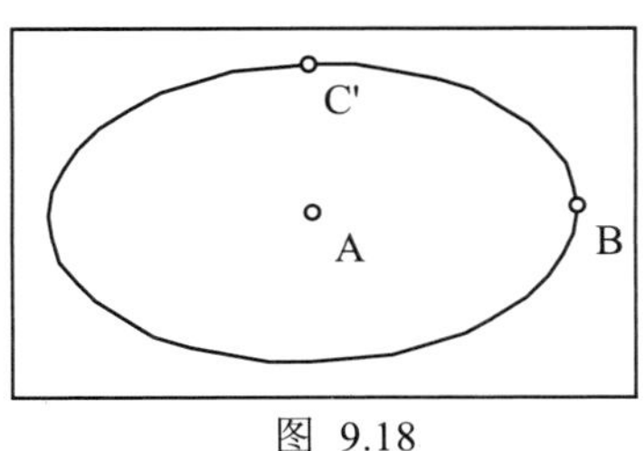

图 9.18

（4）连结线段 AB，隐藏点 C'：同时选中点 A 和点 B，执行《作图/线段》命令。选中点 C'，执行《显示/隐藏点》命令。

（5）过点 A 作线段 AB 的垂线，在垂线上画一个点 H：同时选中点 A 和线段 AB，执行《作图/垂线》命令，用点工具在所作 的垂线上画一个点，用文本工具将该点标注为 H。

（6）用线段连接点 H 和点 B：同时选中点 H 和点 B，执行《作图/线段》命令。

（7）度量值线段 HB（圆锥侧面展开扇形的半径）和线段 AB(圆锥底面半径)：同时选中线段 HB 和线段 AB，执行《度量/长度》命令。

（8）在圆锥底椭圆上构造点 I：选中圆锥底椭圆，执行《作图/对象上的点》命令，用文本工具将所作出的点标注为 I。

（9）用线段连接点 H 和点 I，并追踪线段 HI：同时选中点 H 和点 I，执行《作图/线段》命令。选中线段 HI，执行《显示/追踪线段》命令。

（10）用点 I 在圆锥底椭圆上作动画：同时选中点 I 和椭圆，执行《编辑/操作类按钮/动画》命令，在出现的对话框中进行如图 9.19 所示的设置，单击动画按钮。

图 9.19

（11）执行动画：用选择工具双击动画按钮，观察所追踪的圆锥。

（12）停止动画，取消线段 HI 的追踪：选中线段 HI，执行《显示/追踪线段》命令。

（13）制作点 B 关于点 A 的对称点 B'：选中点 A，执行《变换/标记中心"A"》命令。选中点 B，执行《变换/缩放》命令，在出现的对话框中作如图 9.20 所示的输入。用文本工具将所作的点标注为 B'。

图 9.20

（14）度量值角 IAB'：同时顺次选中点 I、A、B'，执行《度量/角度》命令。

（15）计算圆锥展开的偏移角：同时选中线段 AB 的度量值

$$\frac{\overline{AB}}{\overline{HB}}\cdot(\angle IAB' + \pi \text{ 弧度})$$

线段 HB 的度量值和角 IAB'的度量值，执行《度量/计算》命令，在计算器中输入如下命令，单击确定按钮。（注：由于弧度有正有负，即在[-π，π]范围内，加上π 弧度，使弧度值是连续的正值，即在[0，2 π]范围内，这样方便作出圆锥的侧面展开图）。

（16）标记圆锥展开的偏移角：选中上步计算出的圆锥展开的偏移角，执行《变换/标记角的度量值》命令。

（17）以点 H 为旋转中心，按标记的角旋转点 B 到点 B"：选中点 H，执行《变换/标记中心"H"》命令。选中点 B，执行《变换/旋转》命令，在出现的对话框中选择按标记的角旋转，单击确定按钮。用文本工具将旋转出的点标注为 B"。

（18）作圆锥侧面展开的扇形：同时顺次选中点 H 和点 B，执行《作图/以圆心和圆周上的点画圆》命令，同时顺次选中点 B、点 B"和所作出的圆，执行《作图/圆上的弧》命令，这时所作的弧选中，执行《作图/扇形内部》命令，将所做出的内部换成好看的颜色。

（19）执行动画：用选择工具双击动画按钮，观察所展开的圆锥侧面（图 9.21）。

（20）停止动画。

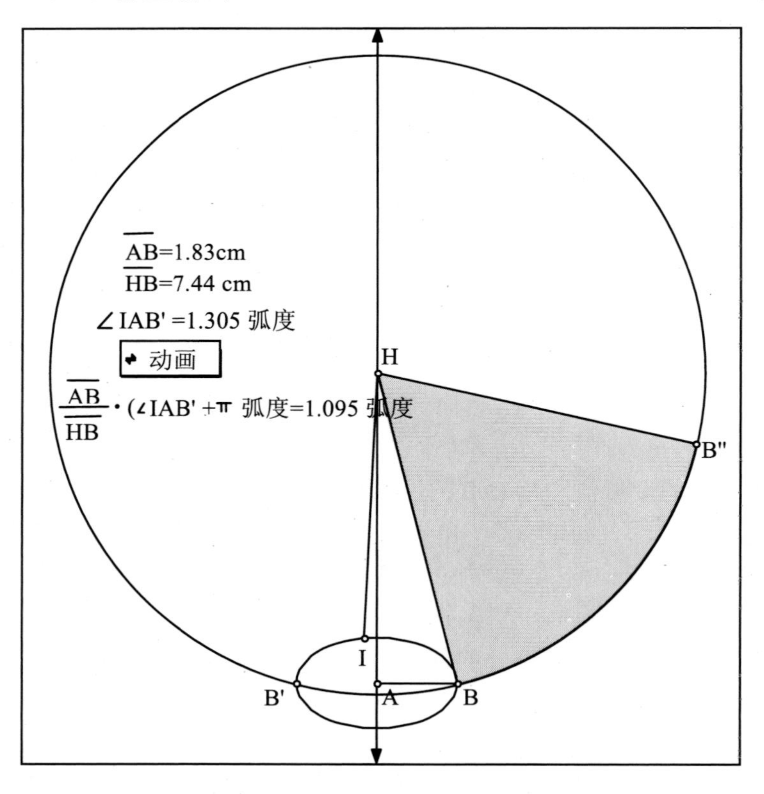

图 9.21

9.5　典型范例与技巧之五

【例 9.13】　线运动转换成圆的运动，圆运动转换成线的运动。

【制作步骤】

（1）打开一个新绘图：执行《文件/新绘图》命令或按<Ctrl+N>快捷键。

（2）角度单位用弧度制：执行《显示/参数选择》命令，在出现的对话框中，在角度单位中选择弧度。

（3）制作半径：用线段工具画一条线段，用文本工具将该线段的一个端点标注为 A，另一个端点标注为 B。该线段作为圆的半径。

（4）算线运动路径的长度（就是圆的周长）：用选择工具选中线段 AB，执行《度量/长度》命令，用文本工具将所得的度量值的标签改为“r”。选中度量值 r，执行《度量/计算》命令，在计算器中输入“2*π*r”命令，单击确定按钮。

（5）制作线运动路径：选中上一步的计算结果，执行《变换/标记距离》命令。用点工具在画板上任画一个点，用文本工具将它标注为 C。选中点 C，执行《变换/平移》命令，在出现的对话框中，选用“按极坐标向量”，方向为 0，数量为“按标记的距离”，单击确定按钮。用文本工具将平移出的点标注为 C'。用线段工具连接 CC'，线段 CC'就是线运动的路径。

（6）制作圆和圆周旋转的基点：选中线段 CC'，执行《作图/对象上的点》命令，用文本工具将所做的点标注为 D。同时选中点 D 和线段 AB，执行《作图/以圆心和半径作图》命令。选中度量值 r，执行《度量/计算》命令，在计算器中输入“0cm-r”命令，单击确定按钮。选中该计算结果，执行《变换/标记距离》命令。选中点 D，执行《变换/平移》命令，在出现的对话框中，选用“按直角坐标向量”，水平部分为 0，竖直部分为“按标记的距离”，单击确定按钮。用文本工具将（图 9.22）所作出的点标记为 D'。点 D'就是圆周旋转的基点。

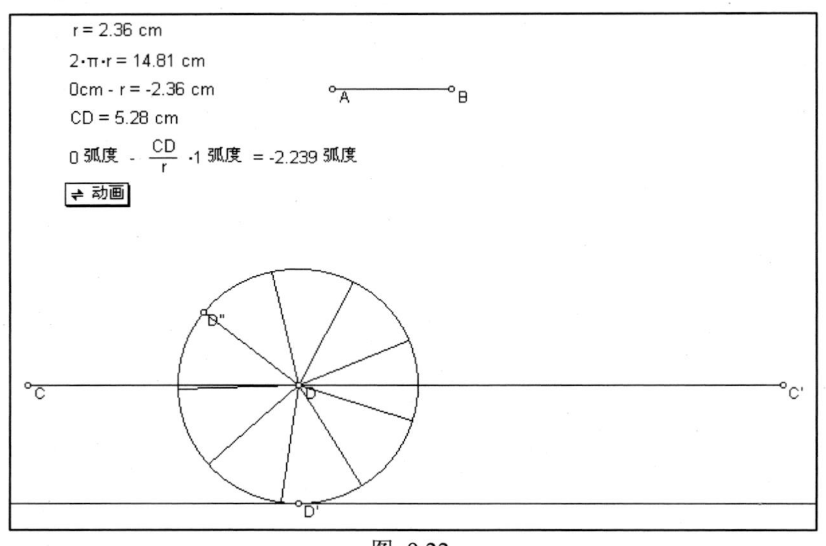

图 9.22

（7）计算圆心偏移距离比：同时选中点 C 和点 D，执行《度量/距离》命令，点 C 和点 D 的距离度量值就显示在画板上。同时选中点 C 和点 D 的距离的度量值和度量值 r，执行《度量/计算》命令，在计算器中输入下面命令，单击确定按钮。(这是为了实现顺时针转圆)

$$0\text{ 弧度}-\frac{CD}{r}\bullet 1\text{ 弧度}$$

（8）制作圆上运动点：选中上步的计算结果，执行《变换/标记角的度量值》命令，选中点 D，执行《变换/标记中心"D"》

命令，选中点 D'，执行《变换/旋转》命令，在出现的对话框中，选择“按标记的角”，单击确定按钮。用文本工具将旋转出的点标记为 D"。

（9）制作辅条：用线段工具连接 D'D"。选中线段 D'D"，执行《变换 / 旋转》命令，在出现的对话框中输入 0.7，单击确定按钮。继续执行《变换 / 旋转》命令 7 次。（注释：这是制作 9 根辅条）

（10）制作路面：同时选中点 D'和线段 CC'，执行《作图 / 平行线》命令，所作出的平行线就是路面。

（11）制作运动（即动画）：同时顺次选中点 D 和线段 CC'，执行《编辑 / 操作类按钮 / 动画》按钮，在出现的对话框中单击动画按钮。

（12）执行动画：用选择工具双击动画按钮，观看发生的运动。

【例 9.14】　小圆在大圆上作无滑动运动。

【制作步骤】

（1）打开一个新绘图：执行《文件/新绘图》命令或按<Ctrl+N>快捷键。

（2）角度单位用弧度制：执行《显示/参数选择》命令，在出现的对话框中，在角度单位中选择弧度。

（3）制作半径和大圆的圆心：用线段工具画一条线段，用文本工具将该线段的一个端点标注为 A，另一个端点标注为 B。用点工具在线段 AB 上画一个点，用文本工具将该点标注为 C。同时选中点 A 和点 C，执行《作图 / 线段》命令，所作的线段是大圆的半径。同时选中点 B 和点 C，执行《作图 / 线段》命令，所作的线段是小圆的半径。线段 AB 是小圆的圆心轨迹圆的半径。用点工具在画板上画一个点，用文本工具将它标注为 D，它就是大圆的圆心。

（4）制作大圆：同时选中点 D 和线段 AC，执行《作图 / 以圆心和半径画圆》命令。

（5）制作小圆的圆心轨迹圆：同时选中点 D 和线段 AB，执行《作图 / 以圆心和半径画圆》命令。

（6）制作小圆：用点工具在小圆的圆心轨迹圆上画一个点，用文本工具将该点标注为 E。同时选中点 E 和线段 BC，执行《作图 / 以圆心和半径画圆》命令。

（7）制作大圆和小圆的旋转基点：用点工具在大圆上任作一点，用文本工具将它标注为 F，它就是大圆的旋转基点。用点工具在小圆上任作一点，用文本工具将它（图 9.23）标注为 G，它就是小圆的旋转基点。

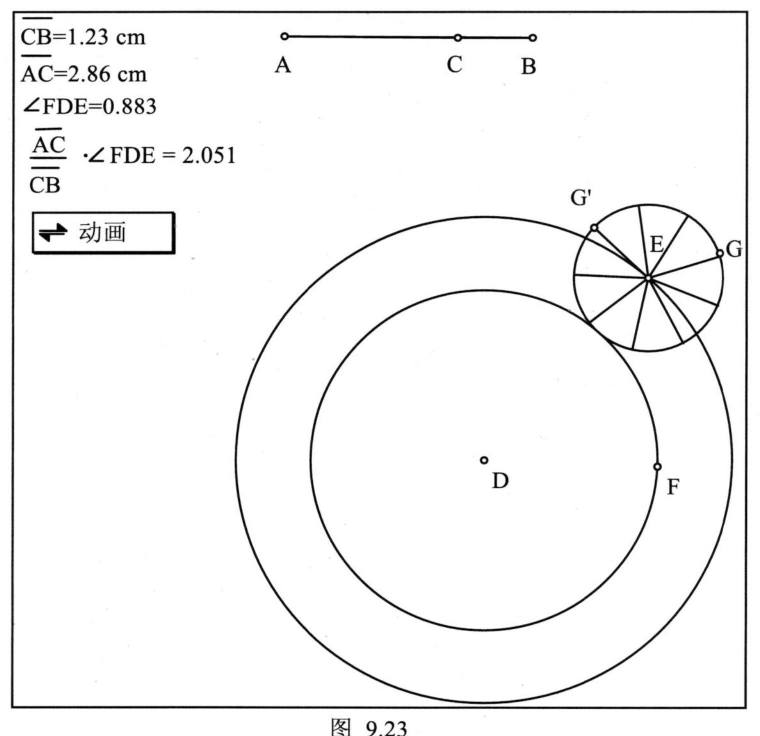

图 9.23

（8）度量计算小圆的偏移角的对象：选择线段 AC 和线段

BC，执行《度量 / 长度》命令。同时顺次选中点 F、D、E，执行《度量 / 角度》命令(这是大圆的偏移角)。

（9）计算小圆的偏移角，并以小圆圆心 E 为旋转中心，将小圆的旋转基点 G 按小圆的偏移角旋转到点 G'：选中上一步所作的三个度量值，执行《度量 / 计算》命令，在计算器中输入下面命令，单击确定按钮。选中该计算结果，执行《变换 / 标记角的

$$\frac{\overline{AC}}{CB}\cdot\angle FDE$$

度量值》命令。选中点 E，执行《变换/标记中心"E"》命令，选中点 G，执行《变换/旋转》命令，在出现的对话框中选择按标记的角，单击确定按钮，用文本工具将旋转出的点标注为 G'。

（10）制作辅条：用线段工具连接 G'E。选中线段 G'E，执行《变换 / 旋转》命令，在出现的对话框中输入 0.7，单击确定按钮。继续执行《变换 / 旋转》命令 7 次。（注释：这是制作 9 根辅条）

（11）制作运动（即动画）：同时顺次选中点 E 和小圆的圆心轨迹圆，执行《编辑 / 操作类按钮 / 动画》按钮，在出现的对话框中单击动画按钮。

（12）执行动画：用选择工具双击动画按钮，观看发生的运动。

【例 9.15】 制作三棱柱侧面展开。

【制作步骤】

（1）打开一个新绘图：执行《文件/新绘图》命令或按<Ctrl+N>快捷键。

（2）画三棱柱的截面三角形 ABC 和棱长线段 DE：用线段工具画三角形，用文本工具将三个顶点标注为 A、B 和 C。用线段工具画一条线段，用文本工具将它的端点标注为 D 和 E。

三棱柱展开与复原的准备工作：

（3）任作一个点 B'，以点 B 和点 C 为标记向量，平移点 B' 到点 C'：用点工具任画一个点，用文本工具将该点标注为 B'。同

时顺次选中点 B 和点 C，执行《变换/标记向量》命令，选中点 B'，执行《变换/平移》命令，在出现的对话框中选择按标记的向量平移，用文本工具将平移出的点标记为 C'。

（4）以点 C 和点 A 为标记向量，平移点 C'到点 A'：同时顺次选中点 C 和点 A，执行《变换/标记向量》命令，选中点 C'，执行《变换/平移》命令，在出现的对话框中选择按标记的向量平移，用文本工具将平移出的点标记为 A'。

（5）以 C'为圆心，线段 CA 为半径作圆，在圆上任画一个点 K：同时选中点 C'和线段 CA，执行《作图/以圆心和半径画圆》命令。用点工具在圆 C'上任画一个点，用文本工具将该点标注为 K。

（6）以 K 为圆心，线段 AB 为半径作圆，在圆上任画一个点 M：同时选中点 K 和线段 AB，执行《作图/以圆心和半径画圆》命令。用点工具在圆 K 上任画一个点，用文本工具将该点标注为 M。

（7）以点 A 和点 B 为标记向量，平移点 K 到点 B'''：同时顺次选中点 A 和点 B，执行《变换/标记向量》命令，选中点 K，执行《变换/平移》命令，在出现的对话框中选择按标记的向量平移，用文本工具将平移出的点标记为 B'''。

（8）过点 K 作线段 BC 的平行线，交圆 K 于点 N：同时选中点 K 和线段 BC，执行《作图/平行线》命令，同时选中所作的平行线和圆 K，执行《作图/交点》命令，用文本工具将（图 9.24）中我们所需要的点标注为 N。

（9）过点 C'作线段 BC 的平行线，交圆 C'于点 P：同时选中点 C'和线段 BC，执行《作图/平行线》命令，同时选中所作的平行线和圆 C'，执行《作图/交点》命令，用文本工具将（图 9.24）我们所需要的点标注为 P。

（10）以点 D 和点 E 为标记向量，平移点 B'到点 B''，平移点 C'到点 C''，平移点 K 到点 K'，平移点 M 到点 M'：同时顺次选中点 D 和点 E，执行《变换/标记向量》命令。选中点 B'，执行《变换/平移》命令，在出现的对话框中选择按标记的向量平移，用文本工具将平移出的点标记为 B"。选中点 C'，执行《变换/平移》命令，在出现的对话框中选择按标记的向量平移，用文本工具将平移出的点标记为 C"。选中点 K，执行《变换/平移》命令，在出现的对话框中选择按标记的向量平移，用文本工具将平移出的点标记为 K'。选中点 M'，执行《变换/平移》命令，在出现的对话框中选择按标记的向量平移，用文本工具将平移出的点标记为 M'。

（11）制作棱柱侧面：同时顺次选中点 B'、C'、C"、B"，执行《作图/多边形内部》命令，将所作出的内部换成黄色。同时顺次选中点 C'、C"、K'、K，执行《作图/多边形内部》命令，将所作出的内部换成绿色。同时顺次选中点 K、K'、M'、M，执行《作图/多边形内部》命令，将所作出的内部换成淡蓝色。

（12）作线段 B'''N，线段 B'''N 的垂直平分线交圆 K 于点 R：同时选中点 B'''和点 N，执行《作图/线段》命令，这时所做的线段被选中，执行《作图/中点》命令，同时选中所做的中点和线段 B'''N，执行《作图/垂线》命令，同时选中所作垂线和圆 K，执行《作图/交点》命令，用文本工具将（图 9.24）交点标注为 R。

制作三棱柱侧面展开：

（13）制作点 M 到点 R 的移动：同时顺次选中点 M 和点 R，执行《编辑/操作类按钮/移动》命令，在出现的对话框中选择中速，单击确定按钮。

（14）制作点 K 到点 P 的移动：同时顺次选中点 K 和点 P，执行《编辑/操作类按钮/移动》命令，在出现的对话框中选择中速，单击确定按钮。

（15）制作点 M 到点 N 的移动：同时顺次选中点 M 和点 N，执行《编辑/操作类按钮/移动》命令，在出现的对话框中选择中速，单击确定按钮。

（16）制作展开系列按钮：同时顺次选中点 M 到点 R 的移动、点 K 到点 P 的移动和点 M 到点 N 的移动，执行《编辑/操作类按钮/系列》命令，用文本工具将这个系列标签改为“展开”。

制作三棱柱侧面复原：

（17）制作点 K 到点 A'的移动：同时顺次选中点 K 和点 A'，执行《编辑/操作类按钮/移动》命令，在出现的对话框中选择中速，单击确定按钮。

（18）制作点 M 到点 B'''的移动：同时顺次选中点 M 和点 B'''，执行《编辑/操作类按钮/移动》命令，在出现的对话框中选择中速，单击确定按钮。

（19）制作复原系列按钮：同时顺次选中点 M 到点 R 的移动、点 K 到点 A'的移动和点 M 到点 B'''的移动，执行《编辑/操作类按钮/系列》命令，用文本工具将这个系列标签改为“复原”。

（20）反复执行“展开”按钮和“复原”按钮，观察发生的现象。

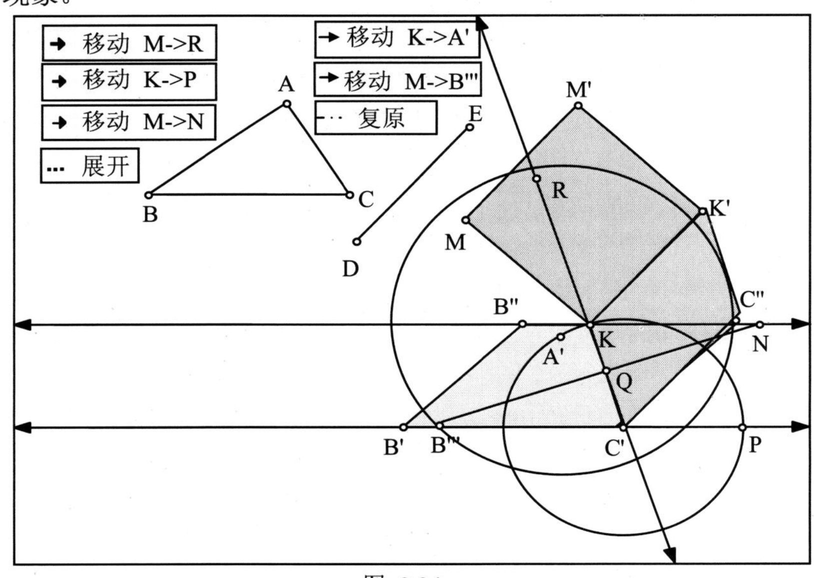

图 9.24

习 题 九

演 示

1. 自己选材，制作有实际教学意义的课件。

2. 制作余弦曲线 y=a*cos(b*x+c)。

3. 补全凸透镜成像课件。

4. 制作活塞运动的课件。

5. 柳叶线：$x^3+y^3-3axy=0$，令 $y=tx$，代入上式得参数方程:$x=3at/(1+t^3),y=3at^2/(1+t^3)$。

提示：在 Y 轴上画点 T，度量 T 的坐标，计算取出它的 Y 坐标来代表参数 t。

6. 如题 9.25 所示，已知椭圆 $\dfrac{x^2}{a^2}+\dfrac{y^2}{b^2}=1$，A'、A 分别为椭圆长轴的两个端点，点 M 为长轴上任意一点（除中心），过点 M 与长轴垂直的直线交椭圆于 P'、P 两点，A'P'与 PA 的延长线交于点 Q，求点 Q 的轨迹。

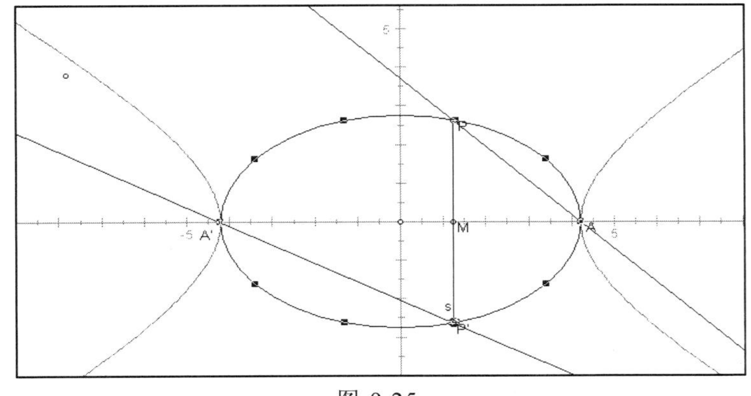

图 9.25

7. 点 A 为圆 O 内一定点，点 B 是圆上一动点，连接点 A 和点 B 成为线段 AB，作射线 BO，过点 A 作线段 AB 的垂线交射线 BO 于点 P，求点 P 的轨迹。

8. 玫瑰线

$$\rho = 2a\cos(n\theta)$$

（注意：用移动让 n 成为整数）

当 n 为偶数时，为 $2n$ 叶玫瑰线；

当 n 为奇数时，为不规则的玫瑰线；

当 n 趋于 0 时，轨迹趋于圆。

9. 制作圆柱侧面展开图的课件。

10. 制作能转轮行走的汽车。

附　　录

- **附录 1　用键盘选取和构造对象**
- **附录 2　对象的标签和度量值所对应的数学格式文本**
- **附录 3　学生论文**

附录 1　用键盘选取和构造对象

位于几何画板窗口左下角的工具状态框，为选取和构造对象提供了一个键盘界面。从键盘输入一个现存对象的标签并按回车键，就选取了该对象。同样，输入一个不存在的点的标签就可以创建一个具有该标签的点。

打开一个新绘图：执行《文件/新绘图》命令或按<Ctrl+N>快捷键，开始作下面的实验。

一、创建一个新点

（1）输入句号(“.”)。注释：句号是点对象的选取或创建的标志。此步可以省略。

（2）输入一个大写字母 A。此时工具状态框显示“绘出点 A”并包含了一个文字光标“I 型棒”。 注释：如果画板中有点 A，工具状态框显示“选择点 A”；否则它显示“绘出点 A”。

（3）按下回车键。在画板中的任意位置生成了一个点，它的标签为 A。

二、创建一条新线段

（1）输入斜杠(“ / ”) 。此时工具状态框显示“绘出线段”。注释：斜杠是线型对象的选取或创建的标志，线型对象包括线段、射线或直线（重复按下此键，线段、射线和直线可循环出现），创建线段时此步也可省略。

（2）输入大写字母 A。此时工具状态框显示“绘出线段从 A”并包含了一个文字光标“I 型棒”。输入一个空格。注释：工具状态框没有显示任何东西，但空格是一个标签与另一个标签的分隔符。

（3）输入大写字母 B。工具状态框指出“绘出线段从 A 到 B”。

（4）按下回车键。在画板中的任意位置画出了点 B，同时也画出了线段 AB。

三、创建一条新射线

（1）输入斜杠(“ / ”) 两次。

（2）输入大写字母 A。

（3）输入一个空格。

（4）输入大写字母 C。工具状态框指出“绘出射线从 A 过 C”。

（5）按下回车键。在画板中的任意位置画出了点 C，同时也画出了射线 AC。

四、创建一条新直线

（1）输入斜杠(“ / ”) 三次。

（2）输入大写字母 A。

（3）输入一个空格。

（4）输入大写字母 D。工具状态框指出“绘出直线从 A

过 D”。

（5）按下回车键。在画板中的任意位置画出了点 D，同时也画出了直线 AD。

五、创建一个圆

（1）输入逗号(“,”)。注释：逗号是圆对象的选取或创建的标志。

（2）输入大写字母 A。

（3）输入一个空格。

（4）输入大写字母 E。工具状态框显示“绘出圆建立中心于 A 过 E”。

（5）按下回车键。在画板中的任意位置画出了点 E，同时也画出了圆 A 过点 E。

六、创建一条弧

（1）输入分号(“;”)。注释：分号是弧对象的选取或创建的标志。

（2）输入大写字母 A。

（3）输入一个空格。

（4）输入大写字母 F。

（5）输入一个空格。

（6）输入大写字母 G。工具状态框显示“绘出圆弧从 A 过 F 到 G”。

（7）按下回车键。在画板中的任意位置画出了点 F，在画板中的任意位置画出了点 G，同时也画出了圆弧 AFG。

七、创建多边形内部

（1）输入撇号(“ ' ”)。注释：撇号是多边形内部对象的选取或创建的标志。

（2）输入大写字母 A。

（3）输入一个空格。

（4）输入大写字母 H。

（5）输入一个空格。

（6）输入大写字母 I。工具状态框显示“绘出多边形过 A,H,I”。

（7）按下回车键。在画板中的任意位置画出了点 H，在画板中的任意位置画出了点 I，同时也画出了多边形内部 AHI。

八、选取对象

（1）输入要选取对象的名字（对象的名字就是对象的标签）。工具状态框将显示你要选取的对象。

（2）回车键，就选取了你输入名字的对象。

附录 2　对象的标签和度量值所对应的数学格式文本

在几何画板中，每一个对象标签或度量值的文本均由数学格式字符串（简称 MFS）决定，字符串用符号语言描述了数学格式的文本形式。符号语言由一系列命令构成。

例如：{u : text }

这个命令用于给前面的文本加上脚标。数学格式字符串 x{u:2}显示为：x^2。数学格式字符串 x { u:2 {u:4 }}显示为：x^{2^4}。

以下是数学格式字符串命令一览表（附表 1）。

附表 1

数学格式命令	含义	MFS 范例	范例效果
{u:text}	Text 为上脚标	米{u:2}	米^{2}
{l:text}	Text 为下脚标	P{l:4}	P_4
{A:text}	Text 上加弧线	{A:CDE}	$\overset{\frown}{CDE}$
{L:text}	Text 上加直线	{L:AB}	$\overleftrightarrow{AB}$
{R:text}	Text 上加射线	{T:FG}	$\overrightarrow{FG}$
S:text}	Text 上加线段	{S:AB}	$\overline{AB}$
{D:text1}{text 2}	Text1(分子)除以 text2(分母)	{D:3}{4}	$\frac{3}{4}$
{(:text}	Text 用足够大的圆号括起	{(:{D:3}{4}}	$\left(\frac{3}{4}\right)$
{@:text}	Text 用足够大的绝对值符号括起	{@:{D:3}{4}}	$\left\lvert\frac{3}{4}\right\rvert$
{V:text}	Text 的平方根	{V:3}	$\sqrt{3}$
{!:C}	圆符号	{!:C}AB	⊙AB
{!:A}	角符号	{!:A}ABC	∠ABC
{!:*}	乘号	3{!:*}4	3.4
{!:[}	符号{	{!:[}3,4{!:]}	{3,4}
{!:]}	符号}	{!:[}3,4{!:]}	{3,4}
{!:T}	希腊字母 theta	{!:T}	θ
{!:P}	希腊字母 pi	{!:P}	π
{!:D}	希腊字母 delta	{!:D}	△

注释：以上命令可以相互嵌套，例如，{V:{!:D}x{u:2}+{!:D}y{u:2}+{!:D}z{u:2}}显示为

$$\sqrt{\Delta x^2+\Delta y^2+\Delta z^2}$$

什么时候使用 MFS 命令？当你要改变几何画板中的对象的标签、对象的度量值和计算结果时，需要使用 MFS 命令。

使用 MFS 命令的步骤如下：

① 使画板中有对象的标签或对象的度量值或计算结果显示。

② 选择文本工具。

③ 按下 Num Lock 键的同时，双击度量值或计算结果或标签。这时显示一个对话框（附图 1），列有标签或度量值的数学格式和文本格式表述栏。

④ 在数学格式对话位置，输入数学格式字符命令。

⑤ 单击确定按钮。

附图 1

注释：这种数学格式的 MFS 命令只能用在对象的标签、度量值和计算结果中，不能用在注释中。要想在注释中写入数学公式，请参见典型范例与技巧之二。

附录3　学生论文

用几何画板研究轨迹问题

哈尔滨师范大学数学系98级 杨斌 指导教师：栾丛海

几何画板是数学学习的现代工具，具有准确、直观等特点。而更重要的是图形可动态变化，这使它直接弥补了手工作图的不足，“延伸”了大脑的思维功能。

轨迹问题是中学数学学习中的一类重点问题。正是由于所求轨迹的不确定性，使我们失去了从宏观上把握问题的方向性，这样在解题之初就是盲目的。而当我们用数学方法求出轨迹方程后，除我们所熟知的图形外，又难于知道其轨迹图形究竟是什么样子，而这一点往往对于激发学习研究的兴趣起到不可估量的作用。

而几何画板恰恰给我们提供了观察数学现象的实践园地。我们可以先观察、猜想出其轨迹的可能结果，再有的放矢地进行数学推理解答，最后可进一步验证我们的结论，直观地展示轨迹图形。

下面通过一些具体例子说明如何用几何画板来研究轨迹问题。

【例1】　如附图2所示。点 C 是半径为 r 的定圆 A 内的一定点，D 是圆上的一动点，过直线 CD 上一点 E（不为 D）作 CD 的垂线与直线 AD 交于 F，求点 F 的轨迹。

【制作步骤】

（1）打开新绘图，画一圆A。

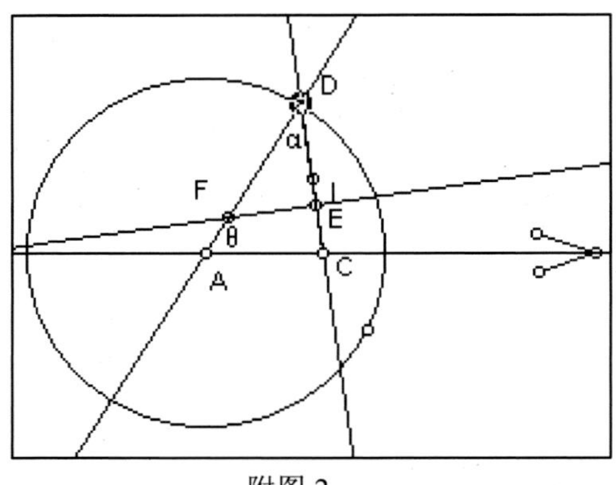

附图 2

（2）在圆 A 上任取一点 D，在圆 A 内画一定点 C，连结直线 AD、CD。

（3）在直线 CD 上取一点 E，选中点 E 及直线 CD，执行《作图/垂线》命令，所作出的垂线与直线 AD 的交点，记为 F。

（4）同时选中点 D、F，执行《作图/轨迹》命令。

（5）连结线段 CD 取其中点 I，过 I 作 CD 的垂线交 AD 于 F '，选中点 D、F '，作出 F '的轨迹。

（6）拖动点 E，观察轨迹图形的变化。

【解】 以 A 为极点、AC 为极轴，建立极坐标系。

设 $|AC|=k$， $\overrightarrow{CE}=q\cdot\overrightarrow{CD}(q\neq 1)$ ， $|AC|=r$。其中 k、q 为常数；设点 F 的坐标为 (ρ,θ)。

由题意可知，在△ACD 中

$$|CD|^2=k^2+r^2-2kr\cos\theta$$

$$|CD|\cdot\sin\alpha=k\cdot\sin\theta$$

$$(r-\rho)\cdot\cos\alpha=(1-q)\cdot|CD|$$

由上述三式得

$$\rho = r - \frac{(1-q)(k^2 + r^2 - 2kr\cos\theta)}{r - k\cos\theta}$$

根据解答及作图可知：当 $0<q<\frac{1}{2}$（即 E 在 C、I 间）、$q=\frac{1}{2}$（即 E、I 重合）、$\frac{1}{2}<q<1$（即 E 在 D、I 间）、$q\le 0$（即 E 在 DC 的延长线上）及 q>1（即 E 在 CD 的延长线上）时，点 F 的轨迹分别是不同的图形。由几何画板绘出的各种图形如附图 3 所示。

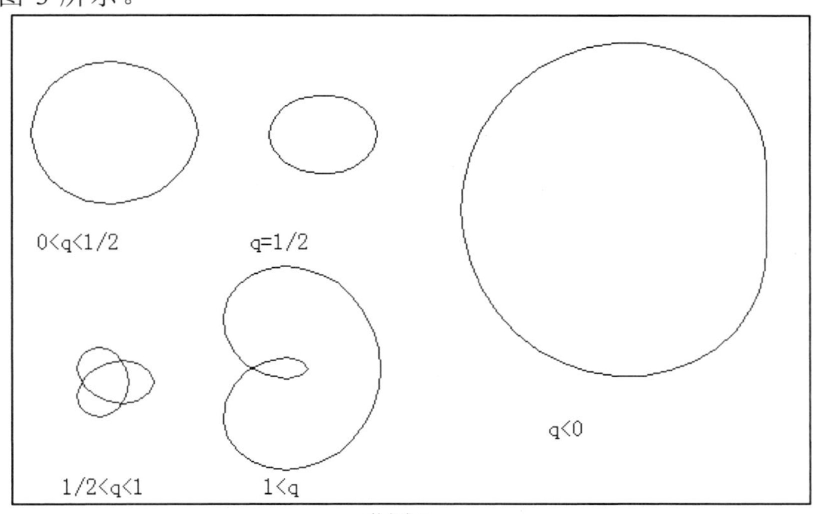

附图 3

【例 2】 在△*ABC* 中，边 *BC* 固定，|*BC*|＝6，*BC* 边上的高为 3。求垂心 *H* 的轨迹方程。

【制作步聚】

（1）打开新绘图，建立直角坐标系，用文本工具改坐标原点为 B，单位点为 1。

（2）将点 B 右平移 6 cm，得到点 C。

（3）将点 B 上平移 3 cm，得到点 D。

（4）过点 D 作 X 轴的平行线 m。

（5）在直线 m 上任作一点 A，连结线段 AB、AC。

（6）过点 A 作 X 轴的垂线与过点 B 作线段 BC 的垂线相交于点 H。

（7）同时选中点 A 及 H，执行《作图/轨迹》命令（附图 4）。

【解】 设 $H(x,y)$，由题意知，$A(x,3)$，$B(0,0)$ ，$C(6,0)$。

当 $x\neq 6$ 且 $x\neq 0$ 时，k_{BH}、k_{AC} 存在。

由 $k_{BH}\cdot k_{AC}=-1$ 得

$$\frac{y}{x}\ (-\frac{3}{6-x})=-1$$

所以
$$y=\frac{x(6-x)}{3}=-\frac{x^2}{3}+2x$$

当 x=6 时，垂心为点 $C(6,0)$，满足上述方程。

当 x=0 时，垂心为点 $B(0,0)$，满足上述方程。

因此，所求轨迹是一条抛物线，如附图 4 所示。

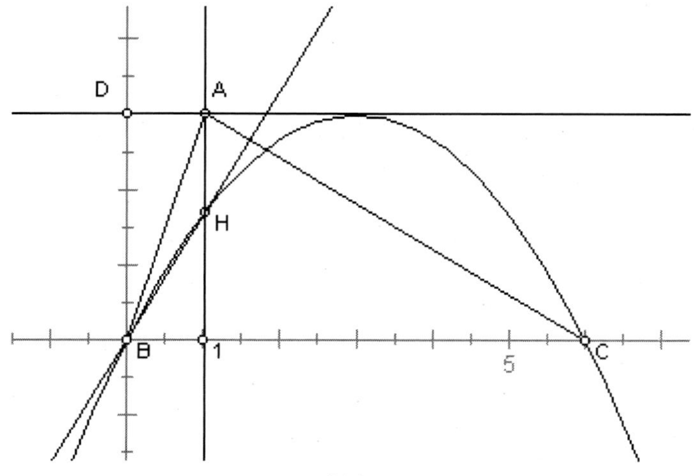

附图 4

【例 3】 点 $D(a,0)$是定圆 O：$x^2+y^2=r^2(r>0)$内定点，点 E 是圆 O 上的动点。以点 D 为直角顶点，一边经过点 E，另一边与圆交于点 F，求线段 EF 中点 M 的轨迹方程。

【制作步骤】

（1）打开新绘图，建立直角坐标系，用文本工具将坐标原点改为 O，将单位点改为 1。

（2）以原点 O 为圆心，过 X 轴上一点 C 作圆。

（3）在 X 轴上，并在圆 O 内任作一点 D(a,0)。在圆 O 上任画一点 E。

（4）连结直线 DE，过点 D 作线段 DE 的垂线，该垂线与圆作交点，记为 F。

（5）连结线段 EF，取其中点 M。

（6）同时选中点 M 和点 E，执行《作图/轨迹》命令，绘出如附图 5 所示的图形。

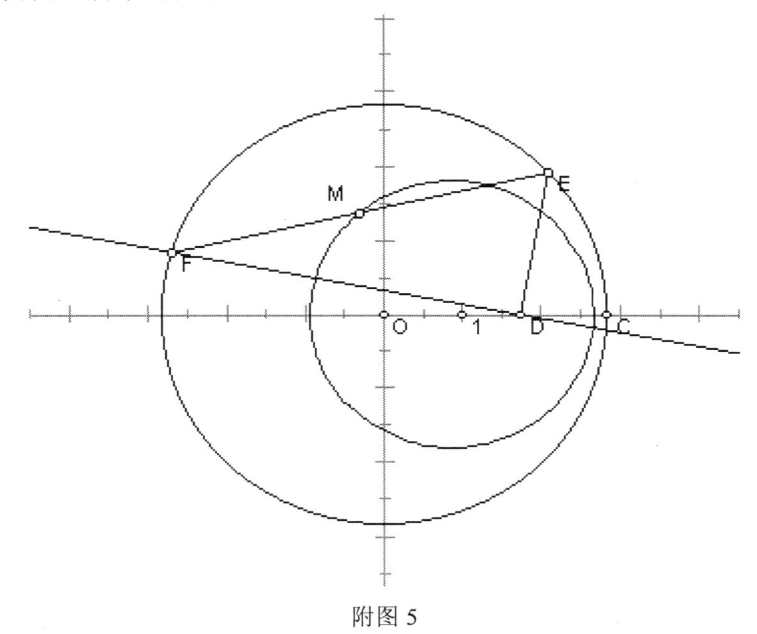

附图 5

【解】 设点 M 的坐标为(x,y)(附图 6)，由 Rt$\triangle EDF$ 有

$$|DM| = |ME| = |MF|$$

又由 M 为弦 EF 的中点及由圆的性质知 $OM \perp EF$ ，所以

$$|OM|^2 + |MF|^2 = r^2$$

即 $$x^2 + y^2 + (x-a)^2 + y^2 = r^2$$

化简整理，可得

$$(x-\frac{a}{2})^2 + y^2 = \frac{2r^2 - a^2}{4}$$

因此所求轨迹为圆，如附图 5 所示。

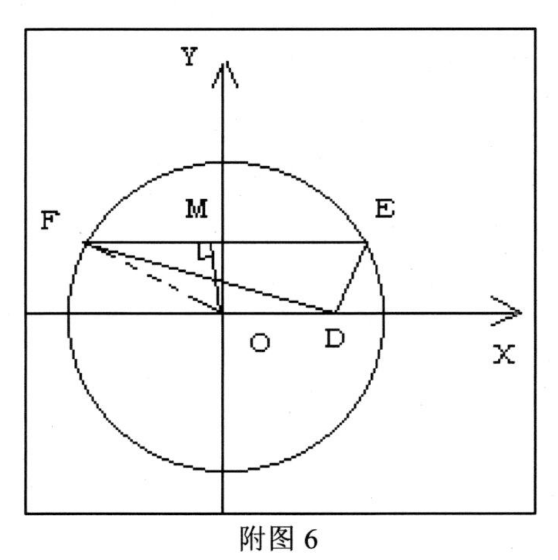

附图 6

【例 4】 过点 $A(0,-2)$作直线 l，l 为抛物线 $y^2 = 4x$ 的割线，交抛物线于 P、Q，以 OP、OQ 为邻边，作平行四边形 $OPMQ$，求 M 的轨迹方程。

【制作步骤】

（1）打开新绘图，建立坐标轴。改单位点为 F。

（2）将 Y 轴标记镜面，反射点 F 为点 F'。过点 F'作 X 轴垂线 j，在直线 j 上任取一点 B，连线段 FB。

（3）取 FB 中点 C，过点 C 作 FB 垂线 i。

（4）过点 B 作 X 轴的平行线，与直线 i 交于 D。

（5）同时选中点 B、D，执行《作图/轨迹》命令，便得抛物线 $y^2=4x$ 的图象

（6）击执行《图表/绘制点…》，输入点坐标(0, –2)，记所绘出点为 A，在抛物线上作一点 P，作直线 AP。

（7）求交点的准备工作。度量直线 AP 的斜率 k(由 $y^2=4x$ 及直线方程 $y=kx-2$ 得，$y=\frac{2\pm\sqrt{4+8k}}{k}$，$x=\frac{y^2}{4}$，其中一点为 P 的坐标，另一点为该直线与抛物线的另一交点。但要注意如何区分另一点，参见制作过程)。用度量菜单的计算命令计算公式 $\frac{2+\sqrt{4+8k}}{k}$ 的值，将所得的计算结果改为 y1。用度量菜单的计算命令计算公式 $\frac{2-\sqrt{4+8k}}{k}$ 的值，将所得的计算结果改为 y2。度量点 P 的坐标。用度量菜单的计算命令计算公式 $|y_P-y1|$ 的值(其中 y_P 是点 P 的纵坐标)，用度量菜单的计算命令计算公式 $|y_P-y2|$ 的值(其中 y_P 是点 P 的纵坐标)。上述两个计算结果为 0 的则是与点 P 相同的那个点，不是 0 的是另一个交点。

（8）求另一个交点坐标。用度量菜单的计算命令计算公式 $sgn(round((|y_P-y1|)*100))*y1+sgn(round((|y_P-y2|)*100))*y2$ 的值。它就是所求交点（不是点 P 的交点）的纵坐标值。用度量菜单的计算命令计算公式（$sgn(round((|y_P-y1|)*100))*y1+sgn(round((|y_P-y2|)*100))*y2)^2/4$ 的值。它就是所求交点（不是点 P 的交点）的横坐标值。同时顺次选中横坐标值和纵坐标值，执行《图表/绘制点(x,y)》命令，得直线 AP 与抛物线的另一交点 Q。

（9）连线段 OP、OQ，过点 P、Q 分别作 OQ、OP 的平行线，

交点记为 M。

（10）同时选中点 P、M，执行《作图/轨迹》命令。这时所作出的轨迹粗糙，且有重复轨迹若即若离，用对象信息工具将轨迹的样点数改成 500，所得的轨迹就光滑多了（附图 7）。

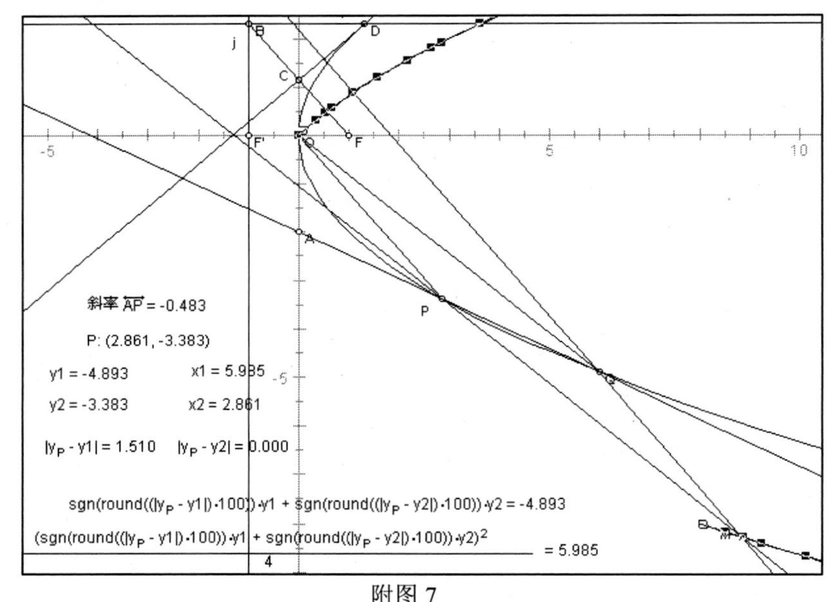

附图 7

【解】 PQ、OM 交于点 N（附图 8），设点 $N(x_0,y_0)$，$M(x,y)$，$P(x_1,y_1)$，$Q(x_2,y_2)$；令直线 PQ 的斜率为 k，直线 PQ 方程 $y=kx-2$，由

$$\begin{cases} y = kx - 2 \\ y^2 = 4x \end{cases}$$

得 $$k^2x^2 - 4(k+1)x + 4 = 0 \qquad (k \neq 0)$$

由 $$\Delta = [-4(k+1)]^2 - 16k^2 > 0$$

得 $$k \in (-\frac{1}{2},0) \cup (0,+\infty)$$

所以 $$\begin{cases} x_0 = \dfrac{x_1 + x_2}{2} = \dfrac{2(k+1)}{k^2} \\ y_0 = kx_0 - 2 = \dfrac{2}{k} \end{cases}$$

上式消去参数 k，得

$$y_0^2 - 2x_0 + 2y_0 = 0$$

又知 $$x_0 = \frac{x}{2} \qquad \mathrm{y}_0 = \frac{y}{2}$$

所以 $$y^2 - 4x + 4y = 0$$

即 $$(y+2)^2 = 4(x+1)$$

其中 $$y_0 = \frac{2}{k} \in (-\infty,-4) \cup (0,+\infty)$$

所以 $$y \in (-\infty,-8) \cup (0,+\infty)$$

所以点 M 的轨迹是抛物线 $(y+2)^2 = 4(x+1)$ 在 X 轴上方部分和直线 $y=-8$ 的下方两段弧。不包括点(0,0)与点(8, –8)。

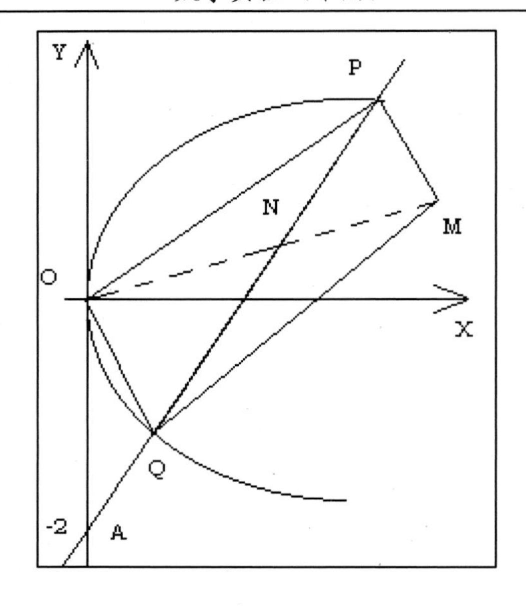

附图 8

【例 5】 如附图 9 所示，给出定点 $A(a,0)(a>0)$和直线 L：$x=-1$，点 B 是直线 L 上的动点，$\angle BOA$的角平分线交 AB 于点 C，求点 C 的轨迹方程，并讨论方程表示的曲线类型与 a 的关系。

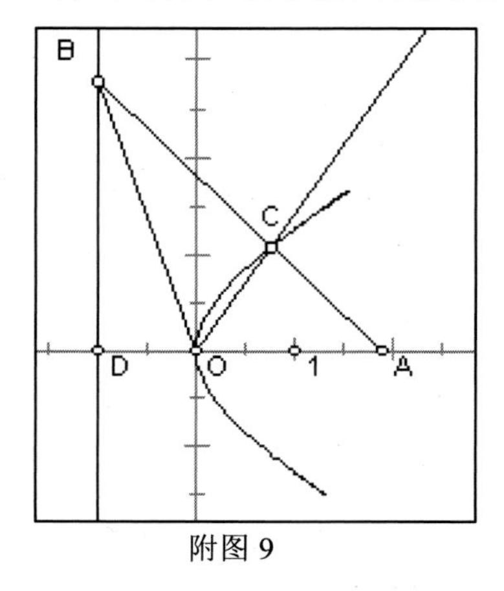

附图 9

【制作步骤】

（1）打开新绘图，建立直角坐标系。用文本工具将坐标原点改为 O，将单位点改为 1。在 X 正半轴上任作一点 A。

（2）用《图表/绘制点…》命令建立点 D(–1,0)：过点 D 作 X 轴垂线 m，在直线 m 上任取一点 B。

（3）连结线段 OB、BA 和 AB；过点 O 作 ∠BOA 的平分线，交线段 AB 于点 C。

（4）同时选中点 B、C，执行《作图/轨迹》命令（附图 9）。

（5）拖动点 A，观察轨迹的变化。

【解】 设 $B(-1,b)$ $C(x,y)$（附图 10）。

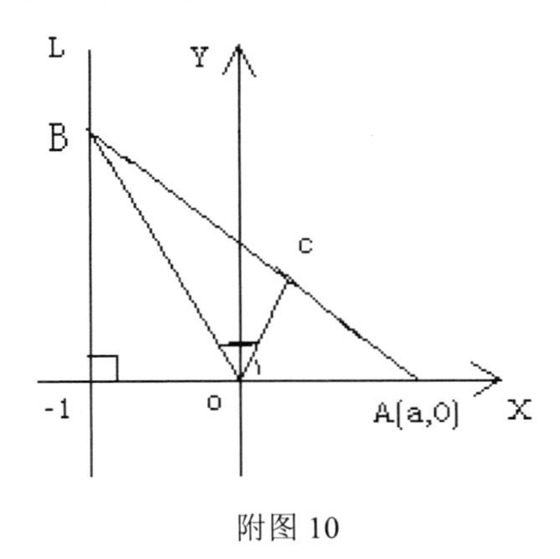

附图 10

直线 OB 方程为

$$y=-bx$$

直线 AB 方程为

$$\frac{y}{b}=\frac{x-a}{-1-a}$$

由点 C 到线段 OA、OB 距离相等知

$$\frac{|bx+y|}{\sqrt{1+b^2}}=|y| \quad ①$$

由于点 C 在直线 AB 上，所以

$$\frac{y}{b}=\frac{x-a}{-1-a} \quad ②$$

由式①、②消去参数 b，得

$$y^2[(1-a)x^2-2ax+(1+a)y^2]=0$$

若 $y\neq 0$，则

$$(1-a)x^2-2ax+(1+a)y^2=0 \qquad (0<x<a)$$

若 $y=0$，则 $b=0$，$\angle AOB=\pi$，点 C 的坐标(0,0)仍满足上式。点 C 的轨迹方程为

$$(1-a)x^2-2ax+(1+a)y^2=0 \qquad (0\le x<a)$$

① 当 $a=1$ 时，方程为

$$y^2=x \qquad (0\le x<1)$$

此时表示一段抛物线弧。

② 当 $a\neq 1$ 时，方程为

$$\frac{(x-\frac{a}{1-a})^2}{(\frac{a}{1-a})^2}+\frac{y^2}{\frac{a^2}{1-a^2}}=1 \qquad (0\le x<a)$$

当 $0<a<1$ 时，表示一段椭圆弧；

当 $a>1$ 时，表示一段双曲线弧。

【例 6】 一动直线 L 截两条垂直相交于点 O 的定直线，得到△AOB 的面积保持定值 S。求点 O 到直线 $AB(L)$所引垂线 OP 的垂足 P 的轨迹方程。

【制作步骤】

（1）打开新绘图，建立直角坐标系。X、Y 轴即为两条互相

垂直的定直线。

（2）在 X 轴上任取一点 A，度量线段 OA 的长。

（3）任作一条线段 CD，度量线段 CD 的长。记$|CD|^2 = 2\text{ s}$，计算$\frac{|CD|^2}{|OA|}$。

（4）制作点 B。选中计算结果$\frac{|CD|^2}{|AO|}$，执行《变换/标记距离》命令。将坐标原点 O 按标记的距离上平移，用文本工具将得到的点标记为 B。

（5）连结线段 AB，同时选中点 O 及线段 AB，执行《作图/垂线》命令，记其与 AB 的交点为 P。

（6）同时选中点 P、A，执行《作图/轨迹》命令。

（7）标记 X 轴为反射轴，反射点 B 得到点 B'。

（8）连结线段 AB'，同时选中点 O 及线段 AB'，执行《作图/垂线》命令，记其与 AB'的交点为 P'。

（9）同时选中点 P'、A，执行《作图/轨迹》命令，得到的图形如附图 11 所示。

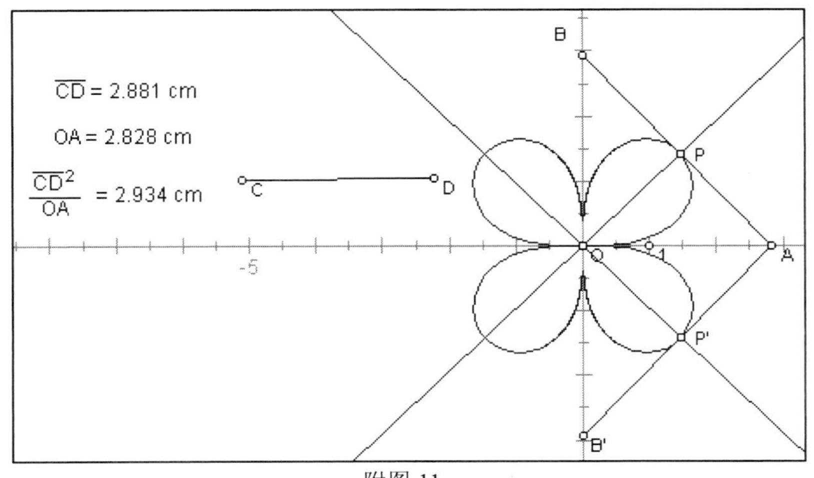

附图 11

【解】 设 $A(a,0)$ 、$B(0,\pm\frac{2s}{|a|})$、$P(x,y)$(附图 12)，由题意知

$$\begin{cases} \frac{y}{x}\cdot\frac{\pm\frac{2s}{|a|}}{-a}=-1 \\ \frac{y}{x-a}=\frac{\pm\frac{2s}{|a|}}{-a} \end{cases} \qquad (*)$$

由式（*）消去参数 a,得

$$(x^2+y^2)^4=4x^2y^2s^2$$

上式即为点 P 的轨迹方程。

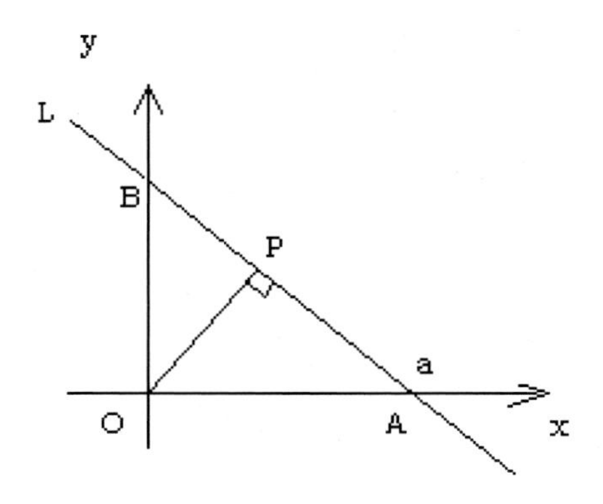

附图 12

【例 7】 有一条线段 QR 的开始位置在 Q_0R_0，其中 $Q_0(a,0), R_0(a+b,0)$，设点 Q 在椭圆 $\frac{x^2}{a^2}+\frac{y^2}{b^2}=1(a>b>0)$ 位于第一象限的弧上运动，点 R 同时沿 X 轴运动。已知 $|QR|=b$，求线段 QR 的中点 P 的轨迹方程。

【制作步骤】

（1）打开新绘图，建立坐标轴，把原点的标签改为 O，单位点的标签为数字 1。

（2）用画圆工具画大圆，半径为 a，再画小圆，半径为 b。作出大圆与 X 轴的正半轴的交点 C，与 Y 轴正半轴的交点 E，小圆与 Y 轴正半轴的交点 D。

（3）同时选择点 C、E 及大圆 O，执行《作图/圆上的弧》命令，作出 1/4 圆弧。

（4）选择圆弧，作出其上点 F，连线段 OF 交小圆于点 G。

（5）过 F 点作 X 轴垂线，过点 G 作 Y 轴的垂线，交于点 Q。同时选中点 F、Q，执行《作图/轨迹》命令，作出 1/4 椭圆弧。

（6）以点 Q 为圆心，以小圆半径 b 长为半径作圆，与 X 轴的右交点记为 R。

（7）连线段 QR，作出 QR 的中点 P，同时选中点 F、P，执行《作图/轨迹》命令，就作出如附图 13 所示的图形。

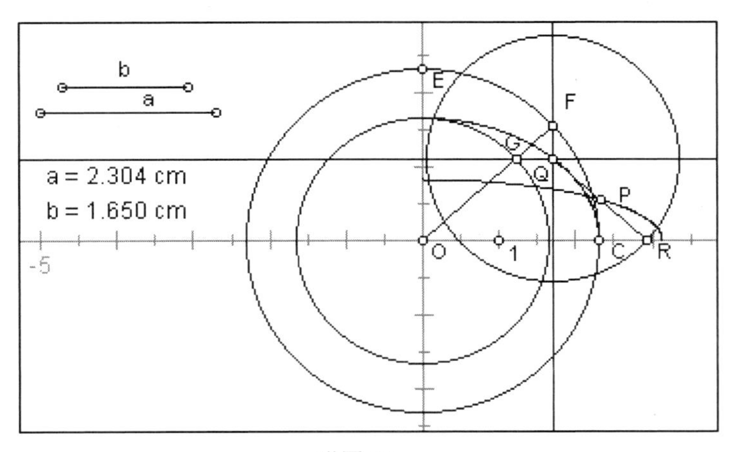

附图 13

【解】 设 $P(x,y)$,$R(x_R,0)$,$Q(a\cos\theta,b\sin\theta)$,其中 $\theta\in[0，\frac{\pi}{2}]$（附图 14）。

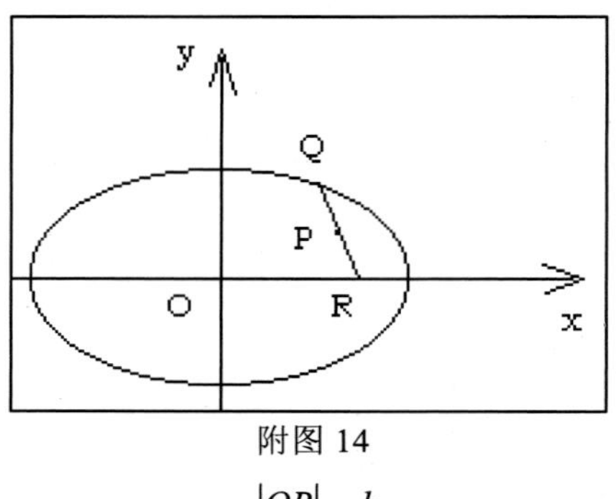

附图 14

由题知 $$|QR|=b$$

所以 $$(x_r-a\cos\theta)^2+b^2\sin^2\theta=b^2$$

又由题意可知

$$x_R\geq a\cos\theta \qquad x_R=(a+b)\cos\theta$$

所以点 R 的坐标为$((a+b)\cos\theta,0)$。

又知点 P 为 QR 的中点，则

$$\begin{cases} x=(a+\frac{b}{2})\cos\theta \\ y=\frac{b}{2}\sin\theta \end{cases} \qquad (\theta\in[0,\frac{\pi}{2}])$$

这是点 P 的参数方程，消去 θ，得普通方程

$$\frac{x^2}{(a+\frac{b}{2})^2}+\frac{y^2}{(\frac{b}{2})^2}=1 \qquad (x\geq 0,y\geq 0)$$

点 P 的轨迹是 1/4 椭圆弧。

【例 8】 斜率为 k 的一组平行线 AB 与已知椭圆交于点 A、

B，点 P 在直线 AB 上，满足$|PA|\,|PB|=L$，求点 P 的轨迹。

【制作步骤】

（1）打开新绘图，建立直角坐标系，改坐标原点为 O。作出长轴为 a、短轴为 b 的椭圆。

（2）在椭圆上作一点 I，连结线段 OI，在 X 轴上取一点 R，过点 R 作 OI 的平行线 r。拖动点 I，即可改变直线 r 的斜率。

（3）直线 r 与 Y 轴交于点 S，度量直线 r 的斜率 k、a、b 的长及点 S 的坐标，并计算取出点 S 的纵坐标 y_s。

（4）由 $\frac{x^2}{a^2}+\frac{y^2}{b^2}=1$ 及 $y=kx+y_s$ 得

$$(a^2k^2+b^2)x^2+2a^2ky_sx+a^2(y_s^2-b^2)=0$$

现在计算该方程的根 x1、x2，并由此计算出 y1、y2。

用度量菜单的计算命令计算公式 $a^2k^2+b^2$ 的值，将所得的计算结果改为 a1。用度量菜单的计算命令计算公式 $2a^2ky_s$ 的值，将所得的计算结果改为 b1；用度量菜单的计算命令计算公式 $a^2(y_s^2-b^2)$ 的值，将所得的计算结果改为 c1；用度量菜单的计算命令计算公式 $\frac{-b1+\sqrt{b1^2-4a1c1}}{2a1}$ 的值，将所得的计算结果改为 x1；用度量菜单的计算命令计算公式 $kx1+y_s$ 的值，将所得的计算结果改为 y1；用度量菜单的计算命令计算公式 $\frac{-b1-\sqrt{b1^2-4a1c1}}{2a1}$ 的值，将所得的计算结果改为 x2；用度量菜单的计算命令计算公式 $kx2+y_s$ 的值，将所得的计算结果改为 y2。

（5）同时选中计算值 x1、y1，执行《图表/P 绘出（x,y）》命令。用文本工具将该点标注为 B。

（6）同时选中计算值 x2、y2，执行《图表/P 绘出（x,y）》命令。用文本工具将该点标注为 A。

（7）任作一线段，度量其长为 L。

（8）由 $\begin{cases}\sqrt{(x-x1)^2+(y-y1)^2}\cdot\sqrt{(x-x2)^2+(y-y2)^2}=L\\ \dfrac{x-x1}{y-y1}=\dfrac{x-x2}{y-y2}=\dfrac{1}{k}\end{cases}$

知 $$\left|x^2-(x1+x2)\cdot x+x1\cdot x2\right|=\frac{L}{1+k^2}$$

计算出 x，并由 $y=kx+y_s$ 计算出 y。

用度量菜单的计算命令计算公式 L /（$1+k^2$）的值，将所得的计算结果改为 e；用度量菜单的计算命令计算公式 0 –（x1+x2）的值，将所得的计算结果改为 b2；用度量菜单的计算命令计算公式 x1*x2–e 的值，将所得的计算结果改为 c2；用度量菜单的计算命令计算公式 x1*x2+e 的值，将所得的计算结果改为 c3。

（9）制作点和轨迹。用度量菜单的计算命令计算公式 $\dfrac{-b2+\sqrt{b2^2-4c2}}{2}$ 的值，将所得的计算结果改为 x3；用度量菜单的计算命令计算公式 $kx3+y_s$ 的值，将所得的计算结果改为 y3；同时选中计算值 x3、y3，执行《图表/P 绘出（x,y)》命令，用文本工具将该点标注为 P3；同时选中点 R 和点 P3，执行《作图/轨迹》命令，绘出轨迹。用度量菜单的计算命令计算公式 $\dfrac{-b2-\sqrt{b2^2-4c2}}{2}$ 的值，将所得的计算结果改为 x4；用度量菜单的计算命令计算公式 $kx4+y_s$ 的值，将所得的计算结果改为 y4；同时选中计算值 x4、y4，执行《图表/P 绘出（x,y)》命令用文本工具将该点标注为 P4；同时选中点 R 和点 P4，执行《作图/轨迹》命令，绘出轨迹。用度量菜单的计算命令计算公式 $\dfrac{-b2+\sqrt{b2^2-4c3}}{2}$ 的值，将所得的计算结果改为 x5；用度量菜单的计算命令计算公式 $kx5+y_s$ 的值，将所得的计算结果改为 y5；同时选中计算值 x5、 y5，执行《图表/P 绘出（x,y）》命令，用文本工具将该点标注为P5；同时选中点 R 和点 P5，执行《作图/轨迹》命令，绘出轨迹。用度量菜单的计算命令计算公式 $\frac{-b2-\sqrt{b2^2-4c3}}{2}$ 的值，将所得的计算结果改为 x6；用度量菜单的计算命令计算公式 kx6+y_s 的值，将所得的计算结果改为 y6；同时选中计算值 x6、y6，执行《图表/P 绘出（x,y）》命令。用文本工具将该点标注为 P6；同时选中点 R 和点 P6，执行《作图/轨迹》命令，绘出轨迹（附图 15）。

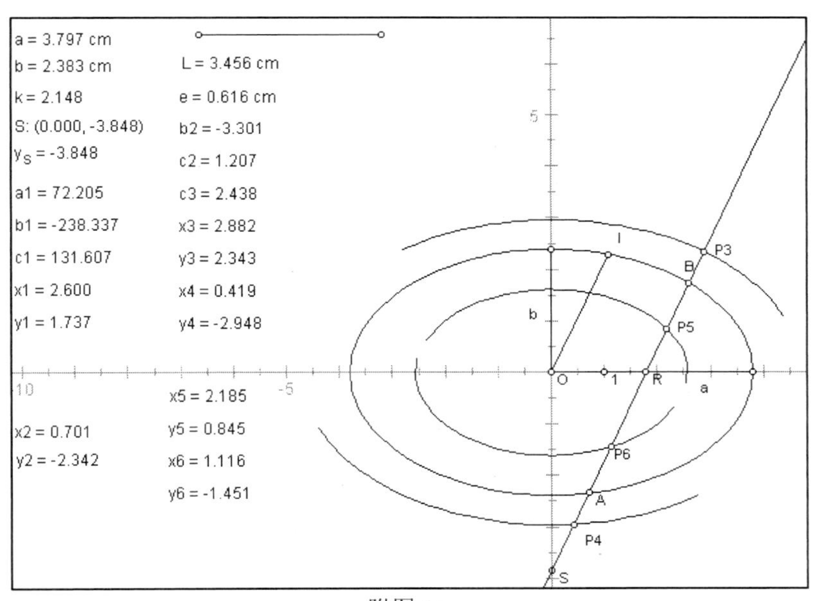

附图 15

（10）拖动决定 L 的线段端点，会观测到有两条轨迹的时候。

【解】　设 $A(x_1, y_1)$，$B(x_2, y_2)$，$P(x_P, y_P)$，AB 的斜率为 k（附图 16），由于$|PA|\ |PB|=L$ 及点 P 在直线 AB 上，有

$$\sqrt{(x_P-x_1)^2+(y_P-y_1)^2}\cdot\sqrt{(x_P-x_2)^2+(y_P-y_2)^2}=L \qquad ①$$

$$\frac{y_P - y_1}{x_P - x_1} = \frac{y_P - y_2}{x_P - x_2} = k \qquad ②$$

由式①、②得

$$\left|x_P^2 - (x_1 + x_2) \cdot x_P + x_1 \cdot x_2\right| = \frac{L}{1+k^2} \qquad ③$$

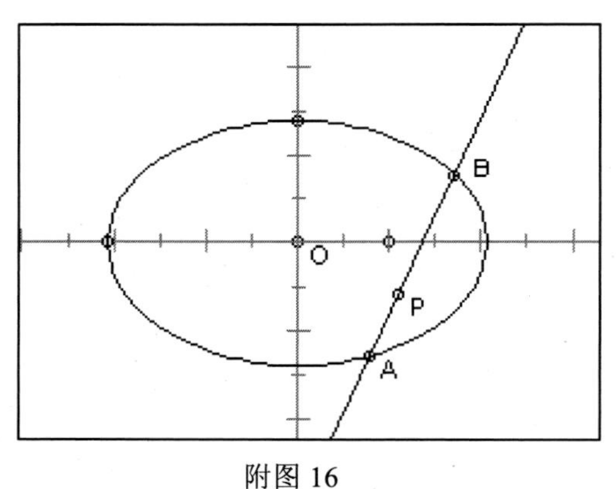

附图 16

又 A、B 在椭圆 $\frac{x^2}{a^2} + \frac{y^2}{b^2} = 1$ 上，将直线 AB 方程 $y = k \cdot x + y_P - kx_P$ 代入椭圆方程，有

$$(\frac{1}{a^2} + \frac{k^2}{b^2})x^2 + \frac{2ky_P - 2k^2 x_P}{b^2} x + \frac{y_P^2 - 2kx_P y_P + k^2 x_P^2}{b^2} - 1 = 0$$

所以有

$$x_1 + x_2 = -\frac{2ky_P - 2k^2 x_P}{b^2} \cdot \frac{1}{\frac{1}{a^2} + \frac{k^2}{b^2}}$$

$$x_1 \cdot x_2 = (\frac{y_P^2 - 2kx_P y_P + k^2 x_P^2}{b^2} - 1) \cdot \frac{1}{\frac{1}{a^2} + \frac{k^2}{b^2}}$$

将上面结果代入式③，化简得

$$\frac{x^2}{a^2}+\frac{y^2}{b^2}=1+\frac{L(b^2+k^2a^2)}{(1+k^2)a^2b^2} \quad ④$$

或
$$\frac{x^2}{a^2}+\frac{y^2}{b^2}=1-\frac{L(b^2+k^2a^2)}{(1+k^2)a^2b^2} \quad ⑤$$

而由
$$(\frac{|PA|+|PB|}{2})^2 \geq |PA|\cdot|PB|=1$$

即
$$(\frac{\sqrt{(1+k^2)[(x_1+x_2)^2-4x_1x_2]}}{2})^2 \geq L$$

经整理得

$$(y-kx)^2 \leq (b^2+a^2k^2)\cdot[1-\frac{L(b^2+a^2k^2)}{a^2b^2(1+k^2)}] \quad (*)$$

综上所述，当 $L(b^2+k^2a^2)>(1+k^2)a^2b^2$ 时，点 P 轨迹为符合式（*）条件的椭圆④的一部分；当 $L(b^2+k^2a^2)\leq(1+k^2)a^2b^2$ 时，点 P 轨迹为符合式（*）条件的椭圆④、⑤的一部分。

【例 9】 圆 C、F 半径分别是 r 和 R，$MF\perp EF$、$OC\perp OE$、$AC/\!/EO$、$\angle PFE=\angle MCA$，如附图 17 所示。当点 M 在圆 C 上运动时，以 O 为原点，直线 OE 为轴（左为正向），直线 CO 为 y 轴（下为正向），$\angle MCA$ 为参数。求点 P 轨迹的参数方程。

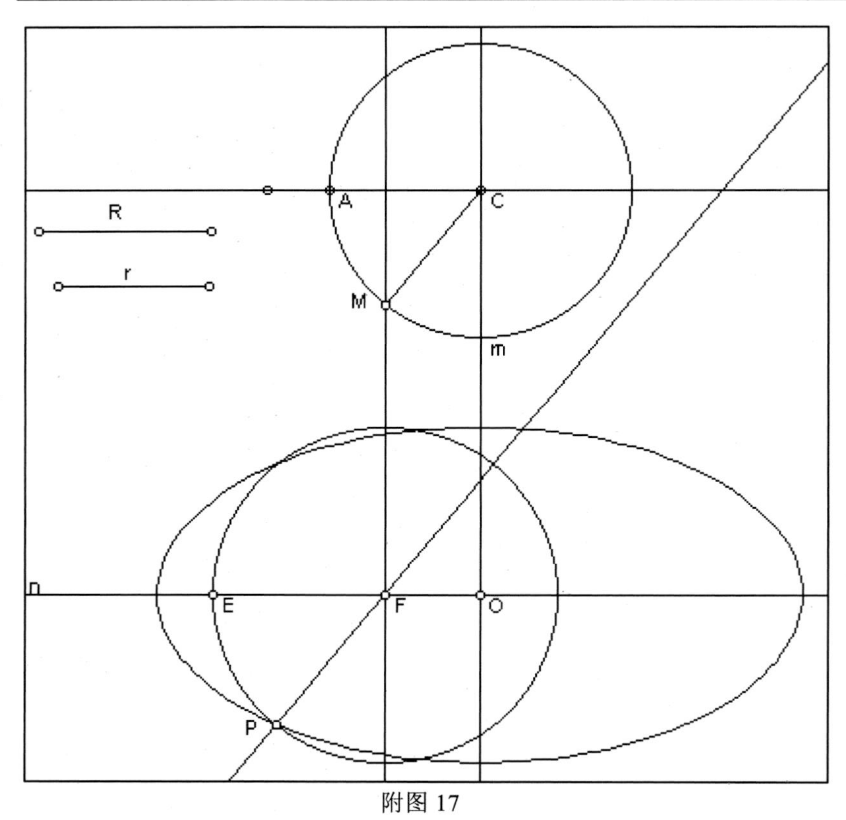

附图 17

【制作步骤】

（1）打开新绘图，作出两条线段 R 和 r，取一点 C 作出圆 C（以 r 为半径）。

（2）以 C 为交点，作两条互相垂直的交线 AC、m 与圆 C 的一个交点为 A。

（3）在直线 m 上取一点 O，过点 O 作直线 n∥AC。

（4）在 OC 上取一点 M，过点 M 作 MF∥m 交 n 于点 F。

（5）以点 F 为圆心、点 R 为半径作圆，交 n 于点 E。

（6）连线段 CM，过点 F 作线段 CM 的平行线，交圆 F 于点

P。同时选中点 P、M，执行《作图/轨迹》命令，就得到如附图17 所示的轨迹。

【解】 令$\angle MCA=\theta$（附图 18），则点M的横坐标为$r\cos\theta$，点F的横坐标也为$r\cos\theta$，所以点F的坐标为（$r\cos\theta$，0）；圆F的方程为

$$(x-r\cos\theta)^2+y^2=R^2$$

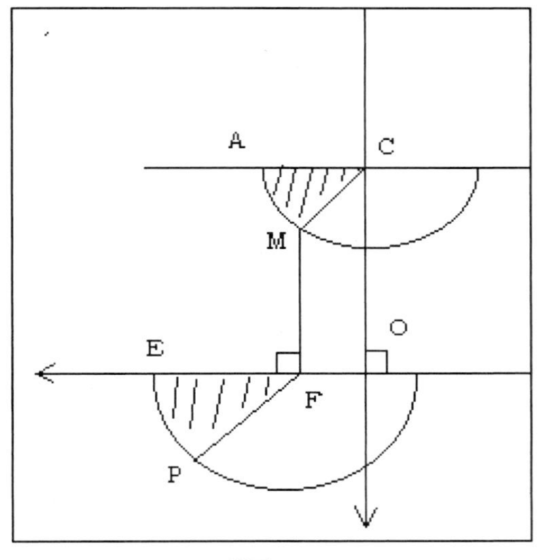

附图 18

由于点P在圆F上，且$\angle EFP=\angle ACM=\theta$，所以有

$$\begin{cases}x-r\cos\theta=R\cos\theta\\y=R\sin\theta\end{cases}$$

所求点P的参数方程为

$$\begin{cases}x=(R+r)\cos\theta\\y=R\sin\theta\end{cases}$$

通过上述例子可以看到：用几何画板可以较容易、较准确地进行画图，并能作出所求的轨迹图形，无论其轨迹是一个完整的几何图形，还是一些几何图形的一部分；通过设置某些点、线段等，可实现变量和图形的变化，灵活控制图形；通过设置追踪点及图形的动画，可以动态地显示图形的形成过程；通过显示或隐藏，可以隐藏不必要的对象，还可以适时地把它们再现出来；通过对颜色、线条的调整，可以画出更清晰、美观的图形。这些都是普通手工作图所不易或不能做到的，它也充分显示了几何画板的优越性。不仅如此，几何画板亦可插入文字对象，这就弥补了它只有强大的作图功能，而缺少文字处理的不足，使其可以图文并茂。

当然，任何事物都有正反两面，几何画板也有不足。比如，它无法直接作出直线与椭圆、抛物线等图形的交点；所显示的轨迹图形不十分精确等等。但毕竟瑕不掩玉，它仍不失为研究几何问题的一个强有力的工具。

利用《几何画板》研究点的轨迹

哈尔滨师范大学数学系 98 二班 杨立丽　　指导教师：栾丛海

在平面解析几何中，求点的轨迹是经常遇到的问题。这一类问题的解法多样，但缺少形象性。《几何画板》是一种计算机辅助教学软件，利用它可以弥补书面表达的这一缺陷。本文给出 10 个范例，阐述了制作过程及《几何画板》的优点。

一、例题

【例 10】 设点 Q 为抛物线 $y^2=4x$ 上的动点，点 A 的坐标为 $A(6,0)$，$\triangle AQM$ 是以点 A 为直角顶点等腰直角三角形，且点 A、Q、M 按顺时针排列，求点 M 的轨迹方程。

【解】　设 $Q(x_0, y_0)$，$M(x, y)$(附图 19)，则 $y_0^2=4x_0$，因而点 Q、M、A 对应的复数分别为

$$Z_Q=x_0+y_0\mathrm{i}，Z_M=x+y\mathrm{i}，Z_A=6$$

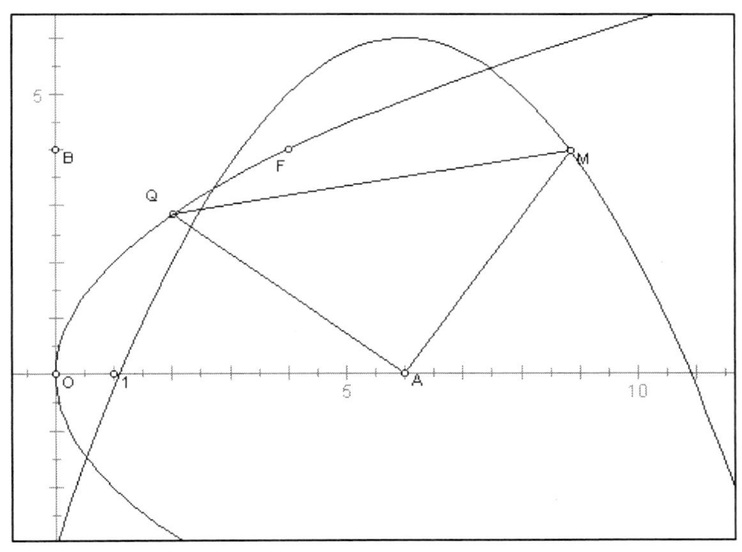

附图 19

因为$|AQ|=|AM|$，且$\angle QAM=90°$ 所以

$$\overline{AQ}=\overline{AM}(\cos 90°+\sin 90°)$$

即

$$(Z_Q-Z_A)=(Z_M-Z_A)\mathrm{i}$$

$$x_0+y_0\mathrm{i}-6=(x-6-y\mathrm{i})\mathrm{i}$$

$$x_0+y_0\mathrm{i}=6-y+(x-6)\mathrm{i}$$

所以将$\begin{cases}x_0=6-y\\y_0=x-6\end{cases}$代入 $y_0^2=4x_0$，得点 M 的轨迹方程

$$(x-6)^2=-4(y-6)$$

【制作步骤】

S_1：打开一个新画板，执行《图表 / 建立坐标轴》命令。

S_2：在纵轴上任画一点 B，并度量点 B 的坐标，用《度量 / 计算》命令计算取出点 B 的纵坐标 Y_B，并计算 Y_B^2 / 4。

S_3：选中 Y_B^2 / 4 和 Y_B，执行《图表 / 画点》命令，在坐标平面内产生点 F，选中点 F、B 和纵轴，执行《作图 / 轨迹》命令；选中轨迹，执行《作图/对象上的点》命令，用文本工具将作出的点标注为 Q。

S_4：执行《图表 / 画点》命令，作出点 A，作线段 AQ，以点 A 为中心，将线段 AQ 旋转－90°，得到线段 AM，作线段 MQ。

S_5：选中点 Q 和点 M，执行《作图 / 轨迹》命令。追踪点 M，选中点 Q 和抛物线，执行《编辑 / 操作类按钮 / 动画》命令（附图 19）。

【例 11】　圆 $x^2+y^2=16$ 上有一个定点 A（4,0）和两动点 B、C，$\angle BAC=60°$，求△ABC 的重心 M 的轨迹方程。

【解】　不妨设 A、B、C 按逆时针排列，设$\angle AOB=\theta$，因为$\angle BAC=60°$，所以 $\angle BOC=120°$，故点 B 的坐标为（$4\cos\theta$, $4\sin\theta$），点 A 的坐标为（4,0），点 C 的坐标为（$4\cos(\theta+120°)$, $4\sin(\theta+120°)$），其中 $0°<\theta<240°$；设△ABC 的重心为 $M(x,y)$，则

$$\begin{cases} x=\dfrac{4}{3}[\cos\theta+\cos(\theta+120°)+1]=\dfrac{4}{3}[1+\cos(\theta+60°)] \\ y=\dfrac{4}{3}[\sin\theta+\sin(\theta+120°)]=\dfrac{4}{3}\sin(\theta+60°) \end{cases}$$

消去θ，得

$$(x-\frac{4}{3})^2+y^2=\frac{16}{9}$$

由于　$0°<\theta<240°$

故　$0\leqslant x<2$

因此点 M 的轨迹方程为

$$(x-\frac{4}{3})^2+y^2=\frac{16}{9} \qquad (0\leqslant x<2=)$$

【制作步骤】

S_1：打开一个新画板，执行《图表 / 建立坐标轴》命令。

S_2：执行《图表 / 画点》命令，得到点 A，选中原点和点 A，执行《作图 / 作圆》命令。

S_3：选中圆，执行《作图 / 对象上的点》命令，得到点 B，作线段 AB，执行《作图/中点》命令，作出线段 AB 的中点 G。作射线 AB，以点 A 为中心，将射线 AB 旋转 60°，交圆于点 C，作线段 BC、AC。

S_4：作△ABC 重心 M 的轨迹。作线段 BC 的中点 J，连结线段 AJ 和线段 CG，两线段相交于点 M。选中点 B 和点 M，执行《作图/轨迹》命令，如附图 20 所示。

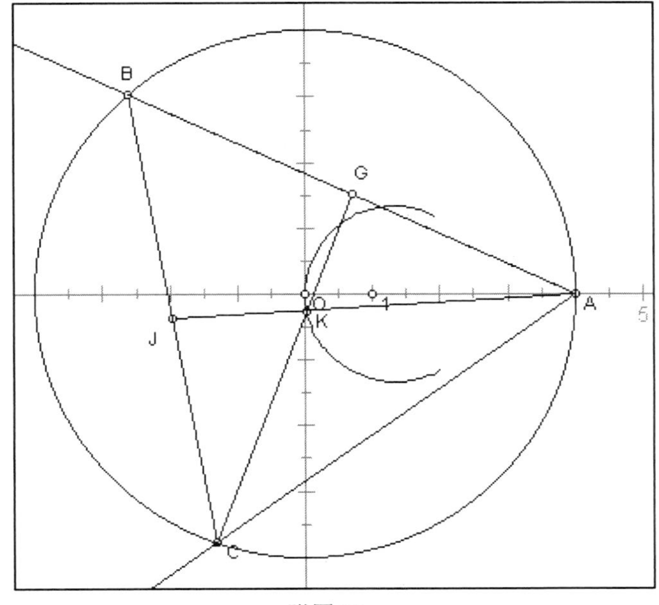

附图 20

【例 12】 已知抛物线 C：$y=x^2-x+3$，过原点作直线 L 交抛物线 C 于点 A、B，求 AB 的中点 M 的轨迹方程。

【解】 设 A（x_1, y_1），B（x_2, y_2），AB 的中点为 M（x, y），则

$$x_1+x_2=2x，\ y_1+y_2=2y$$

由
$$\begin{cases} y_1 = x_1^{\ 2} - x_1 + 3 \\ y_2 = x_2^{\ 2} - x_2 + 3 \end{cases}$$

两式相减，可得

$$(y_2-y_1)=(x_2-x_1)[(x_1+x_2)-1]$$

故

$$\frac{y_2-y_1}{x_2-x_1}=2x-1$$

即 $K_{AB}=2x-1$，由于 A、B、O、M 四点共线，所以

$$K_{AB}=K_{OM}=\frac{y}{x}$$

故
$$\frac{y}{x}=2x-1$$

所以点 M 的轨迹方程为

$$y=2x^2-x$$

注意到点 M 在 $y=x^2-x+3$ 的开口内，可知

$$2x^2-x>x^2-x+3$$

得　　$x<-\sqrt{3}$　　或　　$x>\sqrt{3}$

故其轨迹方程为

$$y=2x^2-x \quad (x<-\sqrt{3} \quad 或 \quad x>\sqrt{3})$$

【制作步骤】

S_1：打开一个新画板，执行《图表／建立坐标轴》命令。

S_2：在横轴上作点 C，度量点 C 的坐标，用《度量／计算》命令计算取出点 C 的横坐标 X_C，并计算 $X^2_C-X_C+3$。

S_3：选中 X_C 与 $X^2_C-X_C+3$，执行《图表／画点》命令，在坐标平面内产生点 D。

S_4：选中点 D、C 和横轴，执行《作图／轨迹》命令，选中轨迹，执行《作图／对象上的点》命令，得到点 A，度量点 A 的坐标。

S_5：过点 A 和点 O 作直线 L。

S_6：用《度量／计算》命令计算取出点 A 的横纵坐标 X_A、Y_A，并计算 Y_A/X_A，$1+Y_A/X_A-X_A$，记为 X_B，计算 $X^2_B-X_B+3$。

S_7：选中 X_B 和 $X^2_B-X_B+3$，执行《图表／画点》命令，作点 B，作线段 AB 及线段 AB 的中点 M。

S_8：作点 M 的轨迹。选中点 A 和点 M，执行《作图/轨迹》命令，得到附图 21 所示的图形。

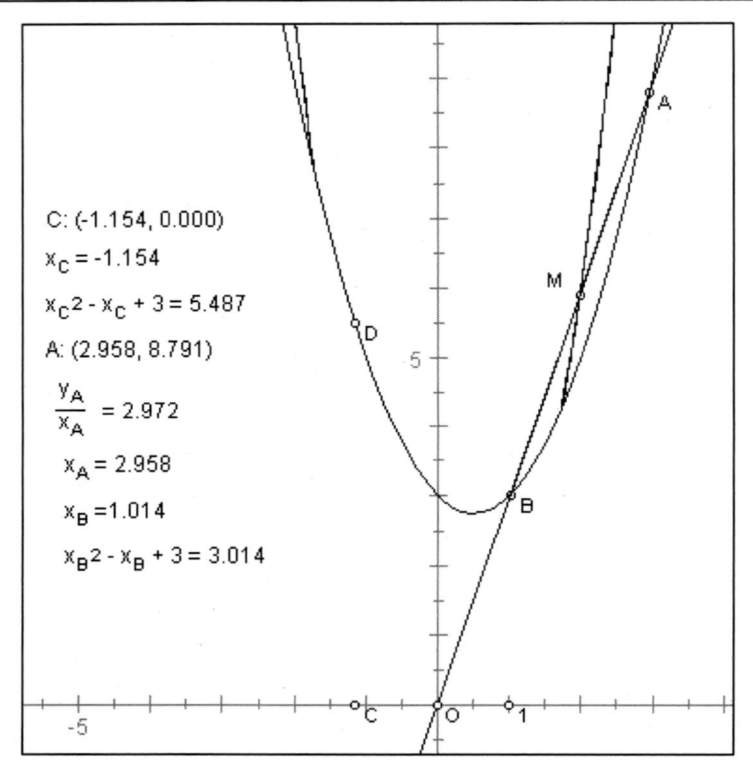

附图 21

【例 13】 线段 AB 长为 $a+b(a>0,b>0)$，其两端点 A、B 分别在横轴、纵轴上，点 P 为 AB 上一定点，且$|PB| = a$，求当点 A、B 分别在两轴上滑动时，点 P 的轨迹方程。

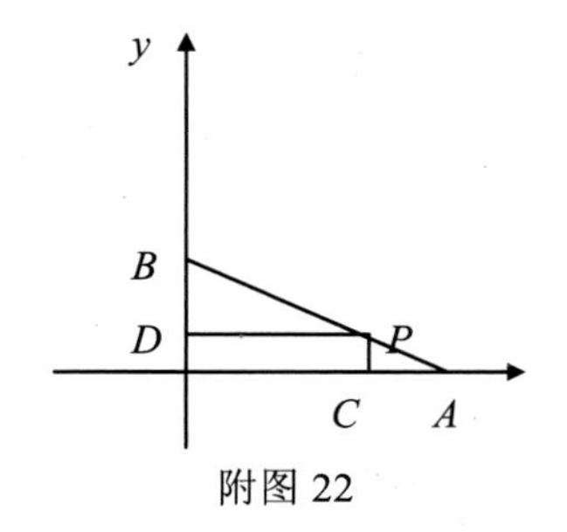

附图 22

【解】 设点 P 的坐标为(x, y)（附图 22），过点 P 分别引 x、y 轴的垂线 PC、PD，垂足为点C、D。

由 Rt△APC ∽Rt△PBD 得

$$\frac{|PD|}{|AC|}=\frac{|PB|}{|PA|}$$

即
$$\frac{|x|}{\sqrt{b^2-y^2}}=\frac{a}{b}$$

化简得
$$\frac{x^2}{a^2}+\frac{y^2}{b^2}=1\quad (x, y\neq 0)$$

可验证，当点 A 或点 B 与原点重合时，点 P 亦满足方程，所以轨迹方程为

$$\frac{x^2}{a^2}+\frac{y^2}{b^2}=1$$

【制作步骤】

S_1：打开一个新画板，执行《图表 / 建立坐标轴》命令。

S_2：选中横轴，执行《作图 / 对象上的点》命令，得到点 A。

S_3：作线段 EF 和 GH，且|EF|>|GH|。

S_4：以点 A 为圆心、线段 EF 为半径作圆，与纵轴交于点 B 和点 B'，作线段 AB 和 AB'。

S_5：以点 B 和点 B'为圆心，线段 GH 为半径作圆，与线段 AB 和 AB'交于点 P 和点 P'，追踪点 P 和点 P'。

S_6：选中点 A 和横轴，执行《编辑 / 操作类按钮 / 动画》命令（附图 23）。

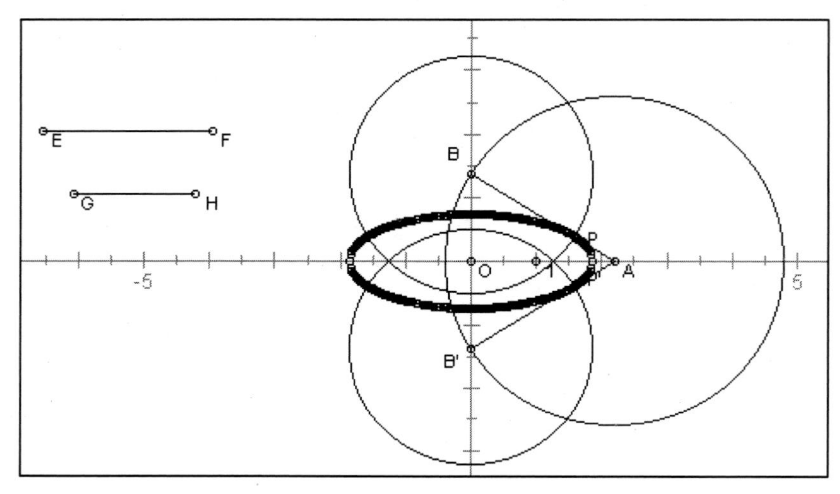

附图 23

【例 14】 长度为 1 的线段 AB 在 x 轴上移动，点 P（0，1）和点 A 连成直线，点 Q（1，2）和点 B 连成直线，求 PA 和 QB 交点 M 的轨迹方程。

【解】 取有向线段$\overline{OA}$的数量 t 为参数（其中点 O 为坐标原点），必有 $t\neq 0$(当 t=0 时，PA 与 QB 不相交)，且设 M（x，y），于是点 A、B 的坐标分别为 A（t，0），B（1＋t，0），由直线方程的两点式得：

直线 PA 的方程为
$$y-1=-\frac{x}{t} \quad ①$$

直线 QB 的方程为
$$y-2=-\frac{2}{t}(x-1) \quad ②$$

式①、②消去参数 t，得 PA 与 QA 交点 M 的轨迹方程

$$\frac{y-1}{y-2}=\frac{x}{2(x-1)}$$

【制作步骤】

S_1：打开一个新画板，执行《图表／建立坐标轴》命令。

S_2：过原点 O 和单位点 C 作线段 OC。

S_3：选中横轴，执行《作图／对象上的点》命令，得到点 B，以点 B 为圆心、线段 OC 长为半径作圆，与横轴的左交点为 A，选中点 A 和点 B，作线段 AB。

S_4：执行《图表／画点》命令，作点 Q 和点 P，作直线 PA 和直线 QB，其交点为 M，追踪点 M。

S_5：选中点 B 和横轴，执行《编辑／操作类按钮／动画》命令（附图 24）。

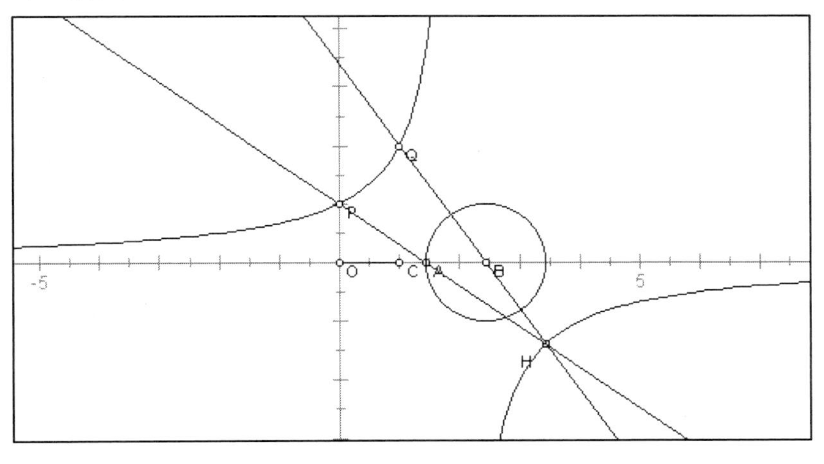

附图 24

【例 15】 斜率为 1 的直线 L 交抛物线 $y=x^2-3x+5$ 于 A、B 两点，求 AB 中点的轨迹方程。

【解】 设 AB 中点坐标为 $M(x, y)$，直线 L 的方程为 $y=x+b$ (b 为参数)，代入抛物线方程，得

$$x^2-4x+5-b=0 \qquad ①$$

故
$$x=\frac{x_1+x_2}{2}=2$$

x_1、x_2为方程①的根，也是 A、B 两点的横坐标。

又因为 L 与抛物线交于两点，所以 $\Delta>0$，即 $b>1$。代入直线方程，得 $y>3$，故点 M 的轨迹方程为 $x=2(y>3)$。

【制作步骤】

S_1：打开一个新画板，执行《图表 / 建立坐标轴》命令。

S_2：选中横轴，执行《作图 / 对象上的点》命令，得到点 D，选中点 D，执行《度量 / 坐标》命令，选中度量值，执行《度量 / 计算》命令，得到点 D 的横坐标 X_D。

S_3：选中 X_D 的度量值，执行《度量 / 计算》命令，得到 $X_D^2-3X_D+5$ 的值，选中 X_D 和 $X_D^2-3X_D+5$，执行《图表 / 画点》命令，得到点 E，选中点 E、D 和横轴，执行《作图 / 轨迹》命令，选中轨迹，执行《作图/对象上的点》命令，用文本工具将得到的点标注为 A，度量点 A 的坐标。

S_4：画点（1，1），过点（1，1）和原点作直线 m，选中点 A 和直线 m，执行《作图 / 平行线》命令，得到直线 L。

S_5：执行《度量 / 计算》命令，算出 $4-X_A$，改为 X_B，算出 $X_B^2-3X_B+5$，选中 X_B 和 $X_B^2-3X_B+5$，执行《图表 / 画点》命令，得到点 B。

S_6：作线段 AB 和它的中点 M，追踪点 M。

S_7：选中点 A 和抛物线轨迹，执行《编辑 / 操作类按钮 / 动画》命令，如附图 25 所示。

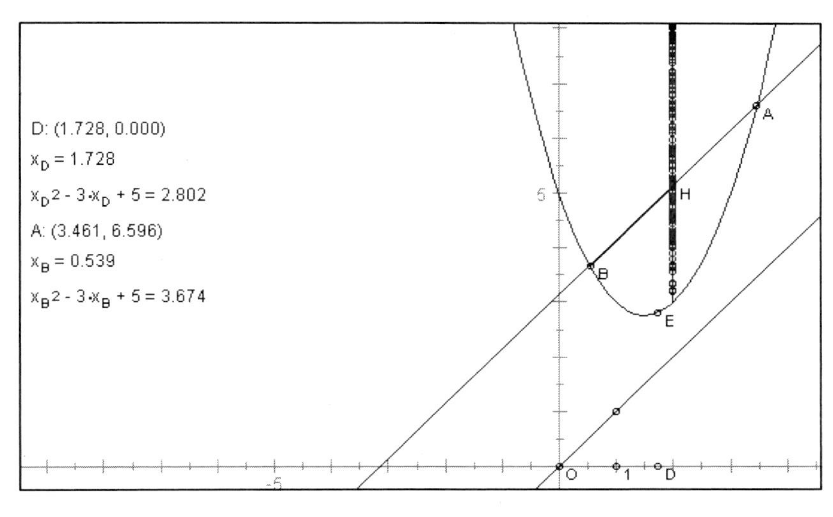

附图 25

【例 16】　过圆周上一定点 O 作直径 OA，再过点 A 作圆的切线 L，从点 O 作任意直线交圆于点 D，又交 L 于点 E，在 OE 上截取 $OP=OE$，求点 P 的轨迹方程。

【解】　建立极坐标系，设 $OA=a$（常数），则动点 P（ρ，θ），相关点为 D（ρ'，θ），因为 D 在定圆上，所以

$$\rho'=a\cos\theta \qquad ①$$

点 E 的坐标为$(\dfrac{a}{\cos\theta},\theta)$，由 $|DE|=|OP|$ 得

$$\frac{a}{\cos\theta}-\rho'=\rho$$

即

$$\rho'=\frac{a}{\cos\theta}-\rho \qquad ②$$

将式②代入式①，得

$$\frac{a}{\cos\theta}-\rho=a\cos\theta$$

即

$$\rho=\frac{a}{\cos\theta}-a\cos\theta=a\sin\theta\tan\theta$$

所以点 P 的轨迹方程为

$$\rho = a\sin\theta\ \tan\theta$$

化为直角坐标方程为$(a-x)y^2=x^3$。

【制作步骤】

S_1：打开一个新画板，执行《图表 / 建立坐标轴》命令，将坐标原点标记为 O，单位点标记为 1。

S_2：作线段 a，用《度量 / 计算》命令计算 a/2，选中计算结果，用《变换/标记距离》命令将计算结果标记距离，将坐标原点按标记的距离右平移至点 B，以点 B 为圆心，点 O 为圆周上的点作圆，该圆与 X 轴的另一个交点标记为 A。

S_3：选中 X 轴与点 A，执行《作图 / 垂线》命令，得到圆的切线 L，选中 L，执行《作图 / 对象上的点》命令，得到点 E，作线段 OE 与圆交点，记为点 D。

S_4：作线段 DE，以点 O 为圆心，DE 长为半径作圆，与 OE 交于点 P，追踪点 P。

S_5：选中点 E 和直线 L，执行《编辑 / 操作类按钮 / 动画》命令，如附图 26 所示。

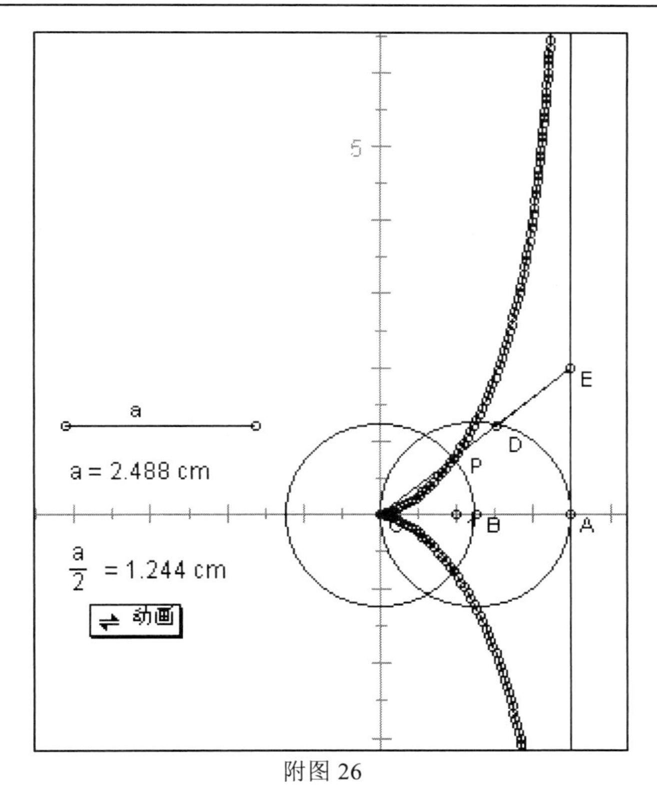

附图 26

【例 17】 如附图 27 所示，$\angle BOC$=135°，$|AB| = a$（定值），线段 AB 的两个端点 A、B 分别在 OC、OX 上滑动，且 $PA \perp OC$，$PB \perp OX$，求点 P 的轨迹方程。

【解】 设 P（x,y），B（x,0）（$0 \le x \le a, a \le y \le \sqrt{2}a$），$A$（$t,-t$），据 $PA \perp OC$ 得 $\dfrac{y+t}{x-t}=1$，又据$|AB| = a$，得

$$\sqrt{(x-t)^2+t^2}=a$$

消去两式中的 t，得

$$x^2 + y^2 = 2a \qquad （0 \le x \le a, a \le y \le \sqrt{2}a）$$

【制作步骤】

S_1：打开一个新画板，执行《图表 / 建立坐标轴》命令，将坐标原点标记为 O，单位点标记为 1。

S_2：执行《图表 / 画点》命令，作点 C（–1,1），作射线 OC，在 X 轴上作点 B，任作一条线段 a，以点 B 为圆心，a 为半径作圆，交射线 OC 于点 A，作线段 AB。

S_3：过点 B 作 OX 的垂线，过点 A 作 OC 的垂线，交于点 P，追踪点 P。

S_4：选中点 B 和射线 OX，执行《编辑 / 操作类按钮 / 动画》命令，如附图 27 所示。

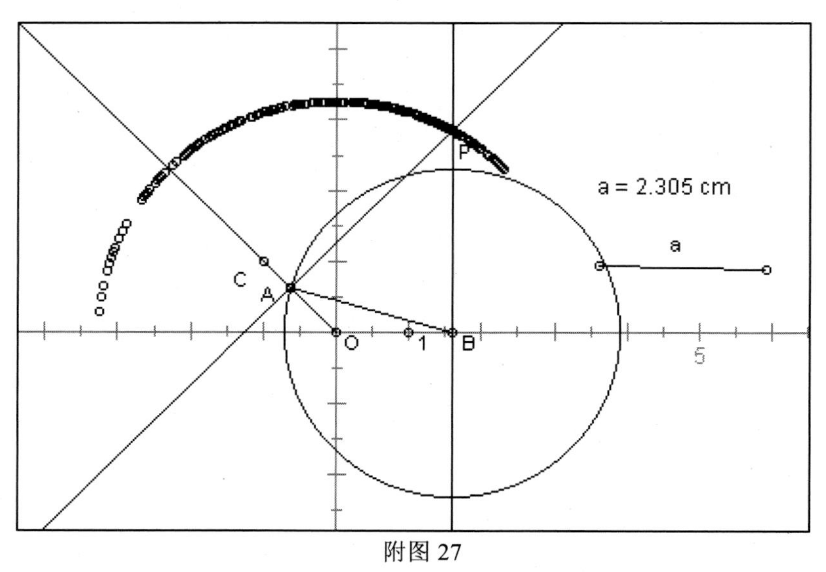

附图 27

【例 18】 过定点 $F(a,0)$（$a>0$），作直线 L 交 y 轴于点 Q，过点 Q 作 $QT\perp FQ$，交 x 轴于点 T，延长 TQ 至点 P，使$|QP| = |TQ|$，求点 P 的轨迹方程。

【解】 延长 FQ 到点 R，使$|FQ| = |QR|$，则四边形 $FPRT$ 为菱形，记 RP 与 y 轴交于点 C，则$|RC| = |OF| = a$，所以点 P 到定

点 F（a,0）的距离等于到定直线 $x=-a$ 的距离，故所求的轨迹为抛物线，其方程为 $y^2=4ax$。

【制作步骤】

S_1：打开一个新画板，执行《图表 / 建立坐标轴》命令,改坐标原点为 O，改单位点为 1。

S_2：在 X 轴上任作一点 F，点 F 的横坐标为 a，在 Y 轴上任作一点 Q，作直线 QF。

S_3：过点 Q 作直线 QF 的垂线交横轴于点 T，标记点 Q 为中心，将点 T 旋转 180°，得到点 P，追踪点 P。

S_4：选中点 Q 和 Y 轴，执行《编辑 / 操作类按钮 / 动画》命令，如附图 28 所示。

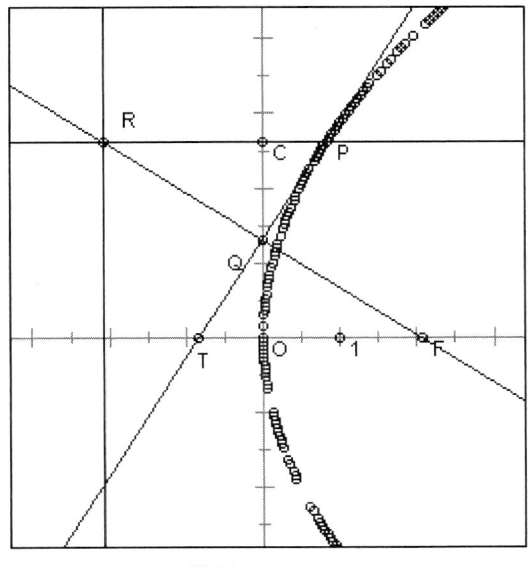

附图 28

【例 19】　已知圆 O：$x^2+y^2=4$，过点 P（0,2）作圆的切线 L，M 为 L 上异于点 P 的任一点，过点 M 作圆 O 的另一切线，切点为 Q，求三角形 MPQ 的垂心轨迹。

【解】 设 $H(x,y)$ 为所求轨迹上任一点（$x\neq 0$），因 OP、QH 都与 L 垂直，故 $OP // QH$，同理 $OQ // PH$，$OP=OQ$，从而四边形 $POQH$ 为菱形，对角线交点为 $G(\frac{x}{2},\frac{y}{2})$，从而点 Q 的坐标为 $(x,y-2)$，又点 Q 在圆 O 上，故 $x^2+(y^2-2)=4$（$x\neq 0$），即为所求。

【制作步骤】

S_1：打开一个新画板，执行《图表 / 建立坐标轴》命令，改坐标原点为 O，单位点为 1。

S_2：执行《图表 / 画点》命令，作点 P（0,2），过点 P 作 X 轴的平行线 L，作线段 OP，以点 O 为圆心，线段 OP 为半径作圆，选中圆，执行《作图 / 对象上的点》命令，得到点 Q，作线段 OQ，选中线段 OQ 和点 Q，执行《作图 / 垂线》命令，得到直线 MQ 与直线 L 交于点 M。

S_3：连接线段 PQ，过点 M 作线段 PQ 的垂线与过点 Q 作直线 PM 的垂线交于点 H，追踪点 H。

S_4：选中点 Q 和圆，执行《编辑 / 操作类按钮 / 动画》命令，如附图 29 所示。

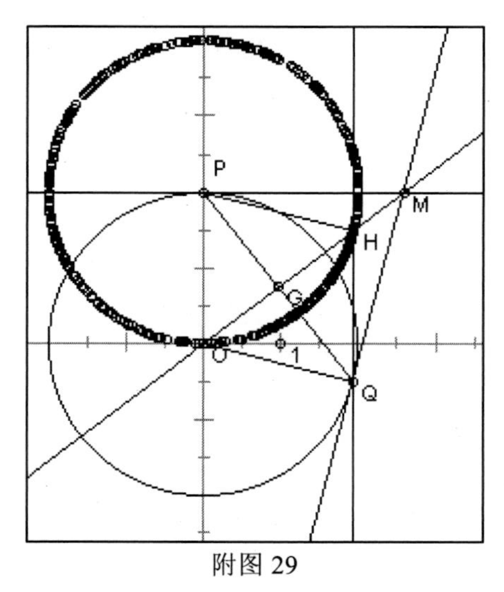

附图 29

二、《几何画板》的优点

（1）《几何画板》能发挥动态几何优势，用连续变化的图形代替有限的静态图形，充分让图形和数据对话，有助于加强学生数形结合思想的培养。

（2）《几何画板》为在教学中进行几何实验提供条件，使每个学生尝试“发现”几何规律的过程和享受成功的喜悦，极大地调动了学生的学习积极性。

（3）《几何画板》的动画功能，使我们在学习和研究几何时，能迅速由一及类，既有助于培养学生联想引申的思维习惯，又能取得事半功倍的效果。

（4）利用《几何画板》设置几何图形和动态图形的过程，能够使学生深刻认识几何意义，并能揭示数学实质。《几何画板》是一种教学实验工具，使用它可以增加动感和直观性，并能引导学生探索发现，在使用这种工具的同时，还要加强学生的推理论证能力的培养。

用几何画板研究轨迹问题

哈尔滨师范大学数学系98级 陆旭 指导教师：栾丛海

探索动点的运动规律是研究解析几何的重点，然而传统的研究方式难以进行动态处理，“动点”只能用一个静态的“定点”来表示，难以形成良好的运动观，加之多数情况下只有在求出动点的轨迹方程后，才能知道轨迹的真实形状，因而感觉很抽象。《几何画板》软件的出现恰好填补了这个空白。《几何画板》是一个通用的数学、物理教学环境，提供了丰富而方便的创造功能，使用户可以随心所欲地编写出自己需要的教学课件。以下将通过关于曲线和方程、圆、椭圆、双曲线、抛物线、坐标变换和参数方程的轨迹类型题，进一步说明《几何画板》在研究轨迹问题中的作用。

【例 20】 点 $D(x_0,y_0)$是定圆 O：$x^2+y^2=r^2(r>0)$ 内的定点，E 是圆 O 上的动点，以 D 为直角顶点，一边经过点 E，另一边与圆交于点 F，求线段 EF 的中点 M 的轨迹方程。

【数学原理】

连结 OM，由勾股定理知，$|OM|^2+|MF|^2=|OF|^2$，而在 Rt$\triangle DEF$ 中，$|MF|=|MD|$，所以$|OM|^2+|MD|^2=|OF|^2$。设 M（x，y），则$x^2+y^2+(x-x_0)^2+(y-y_0)^2=r^2$是一个圆。

【制作步骤】

（1）打开新绘图，建立直角坐标系，改坐标原点为 O，单位点为 1。

（2）在 X 轴上画一点 C，以 O 为圆心，经过点 C 画圆 O。

（3）在圆 O 内任作一点 D，在圆 O 上任画一点 E。

（4）连结线段 DE。

（5）过点 D 作线段 DE 的垂线，该垂线交圆 O 于点 F。

（6）用线段工具连结 EF。

（7）作出线段 EF 中点 M，同时选择点 E、M，执行《作图/轨迹》命令，作出点 M 的轨迹，如附图 30 所示。

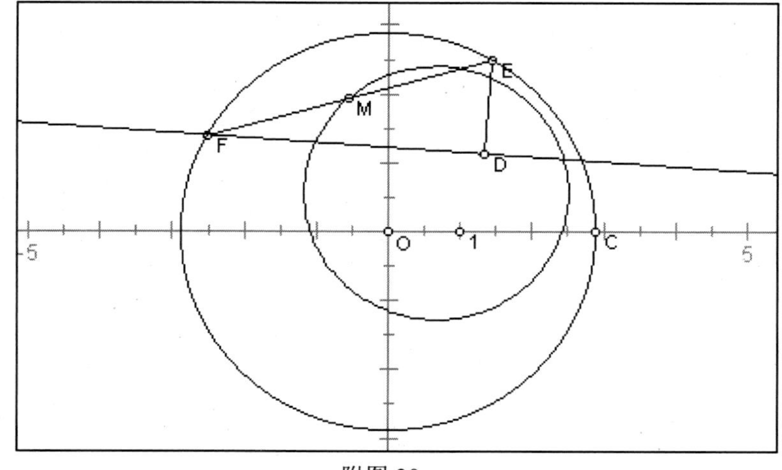

附图 30

【例 21】 线段 OA 的一个端点 O 是原点，另一个端点 A 在圆 $(x-a)^2+y^2=r^2(a>0,r>0)$ 上运动，以 O 为直角顶点作等腰直角三角形 AOB，求顶点 B 的轨迹方程。

【数学原理】

设 A（x_0，y_0），B（x，y）过点 A、B 分别作 x 轴的垂线，垂足分别是 E、F。Rt$\triangle AOB$ ≌Rt$\triangle OBF$，所以 $OE=FB$，$EA=OF$，即有 $x_0=y$，$y_0=-x$，代入圆 C 的方程，得到 $(y-a)^2+x^2=r^2$，这就是点 B 的轨迹方程，一个圆心在 Y 轴正方向，半径仍然是 r 的圆。

【制作步骤】

（1）打开新绘图，建立直角坐标系，改坐标原点为 O，单位点为 1。

（2）在 x 轴的正半轴上画一点 C，以点 C 为圆心，点 O 为圆周上的点，画圆 C，这时点 C 和点 O 的距离为 a。

（3）在圆 C 上任意画一点 A，用线段工具连结 OA，如附图 31 所示。

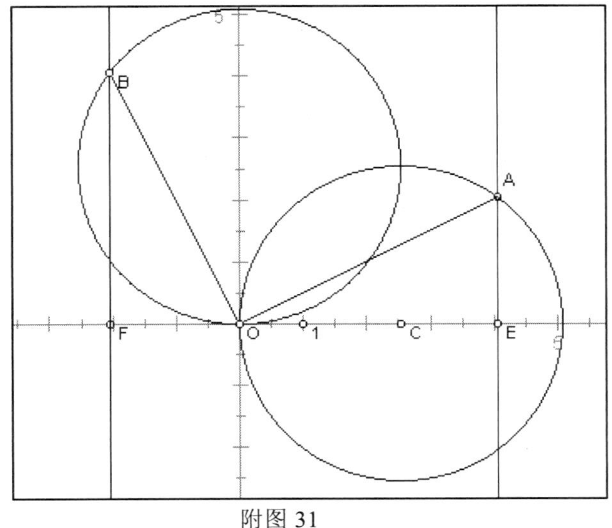

附图 31

（4）标记点 O 为旋转中心，选择点 A，执行《变换/旋转》命令，点 A 旋转 90°，得到点 A'，用文本工具把点 A' 的标签改为 B。

（5）同时选择点 A 和点 B，执行《作图/轨迹》命令，作出点 B 的轨迹，如附图 31 所示。

【例 22】 经过点 $M(-6,0)$作圆 C：$x^2+y^2-6x-4y+9=0$ 的割线，交圆 C 于 A、B 两点，求线段 AB 的中点 P 的轨迹。

【数学原理】

设点 $P(x,y)$。由已知条件可知，圆 C 的方程为

$$(x-3)^2+(y-2)^2=4$$

其圆心为 C（3，2），半径为 2；由 $P\in\{P \mid CP\perp MP$，P 在已知圆内$\}$得：

CP 的斜率为 $\dfrac{y-2}{x-3}\quad(x\neq 3)$

MP 的斜率为 $\dfrac{y}{x+6}\quad(x\neq 6)$

所以

$$\frac{y-2}{x-3}\cdot\frac{y}{x+6}=-1$$

化简，得

$$x^2+y^2+3x-2y-18=0$$

$x=3,y=2$ 满足方程 $x^2+y^2+3x-2y-18=0$，点 C（3，2）应在轨迹上，点 P 的轨迹是圆 $x^2+y^2+3x-2y-18=0$ 在已知圆内的一段弧。

【制作步骤】

（1）打开一个新绘图，建立直角坐标系，改坐标原点为 O，单位点为 1。

（2）用《图表/绘制点》命令作点 C（3，2），经过点 C 作 X

轴的垂线，即直线 j，单击直线 j 与 X 轴的交点处，作出它们的交点 D，以 C 为圆心，经过点 D 画圆，隐藏直线 j。

（3）用《图表/绘制点》命令作点 M（–6 , 0），在圆 C 任意画一点 A，用直线连结 MA，即直线 k。

（4）单击直线 k 与圆 C 的另一个交点处，作出交点 B。

（5）用线段工具连结 AB，作出线段 AB 的中点 P，隐藏线段 AB。

（6）同时选择点 A 和点 P。执行《作图/轨迹》命令，作出点 P 的轨迹，如附图 32 所示。

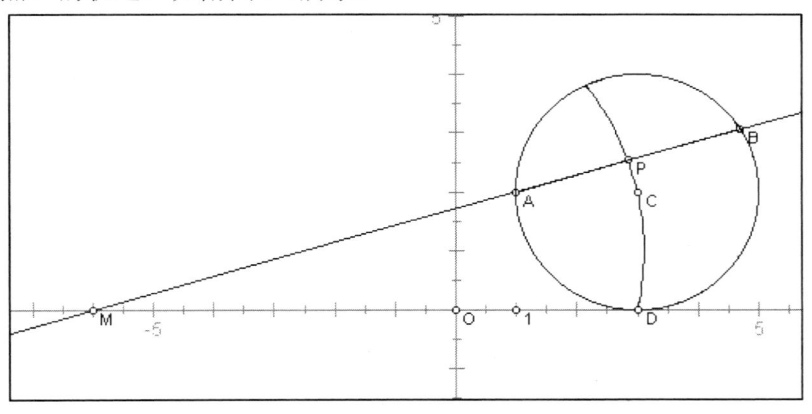

附图 32

【例 23】 点 C 是定圆 A 内的一个定点，点 D 是圆上的动点，求线段 CD 的垂直平分线与半径 AD 的交点 F 的轨迹方程。

【数学原理】

因为直线 EF 是线段 CD 的垂直平分线，所以

$$|FC|=|FD|$$

$$|FA|+|FC|=|FA|+|FD|=R$$

其中 R 为定圆的半径，是定值。由于点 C 是圆 A 内的一点，所以

$$|AC|<|AD|=R$$

由椭圆定义，点 F 的轨迹是以 A 、C 为交点，R 为长轴长的椭圆。取线段 AC 中点为原点，直线 AC 为 X 轴，建立直角坐标系，设 $|AC|=2c$，$|AD|=2a=R$，椭圆方程为

$$\frac{x^2}{a^2}+\frac{y^2}{b^2}=1 \quad （其中 b^2=a^2-c^2，a>b>0）$$

【制作步骤】

（1）打开一个新绘图，用圆工具画圆 A，B 是圆上控制圆大小的点。

（2）用线段工具画线段 CD，使点 D 在圆上，点 C 在圆 A 内。

（3）作出线段 CD 的中点 E，同时选择线段 CD 与点 E，执行《作图/垂线》命令，作出线段 CD 的垂直平分线，即直线 k。

（4）用画直线工具连结 AD，得到直线 l。

（5）单击直线 k 与直线 l 的交点处，作出它们的交点 F。

（6）同时选择点 D 与 F，执行《作图/轨迹》命令，作出点 F 的轨迹，如附图 33 所示。

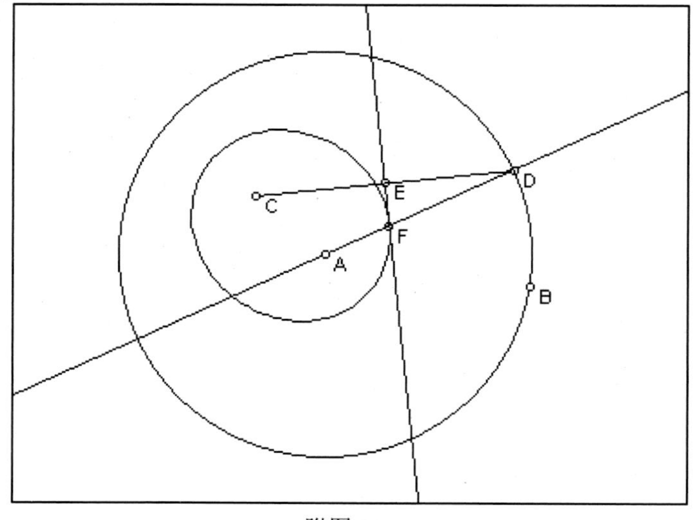

附图 33

【例 24】 求椭圆$\dfrac{x^2}{a^2}+\dfrac{y^2}{b^2}=1$（$a>b>0$）平行弦的中点轨迹。

【数学原理】

设椭圆互相平行的弦的斜率为k（k为常数），平行弦所在直线p的方程为

$$y=kx+m$$

代入$\dfrac{x^2}{a^2}+\dfrac{y^2}{b^2}=1$（$a>b>0$），得

$$(b^2+a^2k^2)x^2+2kma^2x+a^2m^2-a^2b^2=0$$

设直线p被椭圆截下的弦的端点为C（x_1,y_1）、D（x_2,y_2），CD的中点为M（x,y），于是有

$$\frac{x_1+x_2}{2}=-\frac{kma^2}{b^2+a^2k^2}$$

将$m=y-kx$代入上式，并整理得

$$y=-\frac{b^2}{a^2k}x$$

这就是直线p：$y=kx+m$被椭圆截下的弦的中点轨迹，如附图34所示。

【制作步骤】

（1）打开新绘图，建立直角坐标系，改坐标原点为O，单位点为1，画椭圆，使中心在原点，长轴的端点在x轴上的点E处，短轴的端点在y轴上的点D处。

（2）以原点为圆心，单位长为半径画单位圆。

（3）在单位圆上任意画一点K，用线段工具连结OK，度量直线OK的斜率k。

（4）用画点工具在椭圆上画一点C，标出坐标，过点C作

线段 OK 的平行线，即直线 p，并度量点 C 的坐标。

（5）度量椭圆的长、短轴半径。度量点 O 和点 E 的距离，用文本工具将度量值改为 a，度量点 O 和点 D 的距离，用文本工具将度量值改为 b。

（6）计算 $x_2=\dfrac{2a^2k(kx_c-y_c)}{a^2k^2+b^2}-x_c$，再计算 $y_2=k(x_2-x_c)+y_c$，先后选择 x_2、y_2，执行《图表/绘出（x,y）》命令，作出点 F，隐藏直线 p，用线段工具连结 CF，作出线段 CF 的中点 M。

（7）同时选择点 C、M，执行《作图/轨迹》命令，得到点 M 的轨迹是一条线段，如附图 34 所示。

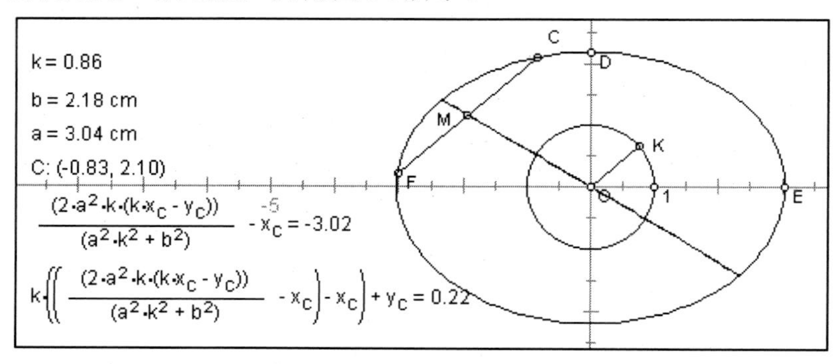

附图 34

【例 25】 点 C 是定圆 A 外的一个定点，D 是圆 A 上的动点，求线段 CD 的垂直平分线与直线 AD 的交点 F 的轨迹方程。

【数学原理】

因为直线 EF 是线段 CD 的垂直平分线，所以

$$|FC|=|FD|,\quad |FC|-|FA|=|FD|-|FA|=R$$

其中 R 是定圆的半径，是定值。

由于点 C 是圆 A 外的点，所以

$$|AC|>|AD|=R$$

由双曲线定义，点 F 的轨迹是以 A、C 为焦点，R 为实轴长的双

曲线。取线段 AC 的中点为原点，直线 AC 为 X 轴，建立直角坐标系，设$|AC|=2c$，$|AD|=2a=R$，双曲线方程为

$$\frac{x^2}{a^2}-\frac{y^2}{b^2}=1 \quad （其中 b^2=c^2-a^2）$$

【制作步骤】

（1）打开新绘图，用圆工具画圆 A，B 是圆上控制圆的大小的点。

（2）用线段工具画线段 CD，使点 D 在圆 A 上，点 C 在圆 A 外。

（3）作出线段 CD 的中点 E，同时选择线段 CD 与点 E，执行《作图/垂线》命令，作出线段 CD 的垂直平分线，即直线 k。

（4）用直线工具连结 AD，得一直线。

（5）单击直线 k 与 l 的交点处，作出它们的交点 F。

（6）同时选择点 D 与点 F，执行《作图/轨迹》命令，作出点 F 的轨迹，如附图 35 所示。

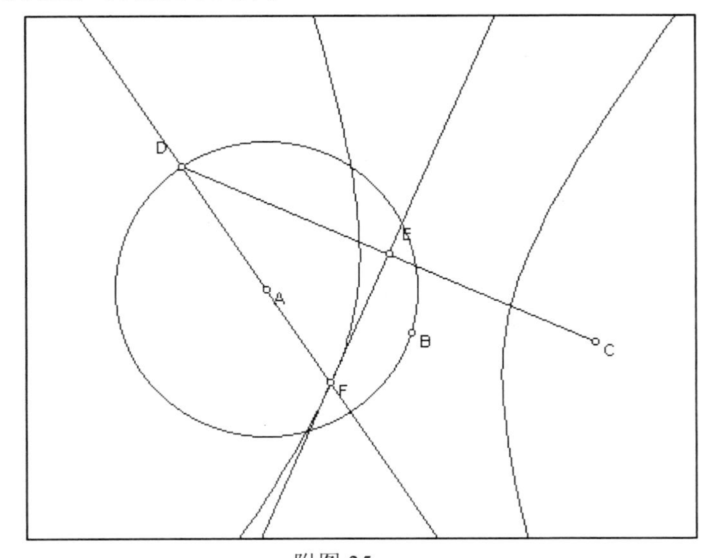

附图 35

【例 26】 过点 A（0，2）作直线 l 交抛物线 $y^2=4x$ 的割线，交抛物线于点 P、Q，以 OP、OQ 为邻边，作平行四边形 $OPMQ$，求 M 的轨迹方程。

【数学原理】

设 PQ、OM 交于 $N(x_0,y_0)$；$M(x,y)$，$P(x_1,y_1)$，$Q(x_2,y_2)$。直线 l 的方程为 $y=kx-2$，代入 $y^2=4x$，得

$$k^2x^2-4(k+1)x+4=0 \quad (k\neq 0) \qquad ①$$

由韦达定理知

$$x_0=\frac{x_1+x_2}{2}=\frac{2(k+1)}{k^2} \qquad ②$$

因为

$$y_0=kx_0-2$$

所以

$$k=\frac{y_0+2}{x_0} \qquad ③$$

由式②、③消去 k，得

$${y_0}^2-2x_0+2y_0=0 \qquad ④$$

因为

$$x_0=\frac{x}{2} \quad y_0=\frac{y}{2}$$

代入式④，并化简得

$$y^2-4x+4y=0$$

即

$$(y+2)^2=4(x+1)$$

因为

$$x_1\neq x_2，\quad x_1,x_2\in R$$

由方程①的根的判别式 $\Delta>0$，得

$$[-4(k+1)]^2-16k^2>0 \quad (k\neq 0)$$

解得
$$k \in (-\frac{1}{2},0) \cup (0,+\infty)$$

所以
$$\frac{y_0+2}{x_0} \in (-\frac{1}{2},0) \cup (0,+\infty)$$

因此，点 M 的轨迹是以（–1, –2）为顶点、（1 , –2）为焦点的抛物线，在 x 轴上方的部分和直线 $y=-8$ 的下方的两段弧不包括（0 , 0）（8 , –8）。

【制作步骤】

（1）打开新绘图，建立坐标轴。改单位点为 F（附图 36）。

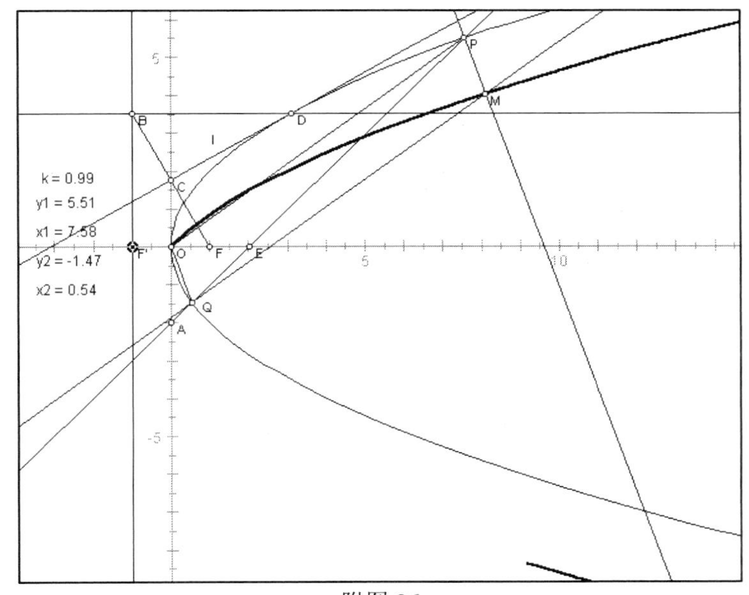

附图 36

（2）将 y 轴标记镜面，反射点 F 为点 F'。过点 F' 作 x 轴的垂线 j，在直线 j 上任取一点 B，连线段 FB。

（3）取 FB 中点 C，过点 C 作 FB 的垂线 i。

（4）过点 B 作 x 轴的平行线，与直线 i 交于 D。

（5）同时选中点 B、D，执行《作图/轨迹》命令，便得抛物线 $y^2=4x$ 的图象。

（6）执行《图表/绘制点…》命令，输入点坐标(0, –2)，记所绘出点为 A，在 x 轴上作一点 E，连直线 AE。

（7）作交点。度量直线 AE 的斜率 k(由 $y^2=4x$ 及直线方程 $y=kx-2$ 得 $y=\frac{2\pm\sqrt{4+8k}}{k}, x=\frac{y^2}{4}$)。用度量菜单的计算命令计算公式 $\frac{2+\sqrt{4+8k}}{k}$ 的值，将所得的计算结果改为 y1；用度量菜单的计算命令计算公式 $\frac{y1^2}{4}$ 的值，将所得的计算结果改为 x1。用度量菜单的计算命令计算公式 $\frac{2-\sqrt{4+8k}}{k}$ 的值，将所得的计算结果改为 y2；用度量菜单的计算命令计算公式 $\frac{y2^2}{4}$ 的值，将所得的计算结果改为 x2。同时顺次选中 x1,y1，执行《图表/绘制点(x,y)》命令，用文本工具将得到的点标记为 P。同时顺次选中 x2,y2，执行《图表/绘制点(x,y)》命令，用文本工具将得到的点标记为 Q。

（8）连线段 OP、OQ，过 P、Q 分别作 OQ、OP 的平行线，交点记为 M。

（9）同时选中点 E、M，执行《作图/轨迹》命令。这时所作出的轨迹粗糙，且有重复轨迹若即若离，用对象信息工具将轨迹的样点数改成 500，所得的轨迹就光滑多了。

通过上述例题可以看出，《几何画板》具有以下几个突出的特色：

（1）便捷的交流工具。每个画板都可被用户按自己的意图修改并保存起来，特别适合用来进行几何交流、研究和讨论。

（2）优秀的演示工具。它完全符合 CAI 演示的要求，能准确、动态地表达几何问题，还能进行其他学科的动态演示。

（3）有力的探索工具。《几何画板》为探索式几何教学开辟了道路，可以用它去发现、探索、表现、总结几何规律，建立自己的认识体系，成为真正的研究者，它将传统的演示练习型 CAI 模式转向研究探索型。

（4）重要的反馈工具。《几何画板》能提供多种方法反馈知识的掌握情况，如复原、重复、隐藏、显示、建立脚本等。

（5）简单的使用工具。《几何画板》功能虽然如此强大，但使用起来却非常简单。

用《几何画板》研究轨迹问题，打破了传统的用尺规作图的方法。具有动态直观、数形结合、色彩鲜明、变化无穷的特点，能充分发挥动态几何优势，用连续变化的图形代替有限的静态图形，充分让图形和数据“说话”，加强了数形结合思想的表现。利用《几何画板》设置几何图形和动态图形的过程，能够使我们深刻认识几何意义，并能揭示数学实质。《几何画板》无疑是一个不可多得的数学软件。

《几何画板》中的轨迹问题

哈尔滨师范大学数学系 98 级 付春颖 指导教师：栾丛海

“几何画板”顾名思义是“画板”，提供了画点、画线（线段、射线、直线）和画圆的工具，这不正是学习几何所需要的工具吗？“几何画板”提供的旋转、平移、缩放、反射等图形变换功能，可以按指定值、计算值或动态值对图形进行变换，进而可以研究某些非欧几何问题。几何画板能画出任意欧几里德几何图形，而且注重数学表达的准确性。

“几何画板”是探索几何学奥秘的强有力的工具。利用“几何画板”，你可以十分方便地作出各种神奇图形，诸如各种几何图形、勾股定理的动态演示、任意变化的三角形、立体透视图、动态正弦波、函数曲线、轨迹的动态描述等等。几何的精髓是在不断变化的图形中研究不变的几何规律。动态图形对几何概念教学的贡献是非同寻常的，由一个静止图形到教学中引入“无数个”图形，计算机对几何教学注入了无限的活力，动态图形能创造出一种情景，由其归纳出事物共性和本质特征。

只要给出函数的表达式，几何画板就能画出任意一个初等函数的图象，还可以作出能够动态控制参数变化的含若干个参数的函数图象。例如幂函数、指数函数、对数函数、三角函数等。在同一坐标系中作出若干个函数的图象，利用它们可以讨论方程的解，通过参数变化求最值等等。

【例 27】　设已知三条直线

$$l_1: mx - y + m = 0$$

$$l_2: x + my - m(m+1) = 0$$

$$l_3: (m+1)x - y + (m+1) = 0$$

它们围成△*ABC*

（1）求证不论 m 为何值，△*ABC* 有一个顶点为定点。

（2）当 m 为何值时，△*ABC* 面积有最大值和最小值。

【数学原理】

由直线 $l_1: mx - y + m = 0$，可见其斜率为 m，在 y 轴上的截距为 m，在 y 轴上画一点 M，度量出点 M 的坐标，分离出点 M 的纵坐标 m。又把 $mx-y+m=0$ 整理成 m 的方程，得$(x+1)m-y=0$，由于 m 取值的任意性，有 $x=-1$ 且 $y=0$，直线恒过点 $C(-1,0)$。

由直线 $l_2: x + my - m(m+1) = 0$，令 $y=0$，有 $x=m^2+m$，可见直线过（m^2+m ,0）；令 $x=0$,得 $y=m+1$，直线过$(0,m+1)$。

由直线 $l_3:(m+1)x-y+(m+1)=0$，令 y=0,有 x= –1，可见直线过点 C(–1,0);令 x=0,得 y=m+1，直线过(0,m+1)。事实上，把方程整理成 m 的方程，得$(x+1)m+x-y+1=0$，由于 m 的任意性，直线恒过点 $C(-1,0)$。

【制作步骤】

（1）打开新绘图，建立直角坐标系，用文本工具将坐标原点标注为 O，单位点标注为 1。

（2）画直线 l_1。在 y 轴上任意画一点 M，作出点 C(–1,0)，用直线连结 CM，就得到直线 l_1。

（3）度量点 M 的坐标，分离出点 M 的纵坐标，用文本编辑工具把 y_m 改为 m。

（4）画直线 l_2，并作它与 l_1 的交点 A。计算 m+1,m^2+m。作出点 B(0,m+1)，制作过程是，选中 m+1 的计算结果，执行《图表/绘制度量值》命令，在出现的对话框（附图 37）中选择“V 在纵[y]轴”，单击确定，得到一条虚线，作出这条虚线与 y 轴的交点，用文本工具将该点标注为 B。作出点 F（m^2+m,0）。制作过程是，选中 m^2+m 的计算结果，执行《图表/绘制度量值》命令，在出现的对话框（附图 37）中选择“H 在横[x]轴”，单击确定，得到一条虚线，作出这条虚线与 x 轴的交点，用文本工具将该点标注为 F。过点 B 和点 F 作直线得到直线 l_2。同时选中直线 l_1 和直线 l_2，执行《作图/交点》命令，用文本工具将所作出的交点标注为点 A。

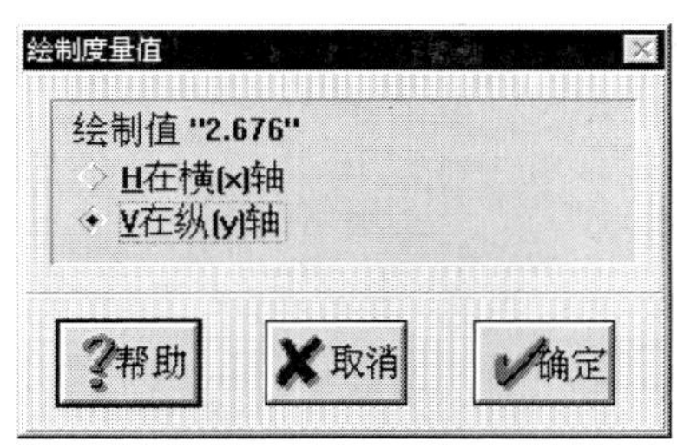

附图 37

（5）画直线 l_3。过点 B 和点 C 作直线，就得到直线 l_3。

（6）绘制所得三角形 ABC 的面积的轨迹。同时选中点 A、B、C，执行《作图/多边形内部》命令，填充△ABC，及时执行《度量/面积》命令，度量它的面积，然后选择 m 和三角形 ABC 面积的度量值，执行《图表/绘制(x,y)》命令，得到点 P。同时选中主动点 M，被动点 P，执行《作图/轨迹》命令，出现函数图象（附图 38），为图象设置线型和颜色。

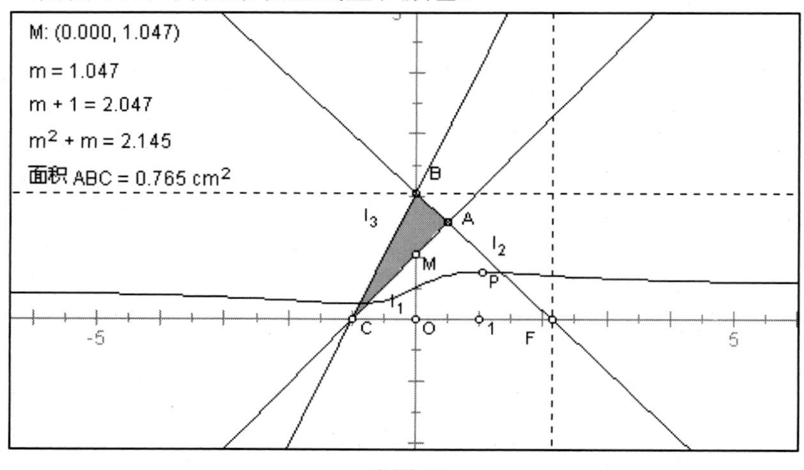

附图 38

（7）拖动点 M，观察△*ABC* 面积的大小变化。

【证明与解答】

（1）由作图分析，△*ABC* 的一个顶点 *C* 为定点已经证明。

（2）注意到 $AB\perp AC$，△*ABC* 是直角三角形。

用点到直线的距离公式求出点 *C* 到直线 *AB* 的距离

$$d_2=\frac{m^2+m+1}{\sqrt{m^2+1}}$$

用点到直线的距离公式求出点 B 到直线 AC 的距离

$$d_1 = \frac{1}{\sqrt{m^2+1}}$$

△ABC 的面积

$$S = \frac{1}{2}\cdot\frac{|m^2+m+1|}{m^2+1} = \frac{1}{2}\left|1+\frac{m}{m^2+1}\right| = \frac{1}{2}\left|1+\frac{1}{m+\frac{1}{m}}\right|$$

当 $m>0$ 时，$m+\frac{1}{m}\geq 2$ 等号在 $m=1$ 时成立，S 有最大值 $\frac{3}{4}$；

当 $m<0$ 时，$m+\frac{1}{m}\leq -2$ 等号在 $m=-1$ 时成立，S 有最小值 $\frac{1}{4}$。

【例 28】 $\angle AOB$ 是定角 120°，点 A、B 分别是边 OA、OB 上的动点，AB 为定长，AP、BP 分别垂直于 OA、OB，求点 P 的轨迹方程。

【制作步骤】

（1）打开新绘图，建立直角坐标系，把原点 A 的标签改为 O，把单位点 B 的标签改为数字 1。

（2）用射线工具画射线“O1”即原 AB(射线 j)，执行《图表/隐藏坐标轴》命令，隐藏坐标系。

（3）双击点 O，把点 O 标记为旋转中心。选择射线 j，执行《变换/旋转》命令，在弹出的“旋转”对话框旋转角度栏键入 120，把射线 j 旋转 120°，得到射线 j'。

（4）用线段工具画一条线段 CD。

（5）在射线 j 上画一点 A。

（6）同时选择点 A 和线段 CD，执行《作图/以圆心和半径画圆》命令，作出圆 A。

（7）单击圆 A 与射线 j' 的交点处，作出它们的交点 B。

（8）过点 A 作射线 j 的垂线（直线 m），过点 B 作射线 j'的垂线（直线 n）。

（9）单击直线 m、n 的交点处，作出它们的交点 P。

（10）同时选择点 A、P，执行《作图/轨迹》命令，出现点 P 的轨迹是一段圆弧，如附图 39 所示。

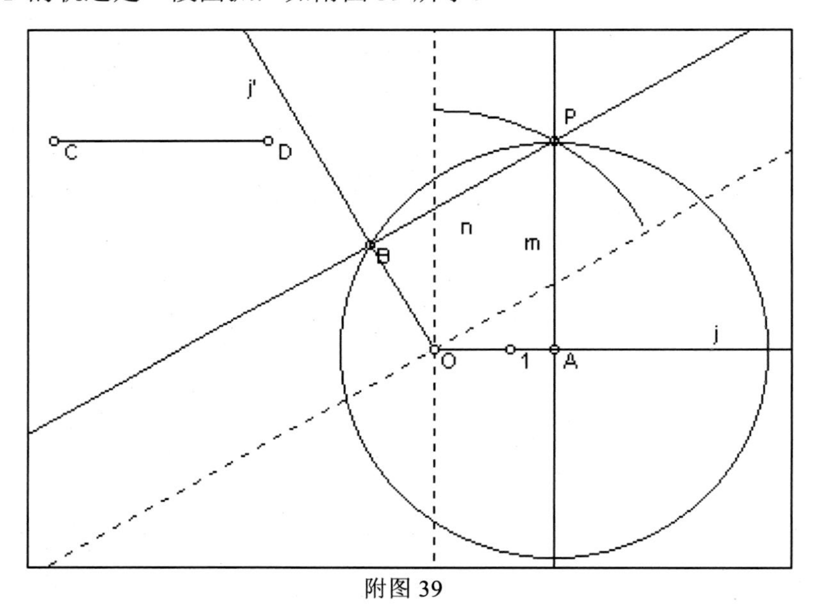

附图 39

【证明与解答】

【解】 分析点 P 满足的几何条件。由平面几何知识可知，点 A、P、B、O 共圆，线段 OP 是这个圆的直径，$\triangle AOB$ 是这个圆的内接三角形。

根据正弦定理，$|OP|\frac{|OA|}{\sin\angle OPA}=\frac{|OA|}{\sin\angle OPA}=\frac{|OA|}{\sin\angle OBA}=\frac{2\sqrt{3}}{3}|AB|$是定值，所以点 P 在以 O 为圆心、$\frac{2\sqrt{3}}{3}|AB|$为半径的圆上，这个圆的方程是

$$x^2+y^2=\frac{4}{3}|AB|^2$$

但是这并不是说点 P 的轨迹就是这个圆。过点 O 作直线 j 和直线

j' 的虚垂线，点 P 的轨迹是圆

$$x^2+y^2=\frac{4}{3}|AB|^2$$

夹在这两条虚垂线间的圆弧（附图 39）。

【评述】

（1）“求点的轨迹”和“求点的轨迹方程”既有联系又有区别。“轨迹”是点的集合，是曲线，应该指出它的形状、位置、大小等特征：“轨迹方程”是坐标关系式，是方程，要指出其变量的取值范围。

（2）求曲线的轨迹方程时，要特别注意寻找动点满足的几何条件，要善于利用平面几何的有关结论。

（3）求动点的轨迹要注意分析引起动点变动的原因（动点满足的几何条件也是动点变动的原因）。

【例 29】 设 MN 是圆 $x^2+y^2=R^2(R>0)$ 的弦，且 $MN\perp x$ 轴。设圆 O 与 x 轴交于点 A、B，求直线 AM、BN 的交点 P 的轨迹方程。

【制作步骤】

（1）打开新绘图，建立直角坐标系，把原点的标签改为 O，把单位点的标签改为 1。

（2）x 轴上任意画一点 B。

（3）以 O 为圆心，经过点 B 画圆。

（4）作出圆 O 与 x 轴另一个交点 A。

（5）先后选择点 B、A 以及圆 O，执行《作图/圆上的弧》命令，及时执行《作图/对象上的点》命令，在上半个圆上取一点 M。

（6）过点 M 作出 x 轴的垂线（直线 j），作出直线 j 与圆 O 的另一个焦点 N。

（7）用直线工具连结 AM、BN，作出直线 AM 和直线 BN 的交点 P。

（8）同时选择点 M、P，执行《作图/轨迹》命令，得到点 P 的轨迹，位于第一、第三象限的曲线（双曲线的一部分）。

（9）用直线工具连结 AN、BM，作出直线 AN 和直线 BM 的交点 P'。

（10）同时选择点 M 和点 P'，执行《作图/轨迹》命令，得到点 P'的轨迹，位于第二、第四象限的曲线（双曲线的一部分）两部分曲线合起来就是点 P 的轨迹，如附图 40 所示。

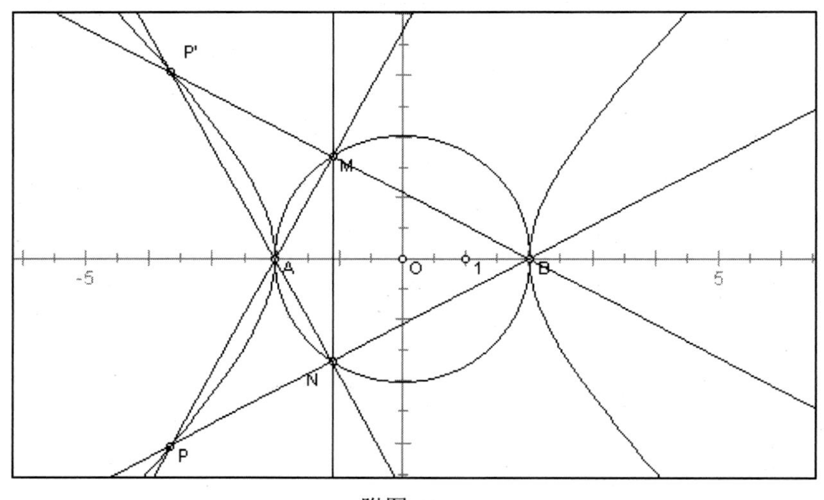

附图 40

【证明与解答】

【解】 由平面几何知识可知

$$\angle AMN = \angle ABN$$

$$\angle PBX = \angle ABN$$

$$\angle MAB + \angle PBXA = 90^\circ$$

$$\tan \angle MAB \cdot \tan \angle PBA = 1$$

而$\angle MAB$、$\angle PBA$ 分别是直线 PA、PB 的斜率，即有

$$\tan \angle MAB = \frac{y}{x+R} (x \neq -R), \tan \angle PBA = \frac{y}{x-R} \qquad x \neq R$$

$$\frac{y}{x+R}\cdot\frac{y}{x-R}=1 \qquad x\neq\pm R$$

所求轨迹方程为

$$x^2-y^2=R^2 \qquad x\neq\pm R$$

图形的变换是代数学习的一个难点,要说明函数之间的关系，通过“几何画板”变换中的平移、对称、缩放、旋转等能够直接演示出图象的演变过程。在解决具体问题时，通过准确作图观察解的情况。请看下面的一道往届高考题。

【例 30】 自点 $A(-3,3)$发出的射线 l 射到 x 轴上，被 x 轴反射，反射光线所在的直线与圆 $C\colon x^2+y^2-4x-4y+7=0$ 相切。

（1）光线 l 和反射线所在的直线方程。

（2）线自点 A 到切点所经过的路程。

【制作步骤】

（1）打开新绘图，建立直角坐标系，把原点的标签改为 O，把单位点的标签改为 B。

（2）制作点 A(–3,3),C(2,2)。

（3）以 C 为圆心，以线段 OB 为半径画圆 C。

（4）双击 x 轴，把 x 轴标记为反射镜面，选择点 A，执行《变换/反射》命令，得到 A'。

（5）用线段连结 A'C，作出线段 A'C 的中点 D。以 D 为圆心，经过点 C 画圆 D，作出圆 C 与圆 D 的交点 M、N，连结 A' M、A' N。

（6）选择 A' M、A' N，执行《变换/反射》命令，得到 AG 和 AB。作出直线 AG、AB 与 x 轴的交 G、B（附图 41）。

（7）用线段连结 AG、GM、AB、BN。

（8）把线段 AG、GM、AB、BN 设置成粗线，把其他线都设置成虚线。

（9）度量点 A 和点 B、点 B 和点 N、点 A 和点 G，点 G 和点 M 的距离。计算 AB+BN 和 AG+GM 的和（附图 41）。

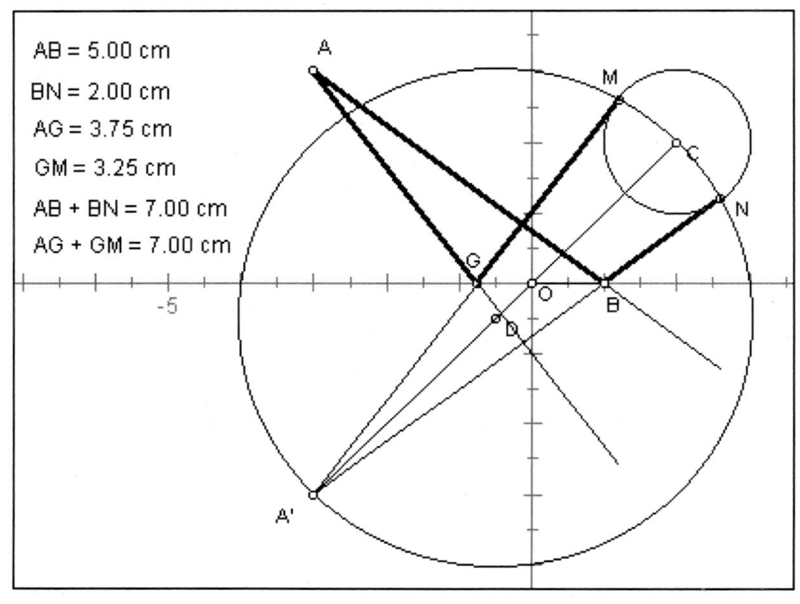

附图 41

【证明与解答】

【解】 用“对称法”。与 $A(-3,3)$关于 x 轴对称的点是 $A'(-3,-3)$。

（1）由光的性质知，反射线所在的直线是由 A' 向圆所作的两条切线 $A'M$ 和 $A'N$，光线自 A 到切点所经过的路程，即为自 A'所作圆的切线长。

设 $A'M$（或 $A'N$）的方程为 $y=k(x+3)-3$，由点到直线距离公式得

$$\frac{|2k-2+3k-3|}{\sqrt{1+k^2}}=1$$

解得 $k=\frac{4}{3}$ 或 $k=\frac{3}{4}$

反射线所在的直线方程为

$$y+3=\frac{4}{3}(x+3) \quad 或 \quad y+3=\frac{3}{4}(x+3)$$

即　　$4x-3y+3=0$　　或　　$3x-4y-3=0$

入射线所在的直线与反射线所在的直线关于 x 轴对称，所以入射线所在的直线方程为(y 变号,x 不变)

$$4x+3y+3=0 \quad 或 \quad 3x+4y-3=0$$

（2）因为 $|A'M|^2=|A'C|^2-|CM|^2$，所以 $|A'M|=\sqrt{49}$，光线自点 A 到切点所经过的路程为 7。

【例 31】　过点 A(0, –2)作直线 l 交抛物线 $y^2=4x$ 的割线，交抛物线于 P、Q，以 OP、OQ 为邻边，作平行四边形 $OPMQ$，求 M 的轨迹方程。

【制作步骤】

（1）打开新绘图，建立坐标系，在 x 轴上画一点 F，把原点的标签改为 O，隐藏单位点。

（2）以 y 轴为“镜面”，反射点 F，得到 F'，过点 F' 作 x 轴的垂线（直线 j）。

（3）以点 F 为焦点、直线 j 为准线画抛物线。

（4）作点 A(0, –2)，在抛物线任意画一点 P，用直线连结 AP（直线 n）。

（5）度量点 F、A 的坐标，度量直线 n 的斜率 K。

（6）直线 n 的方程为 y=kx–2，与抛物线 $y^2=4x_Fx$ 联立，消去 y，解得 $k^2x^2-4(x_F+k)x+4=0$，于是 $x'+x_P=\frac{4(x_F+k)}{k^2}$，按该公式计算出 x'。计算出 y'=kx'–2，绘出点 Q（x',y'）。该点就是直线 n 与抛物线的另一个焦点。

（7）过点 P 作直线 OQ 的平行线，过点 Q 作 OP 的平行线，单击它们的焦点处，作出它们的焦点 M。

（8）同时选择点 M 与点 P，执行《作图/轨迹》命令，作出点 M 的轨迹，如附图 42 所示。

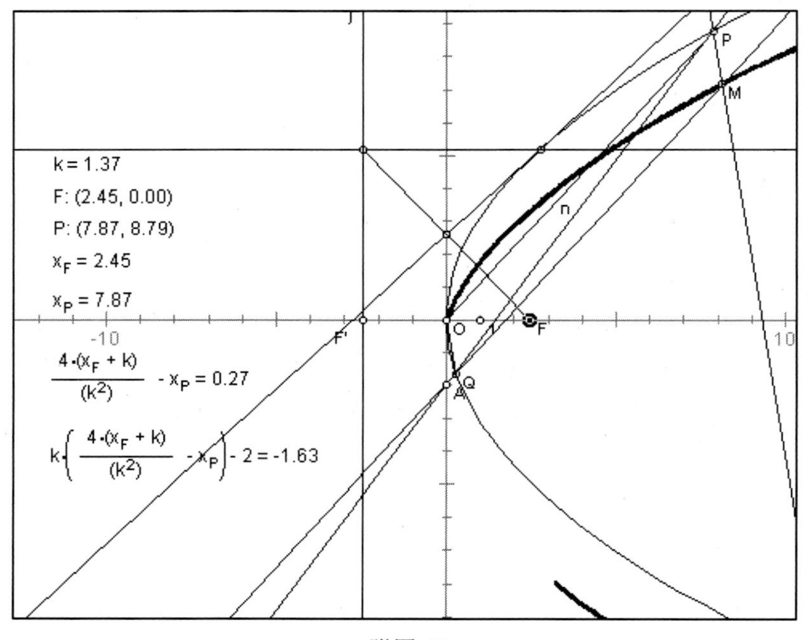

附图 42

【例 32】 抛物线 $y = ax^2 - 1$ 上总有关于直线 $y=x$ 对称的点，求实数 a 的取值范围。

【解】 如附图 43 所示，点 G、G' 关于直线 $y=x$ 对称，即线段 GG' 的垂直平分线是直线 $y=x$，于是直线 GG' 的斜率为-1，直线 GG' 被抛物线截得的弦 GG' 的中点在直线 $y=x$ 上，这样就可以确定对 a 的约束条件，求出 a 的取值范围。

由已知，设直线 GG' 的方程为 $y=-x+b$，与抛物线 $y = ax^2 - 1$ 联立消去 y，得

$$ax^2+x-b-1=0 \quad ①$$

设 $G(x_1,y_1),G'(x_2,y_2),GG'$ 中点为 $M(x_0,y_0)$，于是

$$x_0=\frac{x_1+x_2}{2}=-\frac{1}{2a},y_0=-x_0+b=\frac{1}{2a}+b$$

因为点 M 在直线 $y=x$ 上，所以

$$\frac{1}{2a}+b=-\frac{1}{2a} \quad ②$$

由方程①的根的判别式 $\varDelta>0$ 得

$$1+4a(b+1)>0 \quad ③$$

由式②、③消去 b，解得 $a>\frac{3}{4}$，所以实数 a 的范围是 $(\frac{3}{4},+\infty)$。

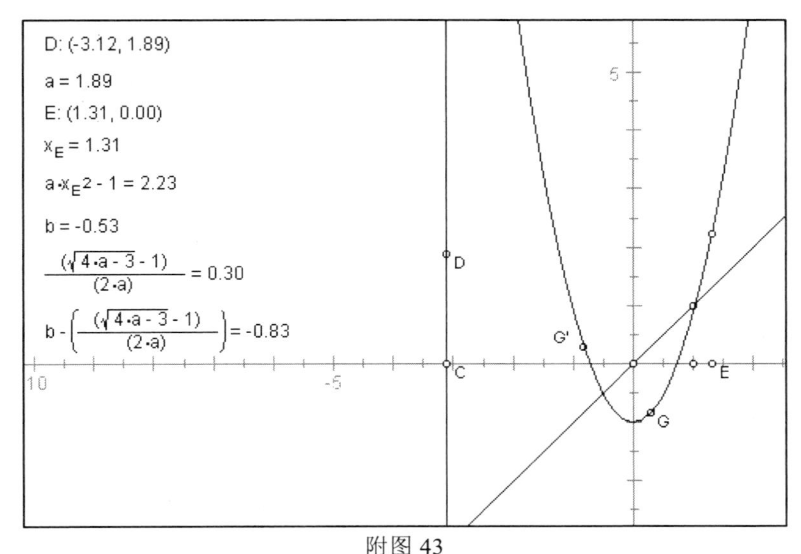

附图 43

【制作步骤】

（1）打开新绘图，建立坐标系。

（2）在 x 轴的负半轴画点 C，过点 C 作 x 轴的垂线(直线 j),

在直线 j 上画一点 D，度量点 D 的坐标，分离出点 D 的纵坐标，把点 D 的纵坐标改为 a。

（3）画函数 $y=ax^2-1$ 的图象。

（4）计算 $b=-\dfrac{1}{a}$。

（5）计算 $x_1\dfrac{-1+\sqrt{4a-3}}{2a},y_1=-x_1+b,$ 绘制点 $G(x_1,y_1)$。

（6）标记直线 y=x 为反射镜面，反射点 G 得到 G'，G'在抛物线上。拖动点 D，观察点 G 的存在时 a 的取值范围，验证结论的正确性（附图 43）。

用“几何画板”演示，把抽象的数学概念形象化。例如，通过认识数列的极限可以看到，随着 n 的不断增大，a_n 是如何接近常数 A 的。可以看出，利用对等比数列公比 q 的动态控制观察这个数列何时存在极限，何时不存在极限。

【例 33】 制作数列 $a_n=\dfrac{6n+1}{2n^2-1}$ 的图象。

【制作步骤】

（1）同时打开一个“新绘图”和一个新记录。

（2）建立直角坐标系。选择单位点 B，执行《显示/隐藏单位点》命令。

（3）在“新记录”窗口，单击“录制”按钮。

（4）右平移点 A 1 cm，得到点 A'。

（5）选择点 A'，度量出点 A' 的坐标，分离出 A' 的横坐标 $x_{A'}$。

（6）选择点 A'，同时选择 x 轴，执行《作图/垂线》命令，作出直线 j。

（7）计算出值 $a_1=\dfrac{6x_{A'}+1}{2x_{A'}^2-1}$。

（8）选择计算值$\frac{6x_{A'}+1}{2x_{A'}^2-1}$，执行《图表/绘制度量值》命令，在弹出的对话框中，选择“在纵(y)轴方向”，确定。出现一条高度为$a_1=\frac{6x_{A'}+1}{2x_{A'}^2-1}$的水平线（直线 k），与过 A' 的 x 轴的垂线 j 交于点 C。

（9）用线段工具画出线段 A'C，并设计成“虚线”，隐藏过点 C 的两条直线。

（10）同时选择点 A'、x 轴，然后在“新记录”窗口中单击“循环”按钮。在“新绘图”窗口中，将点 A'、C 的标签隐藏起来，将点 A' 的坐标、计算值$a_1=\frac{6x_{A'}+1}{2x_{A'}^2-1}$也隐藏起来。在“新记录”窗口中单击“停止”按钮。这样，制作这个图象的“记录文件”已经制作好。把文件存盘，文件名为“数列.Gss”。

（11）重新打开一个新绘图，建立直角坐标系，同时选择原点、x 轴，然后在“数列.Gss”窗口中单击“快进”，在弹出窗口中的“循环深度”中输入 9，确定，数列的前 10 项对应的点出现在“绘图 02.gsp”窗口中，如附图 44 所示。

数列的图象是由离散的点组成的。在几何画板中用处理函数图象的一般方法画数列的图象比较困难，而 Excel 有强大的计算功能，把它们二者结合起来画数列的图象是一个很好的方法。本文介绍借助 Excel 表格在几何画板中画数列图象的步骤，供用几何画板辅助数学教学的老师参考。

假定要作出的数列的通项公式是$a_n=\frac{6n+5}{n^2+1}$。

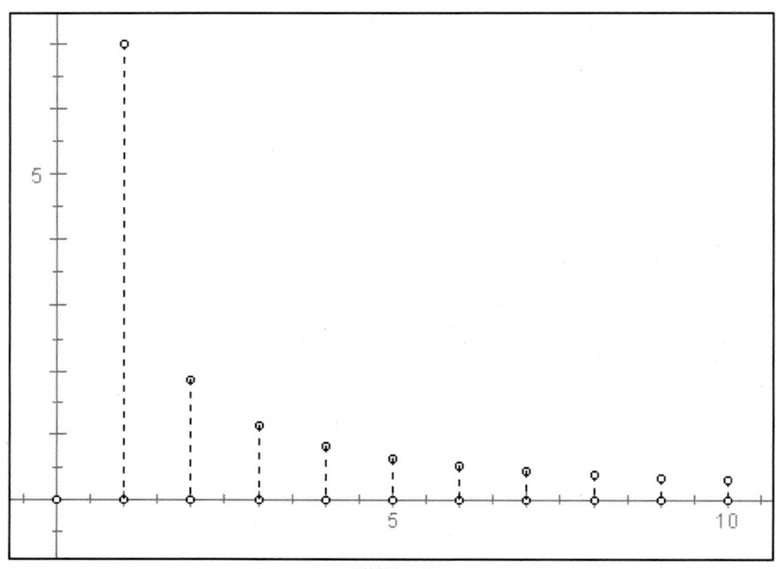

附图 44

（1）打开 Excel 应用程序。

（2）如附图 45 所示，在 A 列键入 n,1,2,3,…,10。在 B1 格键

B2 = =(6*A2+5)/(A2^2+1)

	A	B	C	D
1	n	an		
2	1	5.5		
3	2	3.4		
4	3	2.3		
5	4	1.705882		
6	5	1.346154		
7	6	1.108108		
8	7	0.94		
9	8	0.815385		
10	9	0.719512		
11	10	0.643564		

附图 45

入 an，在 B2 格键入“$=(6\times A2+5)/(A2^2+1)$”。按下回车键，在 B2 格出现数值“5.50”。

（3）用鼠标单击 B2 格，单击鼠标右键，在出现的菜单中选择“复制”命令。同时选中 B2 到 B11，单击鼠标右键，在出现的菜单中选择“粘贴”命令，从 B2 格到 B11 格已经填满了数值。它们是当 n 分别取 1,2,…,10 时，相应的 $a_n=\dfrac{6n+5}{n^2+1}$ 值（附图 45）。

（4）在 A1 格处按下鼠标，不要松开，向下拖动到 B11 格处，松开鼠标。把这 24 格选中（抹黑）（附图 46）。

（5）执行《编辑/复制》命令，把数据复制到“剪贴板”上。

（6）打开几何画板，这时自动打开“绘图 02.gsp”文件。

（7）执行《图表/建立坐标轴》命令，建立直角坐标系。

（8）执行《图表/绘制点》命令。弹出如附图 46 所示的“绘制点”对话框。这时左下方的“粘贴数据”按钮处于可选状态，单击它。从 Excel 中复制到“剪贴板”的数据就被粘贴在“绘制点”对话框的“x”、“y”两列中。确定后，在画板中出现了 10 个点：

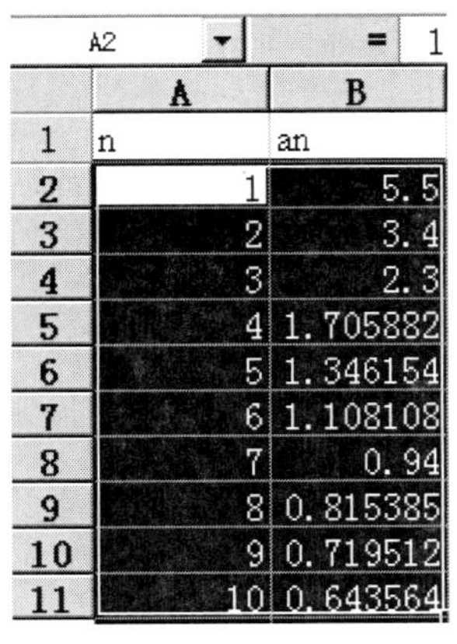

A2 = 1

	A	B
1	n	an
2	1	5.5
3	2	3.4
4	3	2.3
5	4	1.705882
6	5	1.346154
7	6	1.108108
8	7	0.94
9	8	0.815385
10	9	0.719512
11	10	0.643564

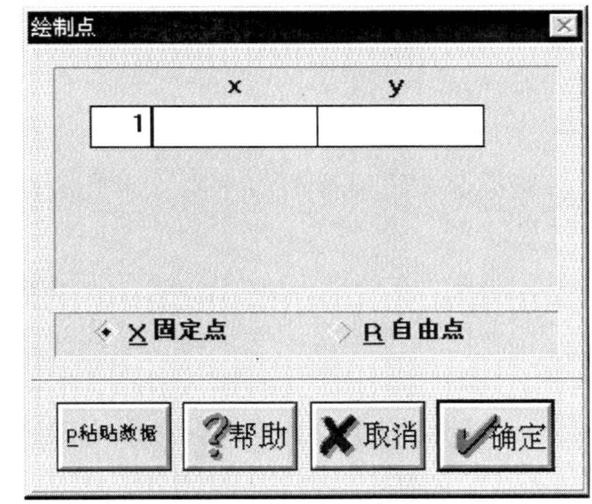

附图 46

C，D，…，K，L，这就是数列$\left\{\frac{6n+5}{n^2+1}\right\}$的图象。

“几何画板”能突出学生的主体地位，在学习过程中，学生不仅是知识的容器，而且是一个探求者。有助于能力的培养，完全符合现代教育思想。“几何画板”为教学注入了新的活力。

（1）由静到动，揭示几何精髓。

（2）提供操作环境去获得数学经验。

（3）架设数形结合的桥梁。

（4）把数学实验引入数学。

（5）体现了数学教育建构观。

“几何画板”是动态探究问题的实验室：

物理、化学是建立在实验基础之上的学科，而数学有严密的公理体系，似乎数学没有实验。其实数学原本就有“实验”，数学实验是推动所有数学发展的一种方法，几何作图就是视觉上的数学实验，在几何中视觉思维占主导地位。“几何画板”是一种非常好的“数学实验室”。从几何画板在各学科中的表现，在研究、探索问题、开展数学实验的作用中可以看出，几何画板提供了一个“探索式”的学习环境，一个培养创新意识的实践园地。因为“发现问题比解决问题更重要”。

“几何画板”以其学习容易、操作简单、交互性强、功能强大等优秀品质已经成为教学实验研究的首选软件。它还具有以下几项优点：

能够提示知识之间的内在联系，培养思维能力，开发学生智力。在网络教室上课，改变教学模式，使学生在动手操作中学数学，老师指导学生研究问题，帮助学生学习，成为学生学习的帮助者，学生成为学习的主人。给学习困难的同学提供了反复学习的机会。“几何画板”是探索几何学奥秘的强有力的工具。

用几何画板研究轨迹问题

哈尔滨师范大学数学系 98 级　杨莜　指导教师：栾丛海

关键词:几何画板、轨迹、追踪、椭圆、双曲线、抛物线、摆线、内摆线、轨迹方程。

摘要：本论文主要阐述了以下内容：

第一部分：简介几何画板。说明了在数学教学中使用几何画板的必要性，尤其是遇到轨迹问题时。

第二部分：课件设计。详细介绍了几个课件的制作过程及其数学原理。

第三部分：学习和使用几何画板的体会。

第一部分　简介几何画板

计算机辅助教学是将现代科学技术成果作为手段在教学领域里的运用。具体地说，就是以计算机为主，结合幻灯机、大屏幕投影仪、液晶投影板、计算机–电视转换卡等现代化工具，辅助教学活动。计算机辅助教学手段的使用，是教学现代化的一个重要标志。它对加速和大规模发展教育事业、提高教育质量及教学效率都有重要意义，它可以扩大受教育面，降低教学难度，便于及时巩固所学知识。使用计算机辅助教学，教学形象生动，学生感知鲜明，印象深刻，可使抽象的理论具体化、形象化，便于学生理解和记忆。

数学是各门学科中最抽象的学科之一，为了提高教学质量，更有必要使用计算机辅助教学。这就需要我们掌握一定的数学软件的使用，能利用数学软件自己编教学课件。总的来说，能够很好地帮助老师上课和组织教学，帮助学生学习的软件是非常缺乏的，而几何画板就是其中比较优秀的软件之一。

几何画板是一个适用于几何（平面几何、解析几何、射影几何）教学，并适用于部分物理学、天文学的软件平台。它为老师和学生提供了一个探索几何图形内在关系的环境。它以点、线、圆为基本元素，通过这些基本元素的变换、构造、测算、 动画、跟踪轨迹等。它能显示或构造出其他较为复杂的图形，几何画板操作简单，只需用鼠标点取工具栏和菜单，就可以开发课件。它无需编制任何程序，一切都要借助于几何关系来表现，所以它非常适合于数学老师使用。

几何画板能够形象直观地反映事物之间的关系，便于学生用联系的、整体的观念把握问题。人们通过研究发现，学生对数学概念进行心理表征时，常常要借助于直观形象，而数学的一大特点是抽象性，抽象不便于理解。借助于几何画板可形象生动地进行直观教学。例如，什么叫轨迹，这个概念相当抽象，早在初二时，教材上便出现了这一概念，应该说，学生掌握这一概念相当困难。制作一个轨迹动画，就能使学生一目了然。在学习生活中，也会遇到求轨迹的问题，我们需要先求出它的轨迹方程，才能知道它的轨迹是什么。而借助于几何画板，只要把它所满足的几何关系表示出来，就能使它的轨迹一目了然。不但形象直观，便于学生理解，而且能帮助学生在实际操作中把握学科的内在联系，培养他们的观察力、问题解决能力，并发展思维能力。

第二部分　课件设计

在对一些定义的教学中，可以根据定义直接作出图形，然后再研究它的性质就比较容易了。

第一个课件　椭圆

【制作步骤】

（1）打开一个新画板，画线段 AB，以点 A 为圆心、AB 为半径构造大圆。

（2）构造过点 A 与 AB 垂直的直线 k，在直线 k 上取一点 C。

以 A 为圆心、AC 为半径构造小圆。

（3）在大圆上任取一点 D，构造线段 DA 及线段 DA 与小圆的交点 E。

（4）构造过点 E 与 AB 平行的直线 m。

（5）构造过点 D 与 AB 垂直的直线 n，构造两直线 m 和 n 的交点 F。

（6）建立轨迹。同时选定点 D 和点 F，执行《作图/轨迹》命令，画板显示椭圆（附图 47）。拖动点 A 或点 C，可以改变椭圆的形状。

（7）除了保留点 A、B、C 和椭圆轨迹外，隐藏其他所有图形。

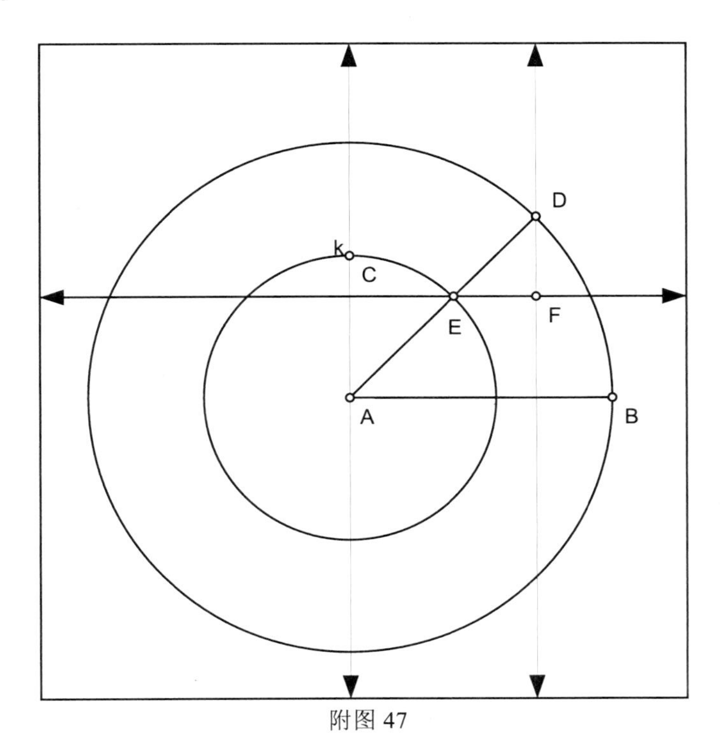

附图 47

【原理】 上述作图得到如附图 47 所示的图形。

以点 A 为坐标原点，经过点 A 和点 B 的直线为 x 轴，经过点 A 和点 C 的直线为 y 轴，设点 F 的坐标为（x, y）。令 $a=AC,b=AB$。$\alpha=\angle$BAD。

$$\sin^2(\alpha)=y^2/a^2$$

$$\cos^2(\alpha)=x^2/b^2$$

$$\sin^2(\alpha)+\cos^2(\alpha)=y^2/a^2+x^2/b^2=1$$

因而从理论上证明它符合椭圆的定义。

第二个课件 双曲线

【原理】 到两定点距离之差等于定长的点的集合。

【制作步骤】

（1）打开一个新画板，画三个点 A、B、C。

（2）以点 A 为圆心、点 C 为圆周上的点构造圆 A。

（3）在圆 A 上画一点 D，构造直线 AD。

（4）连接 BD，构造 BD 的中点 E，过 E 构造 BD 的垂线 m。

（5）构造垂线 m 和直线 AD 的交点 F。

（6）选定轨迹对象点 F 和驱动点 D，执行《作图 / 轨迹》命令，得到如附图 48 所示的图形。

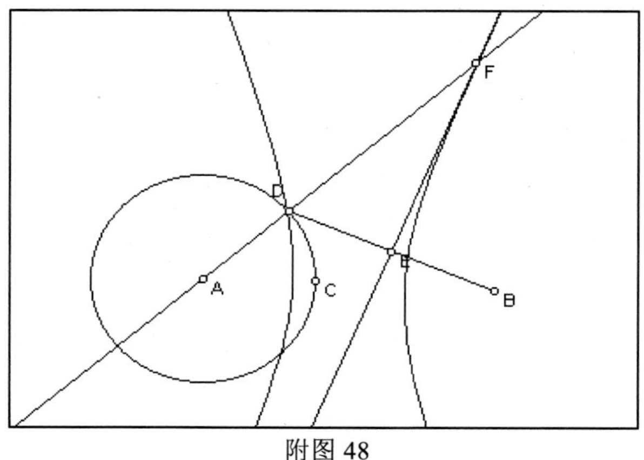

附图 48

第三个课件 抛物线

【原理】 到一定点和定直线距离相等的点的集合。

【制作步骤】

（1）打开一个新画板，作直线 AB。

（2）在直线 AB 上任选一点 C 和线外一点 D，连接 CD。

（3）选定线段 CD，作 CD 的中垂线 m。

（4）过点 C 作直线 AB 的垂线 l。

（5）同时选定直线 m 和直线 l，执行《作图 / 交点》命令，得到交点 F。

（6）同时选定点 C 和点 F，执行《作图 / 轨迹》命令，得到抛物线的轨迹图象。

第四个课件 摆线

【原理】 圆沿直线滚动及圆上一定点的轨迹。

【制作步骤】

（1）打开一个新画板，作线段 AB 和半径长 r。

（2）在线段 AB 上取圆心 O，以 O 为圆心，r 为半径作圆。

（3）过 AB 构造直线，构造直线与圆的交点 F。

（4）度量 r 的长度和距离 OA 的值。

（5）选定度量式半径 r 和距离 OA；执行《度量 / 计算》命令。

（6）输入公式：90° －180° *OA / r / π 。

（7）选定上一步计算结果，执行《变换 / 标记角度》命令。

（8）以点 O 为变换中心，按标记的角旋转点 F，得到 F'。

（9）选择点 F' 和点 O，执行《作图/轨迹》命令，显示摆线。

（10）选定点 O 和线段 AB，执行《编辑/按钮/动画》选项，作“动画按钮”。

（11）选定点 O 和线段 AB，执行《编辑 / 按钮 / 动画》选项，作“动画”按钮，并追踪点 F’。

（12）标记中心 O，选定 F'，不断旋转 60° ，得到圆上六个等分点，分别将六个等分点与圆 O 连接。隐藏不必要的图形，得到附图 49 所示的图形。

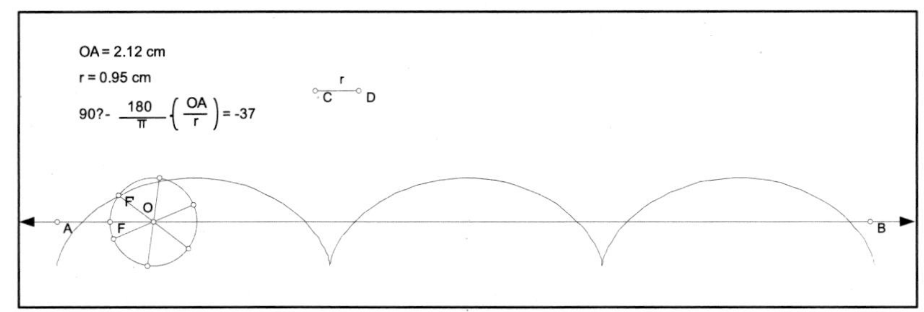

附图 49

第五个课件　内摆线

【例 34】　设小圆的半径为 j，大圆的半径为 $3j$。当小圆沿大圆内侧作旋转运动时，则小圆上某点的轨迹是什么？

【制作步骤】

（1）打开一个新画板，画线段 j，其端点为 A 和 B，度量其长度，并计算出 2j、3j。将 2j 的度量值标记为距离，将点 B 按标记距离沿水平方向平移至点 B'，用线段连接 BB'，用文本工具将线段 BB'的标签改为 2j。将 3j 的度量值标记为距离，将点 B'按标记距离沿水平方向平移至点 B"，用线段连接 B'B"，用文本工具将线段 B'B"的标签改为 3j。

（2）在画板中画一点 D，以点 D 为圆心，分别取 2j、3j 为半径作同心圆 c1 和 c2。在圆 c1E 任取一点 E 为圆心、j 为半径构造小圆 c3。

（3）计算出偏移角。

① 制作旋转基点。在圆 c2 上任画一点 I，在圆 c3 上任画一点 G。点 I 和点 G 就是旋转基点。

② 度量角 EDI；同时顺序选中点 E、D、I，执行《度量/角度》选项。

③ 计算偏移角。计算出公式 3*∠EDI 的度量值，并把它标记成角度值。这是因为大圆旋转一周，小圆旋转三周，所以小圆的旋转角是大圆的 3 倍。

（4）以点 E 为标记中心，使点 G 按标记角旋转得到点 G'。选定点 G'，不断旋转 60°，得到圆 c3 上六个等分点。将点 E 和这六等分点连成线段。

（5）作动画，顺序选定点 E 和圆 c1，执行《编辑 / 按钮 / 动画》选项，在对话框中，动画描述均选正常速度和单向运动，单击“动画”按钮后，画板中出现“动画”按钮。

（6）用显示菜单参数选择命令将角度的度量值改成弧度。

（7）选定点 G'，追踪点 G'。

（8）选定点 E、G' 和圆 c1，执行《作图/轨迹》选项，就绘出内摆线的轨迹，如附图 50 所示。

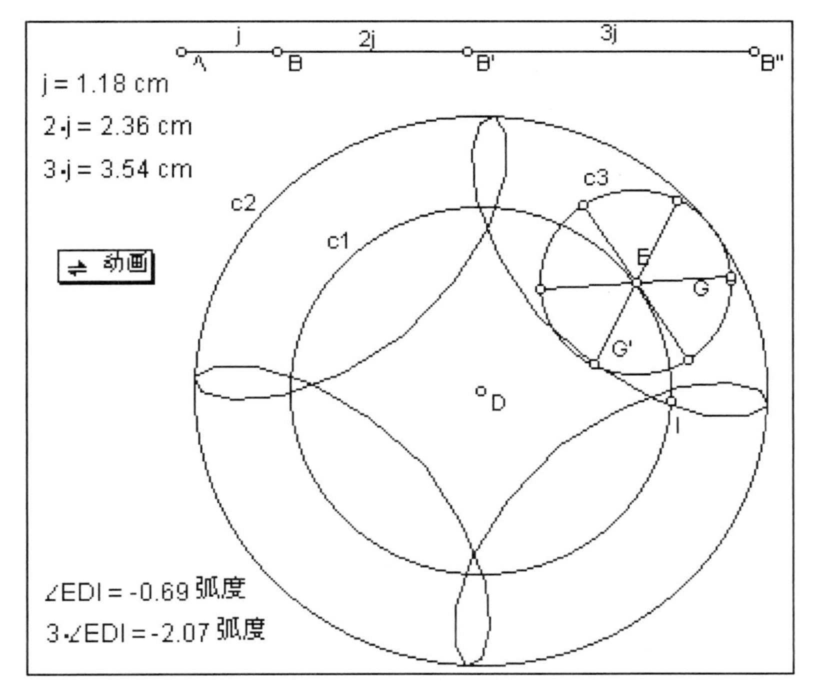

附图 50

对于一些求轨迹的问题，可以用几何画板来验证。

第六个课件

【例 35】 $\triangle ABC$ 是等腰 Rt△，$\angle B$ 是直角，腰长为 a，顶点 A、B 分别在两个坐标轴上滑动，求第三个顶点 C 的轨迹方程（附图 51）。

【解】 过 C 作 $CD\perp Y$ 轴，交 Y 轴于点 D，$CE\perp X$ 轴交 X 轴于 E，设点 C 坐标为(X,Y)，则

$$X=OE=CD \qquad Y=CE=OD$$

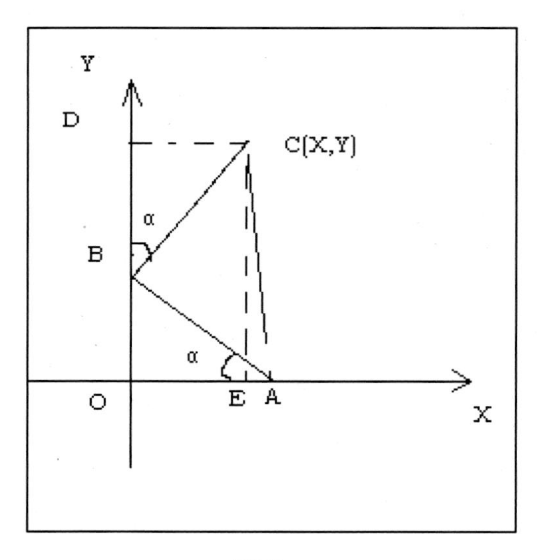

附图 51

设$\angle BAO=\alpha$ ，则

$$\angle CBD=\alpha$$

$$x=OE=CD=a\sin\alpha$$

$$y=CE=OD=BD+BO=a\sin\alpha+a\cos\alpha$$

整理得

$$2x^2+y^2-2xy=a^2$$

【制作步骤】

（1）打开一个新画板，执行《图表/显示坐标轴》选项，用文本工具将坐标原点的标签改为 O，将单位点的标签改为 1，

（2）画线段 MD，用线段 MD 的长度代表腰长 a，即用文本工具将线段标注为 a。

（3）以 O 为圆心、线段 MD 为半径画圆。该圆与 X 轴的两个交点为 F 和 G，用线段工具将点 F 和点 G 连成线段 FG。

（4）在线段 FG 上作一个点 A。

（5）以点 A 为圆心、线段 MD 为半径作圆，该圆与 Y 轴的交点用文本工具标注为 B 和 B'。

（6）以点 B 为旋转中心，将点 A 旋转 90°，得到点 C，将点 A 旋转–90°，得到点 C'''。

（7）以点 B'为旋转中心，将点 A 旋转 90°，得到点 C''，将点 A 旋转–90°，得到点 C'。

（8）选定点 C 和点 A，执行《作图/轨迹》选项。

（9）选定点 C'''和点 A，执行《作图/轨迹》选项。

（10）选定点 C''和点 A，执行《作图/轨迹》选项。

（11）选定点 C'和点 A，执行《作图/轨迹》选项。

（12）用线段工具连接四个直角三角形的所有边，得到如附图 52 所示的图形。

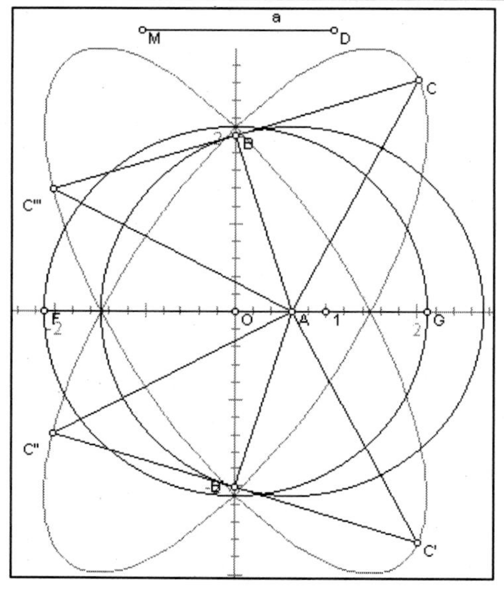

附图 52

第七个课件

【例 36】 经过定点 A（x_0, y_0）的一条动直线，分别交 x 轴、y 轴于 M、N 两点，Q 为 MN 中点，连接 OQ 并延长到点 P，使 $QP=2OQ$，求点 P 的轨迹。

【解】 设点 P 坐标为(x, y)(附图 53)，因为

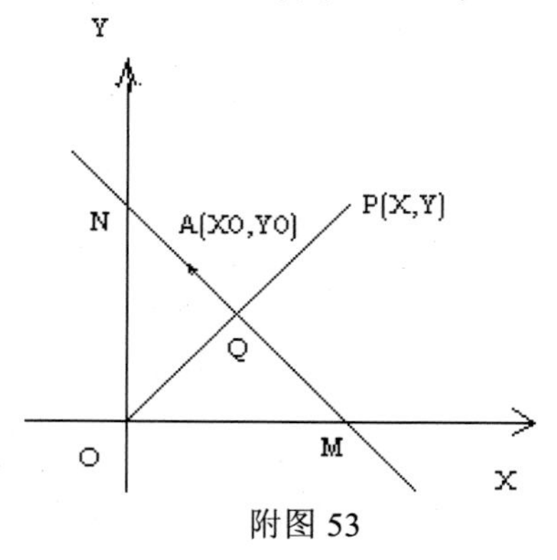

附图 53

$$QP=2OQ$$

所以
$$\lambda=\frac{OQ}{QP}=\frac{1}{2}$$

由定比分点公式知，点 Q 坐标为

$$(\frac{1}{3}x,\ \frac{1}{3}y)$$

又由中点公式可知

$$M(\frac{2}{3}x,0),\ N(0,\ \frac{2}{3}y)$$

又因为 MAN 三点共线，所以

$$K_{MN}=K_{NA}$$

即
$$\frac{\frac{2}{3}y-0}{0-\frac{2}{3}x}=\frac{\frac{2}{3}y-y_0}{0-x_0}$$

整理得

$$2xy-3\quad y_0x-3\quad x_0y=0$$

【制作步骤】

（1）打开一个新画板，执行《图表/显示坐标轴》选项，用文本工具将坐标原点的标签改为 O，将单位点的标签改为 1。

（2）画线段 DE。

（3）画点 A，以 A 为圆心、DE 为半径画圆。

（4）在圆 A 上任取一点 F，过 A、F 作直线 l。

（5）构造 l 与 x 轴的交点 M,l 与 y 轴的交点 N。

（6）构造线段 MN。

（7）取线段 MN 中点 Q。

（8）作点 Q'：以 O 为旋转中心，将点 Q 缩放为原来的 2 倍，将得到的点标注为 Q'（该点就是点 P）。

（9）选定点 Q'、F，执行《作图 / 轨迹》选项，画板显示轨迹，如附图 54 所示。

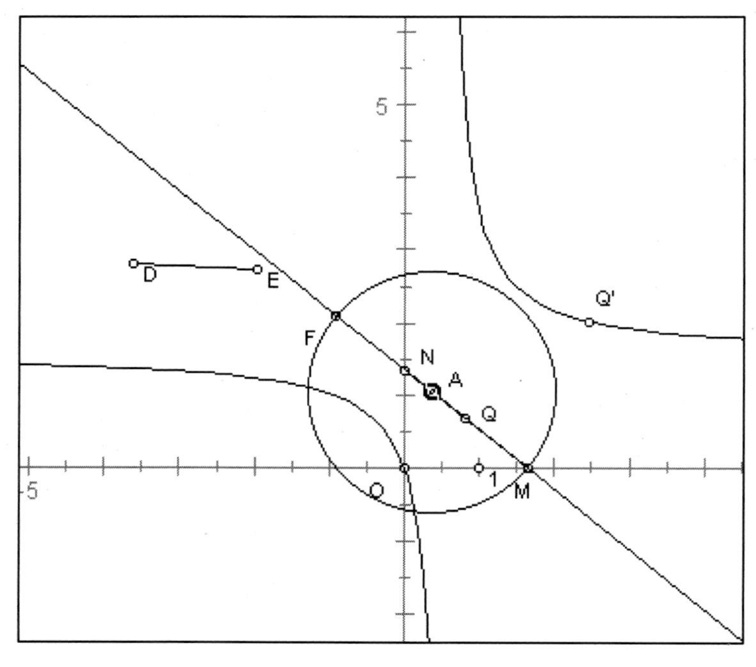

附图 54

第八个课件

【例 37】 A 为圆 O 内一定点，圆 O 为单位圆，点 B 是圆上一动点，过点 A 作 AB 垂线，与 BO 延长线交于点 P，求点 P 轨迹。

【制作步骤】

（1）打开一个新画板，执行《图表/显示坐标轴》选项，用文本工具将坐标原点的标签改为 O，将单位点的标签改为 1。

（2）以点 O 为圆心、点 1 为圆周上的点作圆。

（3）在圆 O 内画一定点 A，在圆 O 上任作一点 B。

（4）连结 AB，作射线 BO。

（5）过点 A 作垂直于 AB 的直线,与 BO 交点为 P。

（6）选定点 P、B，执行《作图／轨迹》选项，画板显示轨迹，如附图 55 所示。

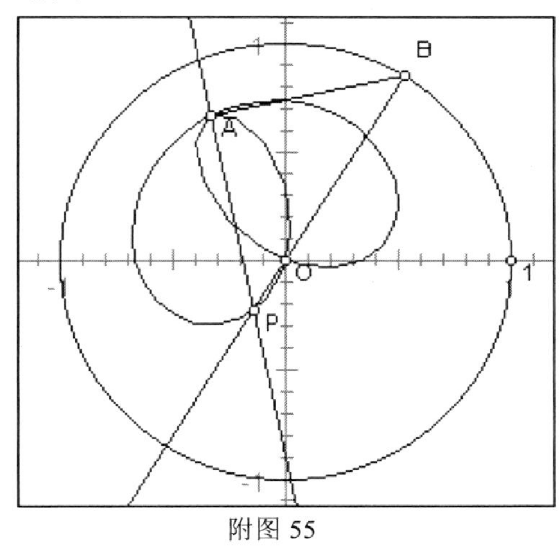

附图 55

第九个课件

【例 38】 探求方程$(6-K)x^2+(K-1)y^2=(K-1)(6-K)$所表示曲线的形状。

【解】 当 $K=1$ 或 $K=6$ 时，无轨迹。

（1）当 $K\neq 1$ 且 $K\neq 6$ 时，原方程可化为

$$\frac{x^2}{K-1}+\frac{y^2}{6-K}=1$$

（2）当 $K<1$ 时，表示双曲线，对称轴为 y 轴。

（3）当 $1<K<6$ 时，表示椭圆。

（4）当 $K>6$ 时，表示双曲线，对称轴为 x 轴。

【制作步骤】

（1）打开一个新画板，执行《图表/显示坐标轴》选项，用文本工具将坐标原点的标签改为 O，将单位点的标签改为 1。

（2）在 x 轴上任作点 C，度量点 C 的坐标，计算取出该度量值的横坐标，用文本工具将它改为 x。

（3）在 y 轴上任作点 D，度量点 D 的坐标，计算取出该度量值的纵坐标，用文本工具将它改为 k。

（4）计算 m_9=0–sqrt[(6–k)*(k–1–x*x)/(k–1)]。

（5）计算 m_8=sqrt[(6–k)*(k–1–x*x)/(k–1)]。

（6）由（x,m_8）确定点 H 。

（7）由（x,m_9）确定点 H'。

（8）同时选中点 H、C，执行《作图 / 轨迹》选项，画板显示轨迹。

（9）同时选中点 H'、C，执行《作图 / 轨迹》选项，画板显示轨迹。

（10）拖动点 D，观察双曲线和椭圆之间的变化，如附图 56 所示。

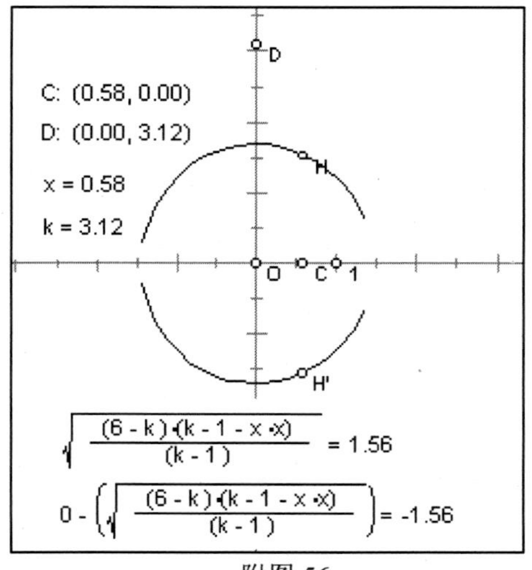

附图 56

第三部分　学习和使用几何画板的体会

几何的精髓是什么？几何就是在不断变化的几何图形中，研究不变的规律。而用传统的教学手段所作的图形是静态的，缺乏操作活动，这就掩盖了极其重要的几何规律，不能直观地观察到。

用几何画板就可以解决上述问题。几何画板是可操作的，它提供了旋转、平移、缩放、反射等图形的变换功能，可度量、计算，通过拖动、移动、动画等完全可以让几何图形动起来，同时保持各种关系。它能很好地把数和形结合起来，可以随时看到各种情况下的数量关系及其变化，它能把数形的潜在关系及其变化动态地显现出来。

为什么用几何画板研究轨迹问题比其他工具更有效呢？这是由几何画板的特点决定的。

1. 动态准确地提示几何规律

心理学认为，变动的事物、图形易引起人们的注意，从而在人脑里形成较深刻的映象。使用常规工具（如纸、笔、圆规和直尺等）画图具有一定的局限性，并且画的图很容易掩盖极重要的几何原理。使用几何画板可以根据记录的画法抽象出一个几何系统。当播放这个记录时，你可以研究它各部分的关系和特殊情况，动态地观察推测其正确或不正确。

2. 可以使学生参与发现数学问题的过程

数学学习是学生在已有数学认知结构的基础上的建构活动，目的是要建构数学知识及其过程的表征，而不是对数学知识的直接翻版。这就要求我们在教学中，不能脱离学生的经验体系，只重结果而偏废过程。把结论机械地灌输给学生，这样获取的知识是不牢靠的。应遵循让学生观察理解、探索研究、发现问题的规律，给学生一个建构的过程，一个思维活动的空间，让学生参与包括发现、探索在内的获得知识的全过程。

3. 形象直观地反映事物之间的联系

通过以上几个课件可以看出：① 虽然椭圆等定义非常明确，但是它的轨迹是什么并不是很直观；如果用几何画板来讲解，就可以直接画出它们的轨迹，使学生有直观印象，便于学生理解掌握。② 而对于求轨迹方程的问题，显然可以求出方程。但有时方程比较复杂，用描点法画图验证比较麻烦。如果用几何画板表示出它们所满足的几何关系，就可以直接画出轨迹进行验证，形象直观地进行教学。

几何画板的功能还很多，相信它必将对数学教学产生巨大的影响。我们应借助于这一软件及其他优秀教学软件，优化和深化中学课堂教学改革，全面贯彻素质教育思想。

参 考 文 献

1. 周冠林，李福利. 几何画板——21 世纪的动态几何. 北京：人民教育出版社，1998
2. 刘胜利. 几何画板与微型课件制作. 北京：科学出版社，2001
3. 陶维林. 用几何画板教平面解析几何. 北京：清华大学出版社，2001